# LES ANCIENS MINÉRALOGISTES DU ROYAUME DE FRANCE;

## SECONDE PARTIE.

# LES ANCIENS MINÉRALOGISTES DU ROYAUME DE FRANCE;

AVEC DES NOTES,

PAR M. GOBET.

SECONDE PARTIE.

A PARIS,

Chez RUAULT, Libraire, rue de la Harpe.

M. DCC. LXXIX.

*Avec Approbation, & Privilége du Roi.*

# ADVIS
# DE CESAR D'ARCONS,

*Sur les Mines Metalliques dont il à eu la direction pour le service du Roy.*

1667.

# PRÉFACE.

LA Métallurgie étoit une ſcience oubliée en France pendant la minorité de Louis XIV. La Chymie cultivée en ſecret par des Empiriques y étoit généralement mépriſée : le nom de Chymiſte qui eſt maintenant très-eſtimé y étoit alors pris en mauvaiſe part. On eſt obligé de convenir que le ridicule eſprit de parti, arrêta ſenſiblement parmi nous le progrès de cette ſcience & en même tems celui des Arts que la Chymie doit éclairer un jour, car ſon application n'eſt point encore aſſez générale. Le grand Colbert conçut bien le projet de cultiver les richeſſes que la France renferme dans ſon ſein ; mais il n'y avoit alors aucun Minéralogiſte, ni aucun Métallurgiſte. C'eſt aux vues de ce grand Miniſtre, que nous devons le petit ouvrage de Céſar d'Arcons, Avocat au Parlement de Bordeaux. Cet Auteur eſt connu par pluſieurs ouvrages, il étoit neveu d'Olivier de Serres, ſieur du Pradel, qui a écrit ſous Henri IV. *Le Théâtre d'Agriculture*. D'Arcons publia *le ſecret découvert du flux & reflux de la mer, & des longitudes*, *in*-8. *Paris 1656* : il donna enſuite *le ſyſtême du monde ou le nombre, la meſure & le poids des Cieux & des Elemens ſelon l'Ecriture Sainte*, *in*-4. *Bordeaux 1665*. Enfin il fit une nouvelle édition de ſon premier ouvrage *du flux & reflux de la mer & des longitudes*, avec des *obſervations ſur la jonction des mers, la navigation des rivieres, la conſtruction des ports de mer, l'Artillerie navale* & LES MINES METALLIQUES DE FRANCE, *in-4. Bourdeaux* 1667; dans ſon Epitre au Roi, il lui dit : *les mines metalliques que vous avez fait ouvrir.... ce canal, de Languedoc par qui vous allez joindre deux mers enſemble*; ce qui prouve que Louis XIV avoit eu le deſſein de rappeller parmi nous, une ſcience qui y a été très floriſſante dans les tems que nous appellons les ſiécles d'ignorance, préciſément parce que nous ignorons toutes les choſes dont nos ancêtres étoient inſtruits & que l'on ne nous a conſervé que des Légendes ou des vieux Sermonaires : il y a certainement une différence entre perfectionner les Arts par l'émulation, les Livres & les Ecoles, & ne ſçavoir rien abſolument. Les Anciens Métallurgiſtes François ignoroient ſans doute ce que l'on apprend actuellement dans l'étude des Sciences; mais nous avons perdu des procédés très-avantageux qu'ils ne nous ont point tranſmis, parce qu'ils étoient myſtérieux & qu'ils ne ſe communiquoient qu'aux initiés; préjugé abſurde qui n'eſt point encore éteint dans certains Arts : par ex. la Teinture dont l'exiſtence eſt démontrée depuis que les hommes ſont en ſociété, & que la Chymie n'a pas encore fixée d'une maniere invariable. Un Teinturier & un Chymiſte ne s'entendent pas encore parce qu'il faut une patience que les Chymiſtes n'ont pas pour inſtruire des Teinturiers empiriques.

Il faut de la docilité & de la confiance de la

part des Teinturiers, mais nous arrivons insensiblement à cette perfection nécessaire pour le bien public & pour l'avantage de la société.

Sous le beau siécle de Louis XIV, l'on vit tant de Charlatans en Médecine, tant de mauvais Chimistes & tant d'Astrologues, qu'il semble que l'ignorance avoit rassemblé toutes ses forces pour anéantir les Arts & les Sciences. La raison cependant fut victorieuse, & les monumens littéraires qui furent érigés à sa gloire ont fait une impression qui se transmettra jusqu'à nos derniers neveux.

Il ne sera point étranger dans cet Ouvrage de parler de ceux qui ont contribué au progrès de l'Art & à la destruction des préjugés. Lorsque toutes les Provinces méridionales de la France envoyoient à Paris des Chimiâtres plus occupés à débiter à grand prix des recettes médicales, qu'à mériter d'être connus de nous, Nicolas Guibert, né à Saint-Nicolas de Port en Lorraine, voyageoit pour s'instruire dans la Chymie; après avoir étudié & reçu le bonnet de Docteur à Perouse, il exerça la Médecine vers l'an 1569, à Castel Durante, qui est dit-on l'ancienne *Typhernum-Tyberinum*. Il fréquenta dans cette Ville un Gentilhomme appellé Jacques Pagano établi à Monton, il formoit avec la Noblesse du Pays une société d'Alchimistes. Étant à Rome l'année suivante un domestique Flamand qu'il avoit à son service nommé Claude Ripett, lui racontoit les miracles étonnans des transmutations qu'il disoit avoir vu faire par le Prêtre Espagnol *Salinas* qui eut une malheureuse fin.

En 1571, Guibert fut présenté comme un adepte au Duc Gonsalve de Suessano, & successivement chez les Princes de Farneze, chez le Cardinal d'Eſt, chez le Prince Altoviti, Archevêque de Florence, chez le Cardinal d'Augsbourg, Othon Truchſes; enfin chez le Cardinal de Granvelle, dans le laboratoire duquel il travailla à Rome & à Naples où ce Prélat étoit Viceroi des deux Siciles; ces grands noms étoient bien faits pour acréditer une recherche auſſi abſurde.

Il traduiſit en Latin, pour le Cardinal d'Augsbourg, les Livres Allemands de Paracelſe: à Naples, Jérome Fagioli qui avoit raſſemblé tous les Livres d'Alchimie imprimés & qui avoit preſque tous les mſſ. qui en traitoient, lui communiquoit les uns & lui faiſoit copier les autres. *Licinius* qui a écrit: *Pretioſa Margarita de lapide Philoſophorum*; Jean-Baptiſte Porta, Vincent Porta, freres, leur Pédagogue, Dominique Pizzimento; homme très-ſavant, qu'il avoit connu à Rome en 1574, étoient ſes amis à Naples. On conçoit bien qu'avec tant de facilité & de connoiſſances de cette nature, Guibert devint un ſoufleur déterminé. Pizzimento le véritable Auteur de la *Magie naturelle*, avoit, comme il le diſoit, converti du mercure en argent, en faiſant calciner un crapaud avec du vif argent dans un creuſet. Cette merveilleuſe opération fut décrite en ſtyle énigmatique, ſous les noms de *Phæbus* & de *Pyhon* dans le *Liv.* III. *Ch.* 13 des premieres éditions de la magie naturelle de Porta, qui a depuis été corrigée de pluſieurs inepties. *Angelo Siculo*, autre ami commun & Alchimiſte mourut de miſere à Naples dans ce tems; & ſi quelque choſe pouvoit dédommager Guibert de ces impertinentes ſottiſes, c'eſt qu'il logeoit alors chez le célèbre Ferrante Imperato, grand Naturaliste & qu'au moins il travailloit pour ses protecteurs.

En 1578 & 1579, Nicolas Guibert fut élu, sous le Pontificat de Grégoire XIII, par le College de Médecine de Rome & confirmé par la Chambre Apostolique, pour être Président de l'état Ecclésiastique & pour visiter les Pharmacies. Il fut aussi premier Médecin des Galeres du Pape sous François Grimaldi, & sous Emile Puccio.

Cet homme de mérite avoit eu pour Maître un plus grand homme, Sebastien Manzoni de Azola, Bressan, qui ayant étudié la Chimie à l'âge de 20 ans, cultiva cette science avec de grands succès pendant soixante & dix ans. Il avoit été le chef des laboratoires de Pie IV. de Pie V. & depuis attaché en qualité de Directeur au Laboratoire de *Casino* à Florence & Juge des expériences curieuses proposées aux grands Ducs de Toscane, Côme de de Médicis & François de Médicis. Manzoni confondoit ordinairement les Alchimistes & les copistes des anciennes recettes pour les Arts; il avoit détourné Guibert de ces absurdités, mais les espérances pompeuses des Alchimistes le firent succomber.

Ce savant Médecin termina enfin ses illusions par son retour auprès de Manzoni : instruit par les avis d'un Maître supérieur aux impostures Chimiques, par le témoignage de ses yeux & de ses expériences, il revint dans sa Patrie & alla habiter la Ville de Toul où il s'occupa à publier les ouvrages suivans :

## I.

*Assertio de murrhinis, sivè de iis quæ murrhino nomine exprimuntur adversus quosdam de iis minus rectè disserentes. Nic. Guiberto D. M. Auctore in-8. Francofurti*, (André Wechel) 1597.

Ce Livre contenant 91 pages, sans la Préface, est dédié à Jean Porcellet de Maillane Seigneur de Walhey, Haraucourt, Guisenville, Buisey, &c. Bailli de Metz. On lit des vers Latins de Pierre Milot, Médecin de Paris & de Jean Papigni. Le but de l'Auteur est de réfuter les erreurs du Cardinal Baronius; dans le Chapitre IX, il attaque les idées de Pierre Belon. Dans ses *Observations Liv. II. Chap. VII.* on trouve une lettre de Guibert au P. Fronton le Duc, & sa réponse du 22 Déc. 1596.

Cet Ouvrage doit servir à l'Histoire de la porcelaine. L'argille blanche me paroit être indiquée dans Pline: *Catini fiunt ex Tasconio, hoc est terra alba similis argillæ. Neque enim alia aflatum, ignemque & ardentem materiam tolerat.* Une argille blanche dont on composoit des creusets appellés *Tasconium*; le même Auteur parle d'un peuple dans la France qu'il nomme *Tasconi*: ce sont les habitans des bords de la petite riviere du Tescon qui sépare le Quercy du Languedoc & s'unit à la riviere du Tarn, une lieue audessus de Montauban: comparez les passages de Pline *Lib. XXXIII. Cap.* 21 *Lib. III. Cap.* 5. & l'Auteur de la vie de Saint-Théodard, Evêque de Narbonne, *Cap.* 5. Cette argille blanche portée en Espagne pour l'usage des Fonderies, conservoit le nom du pays d'où elle étoit exportée. Dans *l'Essay des Merveilles de la Nature, par René François*, on lit ce passage, Chap. XXIX *des Metaux* » quant aux » couches, creusets, ou culots, on les fait d'une » terre blanche & grasse comme argille, qui est » dite des Latins *Tasconium*, au Lyonnois; on » l'appelle terre de l'arnage du Dauphiné, ou » terre de Saint-Pourçain en Auvergne. Jean Kentmann, en 1565, nomme l'argille blanche, *argilla candida seburgica-candida-annebergia candida islebiana, cui internitent micæ argenteæ*. Le célébre Bernard Palissy est le premier en France qui ait fait mention dans son Traité de la marne, de l'argille blanche qui est bonne à faire des vases: c'est sur l'indication de Palissy que M. Hocquart de Coubron chercha fort loin cette substance & qu'il essaya la porcelaine de Vaux auprès de Triel. Ces argilles, dit M. Baumé, n'étoient plus connues en France avant M. Pott. Il faut donc croire que les Naturalistes François & étrangers n'avoient point sçu profiter des lumieres de Palissy. Depuis Pott, on a fait des recherches sur les argilles, & on en a découvert en France de parfaitement blanches, & avec lesquelles on fabrique les plus belles porcelaines qui ayent jamais existé, sans en excepter les anciennes porcelaines du Japon. Telle est la belle terre à Porcelaine de Limoges, que l'on pourroit regarder comme le Kaolin des Chinois, & qui est même meilleure pour l'emploi, parce qu'elle n'est pas remplie de mica. Cette terre que Becher nomme *terra immutabilis & semidiaphana*, étoit connue de Jean Cecile Frey, Médecin de Paris: *est locus in Lemovicensium regione dictus Alba-terra*

(Aubeterre, Election d'Angoulème) *quod verè & naturaliter terra sit colore alba, ferax tamen & fertilis*. Pierre Borel, cité ailleurs, p. 360, dit aussi qu'on trouve de l'argille blanche auprès de Castres dont on pourroit faire de la vaisselle exquise. M. Morin de Toulon définissoit l'argille blanche à l'Académie des Sciences en 1694, une terre grasse très blanche & très-subtile, douce au toucher, comme du savon, insipide, pesante. Tous ces documens si précieux furent oubliés jusqu'à notre siècle : tout ce qu'on a fait pour la porcelaine paroit avoir été connu des grands Ducs de Toscane. Les passages de Guibert vont le démontrer.

*Qui in regionem Chinam penetrarunt, vasa illa* **PORCELLANEA** *vocata conformari, luto quodam albo, deindè in fornacibus coqui, postea pingi, incrustari, & denuo coqui, quod &* **JAM DIU NON IGNORAVI.**

Ailleurs il dit : *Videtur Baronio apertè docere murrhina fuisse fictilia & in fornacibus cocta.... sciendum igitur vasa murrhina apud antiquos fuisse duplicia, scilicet pretiosa & lapidea, ac fictilia verorumque æmula conflata ex versicolore materia vitrea, & in fornacibus, prout & nostro seculo ob eamdem causam nova ratione artifices imitari coeperunt porcellanea in* Valentinis *&* Majoricis *fornacibus figuriis primùm, undè* Majorica *ab Italis denominata, deindè in* Faventinis *& aliis plurimis totius orbis, vasis ex argilla opere figulino elaboratis, incrustatione quadam albissima intinctis, deindè in fornacem positis, quo ad nitorem & lævorem vitri acciperent. Quæ quidem vasa* **PORCELLANEA VERA** *ex Chinæ fortè sinarum regionibus advecta,*

*MAGNI HETRURÆ DUCES hujusmodi artificiis plurimum delectati, ex eorum domesticâ traditione, nobili quodam artificio, sibi peculiariter reservato mihi tamen non incognito tam bellè norunt æmulari, ut vix aliquod discrimen deprehendi possit, & à paucis judicari utra vera, utrave fictilia & æmula: nec enim forma, nec picturis, nec lævore, nec nitore, denique nec elegantia credunt.*

Qu'on juge d'après ce récit du nombre des vases antiques & de l'ancienne porcelaine qui auroit été fabriqué par Manzoni, chez les grands Ducs, & combien on a attribué aux Chinois d'ouvrages composés dans le laboratoire de Casino.

## II.

*De Alchymiâ ratione & experientiâ, itâ demum viriliter impugnata & expugnata, unâ cum suis fallacibus & deliramentis, quibus homines imbubinarat: (embabouiner) ut nunquam imposterum se erigere valeat. Auctore Nic. Guiberto Loth. D. M.* in 8. *Argentorati* (Lazare Zetzier) 1603. Cont. 184 pages, sans les Préfaces, &c.

L'Auteur qui pratiquoit la Médecine depuis quarante ans, étoit établi à Vaucouleurs; son livre est dédié à Christophe de la Vallée, Evêque Comte de Toul; on lit en tête des vers Latins d'un Poete qui signe *Lacon Manumissus*, de Jean Sureau, *Sambucus*, & de Jules Cœsar Scaliger, des vers françois de Pierre du Val, Evêque de Seez où on apprend:

Que la fin de l'Alchimie,
Est le chemin de l'Hôpital.

Guibert a divisé ce Traité en deux Livres : d'abord il s'efforce de démontrer par la raison & par sa longue expérience que la transmutation des métaux est impossible ; que tous les raisonnemens faits pour la prouver, sont ou des paralogismes, ou des argumens absurdes. Il discute les fausses expériences qui peuvent avoir induit en erreur ceux qui étoient de bonne foi & qui ont été affectés par des illusions sophistiques.

Il parle des Ouvrages sur cette matiere, attribués par des faussaires à Saint-Thomas d'Aquin, Albert, Raymond Lulle ; il juge de l'autorité de Marcille Ficin, de Fernel, d'Agrippa, d'Arnaud de Villeneuve, de Jean de la Roque-Taillade, de Paracelse, de Tarvisin, de Bragadin, d'Angelo Siculo & de Léonard Turnhifer : le célèbre André du Laurent, & de Lorme premier Médecin de la Reine, le féliciterent sur son Traité curieux, suivant leurs lettres du mois de Juin 1603 & 1604.

## III.

*De Balsamo, ejusque lachrimæ, quod Opobalsamum dicitur, natura, viribus & facultatibus admirandis in-8. Argentorati* 1603, cont. 18 pages & les Préfaces.

Il est dédié à Jacques de Vigneules, fils du Seigneur du Mesnil.

## IV.

*De interitu Alchymiæ metallorum transmutatoriæ tractatus aliquot, multiplici eruditione referti. Nic. Guiberto D. M. Authore*, in-8. *Tulli* (Sebast.

Philippe ) 1614, contenant 88 pages sans les Préfaces.

Ce Livre est dédié à Claude de la Vallée Chevalier de l'Ordre du Roi, grand Bailli de l'Evêché de Toul neveu de l'Evêque de son nom ; après avoir lû des vers Latins d'un Etienne Regnard, Médecin & de Claude Cordier, petit neveu de l'Auteur, on apprend que c'est une réponse à l'Ouvrage de Libavius, déja cité à la page 20 & qui avoit été brûlé à Rome par l'inquisition. Guibert avoit travaillé sur les instances de Claude Cachet Médecin, & de Charles Mainbourg Protonotaire de Toul. C'est un repertoire des plus habiles gens de sa province ; car il y fait mention de le Pois & de Mousin ses confreres, de Remi Procureur Général de Lorraine, de Pierre Grégoire, Auteur d'une *République*, de Guillaume Barclay & de Pierre Charpentier Jurisconsultes, de Nicolas Serrarius, de Panthaleon Thevenin & de Nicolas Nomesey, tous gens de Lettres.

La premiere partie est dirigée contre Libavius. Les autres Traités sont *Alckymia impugnata & expugnata. Veritas & antiquitas Alchymiæ impugnata. Præstigiorum & imposturarum Chymicarum detectio.* Il rapporte les exemples des imposteurs Alchimistes qu'il a connus & dont voici les noms, afin d'édifier ceux qui réverent leurs Ouvrages, avec un respect extravagant : Dominique Pizzimento, & ses élèves, Jean-Baptiste & Vincent Porta, Claude Ripett, Salinas, les Seigneurs de Monton, Jacques Pagano de Castel-Durante, Alexandre *Carrerius*, Thibaut de Hoghelande, *Licinius*, Arrivabene, Nicolas Barnaud de Crest, qui suivant le

Magot Genevois eſt accuſé d'avoir compoſé un Livre *de Tribus Impoſtoribus*, Richardon Médecin de Lyon, Angelo Siculo; &c.

Porta ou plutôt Pizzimento Auteur de la Magie naturelle, ſe plaignit de l'amitié de Guibert dans la derniere édition de la Préface de ſa Magie : voyez le paſſage qui commence par ces mots *Alter Gallus, quum omnes ſui ſæculi indignè damnet*, &c.

V.

La Grammaire Guibertine, in-12. Toul. 1618. Cette petite Brochure eſt dédiée au Prince Nicolas François de Lorraine.

# A
# MONSEIGNEVR COLBERT,
## CONSEILLER ORDINAIRE DU ROY, EN TOUS SES CONSEILS.

*Et au Royal Controlleur General de ses Finances, sur-Intendant General des Bâtiments, Arts, & manufactures de France, &c.*

MONSEIGNEVR,

*Je suis d'autant plus obligé de presenter ces Observations à votre Grandeur que c'est elle qui m'a donné l'occasion de les faire, en me donnant par les mains de M. le Cheualier de Cleruille, les ordres de Sa Maiesté, pour diriger les trauaux des Mines qui ont esté ouuertes dans la Prouince de Languedoc.*

*Je les consacre à la gloire des soins que vous prenez pour accroistre celle de Sa Maiesté, & comme vn aueu publique de l'obligation que i'ai à votre Grandeur, du choix qu'elle fit de moy, des graces que i'en reçeues & de la passion auec laquelle je suis,*

*MONSEIGNEVR,*

Votre très-humble, très-obeissant & très-obligé seruiteur D'ARCONS.

# ADVIS
## DE
# CÉSAR D'ARCONS,

*Sur les Mines Métalliques dont il a eu la direction pour le ſervice du Roi : & quelques Remarques de Phiſique qu'il y a faites.*

**1667.**

## I.

CERTAINES perſonnes ayant aſſeuré LE ROY & Monſeigneur COLBERT, que s'il plaiſoit à Sa Maieſté de faire trauailler aux Mines du Mas de Cabardez & de la Prade ſur la Montagne Noire, & à celles de Lanet & de Daueian dans le Corbieres en Languedoc, l'on en pourroit dans quatre mois & moyennant vne deſpenſe de 14400 liures, tirer 800 quintaux de plomb & 300 marcs d'argent, outre le cuiure : la commiſſion generale de l'entrepriſe fut donnée par Sa Maieſté à Monſieur de Cleruille, lequel fit faire de deux de ces quatre Mines les eſſays qu'il jugea neceſſaires : & à ſuite l'on me

*César d'Arcons.*

César d'Arcons.

commit à la direction des trauaux qu'il y auoit à faire selon l'estat que les mesmes personnes en auoient dressé & qu'on me mit en main.

A la premiere visite que ie fis de celle du Mas de Cabardez que l'on disoit estre de cuiure, i'en fis tout-à-fait cesser le trauail, après auoir reconnu par l'irregularité de son entrée & par le deffaut de marcassites & de toutes les moindres marques qui accompagnent touiours les mines & qui ne se voyent point en celle-là, qu'elle n'est point vne mine, mais vne cauerne au naturel, & qui auoit esté comblée par les ruines & par les pierres qui se détachent du haut de sa cauité.

## I I.

### *De la Mine de la Prade ou de Cals.*

La bonne opinion que l'on auoit de nostre fondeur principal, les protestations qu'il faisoit, d'auoir plusieurs fois fondu de cette mine & la grande quantité de matiere qu'on en tiroit, car elle est fort abondante, fit que Monsieur le Cheualier de Clervuille y fit bastir vne fonderie Royale. Mais j'en arrestay aussy le trauail que je trouuay commencé à la deuxieme fois que j'y retournay pour ce que je doustois deja de la bonté de ceste mine aussy bien que de la capacité de nostre fondeur. Lequel auoit touiours vsé de refuites, & ne sçeut pas mesme faire construire vn fourneau, quand il fut contraint d'en venir aux effets, & ny luy, ny aucuns de tous les autres Chymistes qui ont esté depuis employés pour fondre cette mine, n'en ont jamais pû tirer vne once de plomb qui ne coustat plus de 30 sols, tant c'estoit peu leur mestier, ou tant elle est seche & sans aucun de fin.

Toutesfois si l'on a creusé plus bas elle s'y trouuera meilleure asseurément, car tout ce que l'on en auoit alors arraché, c'estoit quelques filons etendus en long, à 1 ou 2 pieds audessous de la surface du roc qui la produit & qui est couuert de 12 à 15 pieds de terre. Mais si elle s'y trouue aussy sans quelque peu de fin, ou si elle n'y est fort abondante en plomb, la valeur de celui qu'on en sçauroit tirer, sera sans doute moindre que la despense du trauail & des machines ou de l'abristol (1) qu'il faudra faire necessairement pour en tirer les eaux. *César d'Arcons.*

## III.

### *Vne Mine d'argent sur la Montagne Noire.*

Il y a sur la même montagne à la Caunete, vne mine d'argent à laquelle le Seigneur de ce lieu là a fait aussy longuement trauailler, qu'il a pû en tirer les eaux auec des machines. Et il ne tient pour les en faire sortir, qu'à acheuer l'abristol ou l'ouuerture qu'il auoit commencée au pied du rocher, & qui doit aller rencontrer le fond de la mine, laquelle est tout proche de son Chasteau, où l'on voit encore vn fort beau laboratoire, auec tous les outils necessaires.

Ce Gentilhomme a traduit en François, George Agricola, *de Re metallica* : & quoique sa traduction ne soit encore que *manuscrite*, cela m'a fait discontinuer celle que j'en auois commencée à la priere de Monsieur le Cheualier de Cleruille (2).

## IV.

### *De la hauteur des Monts-Pyrenées.*

Je ne sçache pas que la hauteur des Monts-Pyrenées se fasse mieux regarder d'ailleurs que de dessus

(1) Souterrain.

(2) Si M. Colbert avoit fait traduire Agricola à cette époque les progrès auroient été moins lents.

*César d'Arcons.*

la Montagne Noire, qui en est esloignée de 18 ou 20 lieues, & d'où neantmoins l'on les voit si prodigieusement grands, que leur grandeur amoindrit l'esloignement à la veuë, & fait sembler qu'il n'est que de 4 ou 5 lieües.

Cela procède de ce que l'on voit de ce lieu-là; qui est aussy fort haut, nonseulement leur sommet qui semble la nuict toucher aux estoiles, mais encore le pied de leur baze, lequel doit estre pris en la surface conuexe & sans montagne du globe terrestre dans la basse plaine, qui est entre deux & où sont Carcassonne & Castelnaudary.

Pour ce que c'est là que prend commencement dans le Languedoc, le talu de leur baze auec les montagnes qui la composent, & qui sont touiours plus hautes les vnes que les autres, durant les 15 ou 16 lieües qu'il y a jusques où ils commencent à s'esleuer audessus. Leur mesme baze a de l'autre costé dans l'Espagne vn semblable talu & vne aussy longue suite de montagnes touiours plus basses les vnes que les autres, & qui luy seruent aussy comme d'arc-boutant de ce côté-là. (3)

Or selon les mesures que j'ay prises de toute la hauteur des Pyrenées, en deduisant celle de la montagne noire d'où je les prenois, & en ajoûtant ce que la rondeur du globe terrestre derobe d'une eleuation à la vue, quand on la regarde de 20 lieues auec un niueau, le sommet de leurs plus hautes eminences a pour le moins 3 lieues d'eleuation perpendiculaire audessus de la susdite plaine & de la surface du globe.

(3) Voyez la *Dissertation sur l'état actuel des montagnes des Pyrenées & sur les causes de leur dégradation*, in-8. Paris 1776. Cette brochure intéressante donnera des idées saines sur leur état ancien & moderne : on y trouve des notes par M. Montaut, infiniment curieuses.

V.

César d'Arcons.

## V.

### *De la Mine de Lanet.* (4)

Il n'y a pas longtems que cette Mine fut decouuerte par des Bergers ; & Monsieur de Lanet m'a dit que le filon qui paroissoit alors à fleur de terre auoit plus d'vn pied de diametre ; que sept quintaux de sa matiere donnoient vn quintal de cuiure & quatre marcs d'argent : & qu'après cinq ans de trauail, les personnes qui la faisoient trauailler furent contraintes de l'abandonner par leur mauuaise conduite & par leur impuissance.

Toutes les ouuertures qu'ils auoient faites estoient si fort comblées de terre ou pleines d'eau, quand

(4) Paroisse au Diocèse de Narbonne, Archiprêtré du Termenois. L'an 1191 au mois de Décembre, jugement arbitral, par Bertrand de Saissac entre Roger Vicomte de Beziers, d'Albi, de Carcassonne & de Rasez, d'une part ; & Pierre Olivier, son frere Raymond de Terme, & Rixovende de Terme femme de Guillaume de Minerbe. La cause étoit la prétention du Vicomte *scilicet medietatem totius seniorivi omnium* minariorum de Palairaco *& suorum terminum & omnium* minariorum de Termenez ; ainsi le travail que César d'Arcons attribue aux Romains, est un Ouvrage des François. L'ignorance où nous sommes restés pendant longtems, nous fait recourir à des tems inconnus pour expliquer des monumens qui constatent les connoissances de nos ancêtres. Le Termenois est arrosé par les rivieres du Lanquet, d'Orbieu, de Verdouble & de la Berre. Les Corbieres où la vallée de ce nom est désignée dans les titres, par *Vallis Corbariensis* dès le huitieme siècle. Charlemagne y remporta une victoire contre les Maures qui s'y étoient établis.

*César d'Arcons.*

nous voulusmes rouurir cette Mine, que nostre fondeur à qui il appartenoit d'en juger, ayma mieux en entreprendre de nouuelles par un fort long trauail, lequel enfin je fis quitter ne donnant aucune esperance de bon succès : & dans peu de jours après nous trouuasmes dans les vieux trauaux, en les recurant, & dans vne roche extresmement dure, trois petits filons & deux assez gros ; tous cinq estant comme les racines qui auoient produit le premier comme vn tronc.

L'on m'asseura qu'vn sixiesme filon qui estoit la plus grosse & la meilleure des racines de ce tronc, auoit esté abandonné au fond de la principale ouuerture à cause des eaux. C'est pourquoy pour les en faire sortir, je fis commencer sur le penchant du Rocher à quelques toises plus bas que la profondeur qu'on nous dit qu'elle auoit ( car elle estoit aussy fort comblée de terre ) vn abristol qui alloit droit au fond & qui n'en estoit qu'à deux toises & demie lorsque je partis de ce pays-là.

Les marcassites que l'on trouue dans cet abristol : celles qui se trouuent aussy, mais en plus grande quantité dans vn autre que j'auois fait commencer beaucoup audessous, & qui toutes penetrées d'vn soulphre fort pesant & aussy brillant que l'or, bruslent au feu comme des allumettes : les six filons dont j'ay parlé & quelques autres qui paroissent ailleurs sur la mesme montagne, montrent clairement, si les maximes des Metallistes sont veritables sur ce suiet & si ce ne sont pas des filons serpentins, qu'elle est grosse de grands tresors. Mais pour les en tirer il faut auoir vn plus long & meilleur tems que celui qu'on nous auoit prescrit

## VI.

### *De la Mine de Davejan.* (5)

César d'Arcons

Vn Chaſſeur decouurit cette mine par la peſanteur d'vne pierre qu'il auoit amaſſée en cet endroit là pour la tirer à ſon chien : & en effet, comme nous y faiſions creuſer en deux autres endroits tout proches du premier & de l'ancienne ouuerture, il s'y trouua d'abord quantité de pierres toutes couuertes de terre fort humide, peſantes comme du plomb, & qui eſtoient au dedans tout de pure matiere.

C'eſt ce que l'on appelle extrafilons, pour ce qu'ils marquent que le filon interieur qui les a produits au dehors, n'eſt pas loin de là. Auſſy y en trouvaſnous à quelques pieds audeſſous vn à chacun des deux endroits : & tous ces deux filons & celui qui paroiſſoit encore dans l'ancienne ouuerture eſtant ſuiuis dans le roc juſques à trois ou quatre toiſes de profondeur, nous trouvaſmes qu'ils s'y reuniſſoient enſemble & qu'ils eſtoient procedez d'vn ſeul qui s'enfonce directement en bas, ou pluſtot qui en vient & qui eſt petit & meſlé de beaucoup de marbre.

Cette mine eſt pourtant riche : car ſelon les eſſays qui en ont eſté faits par des Orpfeures & par des fondeurs, vn quintal de ſa matiere, donne dix onces d'argent, mais fort peu de plomb, les deux cent quintaux que j'en laiſſay dans le magaſin (lorſque la fumée arſenicque qui ſortoit des fourneaux où l'on commençoit à les fondre, m'en fit quitter la direction ſous le bon plaiſir des puiſſances ſuperieures) donneront par conſequent ſi l'on a de bons

(5) Diocèſe de Narbonne, Archiprêtré du Termenois.

César d'Arcons.

fondeurs 250 marcs d'argent, qui valent 7000 liv. & payeront toute la despense qui a esté faite pour toutes les susdites mines dans 6 mois, & qui ne monte qu'à 6415 liures, selon le compte qui en a esté rendu.

## VII.

### *De la Mine de Couuise ou de Peyre couuerte.*

Il se trouue quantité d'autres mines, tant de cuiure que de plomb & mesme d'antimoine dans le mesme pays des Corbieres: & particulierement (6) à Auriac, à Cascastel & à Paleyrac, où les grands trauaux qu'on y a fait autrefois dans vn long valon nommé le champ des mines, paroissent encore en plusieurs endroits par la grande profondeur des ouuertures taillées dans le roc, par les decombremens, par les marcassites & par la matiere mesme qui s'y trouue parmy.

La beauté de cette matiere & de ces marcassites toutes azurées & vertes, me firent tenter l'endroit où il s'en trouuoit le plus, & où Monsieur de Davejan à qui le fond en appartient, m'asseuroit auoir en sa jeunesse veu trauailler pendant trois années, des personnes qui ne cherchoient que de l'argent. Il ne s'y trouua point d'ouuerture là où les decombremens sembloient la marquer auec luy, mais la qualité de la terre qu'on en tira & qui auoit esté remuée, nous ayant fait juger que c'estoit vne mine à roignons, je fis tirer à trauers du pied & du talu de la montagne, vn fossé dans lequel nous commençâmes de descouurir à deux pieds de profondeur, vn merueilleux phenomene sousterrain; c'estoit l'vn

(6) Paroisses dans le Termenois.

des roignons de cette mine, auquel on n'auoit point encore touché & dont la grosseur & la beauté parurent d'autant mieux, qu'il se rencontra que la largeur du fossé n'en prenoit qu'vne moitié, & que je fis laisser l'autre toute entière dans le bord escarpé qui le coupoit en deux, comme qui coupe vne orange : il auoit plus d'vn pied en diamettre tout de pure matière, couleur de bronze & diuisée en plusieurs parties d'inegale grandeur, mais justement vnies ensemble & couuertes de tous costés du plus éclatant azur qu'il soit possible de voir auec vn peu du vert & du jaune de pareil éclat.

*César d'Arcons.*

Vn globe de marbre espais de 4 ou 5 pouces & couleur de foye, contenoit au dedans de soy toute cette matière : & il estoit luy mesme enuironné de toutes parts, premierement d'vn demi pied de terre jaunatre aduste & toute brisée : & puis de plus de deux pieds de terre grasse & humide, & disposée par couches différentes en couleur & à l'entour les vnes des autres, selon l'ordre, que je nomme icy, leurs couleurs, pourpre, rouge, bleu, vert, jaune, blanc & cendré qui estoit la derniere en la circonference de ce phenomene sousterain, lequel auoit enuiron 6 pieds de diametre & ressembloit ainsi coupé par le milieu, à vne rose d'vne merueilleuse grandeur & composée de toutes les plus belles & les plus viues couleurs de la Nature.

Ayant fait arracher tout ce roignon & faisant suyure vne trainée de cette terre aduste dont j'ay parlé & qui tiroit droit au pied de la montagne, elle mena les ouuriers à vn second roignon, & puis à vn troisiesme ; tous deux semblables au premier mais beaucoup plus abondans en matiere & en couleurs, il y eust en tous les trois 20 quintaux. Elle est si fusible que la metant à lopins parmy les charbons dans vn fourneau à vent, elle y fond sans

*César d'Arcons:*

soufflets & coule presque toute en regule. Elle fond dans le creuset auec la mesme facilité ; mais pour la faire precipiter & pour separer les dix onces d'argent qu'elle donne par quintal, d'auec le peu de plomb & de cuiure qu'elle contient, & tout cela d'auec certaine autre matiere dont elle abonde & qui ressemble à de l'antimoine, il faut de l'industrie & des ingrediens.

Les susdites ouuertures qui ont esté faites en plusieurs endroits de la montagne au pied de laquelle estoient ces roignons : vn petit filon qui en sort de mesme matiere qu'eux & vn gros filon d'Albezon jaunatre qui en sort aussy & qui communiquoient tous deux auec le troisiesme roignon montroient clairement lorsqu'on fit quitter ce trauail, que le corps de la mine n'est pas loin de là dans cette montagne, & qu'elle s'y trouuera plus riche & plus abondante.

Ce qui resulte encore plus particulierement de celle des ouuertures susmentionnées qui en est la plus proche, appellée le canal par les gens du pays, & tenue de tous pour vn Ouurage des anciens Romains. Cent mille francs n'en feroient pas faire à present vn pareil. Il est au pied de la montagne tout creusé dans le roc, ayant six pieds de haut & autant de large. J'y suis entré jusqu'à 350 pas de profondeur à plein pied. Les personnes qui me conduisoient & qui y auoient esté 20 ans auparauant, reconnurent aux grands decombremens qu'on y voit rangez à droit & à gauche & qui bouchent d'autres ouuertures, qu'on y auoit depuis beaucoup trauaillé.

Elles me firent remarquer dans ce fond vne autre ouuerture qui descend du sommet de la montagne où elle paroit en effet quoique bouchée & qui a par consequent plus de 200 toises de profondeur. Il est euident que c'est par-là qu'on auoit ouuert cette mine, & que la basse ouuerture où j'estois entré, est l'abristol que l'on fit pour faire sortir les eaux qu'on y rencontra & qui en sortent touiours depuis comme vne grosse source, à laquelle l'on auoit aussy creusé dans le roc au fond de l'abristol durant enuiron 50 pas, vn canal large d'vn pied & tout couuert de pierres plattes, afin qu'elle n'empeschast pas le trauail. *César d'Arcons.*

La grandeur de cet ouurage & le reste de matiere qui s'y trouue en quelques endroits, montrent que c'estoit vne mine d'argent. S'il y auoit encore quelque chose à faire, l'on en pourroit tirer tout le decombrement auec vn petit batteau qui en porteroit plus d'vne charretée à chaque fois, & qu'vn homme seul conduiroit jusqu'à 50 pas hors de l'entrée. Car la source qui en sort sans jamais tarir, est si abondante, qu'estant arrestée au dehors, elle donne dans vne heure deux pieds d'eau en hauteur jusqu'à 250 pas au dedans.

## VIII.

### *Comment les eaux deuiennent chaudes dans la terre.*

L'experience sensible & manuelle, m'a fait remarquer en la source dont je viens de parler, que ses eaux sont touiours froides au fond de la longue cauerne que j'ay nommée abristol, & principalement au sortir du trou par où elles y entrent : & qu'elles estoient tiedes au milieu & plus que tiedes à l'entrée par où elles en sortent, auant que j'en eusse fait oster toute la terre qui les retardoit audedans. (7)

(7) Voyez Palissy, article de Henri de Rochas dan les notes, p. 678.

*César d'Arcons.*

Et je remarquay auſſy en touchant de la main tous les coſtés de la cauerne, meſme celuy d'en bas qui eſtoit ſous l'eau tiede, qu'il n'y auoit là-dedans rien de chaud que l'air qui nous faiſoit ſuer.

Or, en bonne Philoſophie, il ſuit de ces experiences 1. Que les eaux ne s'eſchauffent point dans la terre tant qu'elles ne paſſent que dans des canaux qu'elles empliſſent tout à fait & où l'air ne les touche point : puiſqu'elles ſortent froides & à plein trou du canal qui les conduit dans ladite cauerne, & qui eſtant comme il eſt dans le meſme rocher & tout proche d'elle, elles y deuiendroient chaudes ou tiedes tout auſſy bien, s'il y auoit tout proche audeſſous, vn feu ſouſterrain qui les eſchauffât en eſchauffant le rocher.

2. Que les eaux ſortiroient de cette cauerne, toutes bouillantes ſi elle eſtoit vne ou deux fois plus longue qu'elle n'eſt pas : attendu que dans les 300 pas qu'elle a de longueur depuis le trou par où elles y entrent toutes froides, elles s'y eſchauffent au point d'en ſortir plus que tiedes.

3. Que c'eſt l'air qui eſchauffe ainſi l'eau dans de longues cauernes, quand il y eſt en plus grande quantité qu'elle, & à meſure qu'il y eſt lui-meſme eſchauffé par la chaleur ſouſterraine. Car il eſt certain que la partie ſuperieure du globe terreſtre eſt toute penetrée d'vne chaleur naturelle, mais ſi ſubtile & ſi penetrante, qu'elle produit les mineraux au dedans auſſy bien que les plantes au dehors, ſans s'y faire ſentir à noſtre attouchement : & qu'elle ne ſe fait connoiſtre ſenſiblement que par deux moyens.

Dont l'vn ſont les matieres combuſtibles qu'elle trouue ou qu'elle rend elle-meſme capables de conceuoir ſon degré ſupreſme qui les allume & qui fait par ce moyen les incendies ſouſterrains & les tremblemens de terre, ainſy que je l'ay deja dit dans mon systeme du monde : & l'autre, c'est l'air qu'elle y rencontre aussy dans les cauernes, & qui la conçoit & la fomente d'autant mieux dans ces clostures, qu'il est en effet partout & touiours le moyen par lequel les astres & les feux eschauffent de loin les corps qui sont moins suscéptibles que luy de leur chaleur.

*César d'Arcons*

Et il n'est pas estrange que dans ces lieux sousterrains l'air fasse prendre à l'eau de degrez de chaleur plus grands & plus intenses que ceux qu'il a, & que n'estant que tiede, il les rende bruslantes. Car nous voyons qu'vn fer qu'on expose au soleil ou qu'on presente au feu, deuient beaucoup plus chaud que l'air qui l'enuironne & duquel immediatement il reçoit la chaleur : & que c'est à cause que plus vn corps est dur & massif plus il resiste à la chaleur, & plus aussy elle s'y fomente & s'y renforce pour le penetrer.

Si les eaux qui courent dans les veines de la terre y rencontroient des flames & des brasiers ardens, ou bien quelque matiere de mesme qualité que la chaux viue, il y arriueroit sans difficulté ce qui arriue sur la terre : où nous voyons que ces deux contraires ne peuuent jamais s'accorder, & que l'eau esteint tout à fait la chaux viue & le feu, quand elle est la plus forte & en plus grande quantité ; & qu'au contraire elle en est entierement dissipée & resduite en vapeur quand elle est la plus foible.

Et s'il y auoit des feux perpetuels sous la surface de la terre & si proches de quelques veines sousterraines, que leur matiere en fust immediatement eschauffée & consequemment leur eau, il est certain que cette matiere en seroit bientost calcinée quelqu'elle fust, & que l'eau tomberoit dans ces feux & les esteindroit ou en seroit dissipée par la raison qui en deja dicte.

*César d'Arcons.*

C'eſt par toutes ces raiſons & par les experiences prealeguées que je dis que les bains & les eaux chaudes qui ſortent de la terre, y reçoiuent leurs qualités minerales, des mineraux qu'elles y rencontrent; & leur chaleur, de la chaleur ſouſterraine par le moyen de l'air & par le moyen auſſy de la diſpoſition des cauitez où elles demeurent quelque tems renfermées auec luy.

## IX.

### *De l'origine des Fontaines.*

Les ouuertures que j'ay fait faire aux mines de Lanet & de Daveian, ſur le penchant de leurs montagnes, ſont fort proches du ſommet & à plus de 300 toiſes audeſſus du fond des plus bas valons d'alentour. J'ay remarqué dans ces ouuertures, que les eaux qui s'y aſſemblent goute à goute où par petites ſources, viennent toutes d'en haut à trauers du terrein & par les jointures des pierres du rocher: & que ces ſources & ces goutes d'eau tariſſent tout à fait dans ces ouuertures, quand il ſe paſſe vn mois ou ſix ſemaines ſans pleuuoir ou ſans neger.

Je n'ay point veu de viue ſource ſi haute ſur les montagnes, que le ſommet n'en ſoit encore beaucoup plus haut, ou qu'il n'y ait tout proche aux enuirons, quelqu'autre montagne encore plus haute.

Chacun ſçait qu'il pleut & qu'il nege plus ſouuent & en plus grande abondance ſur les montagnes que dans les plaines. Et il y a peu de Montagnars qui ne connoiſſent par des experiences ſemblables aux ſuſdites, que quelque rude que ſoit le penchant des montagnes, toujours les trous, les enfoncemens, les pierres, les herbes, les arbuſtes & les racines des arbres dont elles ſont couuertes, y arreſtent & y font emboire (8) vne bonne partie des eaux pluuiales, & la pluſpart de celles des neges, à cauſe qu'elles y durent longtemps & n'y fondent que peu à peu : & que c'eſt de là que viennent les eaux qui s'aſſemblent dans les ouuertures que l'on y fait, & dans les cauités qui donnent les grandes & les petites ſources continuelles que l'on en voit ſortir.

*César d'Arcons.*

Ces Montagnards ſe mocquent des Philoſophes, quand on leur dit que l'on trouue eſcrit dans leurs liures, que les montagnes ſont des alambics : & qu'il y a des lacs & de grands eſtangs audeſſous, dont les eaux reduites inceſſamment en vapeurs par la chaleur ſouſterraine montent ſans ceſſe à trauers des terres & des rochers, juſqu'en leur plus haute ſurface : & que delà ces vapeurs retombent au dedans reſoutes en eau par le froid, & en ſortent en ſources & en fontaines.

Et ils repondent que la Philoſophie a des yeux de taupe ſi elle voit dans la terre ce qu'on n'y peut pas voir, & ſi elle ne voit pas audeſſus ce qui y paroit jour & nuict aux yeux de tout le monde, à ſçauoir que la moyenne région de l'air, eſt la chape de l'alambic où la Nature diſtile inceſſamment les eaux ſalées de la mer, & en fait les pluyes & les neges qui tombent ſur la terre & qui y forment toutes les fontaines & toutes les ſources des riuieres & des fleuues. (9)

(8) Syſtême de Paliſſy qu'on peut voir dans ſes ouvrages.

(9) Les Villes ſur les bords de la mer doivent prendre encore des précautions en exécutant les idées de Paliſſy. Les habitans de Veniſe ſont dans l'uſage de placer un lit d'argile bien bâti, qui forme le baſſin de la fontaine artificielle ou de la citerne. On met par deſſus l'argille un lit de ſable pur, enfin l'on bâtit les murs.

*César d'Arcons.*

J'ay refuté au Chap. 3 du ſecond Liure de mon ſyſteme du monde, l'autre opinion qui tient que les fontaines viennent de la mer par des canaux ſouſterrains.

## X.

### *De la generation des Pierres & des Metaux.*

J'ai veu pluſieurs fois & en diuers lieux ſur le haut & dans les flanc des montagnes pluſieurs de leurs auortons, je veux dire, des pointes de rocher & des filons où longues trainées de pierres, leſquelles pour auoir eſté trop toſt deſcouuertes par les torrens qui ont emporté la terre qui eſtoit deſſus, ſont demeurées imparfaites dans le lieu de leur generation, & n'ont ny le poids, ny la dureté de leur eſpece quoyqu'elles en ayent la couleur, la quantité & la figure.

*Morem habitantium Venetum laudo, ædificatis ciſternarum parietibus deforis undique hinc indè inter terram vel ſit arena, & ipſos ciſternæ parietes argillam in pulverem redactam calcando conculcant, ne parietes adeat niſi aqua non ſalſa, prius in argilla, percolata.* Il ne faut point employer indifféremment toutes les terres : *terrarum pingue non habent arenæ, quibus uti convenit, ſicuti terrarum aliquæ, ut deponatur in aquam à quo fiunt aliquæ rubræ, aliquæ pallidæ ſecundum pinguitudinis differentias : per hoc immiſtum aquis, niſi labantur, putreſcunt cito, pingue fit cœnum in aqua, ipſaque malè olida dimittantur quoque ſpongioſi lapilli, quæquidem aqua in eorum foraminibus retinetur putrit facile .... cujus parietes ducantur ex lateribus præcoctis, calce, & arena, non puteolano pulvere & fundum ex antiquis lateribus contuſis arena & calce. Exciſſæ verò in petra apud montuoſorum incolas omnimodo reprobentur, niſi circum circa quæ deceant obducantur.* Le même Auteur (Pamphile *Herilaci*) blame ailleurs la terre noire de la Pozzolane. Ces obſervations ſont importantes pour ceux qui voudroient exécuter les fontaines artificielles de Paliſſy. V. cet Auteur, p. 289.

César d'Arcons.

Cela s'accorde auec le sentiment vnanime des Philosophes, qui est que les pierres & les rochers se forment dans la terre & dans les montagnes par succession de temps, aussi bien que les metaux. De quoy je tire cette consequence, que tous les rochers grands & petits que nous voyons tout descouuerts dans la mer, dans les isles & dans les continens, estoient autrefois des montagnes; & que les terres qui estoient restées audessus d'eux, ont esté emportées dans les plaines & dans la mer par les pluyes, par les torrens & par les riuieres, comme il arriue encore tous les jours. Ce qui montre le grand changement qui se fait incessamment en la surface du globe sans qu'on y prenne garde. (10)

J'ay aussi veu & remarqué que la matiere metallique des meilleures mines, se forme ordinairement dans les rochers les plus durs: & qu'elle est si intimement unie & incorporée au marbre qui l'enuironne, que ce n'est qu'vn mesme corps composé de parties heterogenées & de differente nature. De sorte que l'on peut dire en quelque façon, que les matieres minerales se forment dans les rochers & les rochers dans la terre, comme la mouelle se forme dans les os, & les os dans la chair du corps des animaux.

(10) Il n'y a que ceux qui ignorent que certains corps pierreux comme les os, les coquilles de la mer, les noyaux d'un grand nombre de fruits, les bois les plus durs, doivent leur origne à une semence ou à un œuf, c'est-à-dire à des matières très-tendres, laiteuses gelatineuses, qui puissent refuser d'admettre ce principe de Thales, que *tout a été produit de l'eau*... & à certains égards, à l'eau la plus pure, puisqu'il est aisé de séparer une matière terreuse, pétrifiante d'une telle eau, & que les eaux du ciel produisent une matière visqueuse verte. *Note extraite de l'origine des pierres par M. Henckel.*

*César d'Arcons.*

Or il eſt certain que la mouelle, les os, la chair & toutes les autres parties heterogenées du corps humain, ſe forment de l'aliment, ne fuſt-il que du pain & de l'eau : & que toutes celles des arbres qui ſont auſſi la mouelle, le bois, l'eſcorce, les feuilles, les fleurs & les fruits, ſe forment pareillement de l'eau & de la terre, par le moyen de la chaleur naturelle & en vertu des deux puiſſances ſeminales, l'vne generique & l'autre ſpecifique, qui viennent de la graine & de la ſemence & qui paroiſſent touiours euidemment par l'euidence de leurs effets, qui ſont tous les diuers genres & toutes les diuerſes eſpeces de l'animal, de la plante & du mineral.

Et il eſt certain auſſi qu'ordinairement les mines croiſſent en tronc & en branches, qui ſont ce qu'on appelle leur corps & leurs filons : & qu'elles ont pour feuilles & pour fleurs, les couleurs & les marcaſſites qu'elles pouſſent au dehors ; pour eſcorce & pour bois, le rocher & le marbre qui les enuironne; pour mouelle leur matiere minerale, & pour fruits l'argent & l'or qu'elles produiſent. Car il n'y en a aucune ſelon les Chymiſtes, où l'or ne ſe trouue dans l'argent, l'argent dans le cuiure dans le plomb ou dans l'antimoine; & l'antimoine le plomb ou le cuiure, parmy le ſoulphre le vif-argent, le vitriol & l'arſenic.

C'eſt pourquoy nous pouuons dire que comme dans les plantes leur chaleur naturelle tire de l'eau & de la terre meſlées enſemble, la matiere dont elle forme leur ſeue, qui eſt vne humeur ou vapeur fort ſubtile, & que de cette ſeue elle forme au gré de leur puiſſances generiques & ſpecifiques par de diuers degrez de chaud, toutes leurs parties ſuſmentionnées & ſi differentes, auant que d'en former auſſi leurs fruits, tout de meſme dans les montagnes la chaleur ſouſterraine extrait de l'eau & de la terre meslées ensemble, la matiere dont elle compose ensuite au gré des puissances specifiques des pierres & des mineraux & par ses diuers degrez de chaud, toutes les differentes matières dont elle a besoin pour conuertir la terre en pierre, pour engendrer les metaux & pour en transmuer par vne longue suite d'années, les moindres aux plus parfaits. (11)

*César d'Arcons.*

J'ay amplement demontré dans mon systeme du monde, que la chaleur qui nous est si connue par ses effets & par elle mesme, est le principe naturel de tous les mouuemens, & ce que les Philosophes appellent sans y prendre garde, la Nature, l'Esprit vniuersel, & la Quintessence.

J'ay remarqué dans le mesme Liure, quoyque succinctement, que l'Ecriture saincte en nous appre-

(11) Francisci Baconi Silva Silvar. Cent. IV. Experimentum 364, *spectans congelationem aquæ in crystalum.*

» Referunt, *dit le Chancelier qui avoit lu Palissy*, bona » fide, in cavernis interioribus pensile inveniri crystal» lum. Inque illud dari stillicidium ex crystalli rudimen» tis. In aliis quibusdam, sed rarius ab infra oriri dicitur. » Quamquam frigoris id effectum sit fieri tamen possit, » ut aqua se terræ insinuans colligat naturam magis glu» tinosam, congelationique aptiorem, soliditatem ac» quirat, cujus aqua sponte sua capax non est. *Fiat ergo* » *experimentum*, demittatur que magnus terræ a cervus » in basis concavum, tempore intensi gelu, interpona» tur cannabis, ne fundum petat, deinde superingeratur ea aquæ quantitas quæ percolari possit, exploretur post, » num in fundo glacies solito durior, solutuque diffici» lior deprehendatur. Putem quoque si terra à vertice » usque ad fundum in angustum decrescendo coeat in » eam formam qua inversa (*sugar locose reversed*) constat » acuminata Sacchari in paulum redacti compages, ex» perimentum promoveri posse. Glacies enim, sicubi » eliquaverit evadet (*lesse in bulke*) massæ gracilioris, » exiguo quantitatis juvante versionem.

*César d'Arcons.*

nant que Dieu en faisant le Monde commanda aux eaux & à la terre de produire les plantes & les animaux selon leurs especes, nous apprend aussi par consequent qu'alors Dieu fit aussi en vertu du mesme commandement, les puissances seminales tant specifiques que generiques.

Et je remarqueray icy. 1 Que ces vertus generiques & specifiques, sont ce que les Chymistes appellent esprits mechaniques, & ce qui dirige la chaleur naturelle dans ses operations & qui distribue & imprime à tous les mixtes, les formes, les figures, les quantités, les nombres, les odeurs, les couleurs & toutes les autres qualités qui leur sont propres & particulieres. (12)

2. Que comme dans le corps de l'animal où les operations de la chaleur naturelle nous sont le mieux connues, les differentes matieres dont elle compose toutes les parties & qu'elle forme de la premiere

(12) Je crois qu'il est important de constater un fait concernant la pétrification d'un corps humain. Colombe Châtry femme de Louis Carità de la Ville de Sens, née vers 1514, mariée vers 1534, fut plusieurs années stérile & devint grosse vers 1554, *certissima habuit incohati hominis indicia.* Elle éprouva suspension de ses régles, goût dépravé, mouvement du fœtus dans ses entrailles; enfin elle eut les éruptions qui précédent l'accouchement & cependant elle n'accoucha point, elle souffrit des maux incroyables jusqu'à l'année 1582; elle mourut le 16 de Mai de cette année, Jean d'Ailleboust alors Médecin de la Ville de Sens assisté de Jean Perigois, Simeon de Provancheres, Jean Rousselet ses collegues, de Claude le Noir Jean Cottias Chirurgiens, d'Etienne Bouvier Pharmacien, firent l'opération Césarienne au cadavre & trouverent l'embryon pétrifié.

Ce phénomène est constaté par une Brochure intitulée *Portentosum lithopedion, sive embryon petrefactum urbis Seno-*

matiere

matiere qu'elle a tirée de l'eau & de la terre meslées ensemble dans les alimens & que nous appellons le chyle, sont celles que l'on nomme sang, phlegme, bile jaune, bile noire : aussi les differentes matieres dont la chaleur souterraine compose les metaux au gré de leurs puissances specifiques, & qu'elle forme de la premiere matiere qu'elle tire de l'eau & de la

César d'Arcons.

*nensis. Adjecta levi & succincta exercitatione eaque Academica de hujus induratione caussis naturalibus.* in-8 *Senonis* (Jean Savine) 1582. contenant 16 feuillets & une planche qui représente l'opération & la position de cet embryon : on lit des vers Latins sur le titre, & une Préface de l'Auteur *Joannes Albosius Hœduus & apud Senonas medicus :* des vers Latins de François Rosset, Médecin, qui a écrit de l'enfantement césarien : enfin une opinion de Simeon de Provenchieres, Medecin à Sens *de hujus indurationis causis.*

Ce dernier fit imprimer un *Disconrs touchant le prodigieux enfant de la Ville de Sens lequel se trouva pétrifié, ou lapifié dans la matrice d'une certaine femme, traduit du Latin, par Simon de Provenchieres, natif de Langre*, &c. in-8. Sens, Jean Savine : la même année parut encore, *Lettre envoyée à M. Arnoul, Doyen de Sens & grand Vicaire du R. Cardinal de Pellevé, par Simon de Provenchieres Médecin, faisant mention d'un enfant conservé en la matrice par l'espace de vingt-huit ans*, in 8. Lyon, 1582.

Ambroise Paré, parle de ce phénomène & a donné une planche en bois, assez bonne, qui représente cette pétrification extraordinaire qu'il faut comparer avec l'original de Sens. Louise Bourgeois, célèbre Sage-femme de Marie de Médicis en parle d'après ses yeux dans ses *Observations*; il étoit alors avec les choses rares du cabinet d'un M. Pretesegle, homme fort curieux. Jean Cecile Frey dans ses *Admiranda Galliarum*, après cette époque, assure qu'il étoit conservé dans le cabinet d'un M. Parent : enfin il est probable que c'est du même enfant de pierre, dont veulent parler Henckel (dans *Flora Saturnisans*, Ch. XIII,) & Buttner : ils disent qu'il est renfermé parmi les cu-

*César d'Arcons*

terre & que l'on ne connoit point, ſont à mon aduis celles que les Metalliſtes appellent ſoulphre, mercure, vitriol, arſenic, & qui ſe trouuent en effet touiours toutes ou en partie dans les mines & dans les matieres metalliques.

3. Que s'il faut à la Nature tant de moyens & des ſiecles entiers, pour former les metaux & pour en conuertir les moindres en argent & l'argent en or, il eſt fort à craindre que la tranſmutation que les Chymiſtes ſe propoſent d'en faire dans vn moment auec leur poudre de projection, ne ſoit vne pure chimere.

Il eſt vrai qu'ils ſont fort perſuadez de ſa poſſibilité par les diuers exemples que l'on en a veus dans les ſiecles paſſez & dans le preſent & meſme depuis deux ans à Toloſe. Mais le peu de ſuite & le mauuais ſuccès que tous ces exemples ont eu, les font ſoupçonner d'artifice, & me donnent lieu de croire à ce que j'en ay ouy dire à un homme du meſtier: ſçauoir eſt que cette poudre de projection ne peut conuertir de mercure en argent, ou d'argent en or, qu'autant qu'on a detruit d'or ou d'argent pour l'en compoſer: & que c'eſt pour cela qu'elle ne profite qu'à ceux qui s'en ſeruent pour ſurprendre les credules, & pour leur attraper quelque ſomme d'argent ſous la caution d'vne premiere eſpreuue.

---

rioſités d'hiſtoire naturelle du Cardinal de Richelieu. Cette pétrification a depuis été achetée par les Vénitiens qui l'ont conſervée pendant longtems parmi leurs curioſités, on la faiſoit voir aux voyageurs; j'ignore ſi elle y eſt encore actuellement. Suivant des roles de la bouche du Roi ce Jean d'Aillebouſt, Auteur des Ouvrages ci-deſſus cités, devint premier Médecin du Roi & recevoit par mois 41 écus & deux tiers ſuivant une quittance de Damoiſelle Marguerite Meſnager ſa veuve: il étoit mort déja le 9 Février 1595.

## XI.

*De la baguette fourchue dont quelques Metalliſtes ſe ſeruent pour la deſcouuerte des mines.*

César d'Arcons.

Ceſte baguette(13) n'eſt autre choſe qu'vne branche d'arbre fort petite, agée de deux ans, terminée en fourche par deux jettons d'vn an, long chacun d'vn pied pour le moins, & freſchement coupée à vn ou deux pouces audeſſous de l'egale naiſſance des deux jettons.

Les Metalliſtes diſent qu'elle eſt meilleure de noiſilier que de tout autre arbre. Neantmoins celui à qui j'en ay veu faire l'vſage, la prenoit indifferemment de tout arbre ou arbriſſeau qu'il trouuoit ſur le bord des eaux ou proche des mines.

Il la tenoit auec les deux mains renuerſées & eſloignées l'vne de l'autre enuiron vn pied; empoignant & preſſant ny peu, ny trop & de telle ſorte les deux pointes des deux jettons, vne dans chaque main, que chacque jetton ſe plioit vn peu en arc;

(13) » Celui qui veut chercher les mines, prend un *creſçon* ou reject de coudre fourchu, creu de l'année; tout deſceint; ſans auoir ferrement aucun ſur lui, ni pas ſes eſguillettes ferrées, ni or ni argent, eſtant ainſi préparé prend aux deux mains ceſte forcette, par les deux forçeons les poings fermez, les poulces deuers la poictrine, & ainſi eſquipé s'achemine par les montagnes à tout hazard, & quand on vient au lieu où il y a des metaux (ils diſent que) la verge tourne & retourne, quoy cogneu pour ſçauoir quel metal y eſt ſous terre en l'vne des mains du Maiſtre qui tient la verge, on lui donne quelque metal, ſi ce n'eſt de celuy qui eſt ſous terre, la verge tourne toujours. » Telle eſt la deſcription qu'en fait Jean le Bon & que les Charlatans pratiquoient dans ſon ſiècle.

*César d'Arcons.*

rendant par ce moyen fort ſuſceptible de mouuement, le gros bout de la baguette qui eſtoit en haut & qui en effet ſe mouuoit touiours quelque peu par le mouuement que ſe donnoit en marchant celuy qui portoit ainſi la baguette.

Mais dès-lors qu'il venoit à paſſer & à mettre le pied ſur certains endroits, ce bout de la baguette ſe mouuoit dauantage, & d'autant plus que plus les filons cachez audeſſous eſtoient grands & moins profonds, ſelon le dire de ce Metalliſte. Car je n'ay point encore appris ſi depuis l'on les a trouuez en effet dans ces endroits-là, qui ſont aux mines de Lanet & de Couuiſe.

Je ſçay bien neantmoins qu'auec la meſme baguette il connoit par où paſſent, dans la terre, les veines d'eau : & qu'à Gygery ſur la coſte d'Afrique qui eſt fort ſterile en ſources, il en deſcouurit vne à la veüe & à la grande vtilité de l'armée Françoiſe, vne autre à la citadelle de Marſeille, & vne troiſieſme à Daueian lorſque j'y eſtois encore & où elle fut ſur l'heure meſme creuſée & rencontrée comme il auoit predit.

Je luy demanday pourquoy cette baguette ne ſe mouuoit point dans mes mains comme dans les ſiennes ſur les meſmes lieux, & s'il y auoit des paroles à prononcer. Il me dit que d'autres perſonnes, en vſant de cette baguette n'ont aucun metal ſur elles, & prononcent ces paroles du Pſalmiſte : *Incerta & occulta ſapientiæ tuæ manifeſtaſti mihi* : que pour luy il ne les prononce point, ny ne quitte point ſon eſpée ny ſon argent, & qu'il faut eſtre né dans le mois d'Auril.

Si cette baguette operoit ſon effet dans les mains de toute ſorte de perſonnes indifferemment, l'on pouroit dire ſans difficulté, que ſa vertu eſt naturelle, & qu'il n'eſt pas eſtrange qu'vn tendron d'arbre &

vne jeune plante, qu'on vient de ſeparer de la terre qui l'a produite & qui l'a compoſée des meſmes eaux & des meſmes ſoulphre, ſel & mercure dont elle compoſe auſſi tous les autres mixtes & principalement les mineraux, s'incline dans vn eſquilibre vers ces mineraux & vers ces eaux là quand elle en eſt proche : puiſque nous voyons auſſi par les meſmes raiſons les inclinations de l'aymant & pluſieurs autres effets de la ſympathie des mixtes (14)

César d'Arcons.

Mais s'il eſt vrai que la vertu naturelle de cette baguette n'opere ſon effet que dans les mains des perſonnes qui ſont nées au mois d'Auril; j'ay trop peu de creance en l'Aſtrologie judiciaire pour me laiſſer perſuader que ſon belier ny ſon taureau, qu'elle fait dominer dans ce mois-là, ayent pour la deſcouuerte des mines & des ſources, le meſme pouuoir que celui que les Poëtes attribuent à leur cheual Pegaze touchant la fontaine du Mont-Parnaſſe. Et j'aimerois mieux croire que les perſonnes qui naiſſent dans le mois d'Auril ont plus de ſympathie auec les plantes ; pour ce que c'eſt dans ce mois-là que les plantes naiſſent auſſi, & qu'elles commencent à receuoir de la terre toute la nourriture qui fait leur ſympathie auec les mineraux.

(14) Relation des expériences faites à Angers le 26 Juin 1772 ſur la vertu de la baguette divinatoire, par M. Gabory Prêtre.

La perſonne qui faiſoit tourner cette baguette divinatoire, ſe nommoit Eléonor Ferand, native de Roane femme d'un Horloger. Les expériences ſe firent en préſence de quelques grands Vicaires, Chanoines, Abbés, Prêtres, qui céderent au preſtige d'une maniere incroyable; on ſe ſervoit d'ormeau, de prunier, de noyer, de chataignier des Indes, de charme, de laurier, de ſureau & de tronc d'artichaut.

*Mercure de France, Sept. 1772.*

## XII.

*César d'Arcons.*

### *Pourquoy la France ne s'est jamais prevalue des mines dont elle abonde.*

La fertilité de la France & l'abondance de ses fruits & de ses denrées, qui obligent les Nations estrangeres qui en ont besoin, d'en venir querir & de nous apporter tous les metaux qui nous sont necessaires, sont sans doute des mines d'autant plus riches qu'elles sont faciles & inespuisables, & peut-estre est-ce pour cela que nos Roys n'ont jamais fait trauailler en Roys aux mines Metalliques de leur Estat.

Peut-estre est-ce aussi à cause que les anciens Romains ayant espuisé toutes celles qu'ils y trouverent de leurs temps, il a depuis falu plusieurs siecles à la Nature pour en former de nouuelles, & pour en pousser au dehors les filons & les marcassites qui les descouurent.

Quoyqu'il en soit il est certain qu'il n'y a jamais eû tant de mines connues dans ce Royaume, comme il y en a à present. Car outre celles dont j'ay parlé dessus & qui se trouuent auec plusieurs autres dans le Languedoc, il s'en trouue aussi quantité dans la Comté de Foix, dans les autres pays montagnards qui sont au pied des Monts-Pyrenées, dans le Perigord, dans le Limosin, dans la Prouence & dans le Dauphiné ; la plusspart de plomb ou de cuiure tenant du fin, & quelques vnes d'estain.

Il est vray que nos Monarques ont touiours permis à plusieurs de leurs suiets d'y faire trauailler & d'en fondre les metaux. Mais l'esuenement a touiours fait voir que la nature a si fort caché tous ces thresors dans les entrailles de la terre, que comme il n'y a que les Souuerains qui ayent le droit de les en tirer, il n'y a qu'eux aussi qui ayent le pouuoir de ce faire.

César d'Arcons.

Les suiets & les personnes priuées peuuent bien ouurir des mines à leurs despens auec la permission du Prince, & y faire trauailler aussi longuement que la matiere en est abondante & facile à creuser, & qu'elles y trouuent leur compte. Toutes fois elles ne peuuent pas touiours les pousser à bout, ny en faire sortir par vn grand trauail tout ce qu'il y a ordinairement de plus riche dans leur plus grande profondeur & parmy les plus durs rochers : pour ce que ces personnes priuées n'ayant pour but dans ces entreprises, que le lucre & leur interest particulier, ny pour moyens que des ouuriers ordinaires & des mediocres richesses, & ne voulant au reste rien hazarder, elles abandonnent entierement leurs ouurages dès aussitost qu'elles n'y trouuent plus de profit, & que la despense des trauaux esgale la valeur des metaux qu'on en retire.

Les Roys au contraire & les Souuerains, lorsqu'ils font eux-mesmes trauailler aux mines de leurs Estats, comme ils ne s'en rebutent jamais, ils y trouuent touiours tout l'auantage qu'ils s'en proposent ; pour ce qu'ils les poussent touiours à bout ; pour ce que la finance qu'ils y despensent reuient touiours dans leurs coffres par les imposts & par les subsides ; pour ce qu'ils y employent pour ouuriers des hommes confisquez par leurs crimes & condamnez à ces trauaux, où ils ne coutent que la subsistance : & pour ce enfin que par ces moyens-là, qui ne sont propres en effet qu'à des Souuerains ils arriuent touiours à leur fin principale, qui est de donner au commerce & à l'vsage de leurs armées & de leurs suiets, les metaux dont ils ont besoin & qui ne seruent à rien tant qu'ils demeurent enseuelis dans la terre.

*César d'Arcons.*

Or quand il plaira à Sa Maiesté de faire ainsi trauailler à ses mines, comme elle en a tous les moyens necessaires ( sauf de bons fondeurs qu'il faudroit faire venir d'Allemagne jusqu'à ce que le trauail en eust fait d'aussi bons en France ) non seulement l'on pourra esperer d'y voir en plusieurs mines le mesme esuenement qu'on a deja veu à celle de la Caunete, dont j'ay aussi parlé cy-dessus & qui n'estant au commencement qu'vne mine de plomb s'est trouuée au fond vne mine d'argent, mais l'on pourra en outre se promettre que dans peu d'années l'on fera sortir peut-estre assez de fin pour en payer toute la despense ou la meilleure partie, & peut-estre aussi assez de plomb & de cuiure pour n'auoir plus besoin de celuy que les estrangers nous apportent, & pour lequel ils emportent chez eux de nos deniers plus de trois milions de liures chaque année.

---

Le Chevalier de Clerville, dont il est question dans cet Ouvrage, avoit été Maître de Mathématiques de Louis XIV, & de Monsieur.

FIN.

Jean Astruc.

# MINE DE PLOMB PRES DE DURFORT, DANS LE DIOCÈSE D'ALAIS.

*Par Jean Astruc D. R. de la Fac. de Med. de l'Univ. de Paris.*

1737.

CETTE mine est au pied d'un côteau, ou d'une petite montagne dont le penchant est couvert de vignes & de chataigniers, au Nord-ouest & à un quart de lieue de Durfort. Comme on y a déja fouillé en un grand nombre d'endroits assez près les uns des autres, & qu'on y a fouillé toujours avec le même succès, il y a grand lieu de croire que toute la montagne est de la même nature, & qu'on y trouveroit partout de la mine de plomb, si on prenoit la peine d'y travailler sérieusement; mais ce travail est abandonné à la fantaisie des paysans qui ne s'en occupent que quand ils n'ont rien de plus utile à faire.

En commençant à creuser dans cet endroit, on trouve d'abord trois ou quatre pieds de terre médiocrement fertile, & sous cette terre se présente un lit d'une roche vive, dure, grisâtre, & de l'épaisseur d'environ deux ou trois pieds.

On avoit accoutumé autrefois de faire sauter ce rocher par la mine, mais la cherté de la poudre & surtout la difficulté d'en avoir dans les Cévennes où les fréquens soulevemens ne permettent pas d'en confier aux paysans, sont cause qu'on employe aujourd'hui un moyen, un peu plus long, mais aussi beaucoup moins cher. On allume un grand feu sur

*Jean Astruc.*

le lit de rocher après l'avoir découvert, & on entretient ce feu, jusqu'à ce que le rocher se fende & s'éclate. On achève ensuite de détacher à coups de maillets ce qui est déjà fêlé & ébranlé ; & s'il arrive que le feu n'ait pas pénétré assez avant la premiere fois & que les fentes ne s'étendent pas dans toute l'épaisseur du rocher, on y revient une seconde & une troisieme fois.

On trouve sous ce rocher une couche épaisse de deux ou trois pieds, d'une pierre blanchâtre, brillante, un peu transparente & qui se casse facilement. Cette pierre ne forme point une masse continue ; elle est fêlée en plusieurs endroits & paroit être formée de plusieurs pièces distinctes.

C'est entre ces pièces qu'on trouve la mine de plomb. Elle est noire, brillante, polie, pesante ; en un mot facile à distinguer d'avec la pierre où on la trouve. Ce n'est point par filons continus qu'elle y est distribuée, comme les autres metaux le font ordinairement dans leurs mines, mais par morceaux distincts de différentes grosseurs.

Sous cette premiere couche de pierre brillante & de mine de plomb mêlés ensemble, on trouve un autre lit de rocher semblable au premier, qu'on emporte de la même façon ; & sous ce second lit de rocher, on trouve une nouvelle couche de pierre brillante & de mine de plomb comme la premiere, & ordinairement plus épaisse & plus abondante.

Comme on retrouve encore sous cette seconde couche un autre lit du même rocher, il y a apparence que la même disposition continue, & qu'en creusant on trouveroit alternativement dans le même ordre, & de nouvelles couches de pierre brillante & de mine de plomb & de nouveaux lits de rocher. Peut-être même la mine deviendroit-elle plus riche, à mesure qu'elle seroit plus profonde ; mais ordinairement on ne creuse pas audessous du troisieme lit de rocher, à cause de la peine qu'il y auroit de retirer les pierres, & l'on aime mieux élargir la mine par les côtés, ou en ouvrir une nouvelle.

Jean Astruc.

Cette disposition de la mine, donne lieu de conjecturer que dans les entre-deux de ces différens lits de rocher, il a coulé autrefois de l'eau chargée d'une grande quantité de parties de terre fort fines, & de beaucoup de parties de plomb : que d'un côté les parties de terre se sont unies ensemble & ont fait la pierre brillante & à demi transparente qui remplit ces interstices, à peu-près comme l'eau de pluye qui s'est chargée de parties terrestres en pénétrant à travers les terres, se crystallise dans les cavernes où elle distille goute à goute, en des congellations brillantes presque transparentes : que de l'autre côté les parties métalliques de plomb se réunissant de même, ont formé à part les différens morceaux de mine de plomb qu'on trouve dans les fentes ou dans les vuides que laisse cette pierre.

Quoique les parties terrestres & les parties métalliques fussent confondues ensemble dans le même liquide, elles n'ont pas laissé de former des concrétions différentes, de la même maniere que le salpêtre & le sel marin, quoique dissous dans la même eau, forment des crystaux distincts. Cela peut venir de ce que la différence des surfaces de ces différentes parties ne leur a pas permis de se joindre & de s'unir ensemble, ou peut-être de ce que les parties de terre ayant plus de disposition à s'unir, se sont unies les premieres, ce qui a obligé les parties de plomb, quand elles sont venues à s'unir à leur tour, de former des concrétions à part dans les fentes qui restoient entre les pierres déja formées. On trouve cependant que cette pierre est souvent teinte d'une couleur violette plus ou moins foncée, ce qui prouve que du moins en ces endroits-là, la séparation des

Jean Astruc.

parties de pierre & de celles de plomb n'a pas été parfaite, puisque cette couleur ne peut être rapportée qu'au mélange de quelques parties de plomb qui y sont demeurées confondues.

Les paysans de Durfort qui travaillent à la mine que nous venons de décrire, appellent la mine de plomb qu'ils en retirent, de l'*Archifou*, ce qui revient au nom d'*Alquifou*, que Lémeri (1) dit que plusieurs ouvriers donnent à la mine de plomb.

La quantité d'archifou que ces paysans peuvent tirer de la mine, n'est pas considérable : aussi comme on l'a déja remarqué, n'y travaillent-ils que quand tout autre travail leur manque. Elle s'employe toute en *vernis* pour la poterie de terre, & l'on m'assura quand je fus sur les lieux, que ce vernis étoit fort recherché des Potiers, comme beaucoup plus fin & plus net que celui qu'on trouve dans le Vivarais, ce que je croirois aisément sur l'inspection.

Pour la pierre brillante & crystalline avec laquelle l'archifou se trouve mêlé, elle n'a aucun usage; mais elle a deux propriétés qui méritent d'être remarquées :

*La premiere*, qu'elle se fend aisément & qu'elle se divise toujours en des fragmens cubiques, ou du moins parallelepipèdes rectangles, ce qui semble prouver que les premieres parcelles ou *élémens* dont elle est formée, ont la même figure.

*La seconde*, que cette pierre jettée dans le feu, pétille à peuprès comme le sel marin, qu'on y jette, mais avec plus de bruit encore, cette propriété paroit être une suite de la premiere; les petites parties intégrantes de cette pierre étant cubiques ou parallelepipèdes, doivent se toucher par de grandes

(1) Traité des drogues simples, au mot *plumbum*.

Jean Astruc.

surfaces & ne laisser entre elles que des pores ou interstices très-petits. Ainsi les parties aqueuses qui peuvent s'y trouver, n'ayant point d'issue libre, lorsque la chaleur les dilate & les raréfie tout d'un coup, doivent nécessairement en écarter les parties; & comme ces parties se touchent par de larges surfaces, elles les écartent avec beaucoup de violence, ce qui fait le pétillement.

La décrépitation ou le pétillement du sel marin par le feu, s'explique par le même principe, puisque les parties du sel marin sont de même cubiques; & si le pétillement du sel marin se fait avec moins d'éclat que celui de la pierre dont nous parlons, c'est apparemment parce que les parties en sont plus petites, ou moins étroitement unies & qu'ainsi il ne faut point, pour les séparer, un ébranlement aussi violent. (2)

---

(2) A Vsez en certain terroir du villaige de Seruiers se trouue pour peu qu'on enfouye la terre, si grand nombre de marquesites que toute la terre en est couuerte où nature a tellement joué & passé son temps à les remarquer, qu'on ne sçauroit croire que infinité de figures Geometriques, de lettres & autres caracteres n'y eussent été studieusement graués, ou pourtraicts, ou releués en toute sorte de bosses... Pline, Cardan & les autres, les appellent *lapis pyrius*, pierre à feu & certainement elles le sont bien, car les Arquebusiers ne se sauroient aider de pierre à feu meilleure, ni plus certaine pour leur rouetz, que de ces marquesites. J'en ay autrefois fondu au crusol, auec addition de plomb, que autrement plutost se brusleroient que de couler; & y ay troué sur la couppelle après, des grains d'argent du plus fin... & si c'estoit nostre argument, je desirerois bien ici, que par le moyen & aide de ces marquesites l'on peut raffiner l'estain, autant ou plus fin & resonnant que nul qui nous soit apporté de Cornoaille, *Podo Albenas p.* 49.

Sauvages.

## MINE DE MERCURE VIERGE, DE MONTPELLIER.

*Par M. l'Abbé de Sauvages.*

1760.

LORSQU'ON creuſe dans la partie haute de la Ville de Montpellier, on trouve 1o. Une couche d'argille ou terre griſe, qui blanchit en ſe deſſéchant 2o. Des bancs de ſable que l'on retrouve encore après avoir creuſé à une grande profondeur: c'eſt dans la couche argilleuſe que l'on trouve du mercure vierge.

Le mercure y paroit ſous la forme de veines cylindriques très-fines, déliées, dont les ramifications s'étendent en différens ſens; il eſt contenu dans ces veines comme dans des tuyaux de matière griſâtre, qui n'eſt autre choſe que les impuretés dont le minéral eſt toujours chargé dans cette matrice. Cette croute de mercure a même aſſez de conſiſtance, pour qu'on puiſſe détacher des rameaux entiers ſans que le mercure s'échappe; pour produire cet effet, il faut preſſer le tuyau ou l'écraſer, alors on en voit ſortir de petits globules, qui ont le brillant du mercure purifié. Les motes d'argille qui contiennent ce mercure, ſont ſans mélange d'autres terres & ont les caracteres d'une terre neuve qui n'a jamais été remuée. On ne peut regretter que ſa poſition, qui la rend comme inutile, cependant la colline de Montpellier n'eſt ſurement point la ſeule qui ſoit dans ce pays.

Sauvages.

## *Du Vitriol de France, & la maniere dont on exploite ce minéral aux environs de la Ville d'Alais en Languedoc. Par M. l'Abbé de Sauvages.*

1746.

L'Habitude où ſont les Teinturiers François de faire uſage du vitriol d'Angleterre, ſemble indiquer que ce minéral ne ſe trouve que difficilement en France : car eſt-il naturel que nous achetions des Nations voiſines une denrée qui ſeroit en abondance chez nous.

C'eſt cependant un fait très-vrai. Il y a en France pluſieurs mines de vitriol qu'on n'exploite point. Nous donnerons dans ce Memoire, en premier lieu, les indications qui ſervent à reconnoître ces mines : ſecondement, les moyens d'en extraire le vitriol qu'elles renferment; mais avant d'aller plus avant, il faut dire un mot du commerce de cette marchandiſe.

Le vitriol ou la couperoſe, eſt un ſel minéral compoſé d'un acide & d'une terre métallique corporifiés par une grande quantité d'eau. En poſant ces matieres ſur des charbons ardens, on fait évaporer le liquide, & il ne reſte qu'une terre blanchâtre & opaque, qui n'eſt autre choſe qu'un ſel fixe où domine l'acide.

Cet acide eſt le plus puiſſant de la nature, il corrode le fer & le cuivre, il perce d'une infinité de petits trous les fils qui compoſent les étoffes, & les prépare à bien recevoir les couleurs. Voila pourquoi le vitriol eſt d'une ſi grande utilité dans les teintures, ſur-tout pour le noir & le gris. Il s'en consomme beaucoup pour ce seul objet, en France particulierement.

Sauvages.

Qu'on ne croye pas qu'il soit difficile de découvrir ces matieres. Plusieurs signes non équivoques indiquent les différens terreins qui contiennent dans leur sein des mines de vitriol ferrugineux ou cuivreux; car il y a deux espèces de vitriol. Le premier qui est le plus aisé à trouver, parce qu'il est moins enfoncé dans la terre, est mêlé de fer. L'autre est uni avec le cuivre, & demeure souvent caché, jusqu'à ce qu'une fouille fortuite, une ravine, ou l'éboulement des terres le mette à découvert.

Deux choses servent principalement à s'assurer que le terrein où l'on est couvre une mine vitriolique. La premiere est le goût des eaux qui sortant des environs, ou qui y séjournant, prennent un goût & une odeur qui ne peuvent laisser de doute sur la matiere dont elles sont impregnées.

La seconde indication est la découverte de la *gangue* qui est une pierre spatheuse, molle, blanchâtre, brillante, très-pésante, le plus souvent posée de champ, & disposée par couches épaisses d'un ou deux pouces, qui sortent de terre. Cette pierre est non-seulement l'indice d'une mine vitriolique; mais elle aide à suivre les détours de ses labyrintes: le plus communément elle couvre les mines de vitriol cuivreux.

La matière étant découverte, voici le moyen de l'exploiter, comme on le pratique aux environs d'Alais en Languedoc où se trouvent plusieurs de ces mines. M. l'Abbé de Sauvages qui a examiné toutes ces opérations en Physicien éclairé, en donna la description dans un Mémoire qu'il lut à l'Assemblée publique de la Societé Royale des Sciences de Montpellier le 23 Décembre 1746, & dont on a extrait le détail suivant.

Ce

Cet Académicien distingue quatre opérations principales, sçavoir, la calcination, la lessive, l'évaporation & la crystallisation. Sauvages.

La calcination se fait en étendant simplement pendant un tems suffisant dans une aire ou sur une terrasse disposée à cet effet, les marcassites vitrioliques, telles qu'on les retire des entrailles de la terre. Exposées aux effets de l'air, du soleil & de la pluye, elles se gersent & se réduisent en poussiere; il s'y forme de petits crystaux longs, blancs, brillans & transparens, qui sont une preuve que la calcination est suffisante.

Cette matière ainsi préparée, est portée dans les *lavoirs*, c'est ici la seconde opération; on la dépose sans la fouler, on en met environ à la hauteur d'un pied & demi, ensuite on conduit dans ces lavoirs de l'eau qu'on y laisse tomber de la hauteur d'un pied. Une fois par jour, cette terre est remuée & détrempée dans l'eau qui la couvre, & cela jusqu'à ce que cette eau soit suffisamment empreinte de sels; ce qu'on connoît en y mettant un œuf frais qui doit surnager & se coucher sur le côté. Cette lessive ainsi faite, on la laisse couler dans *le ruisseau couvert* où se fait la précipitation d'une terre jaunâtre qui laisse surnager une eau limpide d'une couleur verte un peu foncée.

La lessive étant suffisamment reposée, on ouvre les robinets des ruisseaux couverts, & elle tombe dans des chaudières qui sont au dessous. Ces chaudières sont de plomb, & doivent servir à la troisième opération, c'est-à-dire, à l'évaporation. Pour cet effet on les chauffe à grand feu, on a soin de les remplir à mesure que l'évaporation se fait, de peur que les bords ne se fondent. On connoît que l'évaporation est suffisante, lorsque prenant de cette lessive mêlée avec de la croute qui se forme dessus,

& la verſant ſur un marbre, elle s'y congéle en deux ou trois minutes.

Sauvages.

Pour procéder à la quatrième opération, c'eſt-à-dire, à la cryſtalliſation, on vuide la chaudière, & l'on porte la leſſive dans les *congeloirs*, obſervant d'y mêler de l'eau-mere du vitriol. Cette liqueur en ſe refroidiſſant laiſſe précipiter au fond un limon qui entraîne avec lui les ſels les plus groſſiers, leſquels forment une croute compoſée de cryſtaux de différente groſſeur, c'eſt là ce qu'on nomme *couperoſe*; elle ne differe du vitriol que parce que ce dernier eſt plus fin & d'une couleur plus vive.

Celui-ci ſe cryſtalliſe aux parois des congeloirs ou à des rameaux qu'on prend ſoin de jetter dans ces vaſes, & auxquels s'accrochent les ſels qui ne pourroient gagner les bords. Cinq jours ſuffiſent pour achever la cryſtalliſation. Alors on détache la couperoſe, on la lave dans l'eau même qui la contient, & on la met ſécher dans un magaſin propre, ſec, & où le ſoleil ni le trop grand air ne pénétrent point. On en fait de même du vitriol.

L'eau qui reſte après la cryſtalliſation ſe nomme eau-mere. On la dépure ſoigneuſement en la laiſſant repoſer, & on la jette dans les congeloirs, où elle ſert de levain pour perfectionner les cryſtaux & pour commencer & hâter la cryſtalliſation qui ſans ce ſecours ſeroit tardive & très-imparfaite.

Le *caput mortuum* des marcaſſites, peut encore avoir ſon utilité; on en tire du ſoufre.

Ce procédé eſt ſi ſimple, que nous oſons aſſurer qu'il n'y a preſque perſonne qui ne ſoit en état de le ſuivre d'après le détail que nous venons d'en donner. Il eſt vrai que pour mettre le vitriol de France dans toute ſa valeur, il faudroit d'abord détruire dans la Communauté des Teinturiers le préjugé qui le leur fait croire inférieur à celui d'Angleterre.

LeMonnier

# DES MINES DE L'AUVERGNE.

## I.

*Description des Mines de charbon de terre de la Compagnie Royale d'Auvergne, & des effets singuliers d'une vapeur qui s'y trouve quelquefois. Par M. le Monnier, D. M. L. de l'Ac. des Sc.* (1)

1739.

CES mines sont situées dans la Paroisse de *Brassac* entre le chemin qui conduit *d'Issoire* à *Brioude* & la rivière d'Allier ; c'est sur le bord de cette rivière qui n'est éloignée des mines que d'une demi-lieue que la compagnie a établi son magasin, afin de transporter plus facilement le charbon à Paris & aux autres lieux de sa destination ; car la plus grande consommation ne se fait pas dans la Province. La Presqu'Isle que forme en cet endroit la rivière d'Allier, est presque toute établie sur un banc de charbon de terre qui a plus de six lieues de longueur ; plusieurs particuliers qui ont des terres en ce canton, y ont aussi des mines qu'ils font exploiter à leurs dépens : mais ce ne sont que des troux en comparaison des mines de la Compagnie : & comme ces particuliers ne sont pas la plûpart en état de faire les dépenses nécessaires pour parvenir jusqu'aux meilleures veines de charbon ; celui qu'ils tirent pour ainsi dire à la superficie étant presque tout terreux & de mauvaise qualité, ne sert qu'à décrier le char-

(1) Voyez ci-devant, *Rest. de Pluton.* page 363.

Le Monnier

bon de la Province, qui, à ce que je crois, vaut bien tout autre.

Je me ſuis attaché à obſerver les mines de la Compagnie, tant parce qu'elles ſont plus vaſtes, plus profondes & qu'elles fourniſſent du charbon plus parfait, que parce qu'elles ſont plus ſures & moins ſujettes aux écroulemens, par la grande attention qu'on apporte à les étayer & à creuſer à propos. D'ailleurs j'étois invité par la politeſſe de MM. les Députés qui veillent à l'exploitation de ces mines & qui m'ont fourni tous les ſecours dont j'ai eu beſoin pour faire mes obſervations.

On deſcend dans ces mines par différens puits qui ſont ſur une petite éminence audeſſus du village de Braſſac, dont les uns ſérvent à monter les ſacs de charbon qu'on a tiré des galleries, les autres à épuiſer les eaux de la mine, enſorte que le charbon eſt parfaitement ſec dans les galleries. L'épuiſement des eaux eſt un travail continuel, & qui cauſe de grandes dépenſes : on élève alternativement par le moyen d'une machine à roues dentées qu'un cheval fait mouvoir, deux grands ſeaux qui verſent en dehors les eaux de la mine. On meſure avec grand ſoin chaque jour l'abaiſſement de l'eau dans les puits, & quand le tems eſt ſec, on fait baiſſer l'eau de 6 pouces en 24 heures : mais on obſerve des crues bien ſenſibles après les tems de pluye; car une pluye un peu abondante, détruit quelquefois le travail de pluſieurs jours. Cette obſervation, pour le dire en paſſant, eſt bien contraire au ſentiment de ceux qui prétendent que les eaux de la pluye ne ſçauroient pénétrer les terres aſſez avant pour entretenir les fontaines, & qui ſe prévalent d'une expérience de M. de la Hire, qui n'eſt conſéquente que pour certaines terres fortes & non pas pour celles qui ſont ſablonneuſes ou pierreuſes; car il eſt clair, par les mesures prises journellement dans nos puits, que les eaux de la pluye pénétrent fort bien jusqu'à la profondeur de 250 pieds. Le Monnier

On se sert du tourniquet simple pour monter le charbon par les autres puits ; & c'est au bas de ceux-ci qu'aboutissent les galleries. Les grandes galleries ont, autant qu'il est possible, des puits à chacune de leur extrémité, par où l'air entre continuellement dans la mine, & supplée à celui qui est détruit par les vapeurs & la respiration des ouvriers : ces puits sont quarrés & d'une largeur raisonnable : comme ils sont étayés dans toute leur étendue avec des chevrons de pin, & que ce *fustage* est partout garni de *rames*, il ne m'a pas été possible d'avoir un état bien exact des différentes matières qui sont audessus du charbon, ni de mesurer les dimensions de leurs lits. Voici cependant ce que j'ai pu appercevoir. Les premieres couches sont d'une terre noirâtre, légère & bitumineuse ; ensuite on trouve un banc de roc grisâtre & très-dur, qui a bien 7 à 8 toises d'épaisseur, suivant le rapport des ouvriers : audessous de ce rocher reparoît la terre noirâtre, mais bien plus bitumineuse ; après cette terre suit un lit de *schist*, audessous duquel on trouve enfin le charbon dont il y a plusieurs qualités.

Le charbon n'est pas ici disposé par lits, veines ou filons, comme les matières métalliques ; c'est une masse homogène telle que les carrieres à sable, ensorte qu'on peut creuser en tout sens avec profit ; mais on observe que le charbon superficiel est d'une moindre qualité ; qu'il est terreux, peu flambant, & n'échauffe que médiocrement ; aulieu que celui qui se tire à une plus grande profondeur, est bien plus parfait : le plus beau charbon en mottes séches, fragiles, légeres & brillantes s'appelle *le puceau* ; il ne se trouve qu'à une grande profondeur

Le Monnier

où les particuliers qui ont des mines, ne s'embarrassent pas d'atteindre ; les mines de la Compagnie fournissent déja du puceau en quelques endroits.

Quand je dis que la mine de charbon est une masse homogène, j'en excepte cependant quelques veines de *schist* ou *fausse ardoise*, qui la traversent : mais ces veines sont assés rares & n'ont pas beaucoup d'étendue ; quand on les rencontre, en suivant une gallerie, on en est quitte pour les casser au pic, afin de passer outre. Ce schist est très-dur au fond de la mine ; mais quand il a été exposé pendant quelques jours à l'air, il s'effeuille & se réduit en poussiere. M'étant amusé à considérer des morceaux de ce schist qui avoient déja éprouvé l'action de l'air, j'ai apperçu les impressions de plusieurs espèces de fougeres, qui me sont presque toutes inconnues. Je crois cependant avoir remarqué l'impression des feuilles de l'*osmonde Royale* dont je n'ai jamais vu un seul pied dans toute l'Auvergne.

Quelquefois, pour ne pas interrompre le travail de ceux qui sont occupés à monter le charbon au haut des puits, on a plutôt fait, pour se débarasser des fragmens de *schist*, de faire une espèce de cul-de-sac, & d'y brouetter ces rocailles : cette raison a principalement donné lieu à plusieurs de ces culs-de-sac que l'on rencontre de tems en tems dans les galleries ; or dans les grandes chaleurs de l'été ces endroits sont souvent remplis d'une vapeur qu'on appelle *la pousse*, & qui devient quelquefois funeste aux ouvriers qui travaillent aux mines. On dit que si un homme y restoit pendant quelques minutes, il seroit bientôt suffoqué. Cette vapeur ne se borne pas seulement aux culs-de-sac, elle infecte aussi quelquefois les galleries & même les puits de descente ; mais elle ne regne avec tant de violence que dans les plus grandes chaleurs de l'été, & alors

Le Monnier

il faut absolument cesser les travaux de la mine, on y courroit risque de la vie. On observe que plus les mines ont de puits, plus les galleries sont larges & proprement entretenues, moins la pousse est dangereuse, & plus aisément dissipée; c'est pour cette raison sans doute, que les particuliers sont obligés de fermer leurs mines pendant l'été, à cause du petit nombre de puits dont elles sont percées, & de la malpropreté de leurs galleries.

La nature & le cours de la pousse présentent des phénomènes bien singuliers; elle s'élève de 5 à 6 pieds dans les culs-de-sac, elle passe rarement deux pieds dans les galleries, souvent elle rampe à terre & s'élève à peine de six pouces; & un mineur me mena une fois dans un coin au bas d'un puits, où il ne paroissoit point y avoir de pousse; il fit un trou qui avoit à peine neuf pouces de profondeur, il en fut aussitôt rempli. Elle n'abandonne pas ordinairement le parterre des galleries; mais j'ai été fort surpris d'en trouver une lame épaisse d'un pied & demi & qui traversoit une gallerie; ensorte que le haut & le bas de cette même gallerie étoient absolument vuides de pousse.

Elle ne présente rien à la vue, au toucher ni à l'odorat; elle n'est point inflammable; on n'apperçoit non plus aucune humidité; mais l'usage a appris un moyen sûr & facile de la reconnoître. On ne descend jamais dans les mines sans avoir plusieurs lampes allumées; aussitôt que la lampe est dans un endroit où il y a de la pousse, elle s'éteint comme elle feroit si on la mettoit sous le récipient de la machine pneumatique. La vivacité & la promptitude avec laquelle la lampe s'éteint fait juger de la force ou de la qualité de la pousse; & en promenant cette lampe successivement en différens endroits, on détermine son étendue & sa direction. On a grand

Le Monnier

ſoin, quand quelqu'un deſcend dans les puits, de regarder avec attention la lumière de la lampe que tient celui qui deſcend, & on ne manque pas de retirer la corde auſſitôt qu'on l'apperçoit s'affoiblir ou s'éteindre. Ceux qui vont dans les galleries dans les tems où on craint la pouſſe, portent toujours une lampe en avant, & dès qu'elle s'éteint, ils ceſſent d'avancer, & viennent la rallumer à d'autres qui ſont fixées d'eſpace en eſpace pour cet uſage.

Des phénomènes auſſi étonnans excitoient vivement ma curioſité, & l'envie de découvrir quelque moyen de diſſiper cette vapeur, ou du moins de garantir les ouvriers de ſes funeſtes effets, ne m'engageoit pas moins à les approfondir. J'haſardai d'entrer dans un cul-de-ſac rempli de pouſſe, j'y reſtai près d'une demi-minute, & voici ce que j'éprouvai : je ſentis tout auſſitôt une difficulté de reſpirer, comme ſi on m'eût ſerré fortement la poitrine : le viſage & la gorge ſe gonflerent conſidérablement, les yeux devinrent cuiſans, & je verſai quelques larmes ; j'eus des tintemens dans les oreilles ; enfin je ſortis quand je m'apperçus de quelques étourdiſſemens : quand j'eus reſpiré à mon aiſe au bas d'un puits, je commençai à refléchir ſur chacun de ces accidens ; ils me parurent être les mêmes que ceux qui ſurviennent, quand on s'abſtient exprès de reſpirer en ſe bouchant la bouche & le nez : en effet je me mis auſſitôt dans cette ſituation, & je trouvai une entiere conformité dans les effets, à cela près que les yeux ne me cuiſoient pas tant. J'allai porter par haſard la lampe dans la pouſſe dont je ſortois, & par la lenteur avec laquelle je la vis s'éteindre, je la jugeai beaucoup diminuée ; les charbonniers dirent que je l'avois bue, & j'appris d'eux qu'en s'obſtinant à travailler dans des endroits où il n'y en avoit qu'une petite quantité, ils venoient ſouvent à bout

Le Monnier.

de la boire toute : mais ils ne se hasardent jamais à faire cette dangereuse expérience, qu'ils n'ayent auparavant bien éprouvé avec la lampe si elle n'est point trop forte. Étonné de cette nouvelle expérience je me fis conduire aussitôt à un autre endroit où il y avoit peu de pousse ; elle n'étoit élevée qu'à deux pieds de terre, mais elle étoit très-vive ; car la lampe s'y éteignoit, comme si on l'eût soufflée. Comme je ne courois aucun risque à cause de son peu d'élévation, j'y entrai avec plusieurs charbonniers, & j'y restai un bon quart d'heure à leur faire différentes questions : nous avions les jambes & le bas des habits dans la pousse, mais non pas le reste du corps : ensorte que nous ne pouvions pas absorber la vapeur par la respiration. Au bout de ce tems, je posai la lampe dans la pousse, elle s'étergnit, mais très-lentement. Je la fis rallumer & je restai dans la pousse encore un quart d'heure, après quoi y ayant mis la lampe, elle s'y conserva sans s'éteindre, ni même s'affoiblir. Je me mis ensuite vis-à-vis d'un petit cul-de-sac tout rempli de pousse & qui éteignoit la lampe fort vivement, je m'arrêtai directement vis-à-vis l'orifice de ce ce cul-de-sac, ensorte que je n'étois point dans la pousse, mais je n'en étois éloigné que de deux ou trois pieds ; j'y restai quelque tems & la lampe que je tenois dans mes mains s'affoiblissoit, & alloit s'éteindre si je n'eus reculé quelques pas ; je rapportai la même lampe dans le cul-de-sac & la pousse me parut considérablement dissipée : il sembloit que nos habits l'eussent attirée, les charbonniers m'apprirent à cette occasion, que lorsqu'ils vouloient épuiser la pousse qui les empêchoit de travailler en quelqu'endroit, ils mettoient vis-à-vis un grand réchaud de feu qui la détournoit en l'attirant.

Il paroît par ces observations que la pousse est

*Le Monnier*

du genre des vapeurs qui ont la propriété de fixer & de détruire l'élasticité de l'air, telles que celles qui s'élevoient des caves du Boulanger de Chartres dont il est parlé dans l'Histoire de l'Académie, année 1710, telles que sont encore celles qui s'élèvent du charbon de bois allumé, qui suffoquent ceux qui en brûlent dans des lieux étroits & bien fermés : enfin celle de la vapeur d'une chandelle, d'une mêche de soufre & d'une infinité d'autres matières qui tuent sur le champ les animaux qu'on y enferme; du moins la conformité des effets de la pousse avec ceux que produit la vapeur des matières dont je viens de parler, semble autoriser ce sentiment : cependant je ne sçaurois dissimuler que l'air dans lequel se trouve la pousse, m'a paru avoir autant de ressort que celui qu'on respire hors la mine ; car y ayant mis mon barometre, j'ai trouvé la hauteur du mercure dans la pousse de 26 pouces 8 lignes $\frac{7}{12}$, tandis qu'au haut du Puy de la forge il n'étoit suspendu qu'à la hauteur de 26 pouces 6 lignes $\frac{7}{12}$.

De plus le thermométre qui, au haut du même Puy de la forge, étoit dans l'air libre à 22 degrés audessus du terme de la congélation, n'étoit plus qu'à 16 $\frac{1}{2}$ au fond de la mine & dans la pousse. Ainsi donc la plus grande élévation du mercure dans le barométre & le plus grand abaissement du thermométre, prouvent que l'air dans lequel nage la pousse, est plus dense que l'air extérieur.

Voici maintenant les expériences que j'ai faites pour détruire cette vapeur : elles sont fondées sur ma conjecture, qu'elle détruit l'élasticité de l'air. J'ai fait descendre un bon réchaud de feu avec une bouteille de vinaigre ; j'ai fait mettre ce réchaud dans un cul-de-sac où il y avoit beaucoup de pousse ; & comme le feu s'y éteignoit rapidement, je m'empressai de verser dessus quelque cuillerées de vinaigre qui acheverent de l'éteindre & ne dissipèrent point la pousse : elle me parut, quand j'y mis la lampe, presqu'aussi vive qu'avant que j'y eusse fait mettre le réchaud; je remontai à terre & je fis allumer de grosses mottes de charbon que j'enfermai dans une cage de fer : je fis aussi rougir à la forge une douzaine de gros cailloux, & je pris des morceaux de toille à faire des sacs, avec une bonne provision de vinaigre. Dès que je fus arrivé en bas avec tout cet appareil, j'allai à un endroit où il y avoit de la pousse; après avoir fait l'essai avec la lampe, j'y jettai deux ou trois de mes pierres enveloppées dans de la toile imbibée de vinaigre; il s'éleva aussitôt une vapeur épaisse d'une odeur forte de vinaigre que j'eus soin d'entretenir, en y versant quelques autres cuillerées. Quand je remis la lampe sa lumiere se conserva très-vive, & sans s'éteindre : j'allai faire la même expérience à divers endroits, elle me réussit de même, & j'en chassois la pousse assés promptement; mais au bout d'une heure & demie, quand je vins à l'endroit où j'avois fait la premiere expérience, je trouvai qu'elle commençoit à revenir, & le lendemain il y en avoit autant que la veille avec cette différence seulement qu'elle paroissoit moins vive; j'ai projetté du tartre en poudre sur des charbons ardens que j'avois mis dans la pousse, la fumée qui s'en est élevée, a détruit la pousse; mais elle est pareillement revenue au bout d'un certain tems. Je crois qu'on trouvera toujours ces inconvéniens; quelque matière qu'on employe pour dissiper cette vapeur : sçavoir, qu'on chassera bien celle qui est présente, mais qu'on ne pourra pas empêcher qu'il en vienne d'autre à la place. Comme je n'avois pas dans ce village quantité d'autres choses que j'aurois pu éprouver, je m'en suis tenu à ces expériences.

## II.

Le Monnier

### *Description des Carrières d'Améthyste.*

Les plus belles carrières d'améthyste sont à *Pegu* dans la Paroisse de *Vernet*, à quatre lieues au nord de *Brioude*, & à trois lieues des mines de charbon de la Compagnie. On en voit aussi quelques unes au haut de la côte qui borde la riviere d'Allier vis-à-vis Brassaget; mais ces carrières ne sont que des tentatives, & n'ont pas plus de trois à quatre toises de profondeur : les améthystes qu'elles fournissent, sont beaucoup moins belles que celles de Pegu. Il y a grande apparence qu'on pourroit ouvrir bien d'autres carrières dans ce canton, puisque les bancs de rochers dont on les tire, se contiennent dans un espace de plusieurs lieues, & paroissent toujours de même nature.

Il n'y a pas longtems, suivant ce que j'ai appris, que ces carrières sont ouvertes. Des Génevois y viennent travailler de tems en tems dans l'été, & emportent avec eux les crystaux bruts d'améthyste, dont ils font des bagues qu'ils débitent à bon marché dans les Provinces ; c'est pour cette raison qu'on appelle ces crystaux *des pierres de bagues.* Il y en a d'une très-belle couleur & d'une eau très-pure : j'en ai fait tailler à *Murat* par un Lapidaire, pour mettre dans le cabinet du jardin du Roi, qui seroient d'un très-grand prix si elles avoient la dureté des pierres précieuses. Au reste ces carrières n'ont pas encore été bien approfondies ; & il y a lieu de croire qu'on trouveroit des veines plus parfaites, si on creusoit davantage. La plus petite carrière dans laquelle je suis entré a dix ou douze toises de longueur, & s'abaisse d'environ cinq toises audessous de la surface de la terre. L'autre carrière qui est, à ce qu'on m'a dit, la plus considérable, étoit infectée par une charogne qui en bouchoit l'entrée.

Le Monnier

La Nature semble s'écarter ici de ses règles ordinaires & même en suivre de directement opposées; dans presque toutes les carrieres, les pierres sont ordinairement disposées par bancs ou tables à peu près horisontales, & chaque table est distinguée par une veine plus ou moins épaisse, d'une matiere communément plus tendre que la pierre. C'est ainsi qu'on voit les bancs de pierre à plâtre, séparés par des lits de *schist*, de glaise ou de pierres spéculaires: ceux des pierres de tailles, par de l'argile, du bol, &c. Les bancs de cette carrière sont au contraire des tables verticales posées comme sur leur champ, & la matière qui les sépare, est le crystal d'améthyste dont la dureté surpasse de beaucoup celle de la pierre qui est cependant une gangue assez dure.

Chaque veine d'améthyste a quatre travers de doigts d'épaisseur, & s'étend aussi loin que le rocher qu'elle accompagne, dans une direction de l'est à l'ouest à peu près. Cette veine crystalline n'adhere pas également aux deux tables entre lesquelles elle se trouve; elle est intimement unie à l'une des deux, à peine est-elle seulement contiguë à l'autre. La surface qui tient fortement au rocher est composée des fibres réunies de chaque faisceau qui compose l'améthyste; & ce faisceau se termine de l'autre côté en une pyramide à cinq ou six faces souvent inégales, hautes d'environ six lignes, ensorte que la surface de cette croute crystalline, qui regarde le rocher auquel elle est le moins adhérente, est toute hérissée de pointes de diamans. Chaque pyramide est revêtue d'une croute d'un blanc sale; mais l'intérieur est très souvent une améthyste de la plus belle couleur: il s'en trouve de toutes les nuances, & j'en ai vu qui étoient aussi blanches que le plus beau crystal de roche. Ces pierres sont beaucoup plus parfaites, & n'ont même de transparence que vers les pointes; le milieu &

Le Monnier

l'autre extrémité ſont preſque toujours glaceux : les payſans des environs en caſſent les plus beaux morceaux qu'ils vendent aux curieux. J'ai achetté celles que j'ai fait tailler pour le cabinet du jardin du Roi, & elles étoient beaucoup plus belles que celles que j'ai ramaſſées dans la carrière. Ils en connoiſſent peut-être quelqu'autre dont ils n'auront pas voulu me montrer l'iſſue.

## III.

### *Des Mines d'Antimoine de Mercoyre près Saint-Ilpiſe.*

Ces mines ſont ſituées dans le plus affreux pays de la haute Auvergne, à deux lieues au midi de *Brioude*, dans la Paroiſſe de *Mercoyre* ; elles appartiennent à une compagnie d'intéreſſés qui les fait exploiter à ſes dépens & qui a établi ſon magaſin à Brioude : on embarque l'antimoine ſur la rivière d'Allier & on le fait deſcendre juſqu'à Paris, à Rouen & aux autres lieux où s'en fait la conſommation. Le chemin qui conduit à Mercoyre eſt ſi rude & ſi difficile, qu'il n'y a que les mulets du pays qui puiſſent y paſſer, encore faut-il plus de ſix heures pour y arriver. On ſent de loin l'odeur de ſoufre qui s'exhale des fours où on fait fondre la mine d'antimoine, & les feuilles des broſſailles qui ſont aux environs en paroiſſent endommagées. La mine s'annonce par des veines plombées qu'on apperçoit ſur des bancs de rochers qui courent à fleur de tête : la plûpart de ces veines affectent des directions parallèles & ſe joignent ſouvent par d'autres veines plus petites qui les traverſent obliquement : on voit auſſi quantité de cailloux blancs qui ſont répandus ſur la ſurface de la terre, dont la figure eſt rhomboïdale & qui paroiſſent de vrai ſpath.

La mine de Mercoyre fournit une assez grande quantité d'antimoine, & ce premier établissement est le plus considérable & celui qui produit le plus à la Compagnie ; mais on tire au Puy *de la Fage*, qui est une nouvelle entreprise que la Compagnie a faite à une lieue de Mercoyre, une mine d'antimoine beaucoup plus belle & beaucoup plus riche : celle-ci est extrêmement pure & rend souvent 75 pour cent. Les éguilles sont toutes formées dans les filons de cette mine & l'antimoine qu'on en retire est magnifique & ne cède pas en beauté au plus bel antimoine de Hongrie. Les éguilles sont longues, brillantes & forment différens angles aigus très-distingués ; la mine de Mercoyre fournit au contraire bien plus de scories, on y voit rarement de belles éguilles, celles de l'antimoine fondu sont courtes, confuses, & n'ont qu'une direction bien marquée.

Le Monnier

Un écroulement survenu quelques mois avant mon arrivée avoit fait suspendre les travaux de ces mines & depuis ce tems tous les puits s'étoient remplis d'eau ; je n'ai pu descendre que dans une gallerie peu profonde, où l'on suivoit un filon d'antimoine très-modique à la vérité, mais d'une matière aussi riche que celle du Puy *de la Fage* : le Commis qui me conduisoit m'assura qu'il n'en avoit jamais vu de si belle & que je voyois dans ce filon tout ce que je pouvois desirer de voir dans les galleries les plus profondes : voici donc ce que j'en ai observé, & l'ordre des différentes matières qui l'accompagnent.

Le filon paroît courir de l'ouest à l'est, & s'enfonce dans la terre à mesure qu'il va vers l'orient : il est large de deux pouces, j'ignore quelles sont ses autres dimensions. Du côté du nord, il est uni à un *rocher franc* qui est une gangue très-dure. Cette gangue est parsemée de veines de marcassite, que les ouvriers appellent de *la mine morte* ; à mesure qu'elle s'éloigne du filon, elle se change en un *spath*

Le Monnier

blanc, presque diaphane & partagé en un grand nombre de feuillets de figure rhomboïdale. Du côté du midi, le filon est contigu à une pierre assez tendre & graveleuse, qu'ils appellent *la pente*; après cette pierre, suivent différents lits d'une terre savonneuse, légère, capable de s'effeuiller à l'air & dont la couleur est d'un jaune citron : cette terre mise sur une pelle à feu, exhale une forte odeur de soufre mais elle ne s'embrâse pas : à cette terre succèdent différentes veines de rocher, parmi lesquelles on voit encore des filets de marcassite & dont la dureté augmente à mesure qu'elles s'éloignent du filon, c'est ce qu'ils appellent *la queue du filon*; j'ai enlevé une partie de ce filon avec de la poudre & heureusement l'antimoine est resté uni aux différentes matieres qui l'accompagnent, ensorte qu'on peut voir la suite de ces matieres sur le morceau que j'ai envoyé pour le cabinet du jardin du Roi,

Le procédé pour faire fondre la mine d'antimoine est très-simple : on met la mine dans des pots de terre semblables à ceux que nous appellons chauffoirs; on en fait de deux sortes : les uns sont comme à l'ordinaire; les autres en différent en ce qu'ils n'ont point de fond : on ajuste ceux-ci sur les premiers, & on les remplit de mine d'antimoine cassée par petits morceaux : tout ces pots sont arrangés dans un four qu'on échauffe avec des brossailles. On fait un feu modéré pendant les premieres heures, & on l'augmente jusqu'à le faire de la derniere violence : pendant cette opération, qui dure environ vingt quatre heures, il sort du four une fumée très-épaisse, qui répand fort loin aux environs une odeur de soufre : quoique j'aye observé ci-dessus que cette fumée endommageoit les arbres des montagnes voisines, les gens du pays m'ont cependant assuré que personne ne s'en trouvoit incommodé.

Après

Le Monnier.

Après l'opération on trouve l'antimoine fondu dans le pot inférieur & les ſcories reſtent audeſſus. Quand la mine eſt bien pure, comme eſt celle de la Fage le pot inférieur doit ſe trouver plein d'antimoine; mais celle de Merquoyre n'en produit ordinairement que les deux tiers: cependant on dit que ſi le feu n'eſt pas bien ménagé au commencement de l'opération, cette différence influe conſidérablement ſur la quantité d'antimoine.

Il y a encore pluſieurs autres mines en Auvergne, mais qui ſont la plupart négligées. Il y a entre autres, une mine de plomb fort riche, à ce que j'ai oui dire, à Montfermi près de Pontgibaut à quatre lieues de Clermont. Les puits de cette mine qui ſont ſur les bords de la petite rivière de Sioule, étoient remplis d'eau quand j'y arrivai & les magaſins étoient fermés. Cet établiſſement paroît conſidérable; c'eſt à cette mine que j'ai vu pour la premiere fois le ſoufflet à chute d'eau qui n'eſt composé que d'un tuyau de bois & d'une cuve renverſée (1).

---

(1) Alvernia in origine fluminis *Allier* auri fodina elegantiſſima viſitur, ubi quoque lapis Lazuli reperitur. Non procul *Clermont*, vivus eſt ponſque miraculoſus ex ſola aqua conſtructus, quæ in lapideam dureſcit ſubſtantiam. Huic fonti non abſimilem videbis *en Dauphiné* in pago *de Reſſilon* in vicinia & aliam in vico Hiuret in media ferè planitie fons eſt cui bitumen quoddam nigrum glutinoſum & tenax innatat quod coloni ad varios uſus, potiſſimum vero ad oves ſignandas colligunt, ut ſuo loco dicetur. Fons eſt oleaginoſus, bitumen à Rondeletio, ab aliis aſphaltum, à nobis Petroleum nigrum appellatum, ſi quidem è petroſis vinculis multum exſtillare vidimus; ad confortandum nervoſum genus exoptatum remedium; incolæ eodem arbuſculas illiniunt, ne capræ quibus adverſum eſt, eas humi proſternant; oves quoque hoc bitumine ſignant. *Strobelberger.*

# MINES DU LIMOSIN.

1703.

DES Ravines ont découvert une certaine terre dont les Potiers des environs de Limoges se servent pour vernir leurs pots de terre, au lieu du plomb dont on se sert à Paris. M. de Rhodes (1) qui tient présentement à ferme la terre de M. le Duc de la Feuillade à 10 lieues ou environ de Limoges, ayant appris que cette terre avoit ces proprietez, a fait fouir à la Feuillade : même avec beaucoup de dépense il y a environ 3 ou 4 mois. On a découvert de grosses veines de mine de plomb cette année : & trouvé l'arbre de la mine, M. de Rhodes en a fait fondre & faire un saumon de plomb pesant cinquante livres, qu'il a envoyé depuis peu à la Cour. Ce plomb a été éprouvé de toutes sortes de manieres, sçavoir à la Monnoye, pour connoître la quantité d'argent qu'il y a ordinairement, & au moulin des Vitriers pour voir s'il s'étend bien. Ce plomb s'est trouvé bien conditionné. On a aussi trouvé aux environs de ce lieu des mines d'Antimoine.

Il y a lieu de croire, qu'il y a aussi des mines de cuivre dans la Champagne dans les lieux où on trouve des pierres de tonnerre, qui ne sont que des marcassites de ce métal.

---

(1) A l'égard de M. de Rhodes voyez ci-devant la page 209. Les concessions de M. le Duc de la Feuillade sont citées p. 365, & cette découverte est dans le Journ. de Trévoux ; Aoust 1703, & Septembre 1704.

*Lettre écrite de Limoges à Lyon, en Avril 1704, au sujet des Mines de Plomb découvertes dans cette Province.*

J'obéis aux ordres que vous m'avez donnez de connoître par moi-même les travaux des Minieres, qui sont établis depuis peu dans cette Province, & de vous en faire un fidelle rapport. Je commencerai par vous dire ce qui a donné lieu à la découverte des Minieres de Plomb, de Cuivre & d'Étain que l'on prétend être ici fort abondantes.

Vous avez sans doute oüi parler du grand établissement que plusieurs particuliers voulurent faire en 1700 & 1701. dans la terre de la Feuillade, à dessein de consommer par le moyen des forges de fer, tous les bois de cette contrée, dont on ne peut sans cela, faire aucun usage.

Cet établissement n'ayant pû réussir par la qualité de la mine de fer, qui se trouve toute cuivreuse, ceux qui en étoient chargés, après y avoir consommé des sommes très-considérables, crûrent qu'il étoit de leur interêt de chercher quelqu'un sur lequel ils pussent se décharger de ce pesant fardeau.

Ils eurent recours à Mr. de Rhodes homme très-actif & très-entendu, qui se transporta sur les lieux vers le mois d'Août 1701. & examina pour la premiere fois la nature des bois & des terrains du pays. Dans sa tournée il reconnut à de certaines marques qu'il y avoit des mines de plomb, & dès ce moment il conçut le dessein d'y faire incessament travailler. Cependant avant que de se charger du bail de la Feuillade, il revint sur les lieux en 1702. pour examiner à fond la veine de ces mines. Il trouva proche de Saint Pardoux un Maître de forges nommé la Vergne, dont il tira quelques lumieres : de quoi n'étant pas encore assez satisfait, il passa la même année en Espagne vers Pampelune & Saint-Sébastien, pour voir les mines de ces quartiers-là; afin que par la reconnoissance des terrains, il pût mieux juger de ceux sur lesquels il devoit travailler.

Fortifié dans l'espérance de réussir, il conclut son bail sur la fin de 1702. & en Avril 1703, il se rendit à Limoges. Dès le mois de May suivant il plaça aux environs de cette ville quelques travaux par le moyen d'un nommé Aubert, qu'il avoit fait venir de Toulouse, & qui disoit avoir travaillé long-tems dans les Minieres d'Espagne. Après ce premier essai Mr. de Rhodes fit plusieurs tournées dans la Province, & il se convainquit toûjours de plus en plus de la solidité de son entreprise : ensuite de quoi il s'en retourna à Paris en Juillet de la même année, bien resolu de la pousser sérieusement.

Il avoit besoin pour cela de deux choses, toutes deux essentielles. La premiere étoit un privilege exclusif, afin de ne pas voir ses travaux en concurrence avec d'autres. Il s'addressa pour cet effet à Mr. le Duc de la Feuillade, & par son moyen il obtint un Privilege pour 30 ans.

La seconde chose nécessaire à son dessein étoit de trouver des gens qui entendissent la fonte des métaux. Il traita donc en Juillet 1703, avec six Anglois qu'il crut habiles en ce genre : après quoi il les fit partir à ses frais. A leur arrivée en Limosin, il leur fit donner toutes les commoditez nécessaires pour visiter les endroits les plus propres à y établir de grands travaux.

En Octobre 1703, il partit lui-même de Paris, & s'étant rendu sur les lieux, il prit avec lui, deux des six Anglois, qu'il croyoit les plus expérimentez, & les mena en différens endroits pour reconnoître toûjours de plus en plus la solidité de ces découvertes. Bien des gens traitoient son entreprise de vision : mais comme il n'est pas homme à se rebuter aisément, & qu'il a toute la fermeté & la patience nécessaire pour réussir dans un grand dessein, il laissa parler, & alla toûjours son train.

En effet sur la fin d'Octobre après sa tournée qui avoit été de plus de 40 lieues, il assembla les Anglois en cette Ville, & leur dit en présence de témoins, que comme ils n'étoient point engagez sans ratifications, c'étoit à eux qui avoient travaillé pendant les mois d'Août & de Septembre, & ouvert le travail du lieu de Tralage à bien refléchir s'ils devoient s'y embarquer ; puisqu'ils avoient eû le loisir de bien envisager toutes les suites d'une si grande & si difficile entreprise.

Les Anglois ratifierent leur premier engagement, & en Novembre 1703, tous de concert commencerent leurs établissemens, sans en être détournez ni par la mauvaise saison, ni par les autres difficultez qu'ils eurent de la part des ouvriers, qui dans cette Province ne sont guères propres à des travaux aussi rudes & aussi nouveaux que ceux-ci.

Voilà, l'origine de toute cette affaire, qui fait aujourd'hui l'attention de bien des gens, & surtout de cette Province, qui en souhaite ardemment le succès, à cause du secours qu'elle espère en tirer pour le débit de ses denrées.

Venons présentement aux travaux. Ce que j'ai à vous en dire, regarde principalement la recherche des Métaux qui consiste en deux sortes de travaux, sçavoir en puits & en bristols. Bristol est un terme Anglois qui signifie en notre langue un souterrain. Les Anglois font grand cas & avec raison, des ouvrages qui peuvent s'établir par bristolles, qui se placent toujours au plus bas d'une montagne, pour avoir plus de niveau & ramasser plus de matiere en chemin faisant, & pour mieux faire écouler les eaux. Ce Canal ou souterrain a ordinairement 4 pieds de large sur 5 pieds de haut.

Pour les puits on les fait ronds ou quarrez comme on veut ; souvent quarrez dans les terres, afin de les pouvoir mieux bander, & ronds dans les rochers.

La science de la recherche des Mines, consiste à sçavoir placer les puits & les bristols directement sur les veines métalliques. Les Mines ne se trouvent ici que sur des montagnes, qui comme vous sçavez, sont fort fréquentes en Limosin. Elles y sont incultes, au moins celles sur lesquelles on a établi les travaux.

La nature aime la diversité en ce qui regarde la génération des Métaux, comme en tout le reste. Tantôt elle cache ses trésors au centre de la terre, sans donner d'autres signaux que des montagnes affreuses sur la cime desquelles elle semble pousser des rochers brûlez & remplis de talc ; comme si elle vouloit avertir par-là les curieux de s'arrêter, pour l'aider à mettre ses productions au dehors. Tantôt elle se plaît à nous donner des marques plus sensibles, en faisant paroître sur la surface de la terre ou à 2 ou 3 pieds de profondeur, de petits échantillons de ce qu'elle renferme dans son sein : mais on prétend qu'alors elle tend des piéges à la curiosité des hommes, qui trompez par de si belles apparences, ouvrent souvent la terre sans aucun succès. Au lieu que quand elle pousse au dehors des terres brûlées & mêlées de rocs blancs comme des espèces de cristaux, c'est presque toujours une marque infaillible de l'abondance des mines.

Au regard des différentes espèces de métal, il est difficile d'en connoître la nature par la qualité des rochers, des terres, ou des montagnes : il n'y a que le cuivre qui se manifeste quelquefois par le verdet qu'il jette hors de terre.

Le premier travail que j'ai vû, est celui de Saint-Hilaire-Bonneval, à quatre lieues de Limoges. Il consiste en une bristol & en deux puits placez en ligne droite du bas de la montagne en haut à 50 toises de distance : de maniere qu'ils tomberont directement sur la bristol, lorsqu'elle aura été poussée jusqu'à eux. Dans l'un de ces puits on prétend trouver du plomb, & dans l'autre de l'étain suivant les indices des terres.

Une veine d'un grand pied & demi de largeur, & remplie d'une terre brune si grasse, qu'elle empâte les doigts, traverse le puits du plomb presque dès l'ouverture. Ce puits a déja 50 pieds de profondeur. On a trouvé au milieu quantité de Marcassite très-fine, avec un roc très-dur & tirant sur le verd : ce qui fait juger qu'on n'est pas bien éloigné de l'arbre de la mine. Il m'a paru en examinant ce puits, que le plomb commence à se former par le tuf mêlé de sel. Ce tuf se pétrifie & forme un roc de diverses couleurs dentelé de tous côtez, pour donner jour aux eaux qui le percent & nourrissent la matière qu'il enferme. Cette pierre ou roc se convertit en d'autres pierres blanches & liées comme du marbre blanc. Ensuite cette espèce de marbre se convertit en plomb petit à petit : de maniere qu'on voit visiblement & distinctement dans ces pierres, la formation & la transmutation de toutes ces matieres. Les veines sont ordinairement couchées entre deux gros rochers, outre lesquels elles ont encore des calottes de même espèce, & c'est ce qui fait la rigueur de tous les travaux.

L'autre puits promet de l'étain : mais jusqu'à l'apparition du métal, il est presque impossible d'asseoir un jugement solide, quoique la marcassite, la terre & le rocher dénotent qu'il y a de la mine.

De ce premier travail, j'ai passé à celui de Tralage, à une grande lieue de celui de Saint-Hilaire. Il y a une bristol & un puits qui promettent du Plomb & du Cuivre : car il faut remarquer que jamais un métal ne paroît seul, ce sont ordinairement des filons de deux espèces différentes qui vont toujours paralleles.

A une demi-lieue de ce travail, il y en a un autre, en un lieu nommé Fargeas; il consiste en une bristol & un puits, & il promet aussi du plomb.

Audessus de ce travail, est un grand puits seul : c'est le premier où l'on a découvert la mine, il y a environ trois semaines. Ce puits a neuf grands pieds en quarré, & 60 de profondeur. La matiere s'est trouvée à 50 pieds en un filon de 3 pieds de large, entre deux rochers très-difficiles à enlever.

Cette veine augmente tous les jours de plus en plus; & il y a apparence qu'à mesure qu'on creusera on la trouvera plus abondante. Le plomb en est fort beau, fort clair, fort fin & fort pesant. La montagne sur laquelle on l'a découvert, est très-escarpée, seiche & couverte d'un tuf noir bien pétrifié. Il y a plus de douze filons qui paroissent tous considérables. On veut creuser le puits jusqu'à 100 pieds, & à cette profondeur, faire des bristols de tous côtez, c'est-à-dire, percer la montagne dans tous les endroits où il paroît des filons.

Je ne crois pas vous avoir encore expliqué ce terme. Le filon est, à proprement parler, une branche de l'arbre de la mine. Les filons sont toujours enveloppez de rochers qui leur servent de coffre & s'élevent de bas en haut perpendiculairement, si serrez les uns contre les autres, qu'il est impossible d'y faire entrer aucun coin. Ces rochers sont les véritables indices des mines, ſurtout lorſqu'ils ſont mêlez de cailloux blancs reſſemblans au marbre.

Le dernier travail que j'ai vû, eſt celui d'une haute montagne à ſix lieues d'ici, que l'on nomme *Peyra Bruna*. Cette montagne eſt affreuſe & au milieu d'un grand deſert, toute environnée de bois, quoique dépouillée d'arbres & d'herbages, brûlée dans la longueur de plus de deux lieues de ce pays, qui en valent bien quatre de France, ſur une largeur d'environ 100 toiſes.

Cet endroit fut découvert par Mr. de Rhodes, dès 1702. Les Anglois ont aſſuré depuis, qu'on ne pouvoit pas voir de plus belles apparences pour le Plomb & pour l'Etain. On y a ouvert ſur ce dernier métal, un puits de 8 pieds en quarré, qui a déja 50 pieds de profondeur. Des Mineurs y travaillent jour & nuit. La veine de cette mine paroît de plus de 30 pieds de large, auſſi bien que celle du plomb, qui eſt à côté: Mais comme je l'ai déja dit, juſqu'à la rencontre du métal, il ne faut ſe flater de rien.

Depuis qu'on a commencé ce travail, on a toujours trouvé les rochers ſi durs, en comparaiſon de ceux des autres travaux, que les Mineurs ont mis onze jours à en faire un ſeul pied, quoiqu'ils fiſſent jouer juſqu'à dix mines en 24 heures. On voit dans le puits pluſieurs petits filons. Le roc en eſt de différentes couleurs, qui changent à meſure qu'on avance. On ne fait rien dans les puits & dans les briſtols, qu'à force de mines & de poudre, tant les rocs ſont durs. A chaque puits il y a deux tours, & à chaque tour, deux ſceaux pour puiſer les eaux & tirer les matieres.

Outre toutes ces découvertes en 1702, Mr. de Rhodes trouva à 6 lieues de Limoges, une mine d'acier pur, incomparablement meilleur que l'acier artificiel, comme on le reconnut par les épreuves qu'il en fit lui-même alors & qui parurent tres-belles : ce qui peut servir à refuter le sentiment de ceux qui s'imaginent qu'il n'y a que de l'acier factice, ou de composition. L'an passé il fit creuser sur cette mine un puits de 20 pieds de profondeur ; mais ne pouvant pas vacquer à tant de choses à la fois, il en a remis le travail à un autre tems, aussi-bien que celui des mines de cuivre, qui n'ont pas encore été ouvertes, & qui paroissent tres-abondantes, à en juger par le verdet, dont la surface de la terre est toute couverte. Il semble qu'il donne à présent tous ses soins au travail de Peyra Bruna, qui promet beaucoup.

Voilà en peu de mots le détail de tous ces travaux qui consistent en six puits & en trois bristols. Il régne un fort bel ordre dans tous ces travaux. On a bâti à chaque puits des baraques bien couvertes, où l'on a mis des paillasses & des couvertures pour y faire reposer les ouvriers après le travail. Mr. de Rhodes a toujours eû pour maxime de traiter ses ouvriers avec humanité, en leur fournissant ce qui est nécessaire à leur santé & à leur nourriture, afin de les attacher davantage par ce témoignage d'affection : aussi en est-il fort aimé, & il leur fait faire tout ce qu'il lui plaît.

Il y a quatre Commis qui veillent sur les ouvriers & sur les ouvrages, pour y maintenir le bon ordre & pour faire avancer la besogne. Il y a aussi des forgerons qui ne sont occupez qu'à raccommoder les outils qui se rompent incessamment, & dont il se fait une grande consommation.

Il faudroit que je vous parlasse maintenant de la fonte ; mais je ne puis encore vous satisfaire sur cet article, à cause de l'incident que les Anglois ont formé à ce sujet. Dans le Traité qu'ils ont fait avec

Mr. de Rhodes, ils se sont engagez de fondre toutes les fois qu'ils en seroient requis, sans quoi, il lui seroit libre de les renvoyer, quand il le jugeroit à propos. Aujourd'hui que la matiere est trouvée, & qu'il est question de fondre en grand, pour faire les épreuves, ils s'avisent de dire qu'ils n'ont jamais prétendu fondre en présence de personne, parce qu'ils ne veulent pas divulguer le secret de la fonte.

Mr. de Rhodes leur répond qu'ayant traité avec eux seulement pour la fonte & pour la recherche des mines, & les ayant admis dans l'affaire pour plus d'un quart toûjours dans cette vue, sans parler des profits & des appointemens qu'il leur a réglez, il avoit par-là acheté leur secret; & qu'ainsi il prétendoit qu'ils fondissent en sa présence, ou en la présence d'un homme qui fût à lui. Rien ne paroît plus juste, ni plus raisonnable que la prétention de Mr. de Rhodes, qui demande seulement qu'ils s'en tiennent aux termes du Traité.

J'ai quitté les travaux sur cette contestation, pour laquelle on attend Mr. l'Intendant. Ce mauvais procedé des Anglois, n'embarrasse pas fort Mr. de Rhodes. Il m'a dit qu'il prendroit le parti d'aller lui-même dans les fonderies d'Espagne pour en amener des ouvriers, le secret de la fonte y étant le même qu'en Angleterre. Le voyage est un peu long, mais Mr. de Rhodes est un homme de résolution, qui ne s'étonne de rien, comme il l'a montré par tous les obstacles qu'il a surmontez dans son entreprise: car il a eu à combattre les rochers, le mauvais tems, les ouvriers qui d'abord étoient intraitables à cause de la difficulté des ouvrages, enfin les préjugez du public & ceux de ses propres amis, qui ne l'ont guéres plus épargné que les autres. Tous ces dégoûts qui en auroient rebuté mille autres, n'ont fait que l'encourager, il n'a pas reculé d'un pas. Il agit encore aujourd'hui avec la même ardeur & la même vivacité que le premier jour, & n'épargne ni ses soins, ni ses veilles, ni sa bourse. Il est à cheval depuis le matin jusqu'au soir, passant d'un travail à un autre & donnant ses ordres partout. A peine conçoit-on comment il peut fournir à tant de fatigues. Mais si ses découvertes réussissent, comme il y a tout lieu de le croire, il sera bien payé de ses peines.

Vous ne seriez pas fâché de voir la maniere de travailler : la mine qui commence déja à paroître, le bon ordre, tout vous y feroit plaisir, & vous feroit convenir que Mr. de Rhodes mérite un heureux succès.

## *Des Mines de la Généralité de Limoges avec les indications des Carrieres de Pierres singulieres.*

Par M. Desmarest, de l'Ac. des Sciences.

1765.

*Desmarest.* On trouve dans cette Généralité des Mines de Plomb, de Cuivre, d'Antimoine, de Fer & de Charbon de terre.

### *Mines de Plomb.*

I. Nous mettrons à la tête de ces Mines, celle dont les filons sont répandus dans les Paroisses de Glanges, de Vic & de Saint-Hilaire-Bonneval, à deux lieues de Pierre-Buffiere & à cinq lieues de Limoges, parce qu'elle est la seule exploitée. Il n'existe aucun monument ni aucun vestige d'anciens travaux d'où l'on puisse conclure que cette Mine ait été travaillée en grand avant les tentatives qui furent faites en 1724. Mais de temps immémorial les habitans des Paroisses circonvoisines ont ramassé de cette Mine pour la vendre aux Potiers de terre de Magnac Bourg & de Saint-Junien qui s'en servent pour vernisser leurs poteries. Ces potiers mêlent à la chaux de plomb un quartz blanc pulvérisé, qui sert de base à leur Email.

*Desmarest.*

La facilité qu'ont trouvée ces habitants à ramasser de la mine, prouve que les filons se montrent à découvert sur les croupes des vallons approfondis qui sont fort multipliés dans toute l'étendue que parcourent ces filons.

La mine de Glanges est la seule qu'on ait travaillée un peu en grand. Les travaux furent établis en 1724 sur une hauteur au midi de Glanges. On ouvrit quelques puits & on poussa des Galleries qui fournirent pour plus de dix mil écus de mine. M. Morin fondeur de la Monnoye de Limoges, prétend avoir tiré 60 livres de plomb d'un quintal de cette mine.

Tous ces travaux ont été abandonnés entierement depuis 1725. Ils ont été repris en 1763 par M. le Marquis de Mirabeau (1) qui a déja fait de gran-

(1) On peut consulter un petit livret, qui fut imprimé lors de la formation de la Compagnie dont Messire Victor de Riqueti Marquis de Mirabeau, & M. Henri Charles Baron de Gleichen, étoient associés par acte du 25 Mars 1765 : on y voit l'historique de cette mine, le détail des recherches & de l'exploitation préliminaire faite au frais du propriétaire ; enfin le Précis du Mémoire de M. Duhamel Ingénieur des mines, qui depuis s'engagea avec M. le Comte de Broglie pour les forges de Ruffec : suivant un autre petit Mémoire intitulé *Récit abrégé de la manutention passée, & de l'état actuel de la mine de Glanges*, 37 pages ; on y trouve partout des filons suivis,

des dépenses pour s'assurer de la nature & de la richesse des filons, soit en r'ouvrant les travaux des premiers entrepreneurs déja comblés & dégradés, soit en creusant de nouveaux puits & de nouvelles galeries. Ces travaux ont appris que la direction du filon étoit du Nord au Sud : & qu'il étoit assés suivi dans certaines parties. On avoit trouvé à 45 pieds des houtons de Mine assez pesants très-purs, mais enveloppés d'une croute ou chapeau de fer qui empêchoit le Minéral de faire corps : mais à 52 pieds on a commencé à voir le filon bien suivi & dans un Spath cristallisé qui succède à la partie ferrugineuse : dans le progrés de cette fouille, on a observé que le filon qui n'avoit d'abord qu'un pouce, marquoit 4 pouces à 40 pieds, & 6 pouces à 52.

*Desmarest.*

Le rocher dans lequel se trouve cette mine est d'une extrême dureté, ce qui retarde les progrès des travaux & en augmente les frais. On ne peut l'entamer qu'à l'aide de la poudre. Il est grisâtre : on voit parmi quelques cristaux d'une substance calcaire que l'eau paroit y avoir déposée en filtrant à travers le toit de la mine : & enfin quelques veines de Spath fusible.

On a fait aussi une fouille proche le Village de

---

& toujours du minéral dans les galeries qui sont exploitées, partout des indices qui s'étendent à plusieurs lieues à la ronde & toujours sur de justes directions. Une visite de M. Peltier correspondant général des mines prouve la bonté de cette mine ; c'est dans cette mine que périt le Sieur Morin Pere, homme industrieux, habile pour les machines & constructions, qui avoit des fonderies & qui envoyoit son fils visiter les mines d'Allemagne : il fut écrasé par un éboulement. Les actionaires se sont plaint vivement de *M. Monnet bon Minéralogiste, Naturaliste, Chymiste, & qu'on disoit entendu aux Mines*, voyez la page 26 de la brochure citée.

Fargeas d'où l'on a extrait une certaine quantité de Plomb cubique enveloppé dans une partie ferrugineuse : quelques morceaux de cette mine offrent sur leurs faces des masses de cristaux de Plomb vert. *Desmarest.*

II. On voit les vestiges d'une fouille d'où l'on a tiré du plomb, proche Ventadour dans le bas Limosin à deux lieues d'Eglettons. Cette mine a été abandonnée par la modicité de son produit ou par la mauvaise exploitation.

III. Il y a une mine de plomb tenant argent à Menet proche Montbron en Angoumois, dont l'exploitation a été abandonnée, il y a quelques années par les mêmes raisons.

### *Mines de Cuivre.*

I. Mine de Cuivre pyriteuse, à Segur, à deux lieues de Saint-Yrieix. Cette Mine n'a pas été exploitée. Il seroit à propos d'y faire faire quelques travaux pour en reconnoître plus particulierement la nature, la qualité & l'abondance du filon. Les morceaux que j'en ai vus ont été tirés par des fouilles très-superficielles.

II. Mine de Cuivre aux environs d'Ayen & de Saint-Robert dans le bas Limosin à cinq lieues de Brive. Cette Mine avoit été reconnue vers 1710 : & entamée en 1716, mais sans aucun succès. En 1741. M de Tourny, Intendant de Limoges, chargea deux Entrepreneurs des Ponts & Chaussées & M. Morin Fondeur de la Monnoye de s'y transporter & de faire des fouilles pour l'instruire de la nature & de la richesse du filon. On ouvrit en conséquence plusieurs fouilles : au Prunesart près de la butte de Saint-Robert, à la Bréache Paroisse d'Ayen audessous du Puy d'Ayen, à Peyrepeza le Blanc, à la Pompadoire proche Issandon : on trouva que le

Desmarest.

filon où les veines de Métal étoient sans suite à Peyrepeza & à Saint-Robert, mais qu'elles donnoient le tiers du poids en Cuivre de Rosette, que le filon se continuoit sans interruption dans la fouille de la Breache & qu'elle rendoit le quart en Cuivre de Rosette. M. Morin auroit suivi l'exploitation de ces différentes veines s'il eut eû des fonds: & les produits qu'il avoit tirés de ses premiers travaux étoient de surs garants d'un plein succès: mais on en resta aux simples essais. L'exploitation de cette espèce de mine est fort aisée: les galeries sont creusées dans une pierre de sable rougeâtre, en couches horisontales, qu'on nomme *Brasier* dans le pays. Son filon n'a pas plus d'un pouce de largeur: elle est de l'espèce de celles qu'on nomme *Mines de transport*.

M. Morin Fondeur de la Monnoye de Limoges, s'est occupé depuis longtemps de l'art de convertir le cuivre rouge en laiton en le fondant avec la calamine, qui est une mine de zinc dans un état d'ochre. Quoique cette composition ne fût pas un secret, puisque M. Rouelle l'exécute depuis longtems dans son cours de Chymie, & qu'il la met au nombre de ses procedés ordinaires; cependant il y a toujours, dans une opération de cette espèce, un certain tour de main, de certaines petites attentions pour réussir: & M. Morin les doit à ses essais & à ses reflexions. Le cuivre jaune qui sort de ses fontes est de la même qualité que celui qui nous vient de l'etranger.

M. Morin a trouvé sous sa main des creusets qui soutiennent très-bien le feu: ces creusets se fabriquoient à Saint-Junien pour l'usage des Orfévres. Il n'a pas été plus embarrassé pour couler son cuivre jaune en plaques: il a fait usage des Pierres de granites dont on se sert depuis longtems à Saint-Leonard pour les fontes des mitrailles de cuivre jaune:

&

*Desmarest.*

& il s'est trouvé que cette espèce de granite qui a dans son mélange peu de quartz, mais beaucoup de spath fusible jaunâtre & d'une crystallisation terne, pulvérulente & peu distincte, est de la même nature que celui employé à Villedieu en basse Normandie pour le même objet : on le tire d'un endroit nommé la Pinsonniere sur le chemin de Villedieu à Coutances. Il est aussi semblable à celui que les Hollandois viennent charger au Port du Vivier en Bretagne, pour le service des Fabriques de Namur & du pays de Limbourg, & qu'on taille à quelques lieues de cé Port dans les carrieres de Barouge la Pérouse.

Malgré eet usage constant du granite de cette espèce dans les fontes du cuivre jaune, j'ai pensé qu'on pouvoit avec plus d'avantage employer à cette destination une pierre de sable commune en bas Limosin, qui se taille bien mieux que la pierre de granite & qui peut former des tables fort belles entre lesquelles on couleroit aisément le cuivre jaune. Cette pierre s'usant par le frottement, prendroit une surface unie, qui recevroit le métal. Cela dispenseroit d'enduire, comme on le fait, les tables de pierres entre lesquelles on coule le métal, d'un mélange d'argile & de bouze de vaches. Cet enduit étant plein de sels, occasionne au méral des souflures que l'on éviteroit en se servant de la pierre de sable. Les essais que l'on a fait, ont très-bien réussi. Les lames du métal étoient très-nettes. La pierre a seulement souffert de la chaleur ; mais en choisissant le grain & la faisant sécher avec précaution, on préviendra les éclats qu'y cause la chaleur trop subite.

Un autre avantage inestimable, que M. Morin a trouvé dans le pays, est la calamine dont il y a des amas considérables à peu de distance de Limoges.

Le point le plus difficile à saisir dans cet objet, après la fonte, est d'avoir une idée de toutes les

Desmarest.

manipulations délicates par lesquelles il faut faire passer le cuivre jaune pour l'étendre sous le marteau sans qu'il se fende : & d'avoir surtout le procédé des recuits fréquents qu'il faut lui donner pour lui rendre la souplesse qu'il a perdue par l'écrouissement.

M. Morin sçachant que tous ces procédés étoient connus & suivis avec succès dans les Fabriques du pays de Limbourg & de Namur, fit voyager Jean Morin son fils : celui-ci les étudia avec une application & une intelligence qui le mirent en état de monter à son retour un martinet où l'on a fabriqué depuis deux ans des bassines & d'autres ustencilles de cuivre jaune ; lesquelles par leur solidité, ont soutenu la concurrence des ouvrages étrangers dans toutes les Villes des Provinces limitrophes ou M. Morin les a versées.

On ne peut trop donner d'éloges à M. Morin pere & fils sur le courage & les ressources dont ils ont eu besoin pour former des ouvriers en se mettant eux-mêmes à la besogne & au martinet.

Comme leur premier établissement étoit placé sur un ruisseau qui manquoit d'eau la plus grande partie de l'année, M. Morin vient de transporter ses martinets au moulin de Prouhet sur la Vienne & son attelier consiste en deux roues, lesquelles font mouvoir six marteaux qui frappent environ quatre-vingt dix-mille coups par heure.

Des ouvriers marteleurs qu'il a attirés de Namur sont étonnés eux-mêmes de la vitesse des roues & de l'effet des martinets, tant on a sçu ménager l'action de l'eau, qui fournira continuellement au besoin de l'attelier.

### *Mines d'Antimoine.*

Mines d'antimoine dans la forêt des Bias proche le Château de Bias, Paroisse de Saint-Eloy, à trois

Desmarest.

lieues de Saint-Yrieix. On exploite ces mines en creusant des tranchées à voye ouverte, qu'on pratique autour du filon, dans l'epaisseur des croupes des vallons dont la pente facilite l'écoulement des eaux. Ces filons sont perpendiculaires à l'horison, & ne paroissent pas affecter une allure ou une direction déterminée : j'en ai vu sur plusieurs directions. La partie supérieure du filon paroit détruite & n'offre qu'une substance ferrugineuse avec des débris de granite noircis par l'antimoine : cette partie va percer jusqu'à la surface de la terre, & y forme une traînée reconnoissable qui interrompt la continuité du rocher. Le filon qui donne de la mine, est à plus de 15 pieds de profondeur : l'antimoine s'y trouve d'abord comme par rognons & enveloppé dans une partie de fer fort abondante. A mesure que le filon s'enfonce, il devient plus suivi & plus large ; à la partie ferrugineuse, succède un quartz fort dur qui n'a pas beaucoup d'épaisseur : la pierre du rocher qui renferme le tout est un granite à bandes fort tendre.

J'ai dans ma collection plusieurs échantillons curieux de cette mine qui contiennent les preuves de tous ces détails : je donnerai la note de trois de ces échantillons.

1o. Morceaux du quartz qui accompagnent le filon. On y voit, sur quelques faces de la pierre, plusieurs filets ou aiguilles d'antimoine qui forment des étoiles & d'autres grouppes de crystaux irréguliers.

2o. De semblables morceaux avec des matieres imprégnées de souffre ; c'est une partie surabondante de souffre qui n'a point été combinée avec l'antimoine, & qui a formé à part des crystallisations peu distinctes.

3o. Morceau du filon avec le chapeau ou enveloppe de fer qu le suit dans les parties les plus superficielles : Il y a des indices de souffre mêlés au fer.

Desmarest. Après qu'on a extrait l'antimoine de la mine, il reçoit une préparation assez curieuse dont je donnerai ici le détail. On commence par bâtir un Fourneau fort simple : ce sont d'abord deux petits murs parallèles d'environ vingt pieds de longueur sur deux pieds de hauteur à une distance d'environ trois pieds : à une des deux extrémités de ces murs on éleve un mur en retour de même hauteur, qui les réunit & ferme l'enceinte de ce côté : l'autre bout est ouvert. On place ensuite dans cette enceinte, deux rangées de pots de terre, qu'on recouvre de semblables pots percés par le fond, qui peuvent s'engager de quelques lignes dans l'ouverture des pots inférieurs. On remplit ces pots supérieurs de la mine d'antimoine qu'on a eu soin de casser en petits morceaux, pour en détacher toutes les parties du quartz, du granite & du fer. Tout étant ainsi disposé, on fait un feu modéré autour des pots supérieurs. On arrange le bois suivant la longueur des murs, en l'insinuant dans les vuides qui sont entre les pots & les murs parallèles de l'enceinte. On a soin que la flamme donne dans l'ouverture des pots : par ce moyen la partie de souffre qui est en excès dans la mine d'antimoine, recevant le contact de la flamme, se brûle & se consomme, pendant que le métal fondu coule par les ouvertures des pots supérieurs dans les pots inférieurs & s'y fige en une seule masse. Lorsqu'on casse ces pots, on remarque dans toute la masse de l'antimoine & sur les débris des pots, plusieurs systêmes de faisceaux de filets ou d'aiguilles fort longues, lesquelles paroissent jettées en tous sens & partir de différents centres. Ces points sont probablement ceux par où ont commencé le refroidissement & la crystallisation du métal fondu.

Desmareft.

On fait à Saint-Yrieix quelques préparations d'antimoine à l'ufage des chevaux, mais le principal commerce eft en antimoine crud. On en verfe à Bordeaux par Bergerac, lequel fe vend aux Hollandois qui nous le rapportent ou en verre ou autrement. Il fe débite auffi à Orléans ; là on le dégage de la partie du fouffre qui lui eft unie, pour en faire le régule : c'eft ce régule qui entre en grande proportion dans la compofition métallique des Caracteres d'Imprimerie : on le vend auffi dans l'état d'antimoine crud à Paris.

L'antimoine du Limofin a la réputation d'une qualité fupérieure à ceux qu'on tire des autres Provinces. Ce qui fait qu'on le vend 40 fols par quintal de plus. Il y a dans la Province plufieurs filons de mine d'antimoine difperfés : on en trouve des indices à Rillac, vers Ifle & dans d'autres endroits des environs de Limoges ; mais il n'y a en exploitation que les filons des environs de Saint-Yrieix, comme les plus abondants & les plus à portée du bois néceffaire pour la préparation de la mine dont j'ai donné le détail. C'eft M. Laforêt de Saint-Yrieix qui fuit l'exploitation de ces mines & qui en fait le principal commerce : il a de l'activité & de l'intelligence.

*Mines de Fer.*

I. On trouve une mine de Fer au Village de Plaudeix, Paroiffe de Saint-Bonnet de la Riviere. Ce fer eft dans une efpèce de granite fort tendre, dont les principes font diftribués par bandes. M. Lavau de Saint-Etienne avoit formé le projet de mettre ces mines en valeur & d'établir des fourneaux de fonderie qui auroient procuré la confommation de fes bois, & outre cela, fourni aux petites forges des environs la gueufe qu'elles tirent à grands

Desmarest. frais du Périgord. Mais cette entreprise a été troublée par des obstacles qu'il seroit bon de lever, si la mine se trouve en certaine abondance.

II. On ramasse de la mine de fer en rognons sur la plate-forme du puy d'Ayen, sur celles de Saint-Robert, de Perepeza & du Temple. Dans les forges du Limosin où il y a des fourneaux de fonderie, on emploie cette mine qu'on mêle en certaine proportion avec celle d'Excydeuil en Périgord.

III. On trouve une quantité considérable de mines de fer proche Montberon & Marthon en Angoumois. Ces mines sont employées dans les forges des environs, pour les Canons &c. Voici les principaux endroits où il y a des fouilles.

A Feuillade près de Marthon & dans presque tout le territoire de cette Paroisse. Ces mines sont les plus estimées de l'Angoumois.

Dans la Paroisse de Pranzac, au Village de Lugé.

Au Bourg d'Orgedeuil près Montberon.

Dans la Paroisse de Voulton, proche Montberon, audessous du Village de Sainte-Catherine.

Dans la Paroisse de Cers & dans celle de Montalambert, proche les forges de Plancheminier.

Au Village du Mas, Paroisse Saint-Etaury, à une lieue & demie de la Rochefoucault.

IV. On trouve aussi aux environs de Ruffec une mine de fer employée dans une forge qui dépend du Marquisat de Ruffec.

### *Mines de Charbon de terre.*

I. Il y a une mine de charbon de terre dans un Village proche la petite Ville de Maymac dans le bas Limosin. Elle est exploitée par des particuliers qui fouillent dans leurs fonds : le filon en eft affez confidérable, mais il s'enfonce trop rapidement pour que ces particuliers puiffent le fuivre : & d'ailleurs le peu de débit du charbon, rallentit leur exploitation : ils en verfent à Tulle & en débitent aux Maréchaux des principaux endroits circonvoifins. *Defmareft.*

II. On voit fur des croupes efcarpées au midi de Bourganeuf des portions de filons à découvert. On en retrouve la fuite du côté de l'Abbaïe du Palais, & la continuation traverfe la route de Bourganeuf à Guéret. Le filon paroit avoir dans cet endroit 5 à fix toifes de largeur en y comprenant toutes les fubftances noires qui l'accompagnent. On a extrait de ce charbon dans un fond, vers l'Abbaïe du Palais.

*Catrieres de Pierres fingulieres.*

I. On trouve à Suffac, proche Châteauneuf, une maffe de marbre dont on fait de la chaux fort bonne pour la bâtiffe : elle n'eft pas également propre pour les Tanneries. La maffe de ce marbre eft divifée en petits trapezoïdes ; cependant on pourroit en tirer des blocs d'une certaine groffeur : mais il feroit bon en général à débiter en carreaux qui ferviroient à carreler les appartemens : & il feroit un affez bon effet fi on le mêloit en échiquier avec de femblables carreaux de la Serpentine du Limofin.

II. Cette ferpentine fe trouve à la Roche-l'Abeille proche la route de Limoges à Saint-Yrieix, à deux lieues & demie de Saint-Yrieix & à 5 lieues de Limoges. On en voit auffi une maffe confidérable à Perabruna fur la route de Touloufe, une lieue au-delà de Magnac. Cette maffe de Perabruna (pierre brune) eft correfpondante à celle de la Roche-l'Abeille : cependant je n'ai trouvé, fur la route qui va du Vigen à Liberfat, aucune maffe qui fît fuite dans l'intervalle.

Desmarest.

Cette ſerpentine prend un aſſez beau poli : il eſt fort aiſé d'en tirer de grands blocs ; mais il faudroit faire des approfondiſſements conſidérables, car les parties ſuperficielles offrent des filets blancs qui coupent en tous ſens les blocs, & qui n'ont pas une certaine ſolidité. Le grain de cette ſerpentine eſt un fond verdâtre ſur lequel on voit de petits filets de cryſtalliſations plus ou moins diſtinctes, qui uniſſent les différentes parties de ce fond : elle perd ſon poli à l'air & y éprouve une ſorte de décompoſition.

On peut remarquer, dans les Edifices publics de Limoges, pluſieurs morceaux de cette ſerpentine : mais on en trouve des échantillons plus conſidérables dans la cour du Château des Cars. Et il paroit par cette inſcription, qu'on lit ſur la porte de ce Château, que l'on eſt redevable de la découverte de cette Pierre ſinguliere à un Comte de cette Maiſon qui l'employa le premier ;

Charles Seigneur Comte des Cars,
Fort amateur des Arts,
Fut le premier qui, par merveille,
*Inventa* ce beau *Marbre* en ſon Roche-l'Abeille.

J'obſerve que cette ſerpentine n'eſt point un *marbre*, parce qu'elle ne peut pas faire de chaux. (1)

(1) Cette pierre ollaire peut être employée à des vaſes, des uſtencilles de toutes les formes poſſibles, elle peut être travaillée au tour. Dans un beſoin elle ſerviroit à faire des caffetieres, &c. parce qu'elle ſoutient le feu. On en peut compoſer des colonnes, des cheminées & tous les ornemens de l'Architecture ; des Marbriers ont eſtimé les granits & la ſerpentine des Cars, depuis 60 à 120 livres, le pied cube. Cette carrière méritoit l'attention de M. le Comte des Cars qui en eſt le propriétaire : il a d'autant plus de facilité qu'elle n'eſt ſituée qu'à une demi-lieue de la route de Toulouſe.

Desmarest.

III. A Travesac proche Donzenac, à 3 lieues de Brive, il y a plusieurs carrieres d'ardoise : on en voit une masse correspondante sur les bords escarpés de la Vezere au Saillant. Elle s'exploite à Traversac en creusant de larges tranchées dans le massif des croupes qui entourent ce Village. Cette Ardoise est d'un grain fort gros & fort pesant, elle a de la consistance & résiste fort bien aux injures de l'air : mais elle ne se fend point par des tranches nettes & en lames d'une certaine étendue.

On en exploite aussi une carriere sur les bords du haut Veser à une lieue & demie d'Excydeuil : le grain en est fort fin, fort léger : elle se fend nettement, mais les lames en sont petites & remplies de crans ou plis.

IV. A Grandmont proche Brive, on taille dans une pierre de sable grise des meules à aiguiser dont il se fait un grand débit.

V. On voit une Ochriere dans un Village de la Paroisse d'Eybouleuf à deux lieues de Saint-Léonard. Les essais de cet Ochre qui ont été faits par un de nos plus habiles Peintres d'Histoire prouvent qu'il est d'une bonne qualité, qu'il soutient bien l'huile, & qu'il donne une couleur franche & décidée. Cela doit engager les possesseurs du terrein où il se trouve, à en extraire avec choix les plus beaux morceaux pour en faire des envois à Paris. (2)

(2) L'Angoumois a des Priviléges spéciaux, pour les mines & forges de fer, accordés par Henri II, au mois de Janvier 1548 & 28 Mai 1549, confirmés aux Maîtres des mines & forges, en Janvier 1559, registrés au Parlement le 4 Janvier 1560.

Dans cette Province on voit les mines de fer du Bandiat près la rivière de ce nom dans les bois de la Garde.

M. S.

## Observations sur la Mine de Glanges.

Par M. S.

1770.

LA mine de plomb de Glanges en Limosin, offroit en 1770 plusieurs variétés : dans le filon de Glanges, le plomb s'y trouvoit sans forme de galene tessulaire ; dans le filon nommé de Fargeas, le plomb y étoit également minéralisé par le souffre, mais ce minéral étoit strié & composé de facettes irrégulieres & très-petites.

On a aussi trouvé dans les mines de Glanges du plomb blanc & du plomb vert, mais l'espèce de mine de plomb grisâtre dont M. Sage parle dans le second volume de sa Minéralogie, p. 269, est une des variétés intéressantes, que produisit cette miniere.

La mine de plomb grisâtre, demi-transparente est composée de petits feuillets quarrés, posés les uns

La forge de Rencogne a trois fourneaux ; les mines & la forge de Plancheminier en ont deux : la forge de Montizon, la Forge de Ruelle appartenante au Roi, sur la Touvre où M. le M. de Montalembert a établi la fonte des plus gros canons, & la forge de Ruffec sur la Charente, ont aussi deux fourneaux.

A Menet près Montbrun, une mine d'antimoine où il se trouvoit de l'argent.

*Saintonge*, sur la côte de Royau, des cailloux plus durs & plus beaux que les crystaux d'Alençon. Dans cette contrée & dans le pays d'Aunis, il faut consulter les œuvres de Bernard Palissy.

ſur les autres & qui par leur aſſemblage, forment quelquefois de petits cubes, c'eſt en quoi ces cryſtaux reſſemblent à la galène, mais ils en différent par la couleur & par les principes qui les conſtituent; le plomb & l'argent que contient cette mine griſâtre & demi-tranſparente y ſont combinés avec l'acide marin. On en a retiré par la réduction ſoixante & dix livres de plomb par quintal, & la coupellation d'un quintal de ce plomb m'a fourni trois onces quatre gros trente deux grains d'argent. M.S.

La mine de plomb de Glanges a ordinairement pour gangue du ſpath calcaire, intéreſſant par ſes cryſtalliſations; il y en a une eſpèce, qui offre des cubes (1) à peu près rectangles, dont chacune des faces eſt partagée diagonalement en deux triangles iſoſceles, ſtriés, d'où réſulte un dodécahedre à plans triangulaires. Voyez le premier vol. de la Min. de M. Sage, p. 145.

Le ſpath calcaire lenticulaire, qui s'eſt trouvé dans cette mine, eſt en grands cryſtaux où l'on remarque le ſegment de priſme hexahedre intermédiaire.

### *Mines du Poitou.*

Il y a quatre forges dans le Poitou. A la Peyrate appartenant à Monſeigneur Comte d'Artois, elle approviſionne le bas Poitou. A Verrieres qui eſt au Duc de Mortemart. A la Gaubreté, & à Luchapt. On eſtime qu'elles donnent annuellement 1500000 m. de fonte & 1100000 m. de barres; les mines ſont de bonne qualité, le fer eſt pliant & ductile. On n'y fabrique ni acier, ni quinquaillerie. Cependant

(1) Cette eſpèce de ſpath ne s'eſt trouvée juſqu'à préſent que dans les mines de plomb de Glanges.

ſous Philippe Auguſte & ſous Philippe le Bel, il étoit queſtion de *l'acier Poitevin*. On fabriquoit à Nioeul, près Poitiers, des épées, ſur leſquelles on gravoit ce mot *l'eſpoir*. Ce mot *l'eſpoir*, eſt devenu le ſurnom qu'on a donné au Bourg de Nioeuil, on voyoit encore des veſtiges de ces forges il y a environ 60 ans.

A Beneſt, près Charroux, on fait de belles poteries.

On a trouvé de l'ambre gris, dans une étendue de quatre à cinq lieues vers le Havre de Saint-Gilles Sur-vie, Saint-Jean de Monts & Notre-Dame de Monts. Bacquet cite un Arrêt du Parlement de Bordeaux qui maintint le Duc d'Epernon, dans le droit de prendre de l'ambre gris ſur les bords de la mer. Conformément aux indications de Bernard Paliſſy, on a trouvé de la marne dans pluſieurs parties du Poitou : on en fait uſage à Chatelleraut.

Mines de Charbon de terre à Puyrimon dans la Paroiſſe d'Antigné, à deux lieues de Fontenay le Comte, appartenant à M. de Lavau : il eſt de bonne qualité.

Sur la pente de la Fontaine au Chien, Paroiſſe de Smarbre, une eſpèce de pierre de ponce.

Grotte d'albâtre d'un très-beau blanc & dur, au environs de Civrai, ſur le chemin de la Roche à Savigné, au milieu du coteau vis-à-vis une blancherie. Autre grotte de pétrifications curieuſes, à une lieue de Mirebeau. On a cru avoir retrouvé à Croutelle & à la Carliere près Vivonne, *la pierre qui put*, dure & brillante avec laquelle on a élevé un tombeau antique à Saint-Hilaire de Poitiers & le deſſus de la porte des Mathurins de Paris vis-à-vis le Cloître Saint-Benoît. Voyez *Journal de Verdun*, *may 1751*, *Affiches de Poitou*, 29 Sept. 1776, & le riche cabinet de M. Deromé de l'Iſle.

Les Religieux de l'Abbaye de Noirlac, ont des titres de cinq cens ans, qui les rendent, diſent-ils, propriétaires d'une mine d'or & d'autres métaux dans l'étendue de leur Abbaye. Il feroit néceffaire de faire connoitre ces Actes, en les faifant imprimer dans les Affiches de Poitou.

L'on vient de découvrir dans les environs du Château de *Traverfay*, à fix mille toifes de Civrai, à peu de diftance du grand chemin, une mine de *cuivre jaune*. Elle eft en maffes fort groffes, couvertes d'une croûte peu épaiffe, qui paroit être de la mine de fer; la furface en eft anguleufe. Elle eft de l'efpèce de celle que l'on nomme *mine de cuivre hépatique*, puifqu'elle eft, comme elle, un peu ferrugineufe à la fuperficie, & traverfée d'un cuivre jaune en quelque forte *natif*. Le Tillot en Lorraine, Freyberg en Saxe, & Sainte-Catherine en Bohême offrent de cette forte de mine qui fe diftingue par le nom de *mine de brique*. *Affiches de Poitou*, 10 *Avril* 1777.

On a découvert depuis peu à *Confollens* une mine de plomb que quelques perfonnes prenoient pour de l'antimoine; mais par l'examen & l'épreuve qu'on a faits, on s'eft convaincu que c'étoit de la galène, ou mine de plomb teffulaire, *Galena teffulata*. Elle fe rompt par cubes, lorfqu'on veut la caffer avec un marteau; elle eft à facettes, brillante, bleuâtre, couleur d'acier, & très-pefante; elle abonde en foufre, puifqu'elle s'enflamme lorfqu'elle eft mife fur du fer rouge. On en a fait brûler plufieurs morceaux, qui ont répandu une flamme azurée, fans que leur volume en ait fouffert aucune diminution; on les a enfuite pulvérifés & donnés à des Potiers de terre, qui en ont fait ufage fur leurs pots. Le vernis que cette pouffiere a répandu dans le four, leur a paru fupérieur à celui dont ils fe fervent ordinairement. La pofition de cette mine eft finguliere & différente des autres du même genre. On fait que la Ville de *Confollens* eft entourée de rochers de granit de couleur grisâtre, mêlée de rose & de noir. Ces rochers sont immenses ; ceux du côté de *Saint-Germain* ont plus de seize brasses de haut ; c'est à la crête d'un de ceux-ci, situé auprès d'un ruisseau, que l'on nomme de temps immémorial le *Ruisseau de la mine* qu'on a découvert celle-ci. Le filon d'un pouce d'épaisseur & de dix de large, s'étendoit perpendiculairement dans le rocher, dans une profondeur de huit pieds : il a été facile de le suivre, parce qu'on cassoit le rocher du haut en bas, pour en tirer une espèce de moëllon. On a employé à ce même usage les morceaux de cette mine, dont on faisoit peu de cas. Très-peu de personnes en ont conservé par curiosité. Il est à présumer que ces rochers ne contenoient pas ce seul filon, & que d'autres recherches procureroient des découvertes encore plus intéressantes. Le nom même du ruisseau annonceroit que l'on a découvert autrefois des mines dans ce canton. *Affiches de Poitou* 4 *Sept.* 1777.

Louis XIV, donna un Edit à Versailles au mois de Juillet 1705, registré au Parlement le 8 du même mois & à la Cour des Aydes le 14 Août suivant, pour l'ouverture des mines d'or, d'argent & autres métaux, nouvellement découvertes dans les terres du Vigean & de l'Isle en Jourdain sur la Vienne en Poitou ; il en est fait mention aussi dans les Annales Politiques de l'Abbé de Saint-Pierre : ces mines furent exploitées par des ignorans qui n'avoient jamais entendu parler de mines.

Mine d'antimoine près le Château de la Ramée, Paroisse du Bonpaire en bas Poitou ; en 1773, il y avoit trente à quarante ouvriers occupés & le produit en étoit considérable, elle appartient au Seineur de Pouzaugues.

On apprend dans la nouvelle édition des *Essays du Docteur Jean Rey*, vivant en 1630, imprimés à Paris chez *Ruault* en 1777, que l'on trouvoit un antimoine rouge abondant en mercure, en un lieu de Poitou appellé Bressuire (p. 172) ce doit être une mine de cinabre, dont l'exploitation apporteroit des richesses dans cette Province. On lit dans les Affiches de Poitou 21 Nov. 1776, que près de la Ville de Bressuire, chemin de Montcontour, on trouve une terre du plus beau rouge possible.

Carriere de marbre à la Bonardeliere Paroisse de Saint-Pierre d'Excydeuil près Civray, appartenante au Marquis de Cerzé. Elle est placée sur la pente d'une coline & ce marbre représente des figures qu'on voit sur les marbres de Hesse & de Florence; on le distingue sur les lieux en *petit gris*, en *nuancé & figuré*: son exploitation a de très-grands succès; on peut encore observer la pierre *chenine* à la Jarrie-*Audouin* qui peut aussi se polir.

Les marbres de la Bonardeliere pourront un jour se transporter sur le canal du Clain & de la Charente.

Au lieu de la Dene, près Saint-Michel en l'Herm, *in Heremo*, de grandes montagnes composées de bancs d'huîtres entieres pétrifiées.

Mine d'ocre de plusieurs couleurs, surtout noir, qui donne un vernis approchant des cabarets de la Chine, trouvée en 1771, dans la terre de la Verrie entre Soullans & Challans en bas Poitou, appartenante à M. le Baron de Lezardiere : ces ocres sont préférables à *l'ocre de rue*; l'Académie de Peinture de Paris en a fait des épreuves & a déclaré qu'elles égaloient en beauté celles d'Italie, comme on l'apprend d'un certificat du 10 Juillet 1771.

On a trouvé de l'ocre jaune & rouge à Blanzay sur Boutonne en 1774.

Sur le chemin de Pugny au Breuil-Bernard, une terre noire ocracée. *V. Aff. de Poit.* 21 *Nov.* 1776.

*Mines du Périgord.*

Mines de fer du Bandiat dans les bois de la Garde, les forges de Forge-neuve, de Jomelliere, de la Motte, de la Chapelle, de Rudeau, de Bonrecueil, de Combier près la terre de la Roche-Beaucourt, de Pont-Roucheau, d'Etouars des Canaux, d'Ans près Perigueux.

Le fer du Bandiat près la rivière de ce nom, est très-doux. Voyez à ce sujet, *Mémoire historique sur la fonte des Canons de fer*, par M. le Marquis de Montalembert, in-4. Paris, *Grangé* 1758, avec une carte, 164 p. & 33. Et les *Essais de Jean Rey*. Périgord *ad locum qui vulgò* Roche *appellatur multa terra rubicunda eruitur, ejusdem ferè coloris ac virium cum bolo armeno, cujus loco eam substituunt pharmacopolæ quidam.* Louis Guyon dit qu'on trouve de la terre sigillée en Périgord & en Limosin, notamment au Bourg de Perpensac-le-blanc, auprès de la maison de M. Dupuy, dans une grotte. Voyez aussi les œuvres de Palissy, nouv. édit.

*Mines de la Tourraine.*

Noyers, Bourg sur le bord de la Vienne, Abbaye de l'Ordre de Saint-Benoît dont l'Eglise a été bâtie dans le dixième siécle, curieuse par sa construction & par six statues dignes d'orner les *monumens de la Monarchie Françoise*, dont quatre sont sous l'ancienne tour & deux sur les pilliers de la nef : par le tombeau d'un ancien Fondateur qu'on dit des Seigneurs de Noyant qui est dans le Sanctuaire, armé de toutes pièces avec un écusson fascé de six pièces de sable & lozangé, accollé de deux anges tenans chacun un encensoir

soir. Ce lieu est célèbre par des mines de fer, & par une fouille dans une terre labourable au bout du clos des Religieux où on crut trouver une mine de cuivre tenant or, elle fut concédée vers 1698, à M. Bernard de Jamet-Jean, Baron de Pointis, Seigneur de Verneuil & de Champigni, qui la fit exploiter par les Religieux qui y coopérerent. M. le Duc de Bourbon la concéda depuis, le 10 Avril 1718 au Sieur Ozanne, garçon de la Chambre de M. le Duc d'Orléans, suivant l'acte signé *la Plante*, Greffier des mines, qu'on a imprimé avec ce titre. » Concession par Monseigneur Louis Henri de Bourbon » Grand-Maître des mines & minieres de France » au Sieur Ozanne Donataire pour dix-huit années, » des mines d'or, d'argent, cuivre, plomb, étain, » vif-argent, antimoine & azur dans la Paroisse de » Noyers, Élection de Chinon en Touraine. Fol. » Paris, *veuve C. Guillery*, 1718. » Ces mines ont été abandonnées. On trouve aussi du salpêtre dans les côteaux de la Loire, exposés au midi, & des pierres de moulage qu'on exporte par la Vienne : dans les pierres blanches crayonneuses, on a trouvé différens genres singuliers de coquillages. Cette notice a été faite sous les yeux de Dom Ambroise Chevreuse, Prieur de cette maison, qui nous a communiqué les titres & qui nous a assuré que les Essays en avoient été faits chez M. le Comte d'Armagnac au Château de la Mote-lès-Nouâtre. Ces mines de Noyers ne pouvoient pas réussir sur le bord où on a crû en avoir fait la découverte ; mais sur le coteau de l'autre rive, il étoit très-possible s'il y en avoit d'y faire une exploitation.

A Preuilly, Ville remarquable, où, dit-on, l'on a inventé les Tournois, mine de fer exploitée actuellement, mais susceptible d'une grande perfection : autres mines de fer aux environs de Loches. Dans l'Eglise Collégiale, on remarque un monument Romain de granit, qui sert d'eaubenitier: c'est un fust de colonne renversée où sont plusieurs bas reliefs; & le tombeau d'Agnès Seurelle, en marbre noir & son effigie en pierre semblable à celle de Tonnerre. Les carrieres de la Ville sont curieuses; un passage de Grégoire de Tours dans la vie de Saint-Ours, induit à croire que le premier moulin à eau, a été construit dans les terres de ce Prieuré par Saint-Ours

A la Vienne, petite Seigneurie, mine de fer & de cuivre.

On prétend que vers la Bretagne dans la Généralité de Tours il y a un terrain actuellement labouré, où l'on voit un rocher à fleur de terre dont les Dupuy de Montbrun & leurs Cessionnaires ont retiré de l'argent à la fin du seizieme siècle & au commencement du dix-septieme; il y a, dit-on, cinquante ou soixante ans, qu'un paysan y trouva une pierre brillante, dont un Orfèvre d'Angers lui donna en troc un gobelet d'argent. Le lieu de cette mine est actuellement à découvrir de nouveau. Il en seroit peut-être question dans les papiers des descendans de René Quentin Sieur de la Vienne, ou de François son fils.

La pierre de tuf de Touraine, qui sert à y bâtir des maisons, étant exposée à l'air, se charge de salpêtre, qui la ronge en peu de tems, ensorte qu'il y a du profit à abattre une vieille maison pour en bâtir une neuve en vendant les anciens matériaux aux Salpêtriers, suivant Boulainvilliers, dans l'*Etat de la France*. On ajoûte que les coteaux des bords de la Loire, ceux des environs de Chinon, le Rocher du Château de Loches & les montagnes voisines fournissent beaucoup de salpêtre qui est enlevé & dissippé par les pluyes fréquentes ou entraîné par les eaux.

Il a été parlé des cavernes de cette Province, ci-devant p. 198; on ne doit point oublier d'examiner les mines de fer, les carrières & les eaux minérales du Château de Samblancay.

*Mines d'Anjou.*

Tufi nitreux dans cette Province dont on retire le salpêtre par lessive de la même maniere qu'en Espagne: on le porte à la rafinerie de Saumur.

Carrieres célèbres d'ardoises, Election de Château-Gontier dans les Paroisses d'Aon, Maigné, la Jaille, l'Hotellerie, Flée & les environs d'Angers.

Mines d'argent, de rosette, de plomb &, dit-on, mines d'étain au Village de Chevaux, Paroisse de Courcelles. Autre mine de plomb, à Montreveau-le-petit. Madame la Duchesse d'Uzès ayant le privilége de faire la fouille des mines de charbon de terre dans tout le Royaume, céda l'Anjou à François Goupil qui ayant abusé de son privilége, fut condamné à une amende par Arrêt du Conseil du 4 Janvier 1695, mais tous les priviléges de cette nature furent révoqués par l'Arrêt du 13 Mai 1698, comme cela est dit ailleurs.

Concession le 28 Juin 1740, continuée depuis dans les Paroisses de Saint-Georges, Chatelaison & Concourson en Anjou des mines de charbon de terre.

Celles de la terre de Doué ont été concédées par le Roi, le 29 Janvier 1769.

Courson Saint-George, Saint-Aubin de Lugnié, Chaudefond, Chalonne, Montejan sur Loire, Noulis, célèbres par leur charbon de terre contenant par quintal cinq à six grains d'or.

On voit des forges à Château la Valliere, à Ponnée, à Pouancé; une Verrerie à Chanu dans la forêt de Versins: l'Histoire Naturelle de cette Province est trop négligée.

*Mines du Nivernois Généralité d'Orléans.*

Nous allons rapporter l'anecdote ſuivante.

Jean de Beze I du nom, eſt l'inventeur des mines de Chitry en 1493. Ses fils ſçavoir Jean de Beze II, Garde des mines du Nivernois, ci-après, obtint avec Pierre de Beze, Élu de Vezelay ſon frere, les lettres de conceſſion du mois de Juillet 1514, pour les mines de Chitry & Chaulmont en Nivernois & Pontaubert en Bourgogne, aux conditions exprimées dans la Préface de Garrault ; ce même Pierre de Beze & Jean de Beze ſon fils, héritier de Jean de Beze II ſon oncle, obtinrent une confirmation au mois de Mars 1545 & une troiſieme le 6 Mars 1599. Toutes les trois lettres de conceſſion ou confirmation furent regiſtrées enſemble au Parlement de Paris, avec la clauſe déja citée, le 12 Août 1550.

Jean de Beze II, Garde des mines d'argent du Comté de Nivernois étant mort, ſon office fut octroyé par des lettres de proviſion adreſſées à la Cour des Monnoyes en faveur d'Etienne Burdelot : il prêta ſerment le 18 Avril 1515, ſon acte de réception ſcellé des ſceaux des Conſeillers Généraux des Monnoyes ſur le fait des mines, eſt au regiſtre cotté G. fol. 29.

Des Lettres-patentes de François I, datées du 15 Juillet 1519, inſérées dans le même regiſtre, fol. verſo 65, contenant mandement aux Conſeillers Généraux de la Chambre, afin qu'ils tiennent quittes les Maîtres des mines de Chitry de cinq cent marcs d'argent de cendrée qu'ils étoient obligés de livrer.

Jean Etienne Strobelberger a écrit : *argenti ferrique fodinis celebris cenſetur* in Tractu Nivernenſi, *olim quidem ad locum S. Leonhardo ſacrum, argentum copiosè effodiebatur : nunc verò omnis labor ferri ſodinis impenditur non procul à Decize lapides eruuntur, quos inſtar Carbonum comburunt Coloni.* V.p. 3 & ſuiv.

Il y a une forge à Champrond, qui eſt très-conſidérable dans l'Élection de Chateaudun. Il y a pluſieurs autres forges dans l'Election de Clamecy.

Ceux qui iront à Vendôme, après avoir lû Paliſſy p. 65, examineront la ſainte Larme, encloſe dans un petit vâſe merveilleux, pour n'avoir ſoudure, ni ouverture aucune & pour être blanc par dehors comme cryſtal. Ce précieux joyau, dit Duchesne, ſans ceſſe tremblotte dans ſon enclos & le rend recommandable.

# MINES DU BERRY.

*Mémoire ſur les Mines du Berry par M. le Monnier D. M. P. de l'Ac. des Sciences.*

1739.

LA Province de Berry (1) eſt extrêmement riche en bois, mais il n'y a point de riviere navigable qui puiſſe en faciliter le commerce; & les forges, quoiqu'en grand nombre, ne ſont pas capables de conſommer ce qu'elle produit: cependant il eſt rare d'y voir de beaux arbres; les chênes y croiſſent

*Le Monnier.*

(1) Il y a quelques mines d'argent non indiquées & négligées dans la Province du Berry. La forge de Clavieres dans le Duché de Chateauroux eſt conſidérable. Dans la Paroiſſe de Beaumont la Ferriere, il y a une fabrique d'acier qui a été ſans ſuccès. On a voulu y établir une Manufacture de fer blanc & on n'a point réuſſi.

Le Monnier

aſſez droits, mais ne deviennent jamais forts, ſans doute à cauſe du peu d'étendue que peuvent avoir leurs racines dans ces forêts, dont le fond eſt ſouvent pierreux : j'ai vû dans la forêt d'Alvigni, quantité d'arbres que le vent avoit abbatus, & qui n'avoient pour ainſi dire que du chevelu pour racine ; le fond de celle-ci eſt très-pierreux, excepté dans quelques endroits, qu'il eſt noyé d'eau. Il y a apparence que toutes ces eaux qui croupiſſent & gâtent la forêt, avoient autrefois un écoulement libre dont on ſe ſervoit avantageuſement pour travailler le fer : car on trouve dans pluſieurs endroits des monceaux de *littier*, ( c'eſt ainſi qu'on appelle les ſcories du fer ) ſemblables à ceux qu'on voit autour des fonderies, & on apperçoit encore le lit d'un ancien ruiſſeau, qui paroit avoir été aſſez conſidérable : à peine trouve-t-on aujourd'hui dans cette forêt quelques filets d'eau qui vont ſe perdre dans des mares. La plupart de ces eaux ont un goût ferrugineux, & bruniſſent avec la noix de galle ; & j'ai amaſſé quelquefois au fond de ces ruiſſeaux, un ſaffran de Mars auſſi ſubtiliſé qu'aucun qu'on prépare par les moyens chymiques.

Le fer eſt ſi commun dans cette Province, que je ne crois pas qu'on puiſſe aſſigner aucun endroit dont on n'en puiſſe tirer ; auſſi travaille-t-on beaucoup ce métal, & fait-il l'objet d'un commerce important. On ne le cherche pas bien profondément dans les entrailles de la terre, & il n'eſt pas diſtribué par filons comme les autres métaux, il eſt répandu ſur la ſurface, ou tout au plus à quelques pieds de profondeur ; on choiſit dans les bois, les endroits où l'on juge qu'on en pourra tirer davantage, & ſurtout qui ſoient voiſins des mares qui ſont néceſſaires pour laver la mine ; on creuſe juſqu'à quatre ou cinq pieds de profondeur, & on

Le Monnier.

tire une terre jaune mêlée de cailloux, & de petites boules rougeâtres, grosses comme des pois ; la meilleure est celle qui est la plus ronde, pesante, rouge & brillante en dedans, & non pas noire. On débarasse cette mine de la terre jaune (qui est une espèce d'ocre) en la mettant dans des corbeilles, que l'on promène dans les mares, l'eau délaye & emporte la terre, & ne laisse que la mine & les cailloux ; par une autre opération, mais fort grossiere, on sépare les cailloux d'avec la mine, en sorte qu'il en reste toujours une quantité considérable. Cette mine en grains, donne un fer très-doux ; mais fournit peu : on la mêle avec une autre en gros quartiers, dans des carrieres au village de *Sans* près *Sancerre* ; on casse celle-ci en petits morceaux d'un pouce cubique, pour qu'elle soit plus facile à liter.

Tout le monde sait que pour fondre le fer, on met ordinairement les matières dans un grand fourneau quarré, qu'on fait de plusieurs lits successifs de charbon de bois, de mine & d'une pierre à chaux, qu'on appelle *cassine* ; qu'à l'aide de deux énormes soufflets, que l'eau fait mouvoir, on excite un feu capable de fondre ces matieres ; que le fer fondu se précipite au fond du fourneau comme plus pesant, tandis que les scories vitrifiées, surnagent dessus ; que l'on fait au fourneau un trou pour l'écoulement de ces scories ; enfin que quand la matiere est en bon état, on fait au bas du fourneau un autre trou, par lequel le fer fondu s'écoule dans une goutiere de terre triangulaire, & forme un prisme de même figure, qu'on appelle la gueuse ; en un mot qu'on refond cette gueuse pour la purifier davantage & en former des barres sous le marteau.

Mais ce procédé, quoique confirmé par une expérience journaliere, & pratiqué depuis une longue

*Le Monnier*

suite d'années, ne me paroit pas porté à sa perfection; je crois qu'on consomme dans chaque fonte beaucoup trop de charbon, & qu'on laisse perdre une quantité de fer assez considérable, qu'on pourroit employer en employant quelques petits soins. J'ai estimé le volume de *littier* au moins quadruple de celui de la gueuse; de plus, j'ai trouvé la pesanteur spécifique de ces scories, très-approchante de celle du fer, ce qui prouve qu'elles en contiennent une assez grande quantité, car la combinaison des cendres, de la castine & des autres matieres, qui ne sont point fer, ne sauroit faire un tout dont la pesanteur soit si considérable, que l'est celle du *littier*, à moins qu'il ne s'y mêle du fer: or cette quantité de fer ainsi enveloppée dans le littier est en pure perte; pour la conserver, du moins la meilleure partie, il ne s'agiroit que de mieux séparer de la mine, avant de la porter au fourneau, cette quantité de cailloux, qui ne se vitrifiant qu'avec peine, donnent lieu à un feu de la derniere violence; (& par conséquent à une grande consommation de charbon) & qui étant une fois vitrifiés, retiennent & embarrassent beaucoup de petites parties de fer, & les empêchent de tomber librement au fond, pour se joindre avec la matiere qui doit former sa gueuse: cette précaution n'entraineroit pas dans de grandes dépenses, & je crois qu'on en seroit bien dédommagé par le fer que l'on conserveroit.

J'ai fait ces observations aux forges d'Esvoy-le-Pré, qui parmi celles que j'ai vûes, m'ont paru conduites avec le plus de soin: je dois à M. le Marquis de Putanges à qui elles appartiennent, la facilité que j'ai eu d'observer tout le détail des fonderies & des forges; il a même eu la complaisance de me mener à ses forges, & de m'expliquer le détail de plusieurs procédés. La mine que l'on y fond, se tire & se prépare dans une grande & belle forêt, appellée le Randonay; elle est d'une très-bonne qualité & fort abondante. Le Monnier.

Les promenades que j'ai faites dans cette forêt, qui est une des plus belles du Berry, & dans celle d'Alloigny, qui n'est éloignée de Bourges que de quatre lieues, m'ont donné lieu de remarquer quelques plantes qui ne sont pas communes autour de Paris.

Les herborisations que j'ai faites aussi dans la forêt de *Vierzons*, m'ont conduit si près d'une mine d'ocre, que je n'ai pû me dispenser d'aller l'examiner; on n'en voit pas beaucoup de cette espèce, & j'ai même oui dire, qu'elle étoit la seule qui fût en France: elle appartient à un Marchand de Tours, qui la fait exploiter; elle est située dans la Seigneurie de la Beuvriere (2) Paroisse de Saint-Georges, à deux lieues de Vierzons, sur les bords du Cher. Lorsque j'y suis arrivé, les puits étoient pleins d'eau, à l'exception d'un seul dans lequel je suis descendu; il est au milieu d'un champ dont la superficie est un peu sablonneuse, blanchâtre, sans que la terre soit cependant trop maigre: l'ouverture de ce puits est un quarré, dont chacun des côtés peut avoir une toise & demie; sa profondeur est de 18 ou 20 toises, ce ne sont d'abord que différents lits de terre commune & d'un sable rougeâtre; on traverse ensuite un massif de grès fort tendre, dont le grain est fin, & se durcit beaucoup à l'air, cette masse est épaisse d'environ 24 pieds; suivent ensuite différents lits de terre argilleuse & de cailloutage; enfin vient un banc de sablon, très-fin, blanc & de l'épaisseur d'un pied;

(2) Voyez ci-après.

*Le Monnier* c'eſt immédiatement audeſſous de ce banc de ſable, que ſe trouve la premiere veine d'ocre : cette veine a la même épaiſſeur que le banc de ſablon ; elle eſt horiſontale, autant que j'en ai pu juger ; & comme on l'apperçoit tout autour du puits, je n'ai pû décider ſi elle court du midi au nord, ou ſi elle ſuit une autre direction.

Ce lit d'ocre eſt ſuivi par un autre banc de ſablon & celui-ci par une autre veine d'ocre, & le mineur m'a aſſuré qu'en creuſant davantage, on voyoit ainſi différents lits d'ocre & de ſable, ſe ſuccéder les uns aux autres ; je n'en ai vû que deux lits de chacun parce que le puits où j'ai deſcendu étoit tout nouvellement fait. L'ocre eſt molle, graſſe & parfaitement homogène ; c'eſt une choſe aſſez ſinguliére que la nature ait ainſi réuni les deux contraires, le ſable & l'ocre, ſavoir la matiere la moins liante avec celle qui paroit avoir le plus de ductilité, & cela ſans le moindre mélange, car la ſéparation des veines de ſable & d'ocre eſt parfaite, & n'eſt pour ainſi dire que d'une ligne géométrique. Quand je dis que les veines d'ocre ſont ſi pures, j'entends qu'il n'y a aucun mélange de ſable, & je ne parle pas de quelques noyaux durs ferrugineux, & de la groſſeur du poing, qui ſont de véritables pierres œtites, car on en trouve aſſez fréquemment dans l'ocre ; leur ſurface eſt à peu près très-ronde, & l'épaiſſeur de la croûte d'environ deux lignes ; elles contiennent un peu d'ocre mêlée d'une terre ferrugineuſe & friable. On n'emploie point d'autre machine pour tirer l'ocre de la carriere, que le tournique ſimple, dont ſe ſervent nos Potiers de terre des environs de Paris : elle eſt pâle & preſque blanche dans la mine & jaunit à meſure qu'elle ſe ſéche ; mais elle ne devient rouge que quand on la calcine. Le ſablon qui l'environne n'a de particulier que quelques brillans talcueux dont il eſt ſemé, & ſon goût vitriolique aſſez conſidérable : toute cette mine eſt fort humide & malgré la largeur de l'ouverture, l'eau qui diſtilloit de tous côtés, formoit au bas une pluie fort incommode, cette eau ſentoit auſſi le vitriol, & rougiſſoit avec l'infuſion de noix de galles.

*Le Monnier*

Je n'avois encore trouvé dans le Berry aucune pétrification ſingulière, lorſque le hazard m'en fit découvrir un magaſin. En paſſant un jour à Bourges, pardevant un bâtiment neuf, j'apperçus dans un bloc de pierre de taille, une belle coquille bivalve très-entiere, & dont les couleurs étoient très-bien conſervées : je m'arrêtai pour examiner les autres pierres, & je vis qu'elles en étoient ſemées : je queſtionnai auſſitôt un Tailleur de pierres, qui m'apprit que les carrières, dont ces pierres étoient ſorties, n'étoient éloignées que d'un quart de lieue de Bourges, ſur le grand chemin de Dun-le-Roy ; que ces coquilles étoient fort communes & qu'on y en trouvoit de pluſieurs eſpèces, enfin qu'outre ces coquilles on y trouvoit encore des pierres de différentes figures, je me déterminai à y aller dès le lendemain ; on y entre par pluſieurs ouvertures de 15 ou 20 pieds audeſſous du niveau de la campagne & qui conduiſent par des rues différentes au fond de la carrière. La pente de ces rues eſt preſqu'inſenſible, enſorte que le fond de la carriere peut être de 40 pieds audeſſous du rez-de-chauſſée ; leur plus grande longueur eſt peut-être d'une centaine de toiſes : au reſte elles ſe communiquent par des rues de traverſe pour la commodité du tranſport des pierres, la terre qui recouvre la carrière, eſt une terre franche mêlée de cailloux & de boulettes ferrugineuſes ſemblables à celles de Randonay, mais plus exactement ſphériques.

Le Monnier

Je fus d'abord surpris du frais qui régne dans ces carrières ; car la liqueur de mon thermomètre ne s'y tenoit qu'à huit degrés audessus de la congélation, tandis qu'au dehors la chaleur de l'air la faisoit élever à 27 degrés. J'avois peine à comprendre ce phénomène, tant à cause du peu de profondeur de ces carrieres, que du grand nombre d'ouvertures dont elles sont percées (il y en a bien 15 ou 20) & par lesquelles l'air extérieur peut librement circuler. J'ai répété cette expérience plusieurs fois ; j'ai même laissé mon thermomètre 4 heures de suite, & j'ai constamment trouvé la température de ces carrières de huit degrés audessus de la congélation ; savoir deux degrés & un quart plus bas que dans les caves de l'Observatoire de Paris.

La pierre est d'un grain plus fin que la pierre d'Arcueil ; elle approche assez de la pierre de Saint-Leu, mais elle est beaucoup plus dure même dans la carrière. Les pierres du lit supérieur ont beaucoup de disposition à s'exfolier à l'air, & à se carier à l'humidité ; mais celle qu'on tire un peu plus profondément est d'une meilleure qualité & l'on peut voir par le magnifique bâtiment de l'Eglise de Saint-Etienne de Bourges, qu'elle est d'un excellent usage. Dans les intervalles qui séparent les différents lits de pierre, on trouve une espèce de bol brun, qui prend une couleur rouge assez vive par la calcination ; c'est je crois le même que celui qui est en usage du côté de Sancerre pour marquer les moutons.

La masse de pierre est parsemée de coquilles bivalves de toute espèce ; j'y ai reconnu des *cāmes*, des *pétoncles*, des *cœurs*, des *moules*, des *huîtres*, &c. elles sont pour la plûpart entieres, & ont conservé leur couleur & leur poli : leur cavité est tantôt rempli d'une matiere crystalline taillée en pointe de diamant, tantôt d'une craie blanche & fine, &

fort ſouvent de tous les deux. On trouve conſtamment les deux pièces de chaque bivalve unies enſemble, mais ſans jamais être parfaitement articulées, on diroit qu'elles auroient été luxées dans leur articulation.

Le Monnier.

Au reſte on les trouve à toute ſorte de profondeur, & elles n'affectent aucune ſituation particuliere. J'ai quelques fois rencontré une ſorte de coquillage giganteſque, irrégulier, ſemblable à une huître, ou plutôt à la *pinna marina*; mais avec cette différence bien ſinguliere, que les fibres, aulieu d'être parallèles au plan de la coquille, lui ſont au contraire perpendiculaires, ce que je n'ai jamais vu dans aucun coquillage; on diroit des fibres de l'Amianthe.

Avant que d'entrer dans la carriere, on voit au dehors de groſſes maſſes de pierre de 12 ou 15 toiſes cubiques, iſolées, & qui paroiſſent avoir été les piliers d'anciennes voûtes dont on a enlevé la pierre. Leur ſommet eſt couvert d'un lit de terre & de cailloux, ſemblable à celui qui couvre le reſte de la carriere: les faces de ces piliers qui regardent l'orient & le nord, ſont très-blanches, tendres & raboteuſes, celles au contraires qui ſont expoſées au midi & à l'oueſt ſont ſalies de la pluie & très-dures. Ces piliers ſont moins une maſſe de pierre homogène, qu'un amas de petites pierres de toutes ſortes de figures, cimentées enſemble par le moyen d'une craie aſſez tendre, mais qui eſt devenue trés-dure du côté du midi. Le vent & la pluie qui ſont venus du côté du nord ont enlevé la craie & pour ainſi dire, décraſſé les pierres enfouies, enſorte qu'on les apperçoit dans leur entier & qu'il eſt aſſez facile de les ſéparer: il y en a beaucoup de figurées,

La plus commune eſt une pierre rougeâtre, dont la ſurface eſt ondoyée & étoilée, comme *l'aſtroite*:

*Le Monnier*

cette surface n'est qu'une croûte épaisse de 2 ou 3 lignes, qui renferme un amas de petits crystaux semblables à ceux qu'on trouve assez souvent dans les coquilles bivalves dont j'ai parlé: ces crystaux sont très-clairs, mais tendres, & n'excèdent guères en grosseur les grenats dont on fait les colliers.

On trouve encore fréquemment des *échinites* ou *boutons de mer*. Celles-ci sont bien différentes des échinites ordinaires qui sont pour la plûpart des pierres polies, dures comme du marbre, & sur lesquelles on voit seulement l'impression de l'intérieur de la coquille de l'*échinus*: les échinites de nos carrières sont les coquilles elles-mêmes pétrifiées, & dont l'intérieur est rempli de craie: quand on a la patience de délayer cette craie en la lavant, on reconnoit aisément la coquille de l'oursin. J'en ai distingué deux espèces; l'une qui ressemble fort à ce petit *échinus* commun sur les côtes de Saint-Domingue, & dont il y a si grand nombre au cabinet du jardin du Roi; l'autre m'a paru être la coquille de l'*hystrix maritimus Imperati*. J'ai trouvé jusqu'aux épines ou tuyaux qui s'articulent sur les boutons de la coquille de l'oursin; & il s'en faut bien que ces tuyaux soient devenus des *belemnites*, comme la ressemblance l'a fait croire à plusieurs Naturalistes.

J'ai trouvé encore dans la même craie, quelques tuyaux ramifiés, semblables par leur figure à des branches de corail; leur substance corticale est mince & conserve en certains endroits une petite couleur rouge; leur intérieur est un amas de ces petits crystaux réguliers dont j'ai déja parlé: j'ai essayé de détacher quelques unes de ces ramifications; mais il m'a été impossible de les conserver entieres: elles sont extrêmement fragiles, & le moindre effort les fait rompre.

Mais rien n'a satisfait ma curiosité, comme une

eſpèce de *pierre Judaïque* qui y eſt aſſez commune : ſa figure eſt différente des pierres Judaïques ordinaires, qui ſont des corps olivaires ſtriés, & qui ont un pédicule : le corps de celles-ci eſt preſque cylindrique ; elles ſont quelquefois longues de deux pouces & demi, & ont 3 à 4 lignes de diamètre : elles ſont cannelées dans les deux tiers de leur longueur, & ces cannelons ne ſont pas des filons ſimples & uniformes ; ce ſont des filets de petits tubercules poſés fort près & à égale diſtance les uns des autres. Cette cannelure n'occupe qu'environ les deux tiers de la pierre ; elle dégénere tout d'un coup en un colet délié, cylindrique, poli, terminé par un bouton renflé, regulier, légérement convexe, orné d'une petite moulure. Cette pierre eſt très-commune dans ces carrieres ; mais elle ſe trouve rarement entiere, à cauſe de ſa grande fragilité : elle ne ſe rompt jamais qu'obliquement, enſorte que ſa ſection repréſente toujours une élipſe : elle paroit compoſée d'une infinité de feuillets éliptiques, appliqués les uns ſur les autres, dont il réſulte un cylindre de maniere que le plan de tous ces feuillets eſt incliné à l'axe de la pierre.

*Le Monnier*

Il étoit naturel de penſer que puiſque ces piliers faiſoient voir à leur ſurface extérieure tant de pierres figurées, leur intérieur devoit en être rempli, & même qu'elles y devroient être mieux conſervées ; mais l'expérience m'a fait voir le contraire : car ayant fait éclatter un de ces rochers avec de la poudre, l'intérieur n'étoit qu'une maſſe de pierre de taille, homogène & très-dure, ſans la moindre apparence de pierres figurées ; j'ai ſeulement apperçu quelques canaux tortueux, ſtriés intérieurement, à l'extrémité deſquels j'ai trouvé un noyau de pierre de la groſſeur d'une olive, ſtrié auſſi, & qui par ſon mouvement, avoit vraiſemblablement formé les ſtries

Le Monnier

du canal pendant que la matière étoit encore molle.

Les carrières de Bourges ne sont pas le seul endroit où j'aie trouvé des pierres figurées & des coquilles pétrifiées ; les travaux qu'on a faits pour rétablir le chemin de Bourges à Dun-le-Roi, m'en ont fait découvrir aussi, mais d'une espèce différente ; je n'ai presque trouvé ici que des coquilles d'une seule pièce, comme des *buccins*, des *vis*, des *cornes d'Ammon* ; une de celles-ci entr'autres qui pesoit plus de 25 livres, & qui avoit près d'un pied de diamètre. Les autres carrieres qui sont sur le chemin d'Issoudun, & celles de Sainte-Soulanges ne renferment rien de curieux.

Je ne finirai pas cet article des carrières de Bourges sans parler d'un reste d'aqueduc qui s'y rencontre ; sa direction est de N. O. au S. E. sa pente, vers la ville ; & la longueur du fragment de 30 ou 40 toises : la hauteur de la voûte est de cinq pieds ; la largeur de la gallerie, est de 3 pieds ; la largeur & la profondeur du canal est d'un pied & demi ; il est bâti en petites pierres revêtues d'un ciment très-dur & très-fin. Le lit du canal est enduit comme celui de tous les vieux aqueducs, d'un sédiment pierreux semblable à celui qui se dépose dans celui d'Arcueil. L'aqueduc a été rompu quand on a ouvert la carriere ; car il passoit dessus ; par conséquent il est plus ancien qu'elle ; il devoit être d'un grand secours à cette Ville où on ne boit que de l'eau de puits, qui n'est pas partout également bonne.

Pendant le séjour que j'ai fait à Nevers, où j'étois allé faire souffler des tuyaux de toute sorte de calibre pour les expériences que nous projettions de faire sur différentes montagnes, j'ai eu occasion de voir les fosses dont on tire la terre à fayance, elles sont sur une hauteur à un quart de lieue de Nevers aux environs d'un vignoble, & n'ont rien d'extraordinaire ;

on diroit d'une espèce de marne qu'on trouve sous un lit de sable de 3 à quatre pieds : cette terre est assez dure dans la carrière ; mais elle s'humecte, se fend & s'amollit à l'air : quand elle est suffisamment humectée, on la transporte pour la travailler : on en distingue de deux espèces, dont l'une sert à faire la fayence qui va sur le feu ; mais elles m'ont paru de même nature, excepté que celle-ci est moins pure & plus mêlée de sable que celle dont on fait la fayence fine. J'ai vû au même endroit une espèce de plâtre qu'on apporte de *Decise-sur-Loire*, & qui est clair & transparent comme de l'albâtre ; on y apperçoit des fibres ondoyées ; il a une légere teinte de rouge, comme *l'alun de Rome*, qu'il conserve même après qu'il a été calciné ; il m'a paru plus beau lorsqu'il est employé, que celui de nos environs de Paris.

Le Monnier

Le voisinage de la riviere d'Allier m'invitoit à aller herboriser sur ses bords ; je pris pour cet effet le chemin de *Saint-Pierre-le-Moustier* jusqu'au Village de *Plagny*. Un peu endeçà, j'apperçus une orniere & sur la surface de la terre aux environs, quantité de *pierres Bélemnites* ; la terre sur laquelle j'en trouvai une plus grande quantité étoit jaune, argilleuse & fort humectée : j'en trouvai aussi quelques unes un peu plus bas dans une terre fort différente, j'en ai vu même qui étoient enchassées & faisoient corps avec de grosses pierres : je fis fouiller dans cette terre jaune, & à la profondeur de 3 ou 4 pouces, on en trouvoit encore quelques unes, mais moins qu'à la surface : à la profondeur d'un pied on n'en trouvoit plus & la terre devenoit noire & sablonneuse. Il y avoit de ces pierres qui étoient entierement solides, & d'autres qui étoient creuses en dedans ; celles-ci ne se trouvoient que dans la terre humide & grasse, leur cavité étoit conique comme la surface extérieure de ces pierres, avec cette différence cependant, que

Le Monnier

l'axe du cône étoit double de celui du cône intérieur ; de sorte que la partie pointue de la *Bélemnite* étoit entierement solide, & cette solidité alloit en diminuant en approchant de la base ou elle n'étoit plus qu'une lame transparente & mince comme une feuille de papier ; cette cavité conique étoit remplie d'une terre jaune, grasse & très-fine : il semble que cette terre jaune & humide soit pour ainsi dire la matrice des *Belemnites* ; car je n'en ai jamais ramassé que dans cette espece de terre, surtout à *Dive* en Normandie, ou ces pierres sont communes. Je rapporte toutes ces circonstances, parce que je ne vois pas d'apparence que ces pierres soient des parties d'animaux pétrifiés comme les tuyaux d'hérissons de mer non plus que des dents du souffleur, comme quelques Naturalistes l'ont prétendu ; il sembleroit au contraire que ce seroit des productions de la terre, comme sont les *stalactites* & les *pyrites* aussi peut-être. Cette conjecture est appuyee sur ce que cette terre jaune & humide ne se trouve plus dans les *Bélemnites* incrustées dans la pierre ou dans la craie, c'est-à-dire, qui n'ont plus vie, s'il est permis de se servir de cette expression ; que partout où l'on trouve de ces pierres en une quantité raisonnable, on y voit aussi cette terre humide & argilleuse : enfin que ce feuillet mince, transparent & si fragile, peut être regardé comme un ouvrage en train, & auquel la Nature n'a pas encore mis la derniere main. Je ne dissimulerai pas néanmoins que ces pierres sont presque toujours accompagnées d'une autre (savoir la *corne d'Ammon*) que tous les Naturalistes s'accordent à regarder comme la pétrification d'un coquillage marin tel que le *nautile* & *autre*.

J'ai fait les mêmes observations sur des *Bélemnites* que j'ai trouvées dans une ravine de la montagne des Preaux où M. Cassini a établi un signal. Ces pierres étoient aussi dans une terre grasse & humide :

j'en ai remarqué plusieurs qui avoient ce feuillet mince & transparent, & ce limon jaune qui semble l'élément des *Bélemnites*. Mais elles étoient de même accompagnées de plusieurs autres pierres figurées, qui passent généralement pour des corps maritimes, savoir de cornes d'Ammon, de différentes espèces de Pétoncles, de Cames, & de cette coquille d'huitre si épaisse qu'on voit très-communément à la côte des *vaches noires* en Normandie, & que quelques Naturalistes appellent Gryphites. Cependant j'ai trouvé parmi ces pétrifications du gyps & des pyrites qui bien certainement n'ont pas la même origine. Le gyps étoit de la même nature que la pierre spéculaire de Montmartre, mais plus irrégulier & beaucoup moins transparent : les pyrites étoient rondes, d'un pouce de diametre, ayant leur surface chagrinée de la même maniere précisément que les fruits de l'arbousier. Quelques unes étoient partagées en deux parties égales par une bande circulaire : mais les deux moitiés de celles-ci n'étoient jamais assez exactement posées l'une sur l'autre, pour faire une boule aussi ronde que celles qui n'avoient point cette bande.

Il y a dans les Villages de Meunes & de Coussi à deux lieues de Saint-Agnan sur le Cher, des Manufactures de pierres à fusil, qui fournissent tout le Royaume & les Pays étrangers.

## *Maniere de préparer le Rouge de Prusse & le Rouge d'Angleterre, que les Hollandois viennent chercher dans le Berry.*

LE rouge qu'on employe pour mettre en couleur les carreaux des appartemens & pour polir les glaces, se prépare en Hollande & se vend en France ſous les noms de rouge de Pruſſe & d'Angleterre; le premier eſt un peu plus foncé que l'autre. Ce rouge n'eſt qu'une ocre martiale, jaune, argilleuſe dont on a changé la couleur par la calcination.

Les Hollandois tirent de la Paroiſſe de Saint-George en Berry, (1) l'ocre jaune qu'ils employent pour faire ces rouges; le propriétaire de la terre de Saint-George, m'ayant apporté de cette ocre jaune, me demanda quel parti il pourroit en tirer, ajoûtant qu'il n'en avoit point trouvé le débit à Paris, mais qu'il en avoit vendu pour trente cinq mille livres l'année derniere, à un particulier, qui la faiſoit paſſer en Hollande ſur le pied de quinze francs les huit quintaux.

Après avoir calciné la terre bolaire jaune de Saint-George, elle prit une couleur rouge, ſemblable au beau rouge d'Angleterre; je fis des expériences comparées avec l'un & l'autre, & je les trouvai ſemblables par leurs propriétés.

Le beau rouge d'Angleterre, ſe vend vingt-cinq livres le quintal, & lorſque ſa couleur eſt un peu plus vive, on le vend quarante huit livres le quintal: on le nomme alors rouge de Pruſſe; il eſt aiſé d'apprécier le gain énorme que les Hollandois font ſur cette ſubſtance dont la conſommation eſt conſidérable.

Pour convertir en rouge la terre bolaire jaune, il ſuffit de la calciner dans un four, (2) de la di-

(1) Cette terre appartient à M. le Vicomte de Riffardo, qui m'a dit qu'il y avoit plus de cent ans que les Hollandois en achetoient autant qu'on pouvoit leur en fournir.

(2) Il faut être attentif au degré de chaleur qu'on employe & ne point mettre les matieres combuſtibles en contact avec la terre bolaire, car j'ai remarqué qu'alors la belle couleur rouge ſe dégradoit, & que très-ſouvent elle devenoit d'un jaune de brique.

viser sous des meules & de la tamiser. Les nuances dans la couleur de ce rouge ne varient qu'en raison de la quantité de chaux de fer qui étoit contenue dans la terre argilleuse jaune qu'on a calcinée.

Les Marchands ont soin de tenir ces couleurs dans un lieu humide afin qu'elles paroissent plus foncées.

## MINES DU LYONNOIS, FOREZ, ET BEAUJOLOIS.

*Observations sur une Mine de Cuivre & de Vitriol des environs de Lyon, par M. Antoine de Jussieu, lues à l'Académie Royale des Sciences, le 23 Juillet 1709.*

*Jussieu.*

LA Botanique a une si grande liaison avec les autres parties de l'Histoire naturelle, qu'il n'est pas étonnant de voir les plus grands Botanistes devenir en même tems des Naturalistes très-habiles. La mémoire de l'illustre Tournefort nous en sert de preuve; dans les différentes courses qu'on est obligé de faire par les campagnes pour herboriser, les autres productions de la Nature, attirent malgré nous nos regards & notre attention. Les mines, les marcassites, les pierres figurées, les pétrifications,

(1) C'est à la complaisance de M. de Jussieu de l'Ac. des Sc., à qui la Botanique aura un jour tant d'obligations, que le Public doit la communication de ce Mémoire qui étoit connu de Scheuchzer, mais resté jusqu'à présent dans les Registres de l'Académie d'où le célèbre neveu de l'Auteur a permis qu'on le copiât.

Jussieu.

les insectes, & les autres choses de cette nature fournissent à chaque pas à un curieux de nouveaux sujets de méditation.

J'ai tâché de profiter de tout ce qui s'est présenté de curieux dans les diverses courses que j'ai faites pour herboriser dans le Lyonnois, le Dauphiné, le Bugey, les Alpes, la Provence, le Languedoc, les Cevennes & la Principauté de Dombes; & j'ai fait un assez grand nombre d'observations soit pour ce qui regarde les plantes, soit pour ce qui concerne l'Histoire naturelle, dont j'aurai l'honneur de faire part à la compagnie, si elle agrée ces essais.

En herborisant dans les montagnes de Saint-Bonnet-le-froid, éloignées de trois à quatre lieues de Lyon, je remarquai la mine de cuivre & de vitriol dont voici en abrégé la description.

Au bas des montagnes de Saint-Bonnet il y a un quartier fort voisin des Villages de Saint-Pierre de Chevenay & de Saint-Bel, on l'appelle depuis quelque tems *les mines*. Ce quartier de montagnes n'est pas sablonneux & pierreux comme les autres, au contraire il est couvert d'une argille endurcie, fort fine, marbrée & mêlée d'un blanc argentin, d'un rouge clair & d'un peu de jaune dont l'odeur approche de celle du bol. Si l'on casse cette argille on en trouve, ordinairement, le dedans marbré comme le dessus, le milieu cependant est plus rouge, elle paroit feuilletée; on creuse plus ou moins profondément pour tirer la marcassite, pour l'ordinaire, c'est environ deux toises, ou deux toises & demie. La marcassite se trouve en grosse masse, fort pesante, d'une couleur de gris cendré, parsemée de petits brillants qui ont l'œil de métal. Les fosses qu'on a faites pour la tirer, ne fournissent pas toujours, c'est pourquoi l'on est obligé de creuser en d'autres endroits de la montagne. Souvent une fosse ne fournit pas de matiere pour trois mois de travail, ou six mois au plus. *Jussieu.*

La terre dans laquelle la marcassite est contenue, est une argille fort grasse variée de gris & de blanc.

Parmi cette terre, on observe des quartiers de rocher dur, cassant, un peu transparent, & approchant du marbre blanc. On trouve dans les pierres de ce rocher en les cassant, des feuilles ou paillettes de cuivre rouge, qui y sont à la vérité en fort petite quantité; c'est pourquoi on la néglige. Il y a quelquefois jusqu'à trois couches de cette roche dans le lit d'argille.

On ne recherche proprement que la marcassite grise qui est au plus profond de la mine. On la casse à coup de marteau & de pics, on la fait ensuite calciner dans un four à chaux; étant calcinée on la jette dans des cuves de bois percées dans leurs fonds, pour laisser écouler l'eau qu'on y a versé.

L'eau qui a passé dessus la marcassite calcinée est verte, acre & piquante, fort chargée de parties de cuivre & de vitriol; en sortant des cuves, elle tombe dans un bassin sur des morceaux de fer fondu, & sur des vieilles férailles suspendues, qu'elle dissout & réduit en une terre brune ou plutôt d'un rouge brun, qu'on envoye à Vienne en Dauphiné sous le nom de mine de cuivre & dont on retire ensuite ce métal.

La marcassite après la lixiviation & calcination, de grise qu'elle étoit devient d'un rouge brun, & approche du *chalcitis*. Il est assez probable que les parties de cuivre que l'eau tenoit en dissolution, se précipitent à mesure que cette même eau se charge des parties du fer qu'elle dissout. Il se peut faire aussi que toutes les parties du fer ne sont pas entraînées par le dissolvant, & qu'il en demeure beau-

*Juſſieu.* coup mêlées avec le cuivre précipité, ce qui lui donne une couleur brune; l'eau coule de ce premier baſſin dans un ſecond, d'où on la puiſe pour la faire évaporer, & cryſtalliſer comme on fait le nitre. Elle donne de fort beaux cryſtaux verts de couperoſe que l'on vend aux Epiciers & aux Teinturiers de Lyon.

Autour des parois du premier baſſin, il s'y attache des cryſtaux blancs, aigus, & anguleux, comme ceux de nître; ils ont d'abord un peu d'acreté, mais étant lavés, ils m'ont paru preſque inſipides: ils ſe diſſolvent difficilement dans l'eau; on n'en fait aucun uſage.

# MÉMOIRE,

## *Sur les Métaux & Minéraux du Lyonnois, Forez & Beaujolois.*

1765.

### I.

*Blumeſtein.* Il n'eſt aucune Province dans le Royaume qui puiſſe être comparée à nos trois Provinces, pour l'abondance & la variété des métaux; cet avantage ne peut pas leur être conteſté. Nos mines ſont connues depuis longtemps. On prétend même que quelques unes ont été exploitées par les Romains, du moins y a-t-on trouvé des indications qui ſemblent le prouver. Quoiqu'il en ſoit, il eſt certain que depuis Charles VI, juſqu'à préſent, nos Rois n'ont ceſſé de veiller ſur cette portion de leur domaine; ils ont tous donné ſans interruption des

Edits, Ordonnances & Réglements ſur le fait, l'ordre & la police des mines & minieres qui ſe trouvoient dans leur Royaume. L'on remarque que celles du Lyonnois (1) ſont preſque toujours les ſeules qui y ſoient nommées, ce qui eſt une preuve inconteſtable de leur ancienneté, & qu'elles ont fixé dans tous les tems l'attention de nos Souverains.

*Blumeſtein.*

Cependant malgré la protection la plus éclatante, la plus décidée & la plus ſoutenue, la Métallurgie n'a jamais fait de grands progrès parmi nous, tandis qu'à l'exemple des Allemands & des peuples du Nord, il nous étoit facile d'étendre la ſphère de nos connoiſſances, & de nous procurer des biens ineſtimables, en nous livrant à cette étude. Nous avons craint de profiter des lumieres, des travaux, & de l'expérience de nos voiſins ; nous avons laiſſé enſevelis dans la terre des tréſors que la Nature nous avoit départis avec autant de magnificence qu'aux autres Nations, & par la plus coupable indolence nous nous ſommes privés des avantages que nous en pourrions retirer.

En effet, eſt-il rien dans toute l'Hiſtoire naturelle (je n'en excepte que l'agriculture), qui nous ſoit

(1) Malheureuſement pour l'inſtruction des Légiſtes on n'a jamais imprimé que les réglemens des mines du Lyonnois, & ce recueil eſt, on ne peut pas plus mal compoſé. Par exemple, on n'y trouvera point la permiſſion du Roi donnée à Meric de Vic, Conſeiller au Conſeil d'Etat, Ambaſſadeur auprès des Suiſſes & Griſons, pour faire ouvrir & fouiller la terre ès-pays de Lyonnois, Forez & Beaujolois, pour chercher les mines d'or & d'argent, &c. lui faiſant don du droit de dixième denier de ce qui en proviendroit : données au mois de Juillet 1599, Regiſt. au Parlem. le 7 Sept. 1601.

Voyez la note ci-après ſur Saint-Martin de la Plaine.

Blumestein. plus nécessaire que de connoître les métaux, & d'apprendre le grand art de les tirer du sein de la terre? Leur utilité est trop généralement reconnue, pour que j'entreprenne d'en faire ici l'éloge; je ne dirai qu'un mot; sans le secours du fer, que seroit l'agriculture!

Il est étonnant que depuis que les Sciences se sont si fort perfectionnées, celle de la Métallurgie soit restée parmi nous dans les ténèbres, dans le discrédit & dans une espèce d'avilissement. *Bernard Palissy*, Agenois, (2) simple Potier de terre, vint

(2) Nous avons découvert des Vers faits en l'honneur de Palissy à l'occasion du jardin des Tuilleries, il y est nommé le bon Thuilleau

» Aussi du *bon Thuilleau* tant a fait la vertu,
» Qu'étant après sa mort, de l'ame devêtu,
» Il vit encore çà bas, & son nom reverable
» Est parmi les François encore perdurable;
» Nos Rois ont cher son nom & pour lot immortel,
» Ils ont fait à Pallas redresser son autel.
» Témoin ce puissant Roi, qui dedans ses prairies
» Fit dresser ce jardin qu'on nomme Tuilleries;
» Car c'estoit là tout près à l'honneur du *vieillard*,
» Qui dressoit les jardins d'un inimitable art. »

Ce bon Thuilleau Jardinier, est notre célèbre Potier de terre, qui fut employé lorsque Catherine de Médicis fit commencer au mois de Mai 1564, le Château des Thuilleries. » Le jardin, *dit Duchesne*, est merveilleux où » les parterres, les compartimens, les allées, les fontai- » nes, les plantes, les fleurs & toutes les pièces d'un » divin verger sont rares & admirables. » Sauval parle d'un écho qui étoit dans ce jardin, où les Galans donnoient souvent des concerts à leurs maitresses; il étoit sien donner des leçons publiques à Paris, il y a plus de deux cents ans, & il ne paroit pas que depuis ce tems l'on ait été beaucoup au-delà du point où il nous a laissés. D'où vient que nous avons sur Blumestein.

---

tué au bout de la grande allée : il y avoit, dit-il, un labyrinte signalé longtems par les prouesses des Amans; si ses cyprès pouvoient parler, ils nous apprendroient quantité de jolies petites avantures qu'on ne sçait pas. Cela prouve que Palissy fut appellé en 1563 ou 1564, après l'impression de son Livre à la Rochelle; le même Poète François, *dit Duchesne*, a écrit que le jardin de Chantelou, sous les murs de Montlhery, avoit appartenu à la femme du bon Thuilleau & il la nomme Louchante, d'où suivant cet Auteur vient celui de Chantelou.

—— » On dressa pour Louchante,
» Le lieu de Chantelou, pièce tant excellente. »

Ce jardin a pu être orné par Palissy & peut-être même acquis après sa fortune. On dit *que la terre de ce Domaine y est en quelques endroits applanie, en d'autres, relevée en petits tertres & colines chargées de plantes & d'arbres divers; qu'à un bout se voit une Abbaye de Religieuses, qui a sa vue limitée des parterres, des compartimens, des allées & cabinets de lierre, des ruisseaux, des colines, des bois, des plantes, des arbres, des fruits, &c. Sur l'étang, des figures semblables à celles qui étoient à Saint-Germain en Laye*; tout cela ressemble beaucoup au génie de Palissy, » à Chantelouve, dit Peyresc, » le 20 Avril 1605, je vis tout le parc & le jardin qui » est rempli de mille belles singularités, car il n'y a » gueres de fictions poétiques qui n'y soient représentées » en herbe, jusques aux Théâtres, Amphithéâtres, Cir» ques, &c. mais ce qui m'y agréa le plus, fut la grande » fontaine qui représente le globe terrestre avec la mer » & les sources des principales rivières du monde; la » terre y est représentée couverte de mousse, laquelle a » fort bonne grace dedans l'eau. »

*Blumestein.* cette matiere si peu de bons livres, desquels nous ne sommes encore redevables qu'à des étrangers ? (3)

Il faut espérer que dans un siécle aussi éclairé, & où l'on n'envisage que le bien public, nous prendrons à la Métallurgie l'intérêt qu'elle mérite. Il nous seroit si avantageux de la venger du mépris que nous avons eu pour elle !

Mais disons-le à la gloire de nos trois Provinces, si les mines qu'elles renferment, sont connues depuis longtems, elles ont aussi été les premieres qui ayent été travaillées avec intelligence & conformément aux principes de l'art. Il est vrai que nous en avons eû l'obligation à un étranger. M. de Blumestein (4) le pere, Saxon d'origine, quitta sa patrie,

---

(3) Excepté l'essai sur les mines de M. Hellot, les Ouvrages de M. Sage, de MM. Gensfane, de Romé de l'Isle, de Villiers, de Villars, & les Auteurs de la collection que nous donnons au Public, qui n'ont pas jusqu'à présent été réunis, ni lus en corps par aucuns Minéralogistes, parce que les exemplaires sont d'une rareté extraordinaire.

(4) Lettres-Patentes portant confirmation du contrat passé au nom du Roi, par lesquelles il permet à *Claude du Caire* & ses associés de rechercher & faire travailler à toutes sortes de minierés, tant or, argent, plomb, cuivre, fer, que tous autres minéraux & semiminéraux partout le Royaume de France, à la charge qu'ils payeront le droit de régale appartenant à Sa Majesté, au Receveur général des minieres, sçavoir de l'or, le cinquieme; de l'argent, le dixieme, du cuivre, plomb, & fer, le quinzieme; des autres minéraux & semiminéraux le cinquantieme : datées du 19 & 23 Novembre 1601, registrées au Parlement de Paris, le 14 Mai 1602, ainsi les *du Caire de Blumestein* sont Saxons comme les Normands. V. ci-devant, p. 372.

vint dans nos Provinces, & y exploita nos mines avec succès.

Il a été remplacé par M. son fils, qui est allé bien plus loin que lui. Je n'entreprendrai pas de tracer ici son éloge, sa modestie me le défend. Il me suffira de dire que sa réputation s'est étendue dans toute l'Europe, & qu'il y est regardé comme un des plus grands Minéralogistes de son siècle. La connoissance profonde qu'il a de son art, & sa manière de procéder, lui ont fait obtenir depuis longtemps la concession des mines du Lyonnois, du Forez, & des Provinces voisines.

Blumestein.

Je ferai précéder la notice des mines qui se trouvent dans nos trois Provinces, par deux excellents Mémoires que M. de Blumestein m'a communiqués avec cette affabilité qui le caractérise, & dont il m'a permis de faire usage, avec cet empressement qu'on lui connoit, pour le bien public. Que ce digne citoyen daigne recevoir ici des témoignages de ma reconnoissance.

Ce Mémoire sera divisé en trois parties. On examinera dans la première, quelles sont les parties intégrantes & constitutives des métaux. Dans la seconde, quelle est la manière dont les métaux sont placés sous terre, & comment on parvient à en faire la découverte.

Je donnerai dans la troisième la description des mines qui sont répandues dans le Lyonnois, le Forez, & le Beaujolois. Dans une matiere aussi curieuse & aussi étendue, mon premier devoir seroit de ne rien oublier d'essentiel: je puis bien répondre des efforts, mais je ne puis pas me flatter que le succès les couronne.

L'étude la plus utile que puisse faire un Minéra-

Blumestein.

logiste (5) est sans doute celle qui le met en état d'extraire un métal des parties hétérogènes qui l'enveloppent, d'en réunir toutes les parties homogènes, & de le séparer de quelque autre métal. Cette étude est celle des parties intégrantes & constitutives des métaux. La connoissance de ces parties & de l'ordre de leur réunion, suffit pour prévenir les difficultés qui se rencontrent dans les opérations de la Métallurgie. M. de Blumestein convaincu de l'utilité de cette étude, s'y est adonné, & elle lui a fourni les observations dont je ne présente ici que les plus intéressantes.

M. de Blumestein distribue ces observations en trois parties. La premiere explique quelles sont les parties qu'il regarde comme intégrantes & consti-

(5) Voici comme M. Ignace, Chevalier de Born, Conseiller référendaire à la Chambre Aulique des mines & des Monnoyes de l'Empereur, s'explique au sujet des mines de France, dans sa lettre du 14 Mars 1778. « C'est bien » dommage que la France néglige tant la culture des » mines, *dont surement elle ne peut manquer*, mais il fau- » droit avoir des gens entendus dans ce métier qui est » très-lucratif pour les Etats. Nos mines produisent en » or, argent, étain, cuivre, fer, vif-argent, anti- » moine & cobalt, plus de 1800000 de florins par an; » c'est une honte pour la France, qu'elle laisse dépérir » les mines d'Alsace. Le moyen le plus sûr de parvenir » à un certain degré de connoissance dans la Métallur- » gie, seroit de faire voyager plusieurs gens instruits dans » les Mathématiques & la Chymie : il faudroit qu'ils » sachent l'Allemand, alors ils pourroient rester deux » ou trois ans, en Saxe ou en Hongrie, où il y a des » Académies pour les élèves des mines. » Ce que la France doit d'abord desirer, est l'établissement d'une Chaire de Minéralogie-Docimastique dans la Cour des Monnoyes de Paris pour former des jeunes gens, les envoyer en Allemagne & leur faire parcourir le Royaume après leur retour.

tutives des métaux, & combien il y en a; la seconde indique comment se fait leur réunion; la troisième établit les moyens qu'il a employés dans la pratique pour la découverte de ces parties.

Blumestein.

On n'entreprendra pas d'assigner quelles sont primitivement les parties intégrantes & constitutives des métaux; on doit se trouver fort heureux d'avoir pû les appercevoir & se décider sur leur nombre. L'on a été obligé, pour y parvenir d'examiner scrupuleusement les propriétés des métaux, la maniere de les traiter, & ce qui subsiste après leur décomposition. Les parties qui ont paru dominer dans ces trois examens, sont celles qui ont été décidées entre les intégrantes & constitutives. M. de Blumestein fixe leur nombre à trois; savoir, à une terre vitrescible, à un sel, & à une partie inflammable, nommée communément par les Chimistes, phlogiston; il nomme dans la suite ces parties, principes des métaux.

La terre vitrescible, premier principe, est celle qui se scorifie, ou se vitrifie, sans aucun ajouté; qui, réduite en cet état & exposée à l'air, redevient terre.

Le sel, second principe, est celui qui se dissout & se cristallise à l'air sans aucune qualité particuliere qui puisse lui obtenir une place dans les classes établies par les Chimistes, de sel acide, alkali, neutre & autres, dont il est cependant toujours le principe.

Le phlogiston ou l'inflammable, troisieme principe, est celui qui s'allume ou se consume, sans qu'on en puisse appercevoir d'autres vestiges que la désunion des parties auxquelles il étoit joint. Ce sont ces trois principes qui, réunis ensemble, composent un métal; c'est la proportion gardée entr'eux, & le plus ou moins d'intimité dans leur union, qui operent la différence des métaux.

Le souverain Auteur qui a présidé à la formation de l'Univers, connoît seul la matiere dont ces principes subsistent & se joignent. Il est par conséquent

Blumestein.

inutile de rechercher si Dieu, en créant le monde, les a créés tels qu'ils sont, ou s'ils sont eux-mêmes un produit de la terre, ainsi que la sève dans les végétations. M. de Blumestein se contente de dire qu'ils sont fluides avant leur jonction, & dans un mouvement perpétuel, suite nécessaire du mouvement général de toute la Nature. Ces trois principes circulent dans l'intérieur de la terre, & la pénètrent de même que l'air. Ils restent dans cet état jusqu'à ce que se rencontrant tous trois, ils se fixent & forment un corps, qui est un métal. Aussi plusieurs Métallurgistes ont-ils nommé ce fluide un air; quelques uns ont cru que c'étoit le mercure: mais ce qu'il y a de vrai c'est que ce fluide sort par l'ouverture des mines ou des fosses d'où l'on tire la mine, en forme de vapeurs, dont l'odeur est plus ou moins forte; qu'il colore les terres & les eaux de ces fosses, & enfin que lorsqu'on ne lui procure pas une libre circulation, il attaque la poitrine des ouvriers qui travaillent aux mines. Il n'en faut pas davantage pour établir son existence. L'on est fondé à croire, par la fluidité & l'évaporation auxquelles les métaux sont sujets, que dans leur origine ils étoient fluides.

Plus la proportion de ces trois principes est juste, plus l'union en est intime, plus le métal est parfait. De cette juste proportion naissent les propriétés des métaux. Du plus ou moins d'égalité entr'elles procède la différence qu'on a établie entre les métaux. On compte trois propriétés aux métaux, savoir la ductilité, la malléabilité, & la fixité. Suivons les métaux selon cet ordre.

L'or est de tous les métaux le plus ductile, le plus malléable, le plus fixe au feu, & l'on peut ajouter le plus pesant; aussi les trois principes y sont-ils dans une proportion plus juste & dans une union plus intime. Qu'on l'attaque par le feu ou par les acides, il il conserve son même poids; qu'il soit liquide ou en chaux, qu'il change de forme, il ne diminue jamais; & de quelque façon qu'on l'examine, on ne voit pas qu'aucun principe prédomine dans sa constitution. Blumestein.

L'argent n'est pas aussi parfait. Outre qu'il n'est ni aussi ductile, ni aussi malléable que l'or, il n'est pas fixe au feu. Par conséquent le principe inflammable domine; une fois détruit, il est difficile de le réparer en même quantité.

Le cuivre abondant en sel, se cristallise avec facilité.

Le plomb & l'étain se scorifient aisément, ils sont chargés de terre vitrescible.

Le fer manque d'inflammable (6), mais il abonde en terre vitrescible & en sel. Aussi se scorifie-t-il aisément, & se cristallise-t-il de même; ce n'est qu'avec beaucoup de peine qu'on le met en fusion, au point que si on n'ajoutoit pas continuellement du charbon, qui est un inflammable, il tomberoit en terre sans qu'on pût le réduire en métal.

Quant aux sémi-métaux, ils ne sont tels que par le défaut d'un des principes, qui est, dans les uns, la terre vitrescible, & dans les autres le principe inflammable. De-là vient que le mercure & les autres semi-métaux sont tous volatils.

M. de Blumestein a dit qu'en observant les propriétés des métaux, la maniere de les traiter, & ce qui subsistoit après leur décomposition, les parties qui ont paru dominer dans ces trois examens, sont celles qui ont été décidées être les intégrantes & constitutives des métaux. Notre sçavant Minéralogiste reprend cet examen en détail.

(6) Le fer a beaucoup d'inflammable : mais fort peu lié avec les autres parties, puisqu'il se perd à l'air, & avec lui toutes ses propriétés.

Blumestein.

Outre les trois propriétés des métaux, qui sont la ductilité, la malléabilité, & fixité au feu, il faut aussi considérer les autres qualités qu'ils ont. Les métaux sont fluides, fusibles, dissolubles, sujets à la cristallisation & à la scorification. Ces dernieres qualités qui procédent des trois propriétés que nous venons de dénoncer, démontrent que les métaux ne peuvent avoir d'autres principes que ceux qui sont établis pour tels, au nombre de trois, parce que c'est d'eux qu'émanent ces propriétés & ces qualités. Si les trois principes avant leur union avoient été solides, les métaux seroient-ils fluides? S'il n'y avoit aucun principe inflammable parmi les constitutifs, seroient-ils fusibles ? N'est-ce pas par le sel qu'ils sont dissolubles, & qu'ils cristallisent ? Si la terre vitrescible n'étoit ajoutée au sel & à l'inflammable, auroient-ils une forme solide ? se scorifieroient-ils ? se vitrifieroient-ils ? seroient-ils enfin, ductiles, & malléables, & fixes au feu ?

La maniere de traiter un métal, est le second moyen employé à la découverte des principes. Il s'agit pour y parvenir d'essayer & de fondre un métal. Ces deux opérations ont lieu pour l'extraction du métal hors du minéral, & les différentes formes qu'on veut donner aux métaux. Tout ce qui est employé dans ces opérations, n'étant que de la nature des trois principes, prouve clairement qu'il n'y en a point d'autre qui domine. Le but d'un essai est de connoître la quantité & la qualité du métal que contient un minéral. A cet effet, on détruit les acides qui enveloppoient le métal, & constituoient par conséquent le minéral. On joint dans le creuset des parties vitrescibles, salines & inflammables, afin que le metal, dans la fusion, devenu fluide, puisse reprendre les parties qui se sont évaporées. Ces ajoutés sont la cendre gravelée, le flux noir composé de salpêtre & de tartre de vin, la poussiere de charbon, des parties graisseuses & du caillou, suivant le plus ou moins de facilité à fondre. (7) Blumestein.

La fonte des métaux a pour but en grand, ce que les essais ont pour but en petit; aussi les opérations sont-elles à-peu-près les mêmes; il n'y a de différence que dans quelques ajoutés qui seroient trop dispendieux, si on les employoit comme dans les essais, & auxquels on supplée par d'autres qui sont à-peu-près de même qualité, comme le charbon de bois, le quartz, & le spath, qui sont des terres vitrescibles, la chaux & le plâtre; ces deux derniers tiennent du sel alkali & de la terre vitrescible.

Si on veut fondre quelque métal, pour lui donner une forme ou une qualité différente, on n'employe parties de celles qui sont de la nature des trois principes. M. de Réaumur, dans toutes ses opérations pour convertir le fer en acier, & pour procurer au fer fondu les qualités qu'il desiroit lui donner, se servoit tantôt de sels, tantôt de cornes de mouton, tantôt de charbon, toutes parties graisseuses & inflammables, tantôt de pierres fusibles & vitrescibles. Qu'on lise son Traité, on verra qu'il n'a jamais rien employé que ce qui avoit rapport aux trois premiers principes.

La maniere de traiter les métaux a pour objet, ou un métal qu'on veut produire, ou un métal qu'on veut perfectionner, ou un semi-métal dont on veut obtenir un métal. Dans tous ces cas, il faut avoir recours aux parties qui sont de la nature des trois

(7) On peut examiner plus en détail la nécessité & la nature de ces ajoutés dans la Docimasie de Cramer, & dans le Traité des Essais de Schultet, traduit par M. Hellot, de l'Ac. R. des Sc.

Blumestein.

principes. Dans le premier, si l'on cherche à composer un métal, il faut un précipitant qui, en réunissant les trois principes, puisse élever le sujet quelqu'il soit, à la qualité de métal; or ce précipitant n'est qu'un extrait, ou un produit de sel, de terre vitrescible & d'inflammable, au moins les précipitans dont on a connoissance sont-ils aussi composés; ils sont extraits de trois regnes; savoir de l'animal, du végétal & du minéral. Le regne animal produit les parties graisseuses & inflammables; le regne végétal produit les différens sels; le regne minéral produit des sels & des vitrescibles. Dans le second cas, nommé transmutation, soit qu'un métal, ou un semi-métal en soit l'objet, il est question d'ajouter le principe qui manque ou de détruire celui qui abonde. A cet effet, il faut réduire le métal ou semi-métal, & les parties qu'on ajoute, & qui sont de la nature des trois principes, c'est-à-dire en fluide, afin d'opérer, lors de la nouvelle union qui se doit faire dans le creuset, la juste proportion qui leur est nécessaire, & à laquelle on parvient si rarement.

Il sembleroit qu'on devroit descendre ici dans quelques-unes des opérations propres à confirmer ce que l'on avance; mais il y a assez d'Auteurs qui en ont parlé. Il suffit d'ailleurs d'avoir prouvé que c'est toujours à l'aide des trois principes qui ont été posés, qu'on doit opérer. Toutes les fois que l'on a voulu en employer d'une nature différente de ces trois principes métalliques, l'on a travaillé sans succès.

La décomposition des métaux est le dernier moyen mis en usage pour découvrir s'il n'y auroit point d'autre principe subsistant après la décomposition du métal: il y a deux manieres de décomposer un métal; l'une par le feu, & l'autre par les acides.

Un métal décomposé par le feu n'offre que des

ſcories, & une eſpèce de chaux qui s'attache aux parois de la cheminée, en forme de cendre. Ces deux réſidus ne ſont préciſément que la terre vitreſcible dépouillée du ſel & de l'inflammable; on le prouve en expoſant ces ſcories à l'air; elles s'y réduiſent en terre. La chaux attirée par la fumée, expoſée à l'air, a le même ſort. Joint-on à ces deux terres une partie ſaline, telle que du flux noir, & une inflammable, telle que de la pouſſiere de charbon, ou de la poix-réſine, on obtient le même métal qu'avoient ces réſidus avant leur décompoſition, mais la quantité n'eſt pas la même. Il eſt facile de s'aſſurer de la vérité de ces eſſais plus exactement, en conſultant les Auteurs dont nous avons déjà parlé.

*Blumeſtein.*

Un métal diſſous & décompoſé par un ſel acide, étant expoſé à l'air, ſe criſtalliſe ſans conſerver aucune forme métallique. Alors la partie vitreſcible & l'inflammable paroiſſent détruites. Réduiſez de nouveau ces criſtaux en diſſolution; précipitez-les avec un alkali; ou, ſans les précipiter, ajoutez-y de la pouſſiere de charbon, un peu de chaux, ou quelqu'autre terre vitreſcible, vous lui rendrez la forme métallique qu'il avoit avant la diſſolution; à l'égard de la partie inflammable, elle n'eſt démontrée exiſter que par la fuſibilité des métaux; il y a cependant des Chimiſtes qui ont extrait des huiles des métaux & ſemi-métaux, ainſi que d'autres parties inflammables; mais indépendamment de ces extraits, les effets que produit la partie inflammable dans la revivification des métaux détruits, ſuffiſent pour l'établir, & la décider un principe conſtitutif.

## II.

Tel eſt ce raiſonnement par lequel on s'eſt aſſuré de la qualité, du nombre, & de la maniere dont s'uniſſoient entr'elles les parties intégrantes & conſtitu-

*Blumestein.* tives des métaux; on croiroit cependant n'avoir qu'imparfaitement rempli son objet, si l'on ne joignoit à ce raisonnement la réponse aux questions qu'on fait communément sur les métaux; elles se réduisent à quatre.

La premiere, si le minéral a été créé de tout tems, ou s'il se forme journellement?

La seconde, s'il se perfectionne & s'augmente?

La troisième, si dans un endroit où il y a du minéral, il s'y en reproduit?

La quatrième, s'il y a des lieux décidés pour la formation des métaux & des minéraux? M. de Blumestein en ajoute une cinquième, dans laquelle il examine si la pierre philosophale est possible.

Notre savant Minéralogiste pense sur la premiere question, qu'au moment où l'Univers a commencé à jouir du mouvement, les fluides y ont participé les premiers, & que le métal & le minéral ont aussi commencé à se produire, mais cette formation n'a pû être que casuelle & momentanée, dépendante de la rencontre des trois principes; conséquemment peut-être s'en forme-t-il tous les jours; peut-être ne s'en forme-t-il qu'après une longue suite de siecles; personne dans la Nature ne pouvant s'appercevoir de cette réunion, il est bien difficile de décider le tems qu'il faut pour accomplir l'opération.

L'explication de la seconde question n'est pas si difficile; la proportion plus ou moins intime des trois principes qui constituent un métal plus ou moins parfait, & le mouvement des fluides étant continuel, il est naturel de penser que ces métaux peuvent acquérir de la perfection. On trouve souvent des minéraux de plomb, qui, dans la profondeur, augmentent de richesse en argent, & quelque fois deviennent totalement argent. Nous trouvons des minéraux, contenant pluſieurs métaux, ce qui fait croire qu'ils ſe perfectionnent, & que très-ſouvent le plomb devient cuivre & argent. A une lieue de Mende, dans le Gévaudan, on trouva une mine de plomb, portant quatre onces d'argent par quintal, dans laquelle on a trouvé un minéral nommé mine d'argent blanche, ne produiſant aucun plomb, mais quatre marcs d'argent par quintal, & un peu de cuivre. Ce minéral a été eſſayé en l'année 1744, en préſence de M. Rouillé. Cet exemple qui eſt commun dans les mines, peut bien autoriſer à croire que le minéral ſe perfectionne, ainſi que le métal. Il eſt vrai que cela n'arrive pas dans toutes les mines, & qu'il eſt difficile de fixer celles où une ſemblable perfection s'eſt faite, ou pourra ſe faire.

*Blumeſtein.*

La troiſième queſtion, quoique bien intéreſſante, n'eſt pas facile à réſoudre. Il ne ſeroit pas extraordinaire que dans le même endroit où les trois principes ſe ſont une fois réunis, on y rencontrât un nouveau métal. Si quelque choſe paroît y être contraire, ce ſont les ouvertures qu'on a faites pour chercher le minéral; mais comme la réunion ſe fait même au jour, elle peut auſſi ſe faire ſous terre, quoiqu'on y ait pratiqué des ouvertures. Cependant nous n'avons rien juſqu'ici qui puiſſe nous indiquer une reproduction, ou une augmentation; & tel qui entreprendroit des travaux en conſéquence de ces idées, pourroit bien y être trompé. L'on entre quelques fois dans des travaux abandonnés, dans leſquels on trouve du minéral; mais ces découvertes, que quelques amateurs de ce ſyſtême pourroient regarder comme une reproduction, ſont attribuées communément à l'ignorance de nos prédéceſſeurs, ou à quelques cas extraordinaires qui les a obligés d'abandonner ce qu'ils avoient trouvé. M. de Blumeſtein eſt entré a Freyberg, en Saxe, dans des travaux anciens, abſolument

I 4

Blumestein.

ignorés des gens du pays, & il s'y est trouvé du minéral d'argent en abondance : comme on en tiroit sur une veine à côté, de la même qualité, on prétendit qu'il n'avoit pas été connu des anciens (8). M. de Blumestein a travaille lui-même au-dessous du Château d'Urfé, en Forez, dans une montagne où, en 1741, on fouilla dans des travaux des anciens Comtes de Forez; l'on trouva des endroits riches en minéral de plomb. Ne peut-on pas dire, que ce minéral a été reproduit, comme on peut dire qu'il a été oublié? Il est important d'examiner attentivement cette question, parce que sa décision peut occasionner de grandes dépenses, ou conduire à de grandes découvertes. Enfin M. de Blumestein conclut que l'augmentation & la reproduction du métal, sont possibles, mais qu'il n'y a aucune preuve qu'elles ayent eu lieu.

Il est plus aisé de décider la quatrième question. Pour qu'il y eût des pays ou des lieux spécialement affectés à la formation des métaux, il faudroit qu'elle dépendît des effets du soleil, comme quelques-uns l'ont imaginé; mais M. de Blumestein est bien éloigné de ce sentiment.

Les métaux se rencontrent dans les pays chauds, comme dans les pays froids, dans les plaines comme dans les montagnes; on en trouve même dans les rivieres & les ruisseaux, parce que les trois principes qui forment le métal, circulant partout, peuvent aussi partout se réunir. S'il est vrai de dire qu'il y a des lieux plus abondants les uns que les autres, il n'est pas vrai que cette abondance ne doit pas être attribuée aux lieux qui les contiennent, comme décidés par préférence à la formation des métaux; au-

(8) Il y a dans les mers de Toscane l'Isle d'Elbe où la mine de fer se reproduit. Voyez ci-devant p. 197 & Jean Rey, p. 172.

Blumestein.

trement il faudroit que le métal produit dans le pays chaud, ne pût pas l'être dans le pays froid ; que celui que donnent les vallées ne pût pas exister dans les montagnes : les montagnes du Pérou, du Mexique, & du Potosi, sont situées dans un pays chaud, & sont or & argent ; celles qui sont situées en Norwege, en Saxe, & en Bohême, sont de même nature, quoique dans des pays froids. Les mines de plomb du Dauphiné, du Forez, & de la Savoye, sont dans des montagnes en partie arides ; celles de la haute & basse Bretagne, dans des plaines riantes & sont cependant de même nature. Or ce qui est produit en moindre quantité, peut l'être en plus grande, & la fécondité d'un pays, en métal, ne décide rien contre l'opinion qu'on établit (9). La découverte de pareils trésors, ne se fait pas tout-à-coup. Les Romains regardoient l'Espagne, notamment les Pyrennées, comme nous regardons le Pérou : il peut arriver qu'on découvre un jour en Europe un nouveau Pérou, & au Pérou autant de fer qu'en Europe.

Les trois principes qui constituent le fonds du systême de la formation des métaux, savoir la terre vitrescible, le sel & le phlogiston ou l'inflammable, étant reconnus, il semble en résulter tout naturellement la possibilité du grand œuvre, connu sous le nom de pierre philosophale.

M. de Blumestein pense qu'on le trouvera bien hardi d'exposer son sentiment sur une matiere aussi obscure & aussi délicate. Ceux qui sont réputés avoir eu quelques succès, n'ayant laissé aucun éleve, ni aucun écrit décisif, ont été regardés comme des visionnaires. Il n'établira donc pas qu'elle est possible,

(9) Lisez le Mémoire de M. Brandt, sur les mines d'or qui se trouvent en Suéde.

*Blumeſtein.* parce qu'il y a eu des gens aſſez heureux pour la trouver ; mais il prouvera ſa poſſibilité, d'après la connoiſſance des principes qui conſtituent les métaux.

Pour y parvenir, M. de Blumeſtein rappelle ce qu'il a dit plus haut, que la pierre philoſophale, quant aux métaux, a pour but la production d'un métal, ou la perfection d'un métal ou ſémi-métal. Dans l'un & l'autre cas, il la croit très difficile, & cependant poſſible. Dans le premier cas, il ne croit pas, qu'abſolument parlant, il ſoit au-deſſus des forces d'un alchimiſte qui connoit quels ſont les principes des métaux, & tout ce qui y a rapport dans la Nature, de les raſſembler, de les réunir, & de voir naître un métal au fond de ſon creuſet : mais la fluidité dans laquelle il faut que ſoient ces principes avant leur union, la difficulté de connoître la quantité qu'il en faut, le mouvement qui leur convient, & l'état où il faut qu'ils ſoient pour cette opération, (car il faut qu'ils ſoient ſans mêlange), engagent M. de Blumeſtein à penſer que difficilement il y a eu du métal produit de cette façon ; ou que s'il y a eu une pareille production, elle a été plutôt l'effet du haſard, qu'une ſuite des regles de l'art, attendu qu'en ſuivant la même méthode, on n'aura pas toujours le même effet. Que ſi on parvient à donner la même fluidité, les ingrédients ſemblables à ceux qu'on aura employés la premiere fois, pourront bien n'avoir pas les mêmes qualités, & pour lors la méthode dont on ſe ſera ſervi deviendra infructueuſe.

Dans le ſecond cas, il y a, ce me ſemble plus de facilité à obtenir la réuſſite. Un habile artiſte, bien inſtruit de la nature des métaux, & de la connexion qu'il y a entr'eux, peut, quoique difficilement, trouver un degré de feu convenable, un précipitant qui, ajoutant ce qui manque, détruiſe ce qu'il y a de trop;

qui, en redonnant le fluide aux principes, procure entr'eux une union plus intime. Enfin, on peut aisément croire qu'un alchimiste qui est en état de s'instruire du principe qui domine dans un métal ou sémi-métal, & de celui qui manque dans un autre, & en conséquence, par la jonction des deux qui étoient imparfaits, en produire un plus parfait ; ensorte que M. de Blumestein ose avancer que si Flamel ou quelques-autres, dont on nous parle dans l'histoire de la pierre philosophale, ont réussi, ce ne peut être que de cette façon (10). *Blumestein.*

(10) Jacques Girard de Tournus en Mâconois, étoit propriétaire de Boye près cette ville ; il traduisit en François l'Ouvrage très-Philosophique, digne de Locke, *des choses merveilleuses en Nature, où est traité des erreurs des sens, des puissances de l'ame & influences des cieux*, par frere Claude Rapine, Célestin, 8o. Lyon 1557, *contenant* 192 *p. & dédié à* Edoart le Grand, Avocat de Lyon, en 1545 : celui de Roger Bacon *de nullitate magiæ*, c'est-à-dire ; *de l'admirable pouvoir & puissance de l'Art & de Nature, où est traicté de la pierre philosophale*, 8°. Lyon, 1557, *contenant* 94 *p.* Il y a joint une Epitre à Me. Charles Fontaine, Parisien & Poëte François, où il démontre la nullité de l'Alchimie : il donne huit raisons péremptoires aux personnes sensées auquel je renvoye les curieux. Jean Brunet son ami & son Editeur, ainsi que Macé Bonhomme, son Libraire, faisoient mine d'y croire.

Ce même Auteur a traduit aussi *les deux Livres de l'Aumosnerie de Vivés* 8°. *Lyon* 1583. On peut compter Girard au nombre des gens instruits de son siècle. Ses raisons sont :

1°. Les Livres d'Alchimie sont perdus, les chétifs sont demeurés. 2°. Ces derniers sont corrompus par les traductions. 3°. Personne ne s'est enrichi par l'Alchimie. 4°. Si cet Art existoit tout les hommes seroient bientôt Alchimistes. 5°. C'est un Art illicite par le Droit Canon 6o. Ils n'ont pas les vertus mo-

Blumestein.

M. de Blumestein ne pousse pas plus loin ses observations sur cette possibilité ; il croit qu'il y auroit de la témérité de sa part, n'ayant jamais fait une étude particuliere de l'alchimie ; ce qu'il en dit, n'est qu'une suite de ses réflexions sur les principes des métaux, dont la connoissance doit être la base de toute étude sur cette matiere.

Notre profond Minéralogiste termine ce premier mémoire, en disant qu'il n'y a rien de si respectable qu'un véritable alchimiste ; mais qu'il n'y a rien de si rare. Son étude tend à la découverte de ce qu'il y a de plus incertain & de plus caché dans la Nature. Un bon alchimiste suppose un phisicien profond, dont le but est d'imiter de loin le Créateur dans ses opérations. On en connoît peu de véritables, encore ceux qui ont passé pour tels, ont-ils joui d'une réputation qui tient plus de la fable que de la vérité. L'appât que présente la découverte de la pierre philosophale, a introduit sur le théâtre du monde, une foule d'imposteurs qui ont réduit à la mendicité la plupart de ceux qui les ont voulu suivre : ils ont rendu méprisable, en quelque façon, une partie de la phisique à laquelle nous sommes redevables des secrets les plus utiles & les plus importants, même pour la santé ; & nous ont privé de quantité de découvertes faites par de véritables alchimistes qui n'osent publiquement passer pour tels (11).

rales que leurs ouvrages prêchent. 7°. Ils promettent des richesses qu'ils n'ont pas, 8°. Les erreurs de ceux qui les ont précédés deviennent parmi eux des vérités de tradition.

Girard étoit Jurisconsulte, comme on l'apprend du Livre intitulé *Anchora utriusque juris*, 4°. Lugduni 1551.

(11) Il est question *d'Alquemie* dans le Roman de la Rose, édition de l'Abbé Lenglet ; 3 vol. *in*-12. Amsterdam 1735, depuis le vers 16918, jusqu'au vers 17001.

Après avoir détaillé, suivant ses lumieres, quelles étoient les parties intégrantes & constitutives des métaux, il paroît convenable à M. de Blumestein d'ex- *Blumestein.*

---

C'est à Jean de Meung qu'ils sont attribués dans le Livre intitulé *Remonstrances de Nature à l'Alchimiste errant* où on lit en parlant des sophistications que cet Auteur condamne:

» Comme tu peux veoir ès Romans
» De Jean de Meung qui bien m'appreuve,
» Et tant les Sophistes repreuve. »

Au reste Jean de Meung, dit Clopinel, qui a composé cette partie du Roman, dit que.....

» C'est chose notable,
» Alquemie est art véritable;
» Qui sagement en ouvreroit
» Grands merveilles y trouveroit,
» Mais ce ne feront iceulx mye,
» Qui œuvrent de Sophisterie
» Travaillent tant comme ilz voudront,
» Ja Nature n'aconsuivront.

Ce Poète n'enseigne point à faire de l'or, ni encore moins à composer l'elixir des Philosophes. Il croit cependant la chose possible précisément comme la Nature dans le sein de la terre: » parce qu'il y a des espèces qui sont muables en tant de guises; qu'elles peuvent se changier entreulx »: il donne l'exemple de la fougere qui devient une des substances de la composition du verre, & celui des pierres lancées du Ciel par le Tonnere, qui ne monterent mye pierres. »

Ainsi le résultat de Palissy est véritable, le Roman de la Rose n'a rien enseigné d'utile aux Alchimistes. Il y a un autre Ouvrage attribué à Jean de Meung, qui se trouve imprimé pour la premiere fois, dans un Recueil intitulé, » la Transformation métallique, trois anciens » Traités en Rithme Françoise. A sçavoir la Fontaine » des Amoureux de science, Auteur Jean de la Fontaine » (de Valenciennes en la Comté de Henault vers 1413)

Blumestein.

pliquer en quelles situations ces mêmes métaux sont sous terre ; & quels signes indiquent qu'ils y sont.

On trouve les métaux dans les montagnes, dans

» la remontrance de Nature à l'Alchimiste errant, avec » la réponse dudict Alchimiste, *par Jehan de Meung*; » ensemble un Traicté de son Romant de la Rose, » concernant ledict Art. Le sommaire Philosophique » de N. Flamel, avec la deffence d'icelui Art & des » honnestes personnages qui y vaquent contre les efforts » que Jacques Girard (de Tournus) meêt à les oultrager. 8°. *Paris* Guillaume Guillard & Amaury Warancore) 1561. 75 *feuillets sans la Préface. La remonstrance de Nature* y est attribuée à Jean de Meung mal à propos par l'éditeur, comme il en convient, » quant au nom » d'icelui Auteur, les exemplaires que j'ay veu, dit-il, » ne le porte en titre, mais j'estime avec plusieurs autres » que c'est Jehan Clopinel dict de Meung, d'ou il estoit » natif, » & ce Livre *qu'on n'avoit*, ajoûte-t-il, *pas encore imprimé*, est demeuré faussement sous le nom de Clopinel dans l'édition de l'Abbé Lenglet, qui pour grossir ses volumes y a inséré tout l'Ouvrage dont je viens de rapporter le titre; tandis que Jean de Meung y est cité, comme on vient de voir ci-dessus. En général Palissy a profité de la lecture des Auteurs Alchimistes; ce qu'il appelle le cinquieme élément est dans le livre dont nous parlons.

. . . . Une essence primitive,
Qui est en l'élémentative
L'esperit & la quinte essence,
. . . . . . . . . . . . .
Puis en vient l'eaue qu'on doibt querre,
Qui est la matiere premiere,
Dont (dit la Nature) je commence ma miniere.
. . . . . . . . . . . . .
Lors est le passif transmué
Et de sa forme desnué,
Par l'appétit de la matiere.
Qui tousiours neufve forme attire

les vallons & dans les plaines, rarement dans leur forme naturelle, presque toujours enveloppés d'acides, &, dans cet état, ils sont nommés minéraux.

Blumestein,

L'operation qui s'est faite dans le lieu où le métal s'est fixé, a changé la nature du rocher ou des terres voisines du métal ou minéral. Ces rochers & ces terres, devenus par-là d'une nature différente de ce qui n'environne pas immédiatement le métal ou minéral, ont été regardés par les phisiciens, & spécialement par les minéralogistes, comme la matrice du minéral & par conséquent du métal. La plupart de ces matrices de minéral, se trouvant dans une longue suite de terrein, ont reçu des Allemands le nom de *gang*, en

---

C'est encore dans le même sens qu'on lit :

Je fais à la quinte essence,
Reduire tous les quatre (*) arriere
Lors se dict matiere premiere
Meslée generalement,
Et partout chascun element.

Il sembleroit que ces Poèmes ont été écrits contre les Alchimistes dans le sens même de Palissy qui prétend que *ceux qui cherchent à generer les metaux par le feu, veulent edifier par le destructeur.* Et le Poète commence par dire :

. . . . Sot fantastique
Qui te dis & nomme en practique,
Alchimiste & bon Philosophe
Et tu n'as sçavoir ny estoffe,
Ny théorique, ny science
En l'Art : ny de moy cognoissance,
Tu romps alambics, grosse bête,
Et brusle charbon qui t'enteste,
. . J'ay honte de ta folie.
Mal tu entens mon artifice,
Enfin pers l'autruy & le tien.

---

(*) Élémens.

françois, chemin, & les François lui ont donné celui de filon ou de veine : le nom de filon est celui qui est regardé comme le plus convenable pour la dénomination des rochers ou terres qui accompagnent & environnent sous terre les métaux & minéraux.

Blumestein.

M. de Blumestein ne détaillera pas à présent combien de différentes parties terrestres peuvent être regardées comme matrices ou filons ; il renvoie ce détail à un autre mémoire où il décrira combien de situations différentes ont les filons ou les parties terrestres qui enveloppent le minéral.

On établit sept filons différents ; les quatre premiers semblent n'en former qu'un seul, par leur situation ; ils regnent du sommet de la montagne au centre, dans une longueur inconnue & indéterminée, & dans une largeur connue, quoiqu'elle ne soit pas égale pour tous les filons.

Pour différencier ces quatre filons, on s'est servi de la boussole que l'on a distribuée en quatre parties égales ; &, d'après cette distribution, on a donne aux filons des noms dont l'interprétation est par elle-même assez peu intéressante, parcequ'elle n'est pas exactement vraie, relativement aux quatre points de la boussole.

Comme ce sont les Saxons qui ont imaginé la distribution & la dénomination des filons, c'est d'après eux qu'il en faut donner l'explication.

Tous les filons dont la direction est du midi en occident, pendant les heures une, deux, trois, sont nommés *Shentegang*, en françois, filons droits, parcequ'ils ont très peu de pente. Ceux qui ont leur direction d'occident en septentrion, pendant les heures quatre, cinq, six, sont nommés, en allemand, *Morgretgang*, en françois, filons matinaux, par rapport à l'exposition de la montagne. Ceux qui sont dirigés du septentrion à l'orient, pendant les heures sept, huit, neuf, sont nommés *Spad-gang*, filons du soir

ou

ou tardifs, de même d'après leur exposition : & enfin, ceux qui vont d'orient au midi, pendant les heures dix, onze, douze, sont nommés *Flacher-gang* ou filons couchés, parcequ'ils ont communément beaucoup de pente.

Blumestein.

La distribution de ces quatre filons a été extrêmement essentielle pour constater les regles auxquelles doivent s'attacher les entrepreneurs minéralogistes dans leurs poursuites. On a observé quelle pente avoit chaque filon différent, par conséquent, quelle jonction ou séparation il y avoit à craindre ; & ceux dont la pente s'est trouvée différente de ce qu'elle doit être naturellement, ont été nommés filons contre nature. Outre les observations sur la pente des filons, on a remarqué que, dans les cantons où les filons droits & matinaux se réunissent, un filon tardif & couchant y réussit rarement ; & quand il arrive le contraire, ce sont de ces phénomènes qui surprennent & ne font pas regle. Il arrive souvent qu'un filon droit se joint à un filon matinal, & alors ils n'en forment qu'un extrêmement riche, suivant celui qui prévaut. On regarde un filon comme riche, lorsque le minéral est abondant ; un filon est censé pauvre, lorsque le rocher ou la matrice, est plus abondant que le minéral. Un filon a communément ses épontes, c'est-à-dire, une espece d'encaissement formé par le rocher voisin de la matrice. Ces épontes sont nommées couvrantes & couchantes, parceque le filon est couché sur l'une, & couvert par l'autre : il y a aussi ses ligamens, c'est-à-dire, une veine de terre grasse, ordinairement humide, placée entre l'éponte & le filon. Ces épontes & ces ligamens sont regardés, par tous les Minéralogistes, comme les marques communément les plus certaines de la bonté, de la richesse & de la durée d'un filon ; ils servent même de guide dans les différents accidents qui dérangent ou détournent un filon.

*Blumeſtein.* M. de Blumeſtein n'a pas cru devoir s'étendre davantage ſur les obſervations qu'a occaſionné la diſtribution de ces quatre filons ; il penſe avoir rapporté les plus eſſentielles.

Outre ces quatre filons, il y en a trois autres ; ſavoir, le ſtock-werck, ou filon en maſſe ; le fletz ou le filon par couches, & le ſchwebente gang, qui eſt un filon extrêmement couché, nommé filon incliné, qui ne différe du filon par lits, que parce qu'il n'en a qu'un.

Le filon en maſſe eſt une quantité minérale mêlée avec la matrice, ou le filon qui ne s'étend ni en longueur, ni en largeur, mais qui occupe un eſpace d'environ ſept toiſes de circuit ; il y en a rarement dont le circuit ſoit plus conſidérable. La profondeur de ces filons eſt indéterminée ; auſſi toute la difficulté de leur fouille, conſiſte dans l'extraction des eaux. On prend ſouvent des filons inclinés pour des maſſes, mais cela n'arrive qu'autant qu'on n'a pas une connoiſſance aſſez diſtincte de ces deux filons.

Le fletz, où le filon par lits, eſt un lit de minéral, plus ou moins large, enveloppé par un lit de filon, & ſouvent un lit de filon enveloppé par du minéral. Quelques fois auſſi ce minéral eſt enveloppé par deux lits de rocher qui ne reſſemble en aucune façon à celui qui eſt regardé comme matrice ou filon. Aſſez communément un lit de minéral n'eſt pas ſeul, & quoique le nombre n'en ſoit pas connu, on en trouve juſqu'au centre de la montagne. Quelquefois, à meſure qu'on pénétre plus avant, les lits deviennent plus épais, quelquefois moins. La longueur de ces filons dépend de l'étendue de la montagne ; rarement ils paſſent d'une montagne à l'autre, & aſſez ordinairement la moindre colline en interrompt le cours.

Enfin, ces filons inclinés sont dans la même position que les filons par lits, avec cette différence qu'il n'y a qu'un lit d'une profondeur plus ou moins considérable : il peut y avoir quelque autre espèce de filon ; mais jusqu'à présent elle n'est pas parvenue à la connoissance de M. de Blumestein, ou ces filons ne se rencontrent pas assez communément pour qu'on en ait formé une classe distinguée. Blumestein.

Les mines d'or, d'argent, de plomb, & de mercure, se trouvent plus ordinairement dans les quatre premiers filons. Celles de cuivre, d'étain, de fer & autres, se rencontrent dans les trois autres. Les mines de Freyberg en Saxe, celles du Hartz, excepté Goscar, & les mines de la concession de M. de Blumestein, se trouvent dans les quatre filons de la premiere classe ; ce sont des mines d'argent, de plomb, & de cuivre ; ces dernieres sont mêlées avec des mines de plomb. Les plus célèbres filons en masse connus dans l'Europe, sont ceux de la mine d'étain d'Altemberg en Saxe, de la mine de cuivre de Falent en Suéde, & de la mine de Goscar, qui est une masse de mine d'or, d'argent, de cuivre, de plomb, & de fer. La plûpart des mines de Savoye, sont des filons par lits & inclinés, soit en cuivre, soit en plomb, soit en fer.

Il y a quatre signes ou indices, qui déterminent à la fouille & recherche d'un filon ; savoir, 1o. Le minéral ; 2o. La matrice ou le filon de quelque nature ou de quelque rocher qu'il soit ; 3o. La terre ou l'eau teinte & affectée par les acides ; & enfin les fentes. Au défaut de ces quatre indices, on a recours aux morceaux de minéral ou de filons épars dans les terres, aux paillettes que traînent les fleuves, rivieres ou ruisseaux, & enfin à la baguette.

En parlant du principe établi, que la fixation du métal se fait hors de la rencontre des trois princi-

Blumestein.

pes constitutifs dans quelque lieu que ce soit, il n'est pas extraordinaire de voir du minéral produit à l'extérieur, comme dans l'intérieur de la terre. Ce minéral trouvé à l'extérieur est une preuve bien évidente qu'il est accompagné d'une plus grande quantité, contenue dans l'intérieur. Quoiqu'elle paroisse certaine, les dépenses qu'elle occasionne, sont rarement avantageuses; communément, (cela n'est que trop souvent arrivé à M. de Blumestein), il a trouvé du minéral à l'extérieur : en consequence il a entrepris la fouille : il a trouvé pendant quelque temps assez abondamment du minéral, &, au bout de 30 à 40 toises, soit en profondeur, soit en largeur, il s'est trouvé détruit, coupé par un roc extrêmement dur, ou par une terre pourrie, ensorte qu'il a présumé que ce roc avoit été trop dur pour permettre une réunion suivie des trois principes constitutifs, ou que la terre pourrie n'étoit pas assez compacte pour la fixation de ces mêmes principes. Malgré cela, il arrive aussi que les travaux commencés sur la découverte du minéral même ont été avantageux.

Le second indice d'un filon, qui est la matrice, ou le filon lui-même, de quelque nature de terre ou de rocher qu'il soit, est beaucoup plus commun & assez souvent avantageux, lorsqu'on a eu soin de distinguer ceux qui, suivant les régles les moins incertaines, sont réputés bons d'avec ceux qui ne le sont pas.

Le troisieme indice est d'un succès assez incertain. Il arrive souvent qu'une terre colorée, qu'une eau teinte paroissent ne l'être à l'extérieur, que parce qu'elles contiennent dans l'intérieur. Le goût a le même avantage : cependant il arrive quelquefois que cet indice est trompeur, parce que ces couleurs & ce goût proviennent des acides qui roulent continuellement, & qui quelquefois n'ont pas trouvé du métal à envelopper. Aussi communément, cet indice est-il celui du fer ou d'un semi-métal. Les fentes des rochers, soit à l'extérieur, soit dans l'intérieur de la terre, ou des filons, sont le quatrième indice. Cet indice est ordinairement heureux. Il semble que le métal en se fixant, ait indiqué, par la séparation du roc, sa résidence. Les Mineurs font un grand cas de cet indice, & M. de Blumestein, l'a vû très-souvent réussir. Les fentes ont été distribuées, ainsi que les filons de la premiere espèce, en quatre parties d'après la boussole, & on observe dans leur poursuite les mêmes régles que pour ces filons.

*Blumestein.*

Au défaut de ces indices, & avant que l'expérience en eût fixé la solidité & l'avantage, on s'attachoit aux morceaux de minéral ou de filons épars qu'on trouvoit dans la terre, & aux paillettes que traînent après eux les fleuves, rivieres ou ruisseaux. Les Allemands ont nommé cet indice *grschieb* : ils en ont attribué l'origine au déluge universel, & ont prétendu que l'ordre de la position des terreins ayant été dérangé par cette masse d'eau, les minéraux ont été arrachés du lieu où ils étoient produits; que les morceaux détachés ont été entraînés par les eaux dans les terres voisines, & que, comme ce minéral est pesant par lui même, il est à présumer que ces morceaux qu'on trouve, n'ont pu être détachés que d'une masse abondante.

Cet indice n'est pas infaillible, mais il est ordinairement assez heureux, lorsque l'entrepreneur fait les observations suivantes :

1o. Il faut se détacher de l'idée du déluge universel, & observer que depuis ce temps, de moindres *avales* d'eau ont pû déranger ce que le déluge universel a opéré; que les bouleversemens des terres qu'exigent les arrangemens que chaque particulier fait dans son héritage, ont éloigné ces morceaux de minéral qu'on trouve, du lieu principal où ils ont été portés.

*Blumestein.*

2o. Il faut, lorsqu'on rencontre des morceaux de minéral ou de filon, observer s'ils paroissent être anciennement ou nouvellement détachés.

3o. S'ils sont, ou non, à la portée de la charrue.

4o. Les rochers ou terres voisines, sans être de la nature de celles qu'on regarde comme filons, ont une couleur métallique; car il régne une certaine vapeur aux environs des mines. Les endroits d'une mine d'argent, de cuivre & de plomb, sont presque toûjours blanchâtres, verdâtres & jaunes. Ceux des mines d'étain, de fer, & de mercure, sont rougeâtres & noirs, & ainsi des autres métaux & semi-métaux. Il ne faut cependant pas regarder cet indice comme suffisant pour la fouille des mines, à moins qu'on ne trouve aux environs le filon.

5o. Enfin, il est essentiel de faire attention si les morceaux de minéral ou de filon qu'on rencontre, sont dans le voisinage d'un torrent, que la fonte des neiges, ou les grosses pluyes d'été rendent furieux, ou s'il y a des montagnes voisines, d'où les eaux descendent avec impétuosité. Dans ces deux cas, il est à présumer que le minéral a été apporté d'ailleurs.

En suivant ces observations, on parvient assez communément à une découverte avantageuse. On sent dans le premier cas, les inconvéniens attachés à l'idée du déluge universel. Dans le second; il faut passer des morceaux anciennement détachés à ceux qui paroissent l'être nouvellement; & il est alors à présumer, que s'il n'y a aucune cause qui ait pu porter des morceaux nouvellement détachés au-delà du lieu où ils ont été portés lors de leur premiere extraction, ils ne peuvent pas être bien éloignés de la masse d'où ils ont été arrachés. Dans le troisieme cas, il est inutile de s'opiniâtrer si la charrue peut déranger la suite des morceaux qu'on rencontre dans une terre.

*Blumestein.*

En quatrieme lieu, les rochers & les terres voisines ayant une couleur métallique, il est à présumer que la masse, de laquelle proviennent les morceaux de minéral qu'on rencontre aux environs, ne peut pas être éloignée.

Enfin, il est essentiel, lorsqu'on trouve des morceaux de minéral aux environs des torrents, de suivre après les grandes eaux, les terres qu'elles ont entraînées avec elles, de parcourir les lieux par où elles ont passé & de découvrir celui d'où elles sont parties.

Quant aux paillettes que traînent avec eux les fleuves, les rivieres, & les ruisseaux, il est difficile d'en connoître l'origine, parce qu'un fleuve & une rivière, reçoivent leur accroissement de différents ruisseaux qui s'y réunissent, & un ruisseau lui-même est formé par d'autres ruisseaux. (12)

Après tous ces signes & ces indices, il ne reste plus que la baguette. Son usage est quelquefois heu-

(12) Albert le Grand *de Mineralibus*, lib. V, Cap. 6. *de Marcassita* dit qu'il y en a autant d'espèces que de métaux, *in Alchimicis iste lapis principalis cibus est cum quo cibatur argentum vivum : ad elixir album ex argentea marchassita, ad elixir rubeum ex aurea.* Ce passage est la preuve qu'on procédoit à la séparation de l'or des autres corps de la nature par l'amalgamation avec le vif argent, ainsi que le font nos Laveurs de paillettes d'or, les Péruviens & les Indiens qui travaillent leurs mines avec le mercure. L'élixir rouge & l'élixir blanc d'Albert n'est donc que l'or pur & l'argent fin, ce qui détruit toute la mysticité

reux, mais rarement, & il eſt dangereux de lui donner une confiance trop aveugle & trop étendue. L'avantage le plus ſolide qu'on puiſſe retirer de ſon uſage, eſt de s'aſſurer de la ſuite d'un filon dont on a fait la découverte, & entrepris la fouille, en conſéquence des indices qu'on a déja rapportés.

Blumeſtein.

Il y a deux ſortes de baguettes qu'on employe à la recherche des mines, l'une eſt naturelle & l'autre artificielle.

La naturelle eſt un rejetton fourchu, de bois de coudrier, noiſettier ou de quelqu'autre arbre qui a encore de la ſéve. Ce rejetton s'incline dans les mains de celui qui le tient ſur le lieu contenant les métaux, les minéraux, & les ſources.

La baguette artificielle, eſt un inſtrument compoſé de différents métaux. On a obſervé dans ſa compoſition le rapport qu'il y a entre les aſtres & les métaux. On compte juſqu'à ſeize inſtruments différents de cette compoſition, dont la deſcription dans le Livre intitulé : *Reſtitution de Pluton*, (eſt en abrégé) dédié a M. le Cardinal de Richelieu. M. de Blumeſtein ne s'eſt jamais ſervi de pareils inſtruments, & il n'en a jamais vû faire aucun uſage; par conſéquent il n'en entreprend pas la deſcription, & il ſe borne à la baguette naturelle dont il s'eſt ſervi juſqu'à préſent.

---

de ces prétendues tranſmutations où la perte du vif-argent & la découverte de l'or dans les métaux mal départis, ont pu laiſſer croire que c'étoit la formation d'une nouvelle ſubſtance. Gilgil, Chymiſte Arabe, *ex Arabiâ Eſpalenſi quæ nunc Hiſpanis reddita eſt*, trompé par ſes ſens prétendoit, dit auſſi Albert, *in ſecretis ſuis*, prouver une choſe plus ſinguliere *probare videtur cinerem infuſum eſſe materiam metallorum . . . quoniam nos videmus quod per aſſationem fortem calidi & ſicci cinis liquatur in vitrum : qui congelatur frigido, & liquatur calido ſicco, ſicut metallum.*

Blumestein.

Je connois assez, dit notre habile Minéralogiste, les idées qu'on a sur l'usage de la baguette, pour ne pas m'attacher à discuter si les causes qui la mettent en action sont naturelles & physiques : les avantages que son usage m'a procurés, m'ont engagé à le continuer, & à faire quelques reflexions, quoique je ne regarde pas cet usage comme indispensable dans la recherche des mines, D'après ces reflexions, je pense que les vapeurs que la terre exhale des lieux où les métaux & les minéraux sont renfermés, peuvent pénétrer à travers les pores de celui qui tient la baguette, & l'agiter ; ou que le sang de celui qui a la baguette, étant d'une nature à être agité facilement, échauffe la séve de la baguette, & comme elle est dans une espece d'équilibre, elle acquiert le mouvement qui indique ce qui peut l'avoir produit. Les différentes qualités du sang des hommes empêchent de n'être pas étonné de ce que cette baguette ne tourne pas entre les mains de tout le monde.

Il y a des personnes entre les mains desquelles le mouvement est plus ou moins vif : il y en a entre les mains de qui un jonc étendu sur la main, est agité. M. de Blumestein ne croit pas la chose impossible, mais cependant il n'a jamais vû cette derniere opération.

Comme la baguette tourne indifféremment sur des sources & sur des métaux & minéraux, M. de Blumestein n'entend parler que de l'usage qu'il en a fait, pour être instruit de la suite des filons, dont il avoit fait la découverte d'après les signes & les indices qu'il a rapportés. Il est vrai qu'il a souvent évité par son moyen de s'égarer ; il a toûjours craint ceux qui prétendoient, la baguette à la main, prescrire la profondeur dans laquelle étoit placé le minéral, & l'abondance sur laquelle il devoit compter ; quoiqu'un grand usage puisse apprendre à un Tourneur de baguette, qu'à proportion qu'elle s'incline, la mine acquiert de la richesse & de la profondeur, M. de Blumestein n'a jamais eu assez de confiance à ces reflexions pour s'y attacher; il n'a cherché à reconnoître que l'existence, dont la preuve étoit plus prompte par là, que par les signes ordinaires qui ne se montrent pas toûjours à l'extérieur.

L'usage de cette baguette peut être d'un avantage réel; mais il faut le borner, & éviter toutes les idées que ceux entre les mains de qui elle tourne, ne cessent de donner, & que la plûpart des entrepreneurs n'adoptent que trop aisément.

## III.

*Jars le fils.* Après avoir communiqué au Public ces deux Mémoires sur la minéralogie, il ne me reste qu'à lui présenter le tableau en abrégé des mines qui sont dans nos trois Provinces (1)

On trouve du fer dans le Lyonnois, le Forez & le Beaujolois, parce qu'il y en a dans tous les minéraux, & dans la plûpart des métaux; que les plantes mêmes & les animaux n'en sont point exempts & que tout le globe est, pour ainsi dire, mêlé de

(1) A Saint-Chaumont*en Lyonnois, beaucoup de charbon de terre, ainsi qu'à Saint-Etienne en Forez où il est excellent & où se trouvent quelques mines de fer: à Crémeaux en Forez, il y a aussi du charbon de terre.

Concession des mines de charbon de terre dans les territoires de Gravenaud & du Mouillon & une demilieue à la ronde, confinans au ruisseau de Floin, au chemin de Saint-Martin de la plaine, au chemin de Rivedegier à Valfleury, &c. pendant 30 années en date du 10 Avril 1759.

parties de fer. Mais nous n'avons point de mines dans nos trois Provinces, du moins de ma connoissance, qui soient entièrement de ce métal. Jars le fils.

Dans la Province du Lyonnois, à trois lieues de la Ville de Lyon, & à une demi-lieue de la grande route de Paris par le Bourbonnois, est situé le Bourg de Saint-Bel, dans lequel il s'établit en 1748, une Compagnie, qui y a fait construire une fonderie très-considérable pour y traiter les minéraux de cuivre qu'on tire principalement de la montagne du filon & des mines de Chevinay. Le cuivre qui en sort a été reconnu par les essais que M. d'Argenson, pour lors Ministre de la guerre en fit faire en 1750, d'une qualité & semblable au cuivre rosette (2) de Suede. Il a été affranchi par le Conseil, le 4 Juillet 1754, des droits de Douane à Lyon, & des droits d'entrée dans les pays des cinq grosses fermes.

Le Pilon est une montagne à un quart de lieue de Saint Bel, & dépendante de la Paroisse de Saint-Pierre-la-Pallu, où l'on exploite un filon de minéral de cuivre de plusieurs pieds de largeur; les ouvrages s'étendent journellement en longueur & profondeur, en suivant la direction & la pente du filon. Cette mine contient un peu de fer, quelquefois de l'argent, du kis, & beaucoup de pyrites. Il sort de la montagne une eau verte & vitriolique, qui précipite le cuivre sur le fer, & semblable à l'eau artificielle dont on tire la couperose.

La mine de Chevinay est située à un grand quart de lieue de Saint-Bel & du Pilon. Elle dépend de la

(2) On l'appelle ainsi lorsqu'il a été fondu deux fois au fourneau de rafinage; & selon le grand Boerhaave p. 10. Agricola prétend qu'il le faut fondre une douzaine de fois pour le rendre ductile.

Jars le fils.

Paroiſſe de Saint-Pierre de Chevinay, village dans l'ancienne Baronnie de Savigny, annexe de Saint-Pierre-la-Pallu. Dans la montagne appellée les vieilles mines, la Compagnie établie à Saint-Bel a rouvert les travaux qu'on ſoupçonnoit avoir été faits par les Romains; plus de cent ouvriers y ſont employés à tirer, choiſir & faire rotir le minéral, qu'on tranſporte enſuite dans la fonderie de Saint-Bel. Le filon eſt à peu-près parallèle à celui du filon, ſa longueur eſt quelquefois de pluſieurs toiſes. Les travaux ſont déja fort conſidérables. Il y a un puits principal de quarante toiſes de profondeur perpendiculaire, ſur lequel il y a une machine pareille à celle de Bicêtre, à l'aide de laquelle, & par le moyen des chevaux, on tire les matiéres & l'eau de la mine. On aſſure que cette mine a été exploitée autrefois par le célèbre Jacques Cœur.

Le minéral eſt une pyrite cuivreuſe, mais mêlée à une très-grande quantité de blende, qu'il en faut ſéparer par le triage; les épontes, que l'on nomme le toit, & le mur du filon, ſont un ſchiſte blanc pyriteux.

Le minéral ſe trie à la ſortie de la mine. Celui qui eſt aſſez riche pour mériter qu'on en retire le cuivre par la fonte, eſt grillé quatre fois dans des fourneaux de grillages ouverts, qui ſont conſtruits ſur la mine: on met dans chacun de ces fourneaux trois cent quintaux de minéral à la fois.

La pyrite du Pilon qui a été ſéparée de celle qui mérite la fonte, eſt grillée dans des fours fermés, & jettée toute rouge dans l'eau qui délaye l'acide vitriolique que contenoit le ſoufre qui a été décompoſé par la combuſtion; cet acide vitriolique diſſout une partie du cuivre contenu dans ces pyrites, ce qui rend ces eaux vertes; on les nomme alors eaux cémentatoires. On fait paſſer ces eaux

*Jars le fils.*

dans de grandes caiſſes de bois remplies de vieux fer : l'acide vitriolique ayant plus d'affinité avec le fer, qu'il n'en a avec le cuivre, le diſſout & précipite à ſa place le cuivre en une pâte rouge, que l'on nomme cuivre de cément, & qui n'a beſoin que d'être fondu & raffiné, pour donner du cuivre roſette. Ces eaux vitrioliques ne contenant preſque que du fer, ſont portées dans des chaudieres de plomb où on les fait évaporer juſqu'à pellicule, pour les mettre enſuite en un lieu frais dans des cuviers de bois, autour deſquels & des morceaux de bois que l'on y ſuſpend, ſe forment des cryſtaux de vitriol martial, que l'on nomme auſſi couperoſe.

Lorſque les minéraux, ſoit du Pilon, ſoit de Chevinay, ont été grillés 4 fois ſur la mine, on les tranſporte à la fonderie de Saint-Bel, pour y être fondus dans un fourneau courbe ou à manche : il y en a trois à Saint-Bel, dont un a deux ſoufflets de cuir double, & les autres ont chacun un gros ſoufflet de bois double.

Le minéral, par cette premiere fonte, produit une matière caſſante, que l'on nomme matte, laquelle eſt grillée dix fois avant que d'être refondue dans les mêmes fourneaux à manche, où elle produit alors du cuivre noir, lequel eſt envoyé à la mine de Cheiſſy (3), pour y être raffiné.

Les mines de Cheiſſy, Bourg à trois lieues de Lyon, & d'une lieue & demie de Saint-Bel, ſont à un quart de lieue du Bourg dont elles portent le nom, près du Château de Baronnat. Ces mines ont

(3) Caverne de la montagne de Cheiſſy ayant deux cent pieds de long ſous terre où l'on trouve pluſieurs filons de mine de cuivre : on le tire par leſſive ; il y a une fontaine qui dépoſe ſon cuivre ſur le fer.

*Jars le fils.* été, dit-on, exploitées, par les Romains & certainement par les François depuis 1400. Ces mines avoient été abandonnées sous le Ministere du Cardinal de Richelieu. La même Compagnie qui exploite celles de Saint-Bel, du Pilon & de Chevinay les a fait rouvrir & y employe un grand nombre d'ouvriers.

Le filon que l'on y exploite varie beaucoup en épaisseur & en qualité; il a dans des endroits plusieurs toises de largeur, mais mêlé de beaucoup de blendes & de pyrites pauvres en cuivre. Le minéral pour la fonte, que l'on en sépare, est aussi une pyrite cuivreuse à qui l'on fait subir les mêmes opérations qu'à Saint-Bel, pour en obtenir le cuivre noir.

La fonderie de Cheissy, renferme trois fourneaux à manche, pareils à ceux de Saint-Bel, & un grand fourneau de raffinage à reverbère, auquel on a mis deux gros soufflets de bois doubles ou à deux ames.

On raffine dans ce fourneau tous les cuivres de Saint-Bel & de Cheissy; on y en met 50 quintaux à la fois pour le réduire en rosette.

Proche de la fonderie, on a construit en 1761, un martinet, composé d'un fourneau de fonte, de deux foyers pour chauffer le cuivre à mesure que l'on le bat; de deux autres mus chacun par une roue de dix-huit pieds de diametre: chaque arbre fait agir deux marteaux. On fait dans ce martinet toutes sortes d'ouvrages en cuivre, tels que l'on les commande, comme chaudrons, chaudieres, marmites, planches, &c. mais surtout des plaques dans la forme & l'épaisseur que l'on les demande de Montpellier pour les réduire en verd de gris.

Dans les trois mines dont on vient de parler,

il y a des petites ſources d'eau vitriolique (4) cuivreuſe, nommées eaux cémentatoires ; on les fait paſſer ſur du fer à l'aide duquel elles précipitent leur cuivre, ainſi que le font les eaux cémentatoires artificielles dont il a été parlé ci-devant. *Jars le fils.*

Ces mines produiſent environ trois cent milliers de cuivre chaque année, dont la qualité a été reconnue égale à celle du meilleur cuivre de Suède.

A trois lieues de Lyon, dans le village de Chaſſelay, vis-à-vis la Ville de Trévoux Capitale de la Dombes, il y a une mine de plomb, dont le souterrein a plus de deux cents pieds de profondeur, avec une ſource dans le bas. On y trouve du plomb cryſtalliſé, quelques parties d'argent, & du quartz qui, comme je l'ai déjà dit, raſſemble un grand nombre de couleurs. Cette mine découverte il y a peu d'années, eſt exploitée avec le plus grand ſuccès. Au ſurplus la mine de plomb de Chaſſelay eſt en maſſe opaque & farineuſe, cette ſorte de mine ſpatheuſe eſt ſort peſante : elle ſaute dans le feu, en petits éclats, & elle ne fait que peu ou point d'efferveſcence dans l'eau forte.

A Sourcieux, village dans le Lyonnois, ſitué à une lieue au midi de l'Arbreſle, & à trois lieues de Lyon, il y a des mines de cuivre.

En allant de Courzieux à la Bourdeliere, il ſe rencontre près d'un moulin, une terre rougeâtre ferrugineuſe, qui dénote des minéraux.

Les mines de plomb ſont communes dans les environs de Saint-Martin-la-plaine, village ſitué à 5 lieues de Lyon, & à une lieue ſud-eſt de Riverie.

(4) A l'égard des eaux minérales du Lyonnois, il faut conſulter *le Traité* François, Allemand & Latin, *des eaux minérales de Hoffgeiſmar* 8°. Caſſel 1701. *par Elie de Beaumont, Med. Anat. du Landgrave de Heſſe.*

Jars le fils. On en trouve pareillement dans la montagne, près du bourg de Tarare. D'autres mines du même métal, sont situées à une lieue de ce bourg.

L'on pense que les Romains ont autrefois exploité des mines de plomb & même d'argent, dans la montagne de Tarare; des particuliers entreprirent d'y fouiller il y a quelques années, dans l'espérance d'y trouver du plomb; l'on en trouva, mais pas assés abondamment, puisqu'on a discontinué l'exploitation.

On assure qu'il y avoit autrefois une mine d'or dans la Paroisse de *Saint-Martin-la-Plaine* (5), &

(5) Tous les eslemens contribuans à la prosperité & aux benedictions de la paix, la terre fit voir au Roy une nouvelle production de ses richesses. On descouvrit en plusieurs endroicts du Royaume des mines d'or, d'argent de cuivre, de plomb, comme il est très-abondant en autres substances mineralles & metalliques. La descouverte fut fort facile aux Monts-Pyrenées, où l'on void encores des memorables vestiges & remarques du labeur des Romains qui tenoient ces montagnes pour leurs Indes, n'ayants moyens d'avoir l'or ny argent que de là & des mines des Asturies & de l'Andalousie d'Espagne. On y trouve des puits d'une profondeur incroyable, où l'on descendoit les Esclaves & Minateres, pour tirer de l'or; il y a aussi des vielles tours aux lieux plus éminens, rondes, carrées, qui servoient tant pour la deffense & garde des passages, ports & vallées, que pour retirer en temps d'hyver & de grandes neiges, les Esclaves & Ouvriers des mines pour y faire les affinages d'or & d'argent, afin de transporter & conduire le tout dans les tresors de Rome sitost que le Printems seroit venu. Les mines se descouvrent par des conjectures tirées de l'ordre & des raisons de la Nature & quelquefois par artifice. L'accident peut aussi beaucoup, comme quand le feu fist couler des ruisseaux d'argent, de l'embrasement des Pyrenées, ou quand le foudre fait des ouvertures dans les montagnes, qu'il desracine les arbres, fend & crève les rochers, & l'on

l'on prétend même que l'on voit encore aujourd'hui dans le trésor de l'Abbaye Royale de Saint-Denis,

Jars fils.

descouvre les entrailles de la terre, où les mines paroissent. Quand après les longues pluyes on laboure la terre, & qu'on suit les torrens qui descendent des montagnes, on prend cognoissance des mines par les paillettes d'or que l'on rencontre (*a*) & parce que les fontaines sont comme les bouches & ouvertures des mines, il faut considérer soigneusement leur gravier ou areine, & si elles ont quelque goût de nitre, d'alun ou de souffre. Si l'on ne peut rien descouvrir par ces accidens, il faut recourir aux signes naturels qui se prennent tant dedans que dehors. Les signes exterieurs sont par les herbes, les arbres, & les fruits qui croissent sur les lieux des mines. Toutes les herbes volontiers blanchissent par les brouillards, excepté celles qui viennent sur les veines des metaux, parce que l'exhalation chaude & seiche qui en sort, empesche que l'eau ne se congele dessus. Elles sont volontiers petites & menues, & ont la couleur moins vive que les autres, selon que les vapeurs sont eschauffées. De mesme les feuilles des arbres sur le Printems ne sont pas bien colorées & tirent sur le bleu, & la pointe des rameaux est noirastre. Les signes interieurs se considerent par la qualité de la terre ou de rocher, selon que la terre est reposée, grasse, blanche, verde ou azurée, ou que le rocher a ses commisseures de diverses couleurs, & que la marchasite y paroit, & partout soit en la terre ou au rocher que l'on descouvre de l'azur, il est asseuré qu'il y a de l'or.

Ces moyens ont esté suivis en plusieurs endroits du Royaume pour descouvrir les mines, mais en nulle part plus heureusement & abondamment qu'au pays de Lyonnois, où l'on a descouvert des mines du plus parfaict des metaux & du dernier ouvrage du Soleil, qui est l'or. Elle

(*a*) Au Royaume de Damut qui est en Ethiopie devers la montagne de Ba, les habitans labourent diligemment les terres après les longues pluyes pour descouvrir l'or à la lueur qu'il donne de nuict. *I. Cæs. Scalig Exercit.* 102.

*Jars fils.* une coupe d'or qui en vient. Mais ce qu'il y a de certain, c'est que les travaux de ces mines ont été comblés, parce que l'or étoit d'un titre assez bas, & qu'il étoit si difficile de le tirer, qu'il ne payoit pas les frais de l'exploitation (7).

Depuis que, par la découverte des Indes, l'or & l'argent sont devenus plus communs en Europe, l'exploitation des mines qui les renferment est devenue inutile & même onéreuse, parce que le commerce fait entrer en France l'or & l'argent à bien meilleur marché, qu'on ne les tireroit des mines, qui ne sont ordinairement que fort médiocres & incapables de dédommager des frais immenses qu'elles occasionnent.

---

fut descouverte en un lieu sterile contre l'opinion de Cardan, qui donne à la sterilité l'enseigne des metaux, non en une terre reposée, mais en une vigne fructueuse en un pays commode. Près le village de Saint-Martin de la Plaine qui dépend du Comté de Saint-Jean de Lyon, un paysan qui travailloit en cette vigne trouva un petit caillou tout broché d'or; duquel on prenoit asseurance infaillible que ce membre presuppofoit un corps. J'en eus le premier advis. De Vic, Sur-Intendant à la Iustice de Lyon, eut commandement du Roy d'y faire travailler. La premiere production fut admirable, & entre plusieurs belles pieces qui s'en tirerent j'en monstray une au Roy aux Thuilleries, belle, riche & admirable, en laquelle l'or paroissoit & poussoit comme des bourgeons de vigne aussi fin que celui de Caranana... mais en pierre & en roc tout pur or ou tout pur argent, car tousiours l'un va avec l'autre sans mixtion d'autres metaux: le Roy fit voir ceste piece au Duc de Mayenne qui se promenoit avec lui & à plusieurs autres Princes & Seigneurs. P. *Mathieu.*

(7) Cet objet mérite un nouvel examen, par quelqu'un d'impartial & très-instruit.

On dit qu'on tiroit anciennement du plomb sur la côte du Rhône, près de *Givors*; mais il n'en paroît aujourd'hui aucun vestige. *Jars fils.*

A *Val-Fleurie*, hameau dans la Paroisse de *Saint-Christo*, à deux lieues de Saint-Chaumond, & à pareille distance de Saint-Étienne, les Prêtres de la Congrégation de la Mission ont découvert, il y a quelques années, dans le milieu de leurs bois, une mine d'antimoine d'une excellente qualité. Les frais de l'exploitation ont été jusqu'à présent bien au-delà des produits, parce que les travaux de la premiere épreuve ont été trop considérables. On avoit fait deux entrées ou ouvertures, dont la premiere avoit environ cinquante pieds en quarré. La seconde fut infructueuse; on ne trouva point de minéral, mais la premiere dédommagera amplement dans la suite, par l'abondance de la matière, de tous les frais qu'on peut avoir faits ou qui restent à faire.

» L'antimoine est, suivant M. d'Argenville, un » demi-métal, ou minéral mêlé de soufre, dont la » couleur & la nature approchent de celle du fer; » dans son intérieur il est rayé de longues aiguilles » luisantes, couchées horisontalement. Ce minéral » est aigre, cassant, pesant, nullement ductile; cette » seule qualité lui manque pour avoir toutes les » propriétés d'un métal. L'antimoine entre diffici- » lement en fusion, se volatilise au feu & se vitri- » fie quand il est calciné, il ne s'unit avec aucun » métal qu'avec l'or; mais excepté ce dernier il » les résout tous, & les rend plus volatils. Il se dis- » sout lui-même dans l'esprit de sel & dans l'eau » régale: après la premiere fusion, sa substance se » nomme régale, & l'on en fait du verre, du foie, » du beurre, de la chaux, & du cinabre d'anti- » moine. En voici les espèces.

L'antimoine vierge, ressemble à la mine d'ar-

» ſenic blanc, ſes côtés ſont irréguliers, ainſi que » ſes facettes. Il eſt ſtrié en dedans, très-fragile & » ſe change en verre de couleur pourpre, très-belle.

Jars fils.

» L'antimoine *ſtrié* eſt d'un gris bleuâtre, très rempli de ſoufre brillant, friable, & ſe met en fuſion » à la flamme d'une bougie ; ſes ſtries ſont irrégulieres, ſouvent étoilées, quelquefois écailleuſes.

» Celui qui eſt en plumes a ſes ſtries rangées comme » celles de l'alun de plume, formant des fibres capillaires & ſéparées, par la quantité de ſoufre qu'il » contient; il eſt auſſi fuſible que le précédent.

» L'antimoine cryſtalliſé tire ſur le bleu, & a des » cryſtaux de figures différentes, ſouvent en pyramides, en tubercules, formant des nœuds; il eſt toujours ſtrié en dedans, & contient autant de ſoufre » que les autres. Il y en a un dont les fibres ſont entre » des lames de ſpath tranſverſales & perpendiculaires; » c'eſt le plus mêlé de tous.

» L'antimoine coloré eſt plein d'arſenic & de ſoufre qui, par leurs vapeurs, donnent au minéral la » couleur rouge, ou jaune, plus ou moins pâle.

» Les propriétés de l'antimoine ſont de pulvériſer » les métaux, de rendre le mercure pénétrable, & » d'extraire les particules ſubtiles du fer (8) ».

[8] François Belleforet de Comminges, fait mention des minéraux d'argent, trouvés en Périgord près une petite Ville nommée Nontron ſur le Bandiat, du côté de la haute Ville, dans une vigne derrière les Cordeliers, & des mines de fer du voiſinage: il dit que les mines du Village de Rore en Auvergne (V. p. 363) ſont abondantes d'argent & que par l'octroi du Roi, le Seigneur de la Fayette les fait fouiller avec grand profit. Dans les rochers de Roche-Dagou (V. p. 366.) on voit des pierres naturellement claires en pointes de Diamant, du ſablon tranſparent comme l'or limé, du lac de Montel de Gelat auſſi en Auvergne. Il aſſure que les mines d'argent de Saint Léonard en Nivernois (V. p. 564) étoient.

A *Saint-Julien-Molin-Mollette*, bourg situé sur les confins du Forez & du Vivàrais, à une lieue du *Bourg Argental*, à onze lieues de Lyon, & à l'orient de la montagne de *Pila*, on trouve d'abondantes mines de plomb, dont l'exploitation occupe une partie des habitants; le plomb en est pur, & en formes prismatiques. J'ai déja dit que le plomb y est ordinairement enchassé dans des pierres crystallisées & transparentes.

Jars fils.

Il y a encore, dans la Paroisse de *Saint-Julien*, une autre mine de plomb, au lieu dit *la Pause*.

Le *Bourg Argental*, *Saint-Sauveur*, *Marlhe*, *Courtançon*, *Saint Ferréol*, contiennent des mines de plomb; il y en a aussi une dans la montagne d'*Auriol*, Paroisse d'*Aurée* en Velay.

On trouve une mine de plomb très riche dans la Paroisse de *Saint André*, village de *Saint Alban* en Roannois, à deux lieues de Roanne; le filon qui se prolonge, traverse la Loire, & va finir au rivage opposé, dans les confins de la Paroisse de *Cordelles*.

A *Saint Maurice* en Roannois, on avoit entrepris d'exploiter des mines, mais les travaux en ont été abandonnés.

On trouve du plomb sur la montagne nommée la *Fayette*, *Saint-Martin-la Sauveté*, *Couzan*; & leur territoire n'est pas moins fertile en minéraux. Les endroits où l'on découvre principalement du plomb, se

---

déja négligées & qu'on y exploitoit des mines de fer: il parle du charbon de terre de Décise ainsi que des mines de Saint-Etienne de Furan en Forez, *du lapis lazuli* de la Roche en Périgord & du *boli armeni*, cité page 560: cet Auteur vivant en 1580, forme une nouvelle autorité aux articles que l'on a lus ci-devant. George Braun dans son Théâtre des Villes fait mention de la terre de Blois découverte par François Guérin (V, p. 401.)

nomment *Grisolette*, *Saint Fulgent*, *Champoly* & *S. Marcel*.

Jars fils.

Non-seulement la mine de plomb que l'on exploite à *Champoly* est abondante, mais il y en a une autre à une lieue de là, qui est située dans la montagne d'*Ursé*, & qui est fort riche. On a trouvé quelques filons aux environs de Saint *Just-en-Chevalet*. M. de Blumestein, qui est concessionnaire de ces deux mines, a essayé jusqu'à présent, mais sans succès, de découvrir quelques nouvelles mines (9).

Les deux premieres sont situées à une lieue, ou à une lieue & demie de *Saint Just-en-Chevalet*, & les fourneaux, pour l'exploitation des matieres, sont dans la Paroisse *des Salles*, au-dessous de *Cervierés*, bourg situé à sept lieues de *Montbrison*, & six de *Roanne*; le plomb, étant purifié & perfectionné, est envoyé à Lyon.

On a cru que l'on trouveroit du plomb dans la plûpart des montagnes qui sont aux environs de *Saint Just-en-Chevalet*; aussi y a-t-on fouillé jusqu'à présent dans cette espérance, mais le peu de succés a obligé de discontinuer ce travail.

A toutes les apparences physiques de la richesse du Beaujolois en minéralogie, se joignent des témoignages historiques qui méritent la plus grande attention.

(9) On trouve à la Chambre des Comptes à Paris la composition faite par le Roi Charles VII, le 5 Août 1457, avec Jean Cueur, Henri Cuer, Ravault Cuer & Geoffroy Cuer enfans de Jacques Cuer, par laquelle il leur remet les mines d'argent, de plomb & de cuivre de la montagne de Pompatien & de Côme & le droit que le Roi avoit sur les mines de Saint-Pierre le Palu, de Jos, de la montagne de Tarare avec les ustenciles: registrée sans aucune reserve fors du dixieme & ancien droit.

Feu M. *de la Vaupiere*, Membre de l'Académie de *Villefranche*, avoit rassemblé dans une Histoire considérable du Beaujolois, tout ce que des recherches laborieuses avoient pu lui fournir de faits curieux & importants. On y voit des details singuliers & instructifs sur l'ancien état des mines de cette Province, leurs exploitaions & le droit de leur propriété. L'on a extrait de son manuscrit quelques traits que l'on verroit sans doute avec bien plus de plaisir dans l'histoire même, & qu'on ne donnera ici qu'en abrégé. *Jars fils.*

Au quinzieme siècle, le territoire de la Paroisse de Claveysolles passoit pour être la partie du Beaujolois la plus abondante en mines. On y trouvoit principalement de la couperose. Les Auteurs cités par M. *de la Vaupiere* ajoutent du *vitriol* & du *rouge brun*. Si, par ce terme de vitriol, il faut entendre du vitriol verd, ce n'étoit qu'une répétition, puisque ce vitriol n'est autre chose que la couperose qui venoit d'être citée. S'il faut entendre du vitriol bleu, qui est celui de cuivre, c'est une preuve qu'il y avoit au moins quelques filures de mines de cuivre, dans les lieux circonvoisins. Quant au *rouge brun*, c'étoit sans doute une expression usitée entre les Ouvriers de cette mine, & ils entendoient apparemment, sous cette expression, quelque variété de cette mine. Au surplus, ce *rouge brun* n'étoit que de l'ocre de fer. Il paroît que l'exploitation n'en a été discontinuée que vers la fin du dernier siecle, & que ce n'a point été par l'épuisement de la mine (10).

(10) Il y a eu des mines dans le Beaujolois qui étoient en considération, puisqu'on voit dans les anciens Etats conservés au trésor des Archives de Villefranche, que les Seigneurs de Beaujeu avoient des Officiers sous le titre de Gardes des mines; ils avoient autrefois des mines de plomb & d'argent dans la Paroisse de Joux près Tarare. En 1748, on retrouva sous deux monticules près du

Jars fils.

On connoissoit autrefois une mine de plomb, dans la Paroisse de *Propieres*. Une autre de même métal, vers *Odinars*. Une mine de cuivre, dans la Paroisse de *Jullié*. Enfin, ce qui doit donner une assez grande idée de l'ancien rapport des mines du Beaujolois, c'est que l'Historien de cette Province, que j'ai nommé, a constaté que les Anciens Seigneurs du Beaujolois avoient des Officiers particuliers pour cet objet, sous le titre de Gardes des mines.

On ignore ce qui peut avoir fait cesser le travail de ces mines, dont l'existence même seroit bientôt oubliée, si elle n'étoit consacrée dans les fastes du Beaujolois (11). Il ne lui reste actuellement de mines de plomb bien connues, que celles des environs de *Joux*. M. Hellot, dans son Ouvrage intitulé, *De la fonte des Mines*, dit avoir fait l'essai de celles de *Joux*, & qu'elles ne produisent, par quintal de matiere, que huit livres de plomb, & trente grains d'argent. Il ne faut donc pas s'étonner si on ne les exploite pas. Cependant il est bien nécessaire d'observer ici que l'on n'a pas fait des fouilles fort profondes.

---

Bourg de Tarare, l'un au premier tournant de la montagne, à égale distance de Tarare & de Joux, l'autre appellé montagne de Culas, à une lieue de Tarare & de Joux d'où le Sieur Simonet envoya des échantillons à M. Hellot.

(11) La mésintelligence a fait cesser l'exploitation d'une mine de Couperose dans la montagne de Vanteste, Paroisse de Clavoisolles.

Jars fils.

# MINES DU DAUPHINÉ.

DANS la montagne du Pontet à la Gardette dépendante de Villars-Aymon, d'Oisans en Dauphiné, il y a, entre deux roches, un filon large de six pieds, d'une pierre blanche (spath). Le crystal sort des deux côtés, enterré dans une terre grasse, rouge comme du cinabre : de la même, sortent plusieurs branches d'or fin. En 1717, un Paysan en donna une demi-livre à son Curé qui alloit à Grenoble ; en le faisant fondre, un Orfêvre en retira un or très fin, qui rendit poids pour poids. En 1718, M. de Blumestein pere en rapporta des échantillons où l'on voyoit de l'or en grain, parsemés dans un spath. Les essais de cette mine ont donné de l'or & de l'argent. En 1725, M. le Duc de Bourbon, Grand-Maître des mines, y mit un Garde avec défense d'en approcher, sous peine de punition. Il faut remarquer que sous le filon est une ouverture qu'on assure se continuer la longueur d'une lieue & plus, suivant M. Colonne.

On apprend, dans les Archives du Dauphiné, que Jean de Bellegarde, Châtelain d'Exilles, met en dépense les frais faits pour des voitures de minerai porté en 1326, pour le Dauphin Humbert : *Item ; pro expensis Magistri Petri de Rosana, & quatuor Someriorum portantium menam apud Gratianopolim* : on traitoit ces mines à Grenoble : *pro faciendo auro*. Ce n'étoit donc pas la pierre philosophale que les Dauphins faisoient chercher : un compte rendu la même année fait voir que l'épreuve en fut réitérée à la Balme, le mois d'Octobre suivant : *Item ; tradidit decem solidos grossos*, dit le comptable, *illis qui volebant facere aurum apud Balmam.*

*Mars le fils.*

La mine d'or de la montagne d'Auriau, citée page 372, me paroît être la montagne d'Orel où se trouve, dit M. Hellot, une mine d'or dont elle a pris son nom. Cette mine a, dit-il, été travaillée par les Romains. On y trouve aujourd'hui des especes de diamants. C'est à ce sujet, que nous croyons parler du véritable diamant, afin que les personnes éloignées de Paris ne puissent plus le confondre avec les autres pierres du Dauphiné.

Le diamant, la plus belle des pierrres précieuses, est estimé, 1°. par son éclat, ce qu'on appelle vulgairement *son eau*; 2°. par son poids ou sa grandeur; 3°. par sa dureté. l'éclat du diamant consiste en sa vraie couleur qui est d'être blanc & transparent : aucuns tirent sur certaines couleurs qui proviennent de la matiere, ou plutôt des terres où ils ont été formés ; ce qui les rend sujets à plusieurs imperfections qui les rendent moins agréables à la vue, les uns démeurants *glaçeux* & *sourds*, & les autres remplis de *grains de sable rouge*, qui s'y trouvent incorporés, outre ceux qui tiennent de l'*azur*, du *jaune brun*, & de *couleur de foin*.

La grandeur ou le poids du diamant fait sa rareté. La Reine d'Angleterre avoit, dit Robert de Berquen, en 1669, celui que feu M. de Sancy apporta de son ambassade du Levant, en forme d'amande, taillé à facettes des deux côtés, parfaitement blanc & net, & pesant 54 carats, valant trois gros poids de marc. Le Duc de Florence en avoit un plus gros qu'un œuf de pigeon, qui, étant brut, pesoit 130 carats, & qui fut scié en deux. Charles de l'Ecluse dit que Philippe II, Roi des Espagnes, en acheta un de Charles d'Assetan, en 1559, pour la somme de quatre-vingt mille écus d'or, somme considérable alors ; il pesoit 47 carats & demi. A Bisnages, il y en avoit deux ; l'un pesoit 140 carats, & l'autre 250, & il étoit gros comme un petit œuf de poule. Les diamants des têtes couronnées sont actuellement très connus, je n'en parle point ici.

Jars fils.

Le diamant résiste au feu ordinaire le plus violent, mais nullement au marteau. C'est Louis de Berquen, l'un des ancêtres de Robert, qui, le premier, trouva, en 1476, l'art de les tailler avec la poudre de diamant même. Avant cette époque, on étoit contraint de les mettre en œuvre tels qu'on les rencontroit aux Indes, tout-à-fait bruts, sans ordre, sans grace, sinon quelques faces au hasard, mal polies, irrégulieres, comme on en trouve sur les reliquaires & de vieilles châsses dans les Eglises. C'est une chose bien simple qu'une découverte de cette nature, mais il s'étoit passé plusieurs milliers d'années avant qu'on y pensât: il étoit tout simple de penser que le diamant, plus dur que l'acier, devoit être usé par la poudre du diamant. Louis de Berquen, né à Bruges en Flandres, fut envoyé par son pere à Paris, afin d'y étudier les Belles-Lettres dans l'Université où il ne fit aucun progrès. Son pere averti qu'il y employoit son temps à des occupations étrangeres à ses études, le fit revenir dans sa maison; mais bientôt il lui vit élever des machines qu'il avoit rapportées de la Capitale; il mit deux diamants sur le ciment, & après les avoir esgrizés l'un contre l'autre, il s'apperçut qu'à l'aide de son moulin à roues de fer, il en faisoit tomber de la poudre, & qu'avec de l'intelligence, il pourroit les tailler de la forme qu'il jugeroit à propos, & les polir parfaitement. C'est dans ce tems que Charles, dernier Duc de Bourgogne, lui fit présent de trois mille ducats, pour avoir taillé trois gros diamants; l'un foible, dont ce Prince fit présent à Sixte IV, souverain Pontife; l'un en triangle, forme d'un cœur, qui fut donné à Louis XI; le troisieme, qui étoit épais, fut trouvé au doigt du Duc de Bourgogne, le jour qu'il fut tué devant Nancy, en l'année 1477. Voyez les opérations faites sur le diamant, dans le *Traité de l'Origine des pierres de Henckel*, en françois; les *Mémoires de M. d'Arcet*, &c.

Michel.

*Très humble remonſtrance préſentée à ſon Alteſſe Royale Monſeigneur le Duc d'Orléans (Gaſton), par Yues de Michel, ſieur du Serre, ſur le ſujet des très-riches & abondantes mines d'or & d'argent, deſcouuertes en la Prouince de Dauphiné, qu'il a voulu faire trauailler au proffit du Roy & au ſoulagement du Peuple, dont il n'a peu auoir les expeditions neceſſaires* (1).

1651.

MONSEIGNEVR,

La France que le Roi Henri le grand, voſtre pere, auoit ſauuée des combuſtions ciuiles, & qu'il auoit fait regorger de biens par vne paix de vingt années; que le

(1) La brochure d'Yves de Michel Sieur du Serre eſt indiquée dans la Bibliothéque de la France du Pere le Long, ancienne & nouvelle édition, d'une maniere inexacte, elle ſe trouve actuellement à la Bibliothèque du Roi. C'eſt une petite brochure de 16 pages in-4o. imprimée chez *Pierre du Pont, rue des Sept-voyes, devant Saint-Hilaire*, ſa date eſt de l'année 1651, vers le mois de Juin. Elle n'a été connue de perſonne juſqu'à préſent, car il n'eſt pas queſtion des mines de Theys dans aucun Auteur. Il y a dans ces feuilles tant de choſes inutiles, que j'ai pris ſur moi de ſupprimer tout ce qui étoit étranger à l'objet que l'Auteur s'étoit

Roy Louis XIII, vostre frere, a agrandie & augmentée par des conquestes; cette France si florissante, deuenue l'objet de l'enuie de tous les Peuples de l'Europe, est decheue de ce haut point de prosperité.

Michel.

En cet estat, Monseigneur, elle vous regarde comme celui qui doit estre son principal restaurateur, en concourrant aux bonnes intentions de la Reyne Regente.

J'ai descouuert, dans la Prouince de Dauphiné, des mines d'or & d'argent si riches & si precieuses que je ne sçaurois en exprimer la valeur, & s'il plaist à V. A. R. de me faire donner les prouisions qui me sont necessaires, & que je poursuis depuis depuis vingt & vn mois en ça, pour les faire trauailler; me faire accorder la protection du Roy, & me donner la vostre.

Il en faut faciliter les moyens, & faire cesser les empeschemens. Il s'y faut prendre d'autre façon que ceux qui ont deu cy-devant faire reussir cette affaire, excepté M. le Comte d'Auaux, qui tous ont tesmoigné n'auoir pas eu à cœur qu'elle fust executée; de quoi je dois donner cognoissance à V. A. R., afin qu'il lui plaise pouruoir au préjudice que les rebuts que j'ai soufferts pourroient causer au Roy & à l'Estat, s'ils estoient continués.

M'estant troué, aux années 1648 & 1649, en la Ville de Grenoble, j'eus aduis comme il auoit esté descouuert plusieurs mines d'or & d'argent aux montaignes & vallons qui sont à la main droitte de la vallée de Graisiuodan en Dauphiné, tirans contre la Sauoye, & entr'autres vne qui est en vn vallon au-dessus du

---

proposé: elle est bien rare, si les curieux se plaignent de ce retranchement, ils sçavent le lieu où ils peuvent aller la consulter. Theys est dans l'enclave de la concession des mines de MONSIEUR, à cause d'Allemon, ainsi que Vizille & Villars-Aymon.

Michel.

Theys, (2) appellée la Combe de Theys, laquelle est si pure & si nette qu'elle donnoit des quatre parts, les trois du plus fin or, & qu'elle estoit abondante au possible.

J'en fis vne recherche exacte, & après beaucoup de peine & de despense, j'eus le moyen d'entrer en conférance auec quelques-vns de ceux qui l'ont fouillée, lesquels s'en descouurirent à moi, & m'en firent la description; comme pareillement j'eus le moyen de m'entretenir avec ceux qui en auoient faict les essays, lesquels m'asseurerent qu'il y auoit eu des fois que cette mine avoit rendu de cinq parts, les quatre de fin. Je sçeus encore qu'elle auoit esté descouuerte en l'année 1642, & que les premiers qui s'en estoient prevalus, auoient esté quelques Religieux Augustins reformez, & quelques Paysans qui s'en estoient saisis, lesquels auoient transporté ce qu'ils en auoient peu prendre à la derobéee, dans la Sauoye, à Geneue, en Piedmont & autres pays estrangers ou ils en auoient fait la vente à si vil prix, qu'ils en auoient laissé la liure pour une pistole, qui en valoit plus de quarante; & j'ai en main le denombrement des Paysans qui la tiroient de ceux qui la portoient vendre, & des personnes qui l'acheptoient à Chambery & à Geneue. Ce trafic dura de cette sorte

(2) Theys est dans le voisinage d'Allevard: la tradition du Dauphiné, est que M. de Baralle pere du premier Président de ce nom, propriétaire des mines de fer d'Allevard, avoit trouvé dans ce canton, une belle mine d'or: on trouve la vérité & l'explication de cette histoire dans la brochure de Michel Sieur du Serre. Feu M. le Bret, Premier Président d'Aix, avoit un échantillon très-beau de mine d'or natif de Dauphiné où l'or paroissoit en petits branchages: il l'avoit étiqueté *des environs de Vizile*, mais il ne connoissoit pas l'endroit d'où on l'avoit tiré.

pendant trois ou quatre années, mais quelques personnes plus raffinées s'en estans apperceues, elles y voulurent auoir part, d'ou il arriua que l'on commença de vendre plus cherement cette mine que l'on ne faisoit auparauant, & qu'elle ne fut pas toute portée aux pays estrangers; mais il en fut debité grande quantité dans Grenoble, & en autres Villes & lieux de ce Royaume. *Michel.*

Le profit qui prouenoit de cette mine ayant fait ouurir les yeux aux personnes puissantes du voisinage, il y en a eu qui s'en sont rendus les maistres, & ont obligé les Paysans qui la fouilloient à trauailler pour eux; ce qui se fait si secretement qu'il est impossible de s'en apperceuoir, car on n'y va que la nuit, & on la fait garder par des fuziliers qui roulent toujours aux enuirons, sous pretexte de la chasse.

Me trouuant muni de tant de preuues conuainquantes de la vérité de cette mine & de sa valeur, il ne manquoit, pour en pouuoir donner à cette Cour vne parfaite certitude, que d'en apporter de la montre; mais il me fut impossible d'en auoir, parcequ'elle estoit bien gardée, que l'on fouilloit les Mineurs lorsqu'ils en sortoient, & pour y entrer, il eust fallu que j'eusse donné bataille. Je ne voulus pas differer d'apporter au Roy vn aduis si profitable, persuadé qu'ayant l'honneur d'estre connu par des personnes de grande consideration, on donneroit à mon rapport la creance que l'on ne refuse jamais à des gens de bien.

Je me rendis à la Cour, au mois de Septembre de l'année 1649, pour denoncer cette affaire à la Reyne. J'eus donc l'honneur d'en entretenir Sa Majesté, laquelle après auoir reçeu fauorablement ma proposition, me renuoya, pour prendre resolution sur ce sujet, à l'vn de ses Officiers lequel, au lieu de m'exciter à agir vigoureusement pour les auantages du Roy, par la recompense qu'il me deuoit faire esperer, m'imposa des

Michel.

conditions si rudes que possible tout autre que moi les eust rejettées : car au lieu que, de toute ancienneté, les Rois de France ont laissé à ceux qui ont faict trauailler leurs mines, les neuf dixiemes de ce qui en prouenoit, ne s'en estans reserués que le dixieme, à la charge de fournir aux frais, & les leur ont accordés pour eux & les leurs à perpetuité, en les faisant valoir sans discontinuation. Cet Officier voulut renuerser la proposition, & m'obligea de donner à Sa Majesté les neuf dixiemes du prouenu, ne m'ayant laissé qu'vn dixieme pour mon droit d'aduis, pour mes peines & trauaux, & pour les auances que je serois tenu de faire de toutes les despences qu'il conuiendroit faire, lesquelles auances seroient néanmoins reprises sur les neuf dixiemes de Sa Majesté ; &, quant au temps de la jouissance, il me reduisit à dix années ; & sur ce que je me roidissois contre vne proposition si peu equitable, il me fit entendre que je n'y serois reçeu qu'à ces conditions.

Ce traictement me sembla rude: j'acceptai les conditions susdictes, moyennant que l'on me donnast vn Arrest signé en commandement, en l'obtention duquel y ayant eu des longueurs, je recourus à V. A. R. Monseigneur, & en rapportay cette grace & faueur, qu'il vous pleut faire recommander mon expedition par le Sieur de Fromont (3) l'vn de vos Secretaires. Ensorte que j'eus Arrest conforme aux conditions accordées le 18 du mois d'Octobre 1649.

Sur cet Arrest, je voulus, Monseigneur, auoir vne adresse au Parlement de Grenoble, pour le faire enregistrer, & m'en faire jouir, laquelle je ne peus jamais obtenir ; & il me fut seulement expedié une simple commission addressante au pre-

[3] Le Sieur de Fromont, Conseiller & Secrétaire des Commandemens, Maisons & Finances de *Monsieur*.

mier

mier Huissier requis pour en faire la signification & tous autres exploits necessaires : ce qui ne suffisoit pas pour me donner la seureté que j'attendois de la protection de ce Parlement : par cet Arrest, je deuois prendre vne Commission du grand Maistre des mines, j'en fis la poursuite & l'eus auec grande peine. Michel.

Après quoy il ne me restoit plus qu'à obtenir des Lettres-patentes adressées audit Parlement de Grenoble, par lesquelles il luy fut mandé de faire enregistrer cet Arrest & la Commission du grand-Maistre des mines, me faire jouyr du contenu en iceux, faire cesser tous empeschemens & informer des contrauentions & abus ; desquelles Lettres je ne pouuois point me passer. Je les fis donc dresser, & les voulant presenter aux sçeaux, je fus attaqué de la part d'vne personne très-puissante à la Cour (4), laquelle me fit dire qu'elle desiroit que je lui donnasse le moyen de s'approprier ces mines (5), ce que faisant, elle m'y donneroit tous les auantages que je sçaurois desirer pour mon interest particulier, & qu'au contraire si j'y resistois elle empescheroit que je n'eusse aucunes expeditions. Je rejettay auec vigueur cette proposition : ayant donc refusé nettement cette demande, je balançai si je deuois poursuiure pour faire sceller mes lettres, ou attendre vne occasion plus fauorable ; l'authorité de ce personnage me choquoit & me faisoit apprehender ce qui m'est arriué, de trauailler beaucoup sans aucun fruict.

(4) Charles Coeffier étoit Sur-Intendant des mines alternatif & triennal, depuis le 3 Sept. 1646.

(5) Sur le bruit de la découverte de cette mine d'or, on avoit déja fait imprimer *l'heureuse rencontre d'une mine d'or trouvée en France : in-4. Paris Henault 1649* : on trouve cette feuille à la Bibl. Royale. L. 1128.

A.

Michel.

Je deuois me promettre d'obtenir le ſceau que je demandois ; & qu'en tout cas je le pourrois faire ordonner par le Conſeil, moyennant que je trouuaſſe quelque homme de vertu & de credit qui voulut hautement en porter la propoſition. Monſieur d'Avaux (6) me vint d'abord en penſée ; ce grand homme en qui toutes les vertus & les ſciences reluiſoient comme ſur vn throſne, & à qui la France doit donner des larmes, puiſque le deplaiſir de ne luy auoir peu faire donner vne paix auantageuſe & glorieuſe a eſté le traict fatal qui luy a oſté la vie. Cet homme illuſtre, dis-je, ayant veu de quel poids eſtoit mon affaire, il s'entremit auec chaleur pour faire ſceller ces Lettres-patentes qu'il fit veoir au Conſeil, où il agit auec tant de vehemence, qu'il fit deliberer qu'elles ſeroient ſcellées, y fit mettre *le viſa* & les fit luy meſme porter aux ſceaux par le Sieur Frotté l'vn de ſes Commis. Mais ſes ſoins ont eſté inutiles, ces Lettres m'ont eſté deux fois rendues venant du ſceau (7), ſans eſtre ſcellées : & ce qui m'a le plus eſtonné, a eſté que l'on a tenté par diuers moyens de me faire perdre mon Arreſt & ma Commiſſion. Voila, Monſeigneur, le recit veritable de ce qui a eſté pratiqué au ſujet de mes pourſuites legitimes. Pourquoy donc m'auoir refuſé les expeditions qui m'eſtoient neceſſaires ? Ou l'on a creu ma propoſition veritable & vtile ; ou l'on n'y a pas ajouſté foy, & en cette incertitude, pourquoy n'a-t-on pas hazardé vne feuille de parchemin & vn morceau de cire ? N'y ayant rien à riſquer pour Sa Majeſté, puiſque j'eſtois obligé par mon Arreſt de faire les avances des frais des

(6) Claude de Meſme, Comte d'Avaux l'un des Sur-Intendants des Finances, mort en 1650.

(7) Charles de l'Aubeſpine de Châteauneuf étoit Garde des Sceaux.

trauaux. Les changemens arriuez depuis peu, vous ont donné plus de creance dans le Conseil du Roy où ayant vny vos volontés à celles de la Reyne, je n'ay peu douter que vostre zele au bien du seruice du Roy & de vostre patrie, ne fit accorder les choses qui me sont necessaires.

*Michel.*

Il n'est question que d'vn sceau que je demande, qui est juste sans contredict & de l'accompagner des Lettres de cachet de Sa Majesté & des recommandations de V. A. R adressantes au Parlement de Grenoble, pour leur faire entendre qu'il y va du seruice du Roy, du bien public, de m'assister aux trauaux que je pretends faire dans ces mines & faire cesser tous empeschemens, de quelque part qu'ils puissent venir.

Pour moi, Monseigneur, j'ay bien faict paroistre que le bien de l'Estat a esté ma seule visée, & peu ou point le mien particulier, en ce que j'ay refusé les grands auantages qui m'estoient offerts d'ailleurs; je me suis contenté pour mon droict d'auis, pour mes peines & trauaux, pour les auances de mes frais, du dixiesme, laissant les autres neuf dixiesmes à Sa Majesté : là où jamais auparauant aucun de ceux qui auoient entrepris de faire trauailler les mines de France, n'auoient donné pour le droict Royal que le dixiesme. Et si on apprehende que je ne veuille faire absorber par trop de despenses le fruict de ces mines, je feray la même condition à Sa Majesté, que font au Roy d'Espagne ceux qui font trauailler ses mines, ils luy donnent le quint franc & net de tout ce qu'elles produisent, ou que l'on reuienne à mes premieres offres, qui est de me contenter de mon droit d'auis & que Sa Majesté fournisse aux frais des trauaux dont j'aurai la direction : la moderation à laquelle je me suis reduict, me deuoit faire receuoir vn meilleur traitement ayant esté obligé de faire vn séjour de 21 mois en cette Ville, où j'ay faict de très-grandes despences, que la justice veut m'estre rembourfées. C'est pourquoy, Monfeigneur, &c. *figné* DE MICHEL.

## *Des Mines d'Or de Tain en Dauphiné, & du Rhône, par M. Chambon.* (1)

1714.

*Chambon.*

LES mines d'or & d'argent sont si différentes, & elles peuvent découler de tant de sources, qu'on est obligé de se servir de moyens différens pour faire la séparation des impuretés & des terrestréités qui s'y trouvent embarrassées. L'argent est quelquefois amené

(1) Joseph Chambon, natif de Grignan en Provence vers 1647, Docteur en Médecine de l'Université d'Aix, fut Médecin des Galeres du Roy à Marseille, d'où il passa en Italie & en Allemagne, enfin en Pologne, où il devint Médecin du Roi Jean Sobieski; il voyagea aussi en Hollande & en Angleterre & vint se fixer en France du tems du premier Médecin Daquin, qu'il paroit n'avoir point aimé; il devint le protégé de M. Fagon, qui le combla de bonté & d'attention. Ce Médecin se présenta à la Faculté de Paris & y fit sa licence; il y soutint trois Thèses l'une le trois Juin 1695, sous la Présidence de Jacques Desprez; l'autre sous la présidence de Louis Gayant, le 11 Février 1696; & la troisieme le 22 Mars suivant, sous la Présidence de Louis Guérin. Chambon a publié plusieurs Ouvrages qui ont été très-estimés dans leur tems, comme on le voit par une grande quantité d'approbations qui sont en tête de ceux qui ont été imprimés en 1711, 1714, & dans la nouvelle édition faite en 1750; on dit qu'il vivoit encore en 1732 à Grignan sa patrie.

Chambon

par des fontaines ou des rivieres, de même que l'or; il découle à travers des terres par la force des torrens qui l'arrachent de la superficie des mines; quelquefois aussi ces métaux se trouvent mêlés avec des terres mouvantes ou sablonneuses; d'autres fois ils sont si étroitement liés dans des pierres dures & solides, qu'il faut que la force des coins & des marteaux rompe ou brise les liens & les chaînes dont la Nature les a chargés. Ce choc & cette action ne se font pas sans donner un mouvement aux soufres impurs & arsénicaux qui s'y trouvent renfermés, comme il arrive à-peu-près dans le choc du caillou avec l'acier: ces soufres malins s'exaltent par des secousses réitérées, comme si le feu les poussoit, & dans cet état ils sont très pernicieux aux travailleurs qui ont bien de la peine à se garantir de leurs mauvaises impressions, quelques précautions qu'ils prennent.

Dans une mine d'or & d'argent où je fus par curiosité, on me fit le récit d'une chose que les Ouvriers sçavent par tradition, & dont ils ne doutent point. On me dit que dans cette mine on avoit trouvé trois figures humaines de la même matiere dont les filons de la mine sont composés, & que quoique ces figures eussent été en partie brisées par les marteaux & par les coins, l'assemblage qu'ils firent de ce qui avoit été enlevé fut si bien rapporté, qu'on n'eut plus lieu de douter que ce n'eussent été des hommes. Je leur demandai pourquoi on n'avoit pas conservé des choses aussi rares; ils me répondirent que ces figures avoient leurs filons particuliers, que la tête intérieure, & tous les ossemens étoient de pur or, & que c'étoit-là la cause pourquoi ces figures avoient été détruites: ils attribuoient ce changement du corps humain en métal aux soufres malins qui avoient caillé leur sang, & que le feu de la mine trouvant dans cette matiere humaine plus de pureté que dans les terres des mines, il

Chambon.

auroit eu par conséquent plus de facilité à convertir ces hommes en métal. Je ne suis pas trop surpris de cela, je sais le moyen de réduire l'yvoire en bouillie en vingt-quatre heures, & de lui donner une teinture ineffaçable. Si le fait qu'ils avancent est vrai, on peut dire que la mort de ces hommes est arrivée par l'odeur de ces soufres ; l'expérience que nous avons des effets terribles du feu du tonnere, l'odeur d'un soufre puant qu'il porte avec lui, nous fait voir des choses aussi surprenantes. Un Naturaliste rapporte que ces soufres ayant enveloppé des moissonneurs qui étoient à boire & à manger, ces Moissonneurs furent fixés, & demeurerent dans la figure dans laquelle ils étoient, lorsque ce soufre s'empara de l'humide intérieur de leur corps. Le changement qui se fait d'un bâton en pierre dans certaines sources de notre connoissance ; celui que je puis faire du sable en pierre, dans un *miserere* ; toutes ces sortes de transmutations sont dans l'ordre de la Nature, ainsi je n'en suis pas surpris : si je voyois qu'un homme accouchât d'un enfant, voilà où je crierois miracle.

Je ne crois pourtant pas que les hommes dont je viens de parler eussent été empoisonnés par les soufres des minières, parceque quand cela arrive, & qu'on y peut remédier, on retire ces corps des mines pour les inhumer ailleurs : il y a bien plus lieu de croire que ces hommes furent écrasés par quelque portion de la mine qui, venant à se détacher, les ensevelit. Je laisse ce phénomène, & je dis que l'or & l'argent se trouvent dans des mines argilleuses, si gluantes qu'on est obligé d'allumer du bois, & de faire bon feu pour les dessécher ; mais ce feu n'enleve pas moins les soufres malins de la sandaraque & autres matières arsénicales : il faut pour lors que les ouvriers sortent des mines, l'action du feu les jettant dans les mêmes inconvéniens, & bien plus facilement que le choc des instrumens contre la mine. L'or & l'argent sont quelquefois si embarrassés dans des pierres fondantes, que, pour les tirer de-là, il faut un travail fort pénible (2), & qui demande des précautions. Je pense quelquefois que les anciens Romains mouloient des piramides & des colonnes par ces sortes de pierres fondantes, en tout cas il ne seroit pas difficile d'en venir à l'exécution. J'ai fait moi-même des épreuves sur une mine qui est à l'Hermitage, & qui est de cette nature. Chambon.

Si nous n'avons pas des mines d'or & d'argent auxquelles on travaille en France, ce n'est pas la faute du climat ni des terres; la France a des aspects très heureux & très favorables pour toutes sortes de métaux.

(2) Si l'or, dit Chambon, se rencontre dans une terre mouvante, on doit espérer que les filons seront abondans, quand même cette terre ne contiendroit point de pallioles d'or, pourvu que les couleurs qui accompagnent cette mine s'y rencontrent, il ne faut pas abandonner le travail. Si on découvre une terre grasse, blanchâtre ou verdâtre, bleue ou tirant sur ces couleurs, c'est un bon signe, lorsque des terres séches traversent les ouvertures & qu'elles contiennent du métal, distinct, séparé, ou embarrassé, rien n'est de meilleur augure.

Si l'on rencontre une terre argilleuse tirant sur le jaune, sur le rouge, ou sur le noir, ou qu'il y ait de l'orpiment, du sandaraque, borax, ou une terre ressemblante à de la rouille de fer, ces dispositions des terres ne sont pas d'un bon présage. Si en creusant il se présente des filons quelques petits qu'ils soient, surtout si les argilles sont entrecoupées par des matières dures & pierreuses, alors c'est signe d'un grand tronc. Les pierres ou cailloux de couleur brune, noire, ou de caffé brûlé, sont une bonne marque; lorsqu'on trouve un vitriol pyriteux qui frappé d'un acier, rend du feu comme la pierre à fusil, c'est du vitriol appellé *Romain*, qui est d'un bon présage: enfin, dit-il, si l'on trouve un sablon fin mêlé de quelques parcelles de métal parfait, cela est bon.

Chambon.

La Bohême, la Saxe, la Suede, la Pologne. la Hongrie ne jouissent pas d'un soleil plus puissant que ce pays-ci; les dispositions du terrein sont fort heureuses, la faute en doit être imputée uniquement aux Habitants & non au climat ou au terrein: peut-être qu'on se réveillera là-dessus, & qu'on donnera à des gens expérimentés quelqu'intendance & quelqu'inspection sur ces méchaniques qui sont absolument abandonnées. On peut en espérer quelqu'avantage si ces sortes de personnes sçavent préférer l'intérêt public au leur; car pour réussir, il faut absolument ces deux qualités, l'habileté & l'amour du bien public. Je sçais me soumettre à la loi, mais sans vouloir l'enfraindre. Je ne sçais si c'est un si grand avantage pour l'Etat que d'avoir défendu les fourneaux, car après tout qui est-ce qui ignore qu'on est pendu dans tous les pays du monde, quand on fait de la fausse monnoye, quand on l'altère ou qu'on la marque quoique bonne, c'est un droit du Prince & des Puissances, incontestable & inviolable: cependant cet usage des fourneaux n'est pas défendu dans tous les Etats. On dira que cela ruine beaucoup de gens, parceque la pierre philosophale s'en mêle: les dépenses pour cette recherche ne sont pas si grandes, pour qu'un homme aisé s'y ruine; mais que cela soit, je le veux, qu'il y ait des personnes qui s'y ruinent, ce ne seront que des personnes peu judicieuses, insensées, qui se seroient ruinées peut-être à intenter un procès mal-à-propos contre leurs voisins, comme on les voit chicaner mal-à-propos & sans principes avec la Nature, c'est-à-dire, travailler sans raison & sans fondement, & pour cela défend-on de plaider. Ces mêmes hommes se seroient encore pû ruiner dans le commerce galant, ou dans une infinité d'autres entreprises; n'y a-t-il que les fourneaux qui ruinent? peut-être que des Médecins ignorans & incapables de trouver des remedes, jaloux contre ceux qui réussiroient dans cette découverte, ont été les promoteurs de cette défense.

Chambon.

Je connois des especes de Médecins qui se mêlent de ce métier, qui ne seroient pas en état de se ruiner eux-mêmes, par le resserrement dans lequel on les a toujours vus, mais qui seroient capables de ruiner les Puissances qui ont mis leur confiance en leur sçavoir. Je reviens à mes épreuves sur la mine de l'Hermitage ; ce nom est si connu en France, qu'il n'est pas besoin de grandes circonstances pour le donner à connoître. L'Hermitage est au-dessus de Tain en Dauphiné, vis-à-vis de Tournon au-delà du Rhône qui les sépare. Cette rivière touche les murs de l'un & de l'autre lieu, & c'est de-là qu'est venu le proverbe *entre Tain & Tournon, il ne paît ni brebis ni moutons* ; l'aspect de cette Mine est très-heureux, elle est exposée au levant, au midi & au couchant, & elle est à l'abri du nord. Je dirai donc ce que j'éprouvai & où j'en suis demeuré, parce que mes facultés ne me permettent pas de pousser les choses plus loin. Je fis creuser dans des ravines vis-à-vis une table de pierre, qu'on appelle la table du Roi, parce qu'on dit que lorsque Sa Majesté fut en Provence, elle soupa sur cette table, qui est à une vingtaine de pas dans le Rhône ; ce qu'il y a de certain, c'est qu'on y remarque les places tracées pour des siéges. Je fis donc creuser dans cet endroit environ une quinzaine de pieds de profondeur, le terrain n'étoit pas bien difficile, il n'y eut qu'un endroit où il fallut faire jouer la mine, cependant j'en tirai des filons assez solides dans le terrain mol & qui représentoient bien. Je les fis calciner étant arrivé ici, mais comme le feu se trouva trop fort, ou que la matière y demeura trop longtems, ne sçachant point que cette mine étoit fondante, je la trouvai affaif-

Chambon.

sée & en partie fondue, cette même matière toute canelée se trouva d'une teinture jaune & rouge par petits points & par canelures; je la fis mettre en poudre, je la lavai & la fis refondre à grand feu, & j'en tirai environ cinq à six grains or ou argent sur quatre livres de matière. Je mis cet or & cet argent au départ, il me resta un grain d'or que je fis souffler dans un charbon. Je mis une seconde fois environ dix livres de cette mine pilée sans la faire passer par le feu, dans un creuset, & le creuset dans un fourneau à vent, & en peu de tems elle fondit; je retirai le creuset étant refroidi, je le cassai & je trouvai que la matière étoit bien plus canelée de teinture que la précédente, je fis mettre cette matière en poudre, j'en poussai une partie par la coupelle, une autre par les eaux fortes séches, une autre par les humides, j'en joignis quelques parties à du mercure, mais je n'en pûs jamais rien tirer de bon, & étant bien assuré de la réalité, je fis mettre de cette mine en poudre sans l'avoir passée par le feu, je la lavai de la maniere que le pratiquent ceux qui travaillent le long du Rhône, & je trouvai à peu près la même quantité de métal parfait que j'avois trouvé dans ma premiere épreuve, la matière n'ayant été qu'à moitié fondue.

Il est bon de sçavoir, & c'est une chose connue non seulement de tous les voisins du Rhône, mais de ceux qui descendent par cette riviere qu'on voit depuis Valence, qui n'est qu'à deux lieues de Tournon, tout le long du rivage jusques à la Mer, que bon nombre de personnes s'appliquent à la séparation du sablon de cette riviere d'avec les pallioles d'or & d'argent; ce qui ne se voit point de Valence à Lyon, sans doute, parce que ces pallioles d'or & d'argent, sont entraînées par les eaux & par les torrens qui passent tant au dehors qu'au dedans de

Chambon.

cette Mine. Les personnes qui s'attachent à la séparation de ces pallioles, font comme on fait dans les Mines qui abondent en or & en argent, par menus grains & par petites écailles à la façon de celles dont je viens de parler ; ils élevent des fourches faites de trois perches, qui forment un triangle, ils attachent une corde tout au haut dont les deux bouts pendent en bas, cette corde sert à attacher un bassin de bois qui a deux anses, sur lequel on met le sablon ou la terre chargée de pallioles d'or ou d'argent ; & tenant par une anse sur le devant ce bassin avec une main, ils lui donnent une secousse si à propos, que cette secousse oblige non seulement les pallioles à se séparer du sable, mais même à venir se cantonner dans un endroit du bassin, de maniere qu'avec un balai de plume, ou quelque autre chose de propre à cet usage, ils font tomber les pallioles dans un baquet où elles ont tout le loisir de se reposer : on les filtre ensuite à travers un linge, & après les avoir séparées de ce linge, on les séche & on les vend. J'ai connu un Orfévre dans Avignon, qui a bien gagné dans ce commerce, il les payoit sur le pied de la valeur de l'argent ; mais les mettant après au départ, il y trouvoit bien son compte, & il n'avoit garde d'en instruire ceux qui le lui apportoient.

Ceux qui s'occupent à la séparation de ces pallioles, gagnent trente à quarante sols par jour. Ce que j'avance est une vérité incontestable, ainsi je puis raisonnablement parlant dire que nous avons de l'or & de l'argent en France, & que si nous ne profitons pas de ces productions, c'est plutôt faute de faire valoir ces mécaniques & de préposer à cet effet des personnes capables & désintereffées que par le défaut des dispositions de la région que nous habitons ; je tiens pour moi que la mine de

Chambon. l'Hermitage est celle d'où découlent ces pallioles aurifiques & argentines, que si elles ne partent pas toutes de-là, il en vient du moins la plus grande partie.

Monseigneur de Vendôme Grand Prieur de France s'étoit chargé d'informer le Ministre des soins & des attentions que j'avois donnés à la recherche de cette découverte, mais peu de tems après il m'arriva une avanture qui traversa nos entreprises; il pourra peut-être arriver aussi par la suite, & surtout lorsqu'on aura mis fin aux grandes affaires, qu'on cherchera à vérifier plus au fond ce qui ne m'a été permis de voir qu'en abrégé.

Voici maintenant la maniere d'éprouver ces pallioles, il faut suivre la méthode des Orfèvres; après qu'ils ont fait les lavûres & qu'ils ont séparé les plus grosses terrestreïtés étrangeres des petites parcelles d'or & d'argent qui s'écartent & qui tombent à terre ou ailleurs dans leurs travaux, ils font un amalgame avec le mercure par trituration, & au moyen d'un tour qui comprime le tout ensemble, il ne s'en fait qu'une masse, & le mercure demeure si fort attaché à l'or ou à l'argent, qu'ils semblent n'être plus qu'un même corps, pour lors en prenant ce mercure avec les doigts il s'y attache & on voit qu'il a perdu sa fluidité, ce qui est une bonne marque dans les épreuves des mines par (3) le mer-

(3) Chambon observe ailleurs qu'on trouve dans les mines de mercure, du cinabre minéral & crystallin, de l'émeri d'Espagne; lorsque la mine participe de l'or cet émeri est tantôt plus, tantôt moins chargé de pallioles d'or, fort étroitement liées dans la mine; il y a nombre de curieux qui les recherchent avec empressement; voyez le passage cité, p. 29 celui de la page 159, sur l'or blanc & le Traité des mines de Chambon p. 58. Ces trois remarques doivent élever des doutes sur la platine.

cure. Cela étant fait, pour emporter quelques terrestréités qui pourroient encore être embarrassées avec les matières susdites, on les lave dans un mortier de verre, on y verse de l'urine, on broye la matière avec un pilon de verre, & sur la fin on ajoûte du vinaigre; par ce moyen le mercure & le métal demeurent dans une grande pureté. Il faut pour lors faire la séparation du mercure d'avec le métal par expression à travers un chamois, & le peu qui en restera sera poussé par la cornue; & si l'on ne veut rien perdre, il faudra ajoûter un récipient à la cornue, au fond duquel il y ait un peu d'eau, le mercure s'y précipitera, & votre or & votre argent, ou tous les deux mêlés ensemble demeureront au fond de la cornue fort clairs & fort nets. Que si cette masse contient de l'or & de l'argent, il faut les séparer; mais il faut auparavant peser le tout, c'est-à-dire, ce qui est resté au fond de la cornue, parce que vous sçaurez par ce moyen la quantité qu'il y aura d'or & d'argent dans cette masse. On la fondra donc dans un creuset proportionné à la matière, menant le feu par degrés, & y ajoûtant un peu de borax en poudre; lorsque cette matière est en fonte & dans une forte chaleur, on aura une terrine toute prête, pleine d'eau ou à moitié, dans laquelle on mettra un balai qui sera dans cette eau. Ce métal se réduira en petites grenailles par l'écart que l'eau & les brins de balai en feront, il faudra verser l'eau tout doucement pour reprendre ce métal ainsi grenaillé que l'on séchera; ces grenailles étant séches, on les mettra dans un alambic de verre ou dans une ventouse dont le col soit un peu haut, on versera dessus ces grenailles six fois autant pesant, & plus s'il le faut, de l'eau forte que les Orfèvres appellent eau seconde, on mettra le tout sur un léger feu de cendre, & la dissolution

Chambon.

Chamban. s'en fera en très-peu de tems; si l'eau forte est bonne l'argent se trouvera mêlé avec l'eau forte. Que si cette eau forte quoique bonne, ne dissolvoit pas toute la masse, faute de pouvoir bien pénétrer les intervalles qui n'auroient pas pû l'être, cela marqueroit que l'or tient le dessus, qu'il est supérieur à l'argent, & qu'il s'y tient étroitement lié, que l'eau forte ne peut pénétrer tous les replis de l'or qui l'engagent ; & en ce cas il faudroit y ajoûter trois fois autant de nouvel argent que l'on verroit qu'il y pourroit avoir à peu près d'or, les remettre en fonte, refaire comme ci-dessus, & l'argent fournissant pour lors plus d'ouverture à l'eau forte, l'or demeureroit en une poudre tanée au fond du vase où la dissolution se feroit. Cette supériorité d'argent facilite l'eau forte à écarter ces deux métaux joints ensemble par l'art ou par la nature ; les sels dont l'eau forte se trouve chargée, sont comme autant de petits coins qui ont plus de prise quand l'argent domine ; ils cernent toute cette masse, & enlevant tout l'argent, il faut que l'or tombe en poudre.

Cela fait, il faut verser votre eau forte, chargée de l'argent qu'elle a dissout, dans une terrine dans laquelle on aura plusieurs petits bâtons au travers desquels on posera des lames de cuivre ; on mettra pour lors de l'eau dans la terrine & on en couvrira les plaques, on fera une ou plusieurs couches de même à un pouce de distance l'une de l'autre, mettant de l'eau après que les couches sont faites : cela dépend de la quantité d'eau forte & de l'argent qu'elle contient. Dès que l'eau forte se mêlera avec l'eau de la terrine, on verra en peu de tems tout l'argent s'attacher en forme de farine aux lamines de cuivre que l'on tirera tout doucement de l'eau, & avec une plume, un pied de liévre, ou autre instrument propre pour cela, on ſéparera l'argent que l'on mettra dans une grande ventouſe de verre pleine d'eau, on filtrera à travers un papier gris l'eau, & l'argent demeurera ſur le filtre, (il faut que l'entonnoir ſur lequel ſera le filtre ſoit de verre) on mettra cette farine d'argent à ſécher, étant ſéchée on la fera fondre dans un creuſet proportionné à la matière. La poudre qui eſt reſtée au fond lors de la diſſolution de l'argent doit être auſſi fondue: lorſqu'elle eſt fondue, on la pèſe & on voit par l'addition de l'argent ce que la mine contient d'or & d'argent.

Chambon.

Cette opération eſt ce qu'on appelle communément départ; il faut noter que ſi la mine contenoit d'autres métaux que de l'or & de l'argent, ils demeureroient diſſous & mêlés dans l'eau & quelquelques-unes de leurs terreſtréités tomberoient au fond de la terrine ou du vaſe où ſeront les lamines de cuivre. Si c'étoit-là la ſeule épreuve qu'il fallût faire pour les mines la choſe ſeroit bien-tôt éclaircie, & l'on ſçauroit aiſément ce que les mines contiennent, mais ſouvent ce qui réuſſit en petit ne réuſſit pas en grand, ou le profit de ce qui s'eſt fait en petit ne ſe trouve pas lorſqu'on l'expérimente en grand; les mines ne cédant pas toutes à cette épreuve, on eſt obligé d'employer bien d'autres moyens qui, ſouvent quoique ſpécifiques & fort efficaces, paroiſſent cependant faux & trompeurs, par négligence, ou faute de ne pas ſçavoir le tour de main néceſſaire. Le procédé ci-deſſus doit être pratiqué pour ce qui regarde les mines fondantes qu'on doit concaſſer & triturer de la maniere dont on écraſe les olives quand on en veut extraire l'huile, ce qui ſe fait par des pierres arrondies & taillées en forme de demi-muid de vin, on les tourne par deſſus, ce qui réduit ces pierres fondantes en farine,

Chambon. & les lotions enleveront ce qu'il y aura de métallique ; ces fragmens resteront au fond du vase & les terres suivront l'eau. Avant que de faire les lotions, il est bon de laisser infuser une couple de jours de l'urine sur cette matière en poudre, l'urine enleve ou détruit une partie des soufres arsénicaux & vitrioliques que la mine renferme. Lorsque les mines sont riches & abondantes, il faut passer dessus une lessive de chaux de potasse ou cendre de gravelée, sel de tartre, salicor, alinitrum ou écume de nitre; Martial en fait mention, *spuma vocor nitri dicor & alinitrum.*

Les mines riches méritent bien qu'on fasse ces sortes de dépenses ; ces manières de lessives détruisent les sels métalliques engagés dans les mines, lesquels corrompent une partie du bon métal, ou le volatilisent ; ces sels outre cela étant détruits, le métal qui est d'une nature résineuse, s'unit plus facilement dans la fonte lorsqu'il est débarassé de ces travers. Quoique bon nombre d'artistes fassent rouler toutes les épreuves des métaux sur le plomb, & qu'ils l'ayent appellé pour raison de cela, *Saturnus explorator*, le regardant comme la véritable pierre de touche des mines, il se rencontre avec cela encore bien des difficultés que je tâcherai d'éclaircir, en rapportant toutes les matières qui peuvent être de quelque secours à l'artiste & favoriser l'action du plomb, après que j'aurai achevé de parler des matières & des terres différentes dans lesquelles le métal se trouve engagé.

La minière qui est par grains aisée à être écartée & séparée, comme sont les terres mouvantes & mottes de terre, doit être légèrement brûlée ou rissolée de la maniere à peu près dont on brûle le gazon quand on rompt les prairies, par petits fourneaux avec des fagots par dedans, observant que l'entrée l'entrée du fourneau soit du côté du vent, & qu'il n'y ait pas une trop grande ouverture, de crainte que le vent ne consume le bois avant que le feu eût le loisir d'agir sur la mine aussi long-tems qu'il le faut. Cela fait, il faut mettre cette terre dans des baquets pleins d'eau, ensuite avec un moulinet triturer la matiere qui est au fond du vase, l'eau doit remplir entierement le baquet ; ce baquet doit avoir une échancrure à laquelle réponde un canal qui porte cette eau dans d'autres baquets sans moulinets, afin que si à mesure qu'on verse de l'eau dans le premier, pour enlever par ce moyen les terres qui se mêlent dans l'eau, ces mêmes terres enlevoient avec elles quelques particules d'or ou d'argent, elles retombassent dans les autres baquets qui ne sont là que pour les recevoir.

Chambon.

Il y en a qui mettent des linges dans ces derniers baquets qu'ils tiennent élevés par les deux bouts, & par-là il n'y a que l'eau bourbeuse & limoneuse qui puisse passer à travers, & les pallioles métalliques demeurent sur le linge qu'on a soin de tremper dans des baquets destinés pour mettre à quartier ces petites pallioles métalliques, & dans lesquels il y a de l'eau claire. Quand la mine a été suffisamment triturée, il faut verser l'eau où elle est par inclination, ou avoir un robinet à filtrer à la maniere des lessives, afin que le limon puisse passer & qu'il ne demeure que le métal ; que s'il se trouve encore des terres qui l'embarrassent, il faut faire sécher le tout & le laisser exposé à l'air pendant quelque tems, l'air est un terrible coin pour toutes les terres métalliques, sur-tout quand elles ont été concassées ; cela fait, il faut de nouveau faire passer cette même matiere par le feu comme on a fait ci-devant, & après l'avoir bien dépouillée de ses terreſtréités on éprouvera cette mine de la maniere dont nous dirons ci-après.

*Chambon.*

La mine qui ſe trouve dans des pierres ſolides non fondantes, doit être concaſſée, après quoi elle doit être réduite en chaux menant le feu par degrés; étant calcinée, il faut la laver avec les précautions néceſſaires pour ne point perdre les pallioles aurifiques ou argentines qui pourroient s'écarter dans les lotions & de la maniere à peu près que nous venons de décrire. Il eſt queſtion maintenant de propoſer les moyens par leſquels il faut amener en fonte ces matieres métalliques après que les préparations dont nous venons de parler, ont été faites. Tout le monde ſçait ce que c'eſt que la coupelle, ainſi je ne m'étendrai pas là-deſſus; il faut prendre la quantité de mine que l'on voudra éprouver avec le double de plomb & pouſſer le feu juſques à l'évaporation entiere du plomb, pour lors votre métal reſtera au fond de la coupelle. Il arrive quelquefois qu'avant que la mine ait pû ſe joindre au plomb, le plomb eſt évaporé & a pris l'eſſor ſans faire une grande impreſſion ſur la mine; pour remédier à cela, il faut obſerver de faire fondre le plomb dans la coupelle, & lorſqu'il commencera à fumer, il faut y verſer à diverſes repriſes la quantité de matiere métallique qu'il convient mettre dans le plomb fondu. Que ſi malgré cette précaution on ſoupçonnoit qu'il y eût eu du déchet dans le métal, il faudroit y joindre un ſur cent de cuivre, lequel étant mêlé avec le plomb, lui donnera aſſez de reſſerrement, pour que le feu ne lui faſſe pas quitter ſi tôt priſe avec la mine, & pour que le métal parfait ait tout le tems néceſſaire pour ſe ramaſſer, & s'unir intimement dans toutes ſes parties; pour lors ce métal devenant le plus peſant du mélange, il ne cédera plus aux parties crues de la mine, non plus qu'à celles de plomb.

Chambon.

Avec cette maniere de procéder on ne vient pas toujours à bout de l'ouvrage, on est quelquefois en nécessité de faire à certaines mines métalliques un bain de leur nature, j'appelle un bain de la nature de la mine, de joindre de l'or ou de l'argent qu'on fera fondre auparavant avec le plomb, après quoi on versera, comme j'ai dit, dans ces métaux fondus de la mine peu à peu, & l'on observera de peser le métal qu'on aura ajoûté pour reconnoître si après que ces matieres auront été coupellées, elles ont augmenté de poids; & pour lors on sera assuré de la réalité & de la quantité d'or & d'argent que la mine contient.

Après toutefois avoir fait passer par le départ ce qui sera resté au fond de la coupelle, il arrive souvent que lorsque le cuivre & le fer se trouvent mêlés dans la mine d'argent, ils le tiennent si étroitement lié que la mine ne fond qu'à la longue & par un feu des plus violens, & jusques à ce que le fer qu'elle contient ait été totalement calciné, ce qui pourroit rebuter ceux qui en feroient l'épreuve, ou les décourager de maniere qu'ils abandonneroient leurs opérations; c'est pourquoi avant que de quitter prise, voici ce que je conseille de faire.

Il faut battre la mine dans un mortier de fer ou de fonte, & applatir ce qu'il y aura de plus métallique le réduisant en feuilles déliées; cela fait, il en faut mettre le poids d'une once ou environ dans un creuset, & mettre ce creuset à un feu de roue, où le creuset puisse rougir de même que la matiere qui y est dedans. On mettra dans un autre creuset une fois autant pesant de mercure, & mettant le creuset à un feu plus moderé, lorsque le mercure commencera à frémir & à évaporer, il faut prendre le creuset où il sera avec des pincettes. Il faut que cette opération se fasse sous une cheminée à

Chambon. grand manteau, & prendre des précautions pour se garantir le visage, & en même tems on doit verser le mercure dans le creuset où est la matiere minérale que l'on retirera aussi du feu pour la laisser refroidir ; étant refroidie, il faut la mettre dans un mortier de verre, la broyer avec un pilon de verre, y passer souvent de l'urine dessus, & après avoir fait cela pendant deux fois vingt-quatre heures, on y passera du vinaigre & on broyera de même pendant cinq à six heures : après quoi on laissera reposer la matiere qui se durcira & semblera n'être qu'un même métal. Pour lors il faut la mettre à distiller pour enlever le mercure de la maniere dont j'ai parlé, par la distillation des cornues : étant distillée, on mettra le métal qui sera au fond de la cornue ( après l'avoir cassée ) dans un creuset pour la fondre, menant le feu par degrés de crainte qu'il n'arrive d'accident au creuset ; la matiere étant fondue, on la mettra à la coupelle, ensuite au départ pour s'assurer par-là de la réalité & de la quantité de métal parfait que la mine contient, comme j'ai déjà dit.

Dans les épreuves précédentes la mine doit être regardée comme riche lorsqu'elle donne trois pour cent, surtout si elle contient de l'or : le mercure qui a travaillé un certain tems sur l'or & sur l'argent, a de la peine à se joindre à l'or & à l'argent à ce qu'on dit ; pour moi je ne l'ai pas vû, & s'il étoit vrai que celui qu'on nous envoye en ce pays fût de cette nature, on s'en seroit apperçeû.

❀

Guignes Dauphin V, Comte de Grenoble, obtint de l'Empereur Frédéric I, de l'avis du Conseil des Princes de l'Empire, la concession de la mine d'argent de Rame ou Ramay dans le Briançonnois, les droits régaliens & tous les profits qui pouvoient en provenir ; il ajouta à ce bienfait le droit de battre monnoye dans la Ville de Cesanne, au pied du Mont Genevre ( *ad radicem montis Jani* ). Ce diplôme est daté du mois de Janvier 1155. L'Empereur Frédéric II donna un second diplôme portant confirmation de cette concession en faveur de Béatrix, veuve de Guignes André VI, Comte de Vienne, & d'Albon mere de Guignes VII, au mois d'Avril 1238 ; cette mine contient du Plomb.

Une reconnoissance d'environ l'an 1220, pour la mine d'argent dans le lieu de l'Argentiere, membre de la Chatellenie d'Oysans, porte que le Comte de Viennois & d'Albon percevoit pour son droit la quantité de six onces & un quart d'argent, sur seize marcs. *Dominus Comes habet plenum dominium in castro de Oysans & mandamento de Argenteria, & capit in quibuslibet sexdecim marchis provenientibus de Argenteria, sex uncias & unum quartayronem.* Il est dit plus bas, *& in quâlibet* cormeta dellis *quæ venduntur ibi, sex denarios pro dominio suo.* ( Voilà un terme qui sera peut-être entendu en Dauphiné ). On ajoute que si le Comte veut avoir l'argent qui provient de la mine, en payant les minateres, *minatores*, de ses deniers, il aura la préférence au même prix sur tous les autres marchands. *Si alius minator*, minatere ou mineur, *dimittit croterium suum in minaria*, son creux dans la minière, *illud Domini Comiti remanet pro voluntate suâ faciendâ : indè & si alius eorum incipiat aliud croterium debet illud ei manutenere de omnibus, per quinque tessas in latere* : texte qui prouve qu'on déguerpissoit entre les mains du Prince, & que chaque creux avoit cinq toises de trou ou d'aisance. Les Peuples de l'Oysans sont connus dans les Auteurs anciens, sous le nom *Ucenni*. On trouve dans le Cabinet du Roi de Sardaigne à Turin différentes mines d'argent, avec du Cobalt, sous le nom d'*Eauccan* pour Oysans en Dauphiné, dans les environs de Briançon.

Les Habitans de Saint Laurent du lac en Oysans déclaroient que le Comte de Viennois avoit le plein domaine d'Oysans en 1220. *Item habet Argenteriam de Branda.* Guignes André Dauphin de Viennois, dans son testament du Mois de Mars 1236, légua à la Fabrique de Saint-André de Grenoble, afin de terminer l'Eglise, *redditus Argentariæ de Brandis, trium annorum spatio*, ce qu'il estimoit trente mille sols pour les trois ans. Dans un autre état, on déclare, *item Argentaria de la Branda potest valere communibus annis secundùm quod nunc est CC lib. per annum*, c'est-à-dire pour le droit du Dauphin.

Un nommé Matthieu Lallemand, Piémontois, indiqua, en 1745, des mines de plomb & de cuivre, au-dessus des lacs de Belledosne & de Brande; mais alors on eut peu de confiance à son rapport: cependant, vers 1220, on se plaignoit d'un Châtelain d'Oysans en ces termes; *item quòd dictus Castellanus minatus fuit valdè palàm & publicè Guigonem Radulphi, qui facit crosum Argentariæ de Brandis.*

En 1670 ou environ, Olof Borrich, étant venu en France, il observa la mine d'argent du lieu de l'Argentiere sur la Durance qui étoit alors exploitée par M. Boget; il remarqua le rocher veiné, comme le bois qui est à Briançon.

Oysans & Brande sont dans l'enclave de la concession de MONSIEUR.

Raymond de Meuillon, Archevêque d'Embrun, concéda le 2 Mai 1290 à Bonin Meynier & à Jean Bon de Bergame une mine d'argent pour dix ans, *in territorio Castri-Rodulphi*, Château-Voux dans l'Embrunois, *ut menam quam exindè extraxerint, possint & debeant ducere in terram nostram & non alibi, &*

*facere fornellum, molendinum, & etiam facinam suam in territorio Ciliaci, loco ubi dicitur ad veyarium ultrà aquam Guillestræ versùs Ciliacum, & operari & affinare ipsam menam & fundere & probare expensis suis propriis*, & il se réserva le douzieme du produit de l'argent, en les affranchissant des tailles.

Les mines concédées, le 21 Mai 1746, à M. de Quinson, sont dans l'Oysans.

Mine de plomb d'Ournon, à deux lieues d'Oysans dans une montagne près le village d'Ournon; elle donna à l'essai, suivant M. Hellot, 59 livres & demie pour cent en plomb, & 15 deniers d'argent.

Au Pontet, à demi-lieue d'Oysans, mine de plomb, partie à grandes facettes, & partie à petits points brillants, dans le nœud de deux filons qui se croisent. Le quintal de cette mine a donné 42 livres de plomb doux, & 10 deniers 12 grains d'argent.

Mine de plomb d'Allemon, sur la montagne de Neyt-Warnier, à grande facette, filon de 22 pouces. Le quintal de cette mine donna 75 pour cent de plomb, & 7 deniers 12 grains d'argent à M. Hellot.

Mines de cuivre de la Grave, sur la montagne des Hyéres, à 5 lieues d'Oysans, mêlée d'ocre, de quartz & de pyrite sulphureuse. Le quintal a rendu, à M. Hellot, 13 livres quatre onces de bon cuivre.

Et dans le haut Dauphiné, la mine de plomb de Rivoiran, à une lieue de Vizilles; elle est à grandes faces, mêlée de pyrite sulphureuse. Le quintal a donné, à M. Hellot, 41 livres de plomb au quintal, & 18 deniers 12 grains d'argent.

Autre filon de la même mine, où il y a beaucoup de *Bley-Bleinde*. Le quintal de ce filon ne donne que 7 livres & un quart de plomb qui ne laisse point d'argent sur la coupelle, mais s'y convertit en verre talcqueux, fait que M. Hellot n'avoit observé que dans ce minéral.

Mines de plomb de la Salcette, au-dessus du village de Presles, Communauté de Saint-Martin de Quérieres, partie en petits grains, partie en facettes spéculaires, dans un roc rouillé. Le quintal rendit 22 livres & demie de plomb, & trois deniers douze grains d'argent.

Mines de cuivre des Acles, au-dessus de Plampinet, Communauté de Nevaches dans le Briançonnois; c'est un mélange de cuivre & de fer dissous par un acide sulphureux que l'air a développé, ce qui en a fait une espèce de crocus de deux métaux. Les Ouvriers l'appellent mine *pourrie* ou *éventée*. Le quintal a donné 50 livres de cuivre de rozette.

Mine de cuivre du Chardonnet, au-dessus des bains du Monestier de Briançon. Le quintal a donné 15 livres un quart de beau cuivre.

Mine de cuivre d'Huez, en haut Dauphiné, filon de quatre pouces de large, sulphureux & ferrugineux. Le quintal de cette même mine de cuivre, a donné 13 livres de cuivre pur.

Mine de la Frey est un kiesz ou pyrite sulphureuse.

Mine de cuivre d'Oula, dans la montagne du grand Galbert, filon de 18 pouces, mais fort sulphureux. Le quintal a donné, à M. Hellot, 4 livres $\frac{1}{2}$ de cuivre pur.

Dans l'enclave de la même concession qui est en grande partie concédée à MONSIEUR, on a trouvé, dans la montagne nommée Roche de Chalances, terroir d'Oysans, en 1768, une mine d'argent que les Paysans vendoient quarante sols la livre. Cette mine est mêlée de cobalt. Par Arrêt du Conseil d'Etat du 14 Janvier 1747, l'Intendant du Dauphiné connoit des contestations des mines.

Mine de plomb exploitée à Pipet près de Vienne; le beau filon de Pontfile en roc vif, celui de la montagne de Vienne où sont 12 atteliers (en 1743)

& les galleries, de Saint-Martin, Saint-Marcel & Saint-Blondin, concedés à M. de Blumestein.

Mine de cuivre dans la montagne de la Coche au revers de la vallée du Graisivaudan du côté de l'Oysans, dans des lieux très-difficiles à voyager.

Mine de plomb au village de la Pierre près de la Baume des Arnauds dans le Gapençois qu'on a exploitée pendant plus de 40 ans.

Sous Taillefer audessus du Col d'Ormont, une mine de cuivre: audessus de Vaujani, mine de cuivre & deux mines de plomb.

A Sapé, près de la Motte, en haut Dauphiné, une mine de plomb.

Audessus de la Charité en haut Dauphiné, une mine de plomb.

A Ramay, dans le haut Dauphiné, une mine de plomb; à Lápmartin montagne de la Communauté de l'Argentière, une mine de cuivre qu'on dit considérable.

A Girosse, une mine de cuivre & une de plomb.

Celle de l'Argentiere sur la Durance ci-dessus, est actuellement abandonnée; on trouve de beaux cristaux près de la Ville de Die; & dans la Paroisse de Meinglon, un filon de plomb, de trois pieds de largeur.

### *Des mines d'argent de Chalanches dans le territoire de la Communauté d'Allemont en Oysans dans le haut Dauphiné.*

L'argent se trouve dans les mines d'Allemont, sous presque toutes les formes décrites par les Minéralogistes, comme on peut le voir dans les Mémoires de Chimie de M. Sage, page 230. Nous nous contenterons de faire remarquer avec cet Académicien, que l'argent natif, la mine d'argent vitreuse & celle connue sous le nom de mine d'argent merde d'oie, y sont très-communes, on y rencontre aussi de la mine d'argent rouge & de la mine d'argent grise.

Les mines d'argent connues sous le nom de mines d'Allemont, se trouvent dans la montagne des Chalanches, elle est de la Paroisse d'Allemont, mandement du Bourg d'Oysans à huit lieues de Grenoble; on y arrive par la petite route de Briançon, en passant par Vizille, le long de la petite rivière de Romanche, où se joint la rivière d'Oise à l'entrée de la plaine du Bourg d'Oysans.

La montagne des Chalanches à 502 toises d'élévation audessus du niveau de la mer, le baromètre s'y soutient à 25 pouces.

La Communauté d'Allemont est composée d'environ 500 communians, dont 135 sont en état de travailler.

M. de Marcheval invita le 26 Avril 1768, M. Bertin à la faire exploiter: en 1746, on en avoit accordé la concession à une Compagnie, sous le nom de Micaud. M. de Marcheval a dit qu'elle y avoit dépensé inutilement plus de deux cents mille liv.

Le 5 Juillet 1768, M. de Montigni de l'Académie des Sciences, s'y rendit par ordre du Roi; dans le rapport qu'il donna le 12 Octobre 1768, il dit qu'il y a proche les mines des Chalanches, des ruisseaux qui ne tarissent point, & dans les environs, beaucoup de bois; qu'il y a entre Allemont & Grenoble, une fonderie abandonnée, dans le lieu appellé *Saint-Barthelemi*, où l'on a fait usage de trombes. M. de Montigni réduisit la paye des ouvriers comme celle de Saint-Bel.

Les Mineurs 22 livres par mois, ou 14 sols par jour. Les maneuvres 13 livres ou 12 sols par jour.

Les enfans de 6 à 15 : en donnant à la fin de l'année une gratification d'un mois de gage.

Les dépenses du voyage de M. de Montigni ont été de 2015 livres 19 sols. Messieurs de Blumestein, Blanchet, & Paturel ainsi que le Directeur de la Monnoye de Lyon qui avoient accompagné M. de Montigni, pour l'aider à faire ses essais, ont été payés à part.

Le 17 Septembre 1769, M. de Marcheval fit venir pour diriger les travaux de cette mine, un Piemontois nommé Binelli. Le 22 Mars 1771, M. de Marcheval emprunta cent mille livres pour continuer l'exploitation de la mine d'Allemont : on envoya dans le mois d'Avril 1771, M. Jourdan pour rectifier les travaux de M. Binelli.

Le 4 Octobre 1771, M. Bertin proposa à M. de Marcheval une Compagnie qui vouloit exploiter la mine d'Allemont, M. l'Intendant n'y consentit point.

Mine de fer de la Châtellenie d'Allevard *à la montagne de Vanche*, environ six lieues audessus de Grenoble. Cette mine en 1342, s'exploitoit par des Mineurs & on la portoit en Savoye où elle étoit fondue & réduite en fer de gueuse. Le Châtelain recevoit pour le Dauphin des droits en nature sur le pied de deux livres de fer pour douze mesures de mine.

C'est une mine de fer, blanche comme du marbre. On la calcine & on la laisse à l'air : elle s'y convertit en une matiere noire & pesante qui alors est fort aisée à fondre en fer. On nomme aussi l'eau du Pont, la montagne où elle se trouve est du côté de la *Maurienne* & elle appartient à M. le President de Baralle. Le fer est d'une excellente qualité. On en fond des canons à la fonderie de Saint-Gervais sur l'Isere. On n'y fait que de très-gros acier &

du fer inférieur à celui de Franche-Comté & de l'Alſace. Ce n'eſt point la faute de la mine, mais abſolument celle des ouvriers : un homme intelligent y trouveroit le moyen d'en extraire du fer excellent & de l'acier auſſi bon que celui de la Styrie ; on peut conſulter les Mémoires de MM. Bayen & Sage ſur la mine de fer ſpathique dans le Journal de Phyſique, par M. l'Abbé Rozier.

Emmanuel Swedenborg Aſſeſſeur au Collége métallique de Suéde, vint exprès en Dauphiné avant 1734, pour examiner cette mine: voici ce qu'il y obſerva.

» Dans le Dauphiné auprès d'Allevard & de la montagne de Vanche, il y a pluſieurs mines dont on tire beaucoup de fer. Le fer crud qui en ſort, eſt porté dans un fourneau qui eſt appellé l'affinerie. Le vent qui ſort des ſoufflets eſt dirigé ſur la maſſe du fer & par ce moyen la veine ſe fond peu à peu. Le foyer ou creuſet eſt environné de lames de fer, il eſt plus profond que les autres. On n'agite point ici la fonte comme on fait ailleurs : mais on la laiſſe tranquille juſqu'à ce que le creuſet ſoit plein. Ce qui étant, on arrête le vent, & on débouche le trou pour faire couler la fonte qui tombe dans les moules qui la mettent en petites maſſes. On enleve la ſurface de ces maſſes, qui eſt une croûte compoſée de ſcories, qui couvrent & cachent le fer, puis on les tire en barres : on porte ces barres dans un feu voiſin qu'on appelle chaufferie. Il n'eſt pas beſoin là d'un ſi grand feu que dans l'autre : on pouſſe ces barres juſqu'au blanc, puis on les roule dans le ſable pour tempérer la chaleur ; enfin on les forge & on les trempe pour les durcir, & les convertir en acier. Il faut obſerver que dans cette Manufacture, on trempe l'acier après l'avoir pouſſé au rouge blanc. »

Il y a trois mines de fer dans l'étendue des possessions de la grande Chartreuse ; deux à la montagne de Janieux, dont est une sorte de maillat ; l'autre est une terre jaunâtre assez pesante, de couleur d'ocre autrement sil ; la troisième est à la montagne de Bouvines. Ces trois filons, dont la gangue ne fait point d'effervescence avec l'acide nitreux, sont épontés par des bancs de pierres calcaires, la gueuse qu'on en tire donne un fer très-doux : on y employe aulieu de castine, le tuf sans mélange d'argille. On fond le fer avec du charbon de bois dur & du charbon de sapin pour le forger. On prétend que le bois qui croit sur des rochers calcaires, est meilleur pour traiter la mine de fer, que celui qui croit sur des pierres vitrifiables. On y a remarqué que la qualité du charbon influoit sur celle du fer. Je suis persuadé que si ces mines étoient traitées à la manière des Suédois, on feroit de très-bon acier. Mais ce sont les Religieux qui les dirigent ; il est difficile dans ce cas, de changer la routine qu'on y suit depuis longtems. On connoit l'Arrêt du Conseil du 3 Décembre 1747, en faveur du Prieur & des Religieux de la Chartreuse du Val Saint-Hugon concernant leurs mines.

Entre Cesanne & Sestriches, à trois lieues de Briançon, on trouve la craye de Briançon, servant à ôter les taches des habits, qui est la parétoine de la Baronne de Beausoleil.

A l'Arnage, derrière Tain, la terre servant à faire des creusets & des pipes à laquelle les habitans de Lyon attribuent la propriété exclusive de rendre brillant l'argent affiné pour galons, aux affinages de Lyon ; dans le même lieu, il y a une mine de vitriol assez abondante.

A Vaujulas, argille blanche pour la porcelaine, les creusets & autres poteries ou briqueries.

Carrière d'ardoiſe à la Roche-noire, Paroiſſe des Adrets, qui pourroit devenir importante (1)

Le charbon de terre ſe trouve à Ternay dans l'Election de Vienne ; on découvrit la mine ſur des indices en 1747 ; elle eſt, dit M. de la Porte, alors Intendant, dans ſa lettre du 23 Février 1748, au bout d'une plaine ſéche & aride, & à ſon extrémité eſt un vallon dans le haut duquel cette mine a été attaquée.

Entre Céſanne & Seſtriches, une mine de charbon de terre fort abondante près le lieu où l'on trouve la craie de Briançon.

Dans la Paroiſſe de Laval à l'orient de Grenoble audeſſus du village de la Boutiere, on a découvert des filons de charbon de terre en 1765, dont l'un a de huit à neuf pieds de large.

(1) A Saint-Chanfray en Pyemond près XV m. de Barge, trouverez la miniere ou eſt atrament noir, *ne ibi queſitum ſi vis.* Note d'un Manuſcrit de Saint-Germain.

Pline raconte que du régne de Tibere, la mer jetta ſur les bords de la Provence, des animaux marins d'une grandeur énorme ainſi que ſur les côtes de la Saintonge. Cœlius Rhodiginus, parle des os monſtrueux trouvés en Dauphiné. Baptiſte Fulgoſe, dit que ſous le régne de Charles VII, on découvrit dans cette Province, des os longs de trente pieds, d'où on en apporta pluſieurs dans la Sainte-Chapelle de Bourges. A Valence on voyoit chez les Cordeliers, de grands os : Chaſſeneux en avoit auſſi découvert & il parle de la quantité qui s'en trouve dans les valées des montagnes de cette contrée auprès du Rhône. Enfin les os qu'on apporta à Paris ſous le nom du faux géant Theutobochus étoient de cette nature, & trois dents de ſon prétendu ſquelette de la groſſeur du pied d'un petit taureau étoient *quaſi pétrifiées, de la couleur ſemblable au caillou de fuſil... par une ſource d'eau vive qui les arroſoit.*

Dans la Paroisse de la Ferrière près Allevard, au lieu de Vaujulas, on a trouvé en 1767, une mine de charbon de terre dont le filon a deux pieds de large.

En 1771, on a apperçu dans la Paroisse de Montmaur, un filon de trois pieds de large; ce charbon brûle très-bien, il est presque sans odeur. Paroisse de l'Épine, on a vû dans un ravin, du charbon de terre.

Mine de charbon de terre découverte dans la montagne de Hyeres, Communauté de Saint-Barthelemi à une lieue de Vizille, concedée par Arrêt du Conseil du 17 Mars 1771. Autre mine dans la montagne de Vorrepe, val des charbonniers, près Saint-Laurent du Pont.

Autre mine de charbon, d'une odeur puante, mais qu'on peut purifier par les méthodes de MM. de Genssane, Venel, &c. située à Pommiers, prés Vorreppe.

## *Instructions de Nicolas le Ragois de Salmaise-le-Duc, à Claude le Ragois son fils aîné* (1).

1682.

MON fils, on vous recommande de considérer en passant à une lieue de la Ville d'Aix au destroit de Saint-Mari, par quel effort de la Nature se peult estre faite la bresche dans des rochers si hauts *Le Ragois.*

(1) Nicolas le Ragois de Salmaise-le-Duc, Diocèse d'Autun, fils de Bénigne & petit-fils d'autre Bénigne Sieur de Bourneuf étoit petit neveu de Claude le Ragois, cité à la page 351. L'esprit des sciences qui se conservoit

Le Ragois.

& si endurcis, par où la rivière de l'Arc a trouvé son passage & le moyen de s'escouler dans la vallée du Mont-Ayguez, pour aller se desgorger dans l'estang de Berre.

Et ne pas négliger de bien adviser, dans l'un & l'autre de ces petits destroits, la qualité desdits rochers & de leur dureté, & l'espaisseur de leurs couches, mais surtout en quel sens elles sont situées & rangées les unes sur les autres obliquement & par veines ou filons, qui vont quasi en pente perdue du midi au septentrion, & qui se trouvent tous esmoussés sur le devant de leur façade du midi.

Ce qui merite bien de se retourner en derriere, quand on est arrivé tout au bout du destroit & un peu plus loing pour mieux observer ce merveilleux effet de la Nature qui se trouve en tant d'autres lieux de ceste Province & quasi de toute l'Europe, aussi bien que l'allignement & suite ordinaire des montagnes du levant au ponant beaucoup plus fréquemment que du midi au septentrion. Si ce n'est autant qu'il peut estre nécessaire pour la décharge des eaux pluviales que les petites vallées qui descendent des plus hautes montagnes, tant dessus que dessoubz leurs plus hautes crestes.

Que s'il regarde la haute montagne de Sainte-Aventure, il la trouvera pareillement estendue comme le Montayguez en une notable longueur de po-

dans sa famille paroit par ce petit Mémoire. Il avoit épousé à Salmaise Anne Jacquin, dont il eut Claude ensuite Jean & Bernard : Claude a voyagé hors de France & n'y est plus revenu, les descendans des autres freres sont encore existans dans un age avancé, ou tombés en quenouille.

nant

nant en levant, mais tranchée plus court du costé méridional, & avec plus de précipice que du septentrional où la pente n'est pas si soudaine, & par conséquent la moitié plus aisée.

Le Ragois.

Sur le grand chemin delà à Saint-Maximin il se voit beaucoup de vestiges de la *via Aurelia*, & des grosses pierres marginales avec quoi les anciens avoient voulu border la substruction ou fondement de *Glarea*, dont ils l'avoient construite & garnie, ce qui paroit fort esvidemment en quelques endroits où les torrents l'ont traversée & minée, & ce me semble au trait de la riviere de l'Arc: qui est au-dela de la Piagiere.

Il y a même des ponts antiques sur divers torrents qui sont faits à double rang d'arceaux, où de voultes & assiettes de pierre de taille, les unes portées sur les autres sans aucun espace d'air entre deux, que pour leur simple assemblage l'une sur l'autre. Et y en a qui se sont mieux conservés les uns que les autres.

Au delà du passage de la riviere, sur le territoire de Pouvrieres se voyent des mazures, des fondements ou du noyau de la structure de quelque grand Trophée, où l'on dit avoir été celui de *Marius* pour sa bataille des Cymbres, & qu'il y avoit un arc triomphal qui avoit donné le nom à la rivière, auparavant nommée *Cœnus*, qui a sa source bien près delà.

Après avoir passé Vidauban, sur les terres du Marquis des Arcs, il y a une rechute de toute la riviere d'Argens en un lieu où elle fait l'arc-en-ciel ou l'iris dans le débris de ses ondes quasi perpétuel selon le sens que l'on le peut prendre, qui est un des beaux effets de la Nature qui se puisse voir, &

Le Ragois. plus capable de faire juger des causes de l'apparence de l'iris celeste ( 2 ).

Il y a une autre *Cascata* encore plus excellente pour ce subjet au lieu de Sillans, près Notre-Dame-de-Grace, qui n'est pas trop éloignée du grand chemin Aurelian, où l'on void l'iris en plein midi,

( 2 ) La brochure du Sieur Perraud-la-Branche, membre de l'Université de Paris, citée à la page 218, paroit avoir été imprimée à Chambery le 12 Janvier 1756. La même personne a fait imprimer à Lyon le 1 Avril 1757 un *avis sur les mines*, enfin une *Lettre circulaire en forme de Dissertation sur les mines : in-12, Lyon, Aymé de la Roche* le premier Juillet 1757. On peut être assuré que ces trois brochures sont un galimathias absurde & inintelligible; l'ignorance & l'impudence ont dicté ces feuilles volantes. L'Auteur dit être neveu d'un Docteur en Médecine de Montpellier; qu'il a ouvert une mine le 12 Août 1748, dans la montagne d'Aygun, Paroisse de Cette, vallée d'Aspe aux Pyrenées, & en Savoye une mine le 19 Mai 1749, dans la montagne du Clot audessus de Bramans; en 1752, une mine Paroisse de Valmeinier; en 1753, une mine dans la montagne de Barbassonaille même Paroisse, sur quoi il avoit créé 72 actions de 1200 livres qui en 1787, auroient produit à chaque actionaire 318000 livres; enfin il ouvrit une mine le 28 Décembre 1756, derriere Aiguebelle en Savoye territoire de Chavaton; le 29 Décembre 1756, une mine au Village de Boisrond, Paroisse de Montgilbert; le 6 Janvier 1757, une mine Paroisse de Bourneuf auprès de la riviere d'Arc. Le Sieur Perraud assure d'après ses principes, que le Sein du Pic du midi, est une mine de diamans fins. On ne trouve pas dans les contes de Fées de description de richesses aussi immenses que celles que doit posséder l'Auteur; chez lui tout devient or, diamans, &c. Les lumieres des Chevaliers de Born, des Cronstedt, des Justi sont bien petites, si on les compare à celles du Sieur la Branche.

mais renversé c'en dessus dessoubz, & beaucoup plus petit que le grand arc celeste, avec les mêmes couleurs toutesfois & le même ordre d'icelles. *Le Ragois.*

Il y en a près de Viterbe d'autres possibles plus belles, mais la comparaison n'en seroit peut être pas inutile.

Avant qu'arriver à Fréjus à deux lieues par deçà, quand on est au droit du Village de Roquebrune, que l'on laisse à main droite, si l'on se tourne à gauche, l'on voit sur une petite colline, un (3) *Tumulus* de terre des anciens en forme d'un pain de sucre, qui peut avoir servi de *specula* ou eschauguette pour découvrir de loing ce qui alloit par ce grand chemin, ou bien de tombeau & de sepulture.

C'est assez proche du Village du Puget, dont les Seigneurs & leurs successeurs portent encore pour armoiries un Puget floré de gueules en champ d'or, qui représente quasi ce *Tumulus* antique de terre, & dans le Village à l'Eglise, il y a un fragment de colomne miliaire.

A Fréjus, il faut voir les mazures du port & des thermes & le lieu où se trouvent tant d'urnes de terre cuite antiques amoncellées les unes sur les autres, & avoir d'autres adresses sur le chemin de l'Esterel & de Cannes.

A Cannes, on prend son embarquement pour Gènes, lequel attendant on peut aller voir le Monastère de Saint-Honoré en l'Isle de Lerins si celebre durant la primitive Eglise Gallicane où l'on peut prendre des adresses en Italie, dans les Monasteres de la Congrégation du Mont-Cassin où ils sont unis, & souvent il y a des passages pour l'Italie.

En s'embarquant là, il faut prendre langue des mariniers qui y fréquentent, & prendre les noms

(3) Voyez Tacite, description de la Germanie XXVII.

*Le Ragois.* qu'ils donnent communément aux montagnes de la Provence, & spécialement à celle du grand Couyer dont l'une des pentes est du terroir de Col-mars, qui est un gros Bourg : lequel vraisemblablement a emprunté son nom de cette grande montagne qui est réputée la plus haute de Provence, dont on pourra mieux juger de la mer, que quand on en est trop proche.

Ce fut de là qu'en l'équinoxe on vit lever le Soleil dans la mer de Toscane ou de Gênes à quoi les cartes géographiques ne s'accordoient gueres bien ce semble, vû que cette montagne est éloignée de la mer de Fréjus qui est à son midi d'environ 17 lieues.

Et se pourroit bien faire que les mariniers lui donnent un autre nom que celui de Couyer ou de Col-mars, qui sera toujours bon à sçavoir. Et si les mariniers n'en étoient assez instruits, possible que les vieux Moines de Lerins les pourront donner.

Il ne seroit pas même inutile de prendre des mariniers ou autres personnes intelligentes les noms des autres plus hautes montagnes qui se découvriront le plus avant en terre ferme, selon la suite qu'on les verra paroitre.

Et de continuer au long des Alpes maritimes & de la côte de Nice, Vintimiglia, Savone & Gènes.

D'où il faudroit voir s'il ne se pourroit rien voir paroitre des montagnes de Provence & spécialement de celle de Col-mars, pour le réciproque de ce que d'icelle on avoit veu lever le Soleil dans la mer de ces côtes là.

Mais il ne faut pas omettre de considérer celles qui seront au droit de la Torbie, où soulvient estre les Trophées d'Auguste, qui mériteroient bien d'être veu de plus près au cas que le tems fit prendre terre là proche.

Cependant il n'y aura pas de danger d'obſerver durant tout ce voyage tant par terre que par mer, les allongements & allignements des montagnes & collines principalles de ponant en levant & la ſituation de leur pente plus d'oultre à l'aſpect du ſeptentrion & plus rude & plus précipitamment tranchée à l'aſpect du midi. *Le Ragois.*

Ce qui ſe reconnoitra encore aux Iſles mêmes qui ſont dans la mer, & aux écueils qui ne ſont quaſi qu'à fleur d'eau, qui ſont la plûpart émouſſées du côté du midi & plus hautes que du côté du nord.

Au reſte, il y a un courant de mer quaſi perpétuel entre Savonne & la Provence, & ſpécialement ſur le Cap de Nolis, qui vient du levant au ponant, ſi ce n'eſt que des grands vents en interrompent un peu le cours. Ce qui auroit grand beſoin d'être curieuſement obſervé avec toutes ſes périodes & toutes ſes viciſcitudes quand il y en a tant ſoit peu de ceſſation ou de contraire mouvement, & tient on qu'il y en a un ſemblable entre la Sardaigne & la Corſe.

Tacher de voir à Saint-Remy, près la Ville d'Arles la plaine campagne, où il y a des pyramides & des arcs triomphans où ſont repréſentées des femmes nues, accouplées avec des chevaux & autres animaux.

M'avoir des marquaſites jaunes de la vallée de Barcellonette & des noires de l'Ambrunois, qui ſont auprès de Biſcaudon, de celle que Geſner nomme *Lapis aſterias*, qui ſont du côté de Digne & d'une terre graſſe, laquelle s'allume fort aiſement & rend une liqueur ſemblable à la poix commune, elle ſe trouve près du lieu de la Javie.

Aux bords du lac d'Ino, & ſur les montagnes d'Iſtria on trouve des morceaux de criſtal de Roche à cinq facettes, qui ſert de pierres à fuſil aux Corſes.

O 3

*Le Ragois.*

Près de Bastia, on découvre un minéral qui est toujours en petits cubes ayant la dureté du marbre, la couleur de la mine de fer & la pesanteur du plomb auquel les habitans attribuent de grandes propriétés mystiques,

» Petræ quadratæ duro de marmore natæ,
» Innumeras dotes quis numerare potest. »

*Nota.* Il y a en Corse plusieurs mines de plomb, de cuivre, de fer & d'argent, près de *San-Fiorenzo*; on en trouve une de cette derniere espèce qui est fort riche, & rend plus de la valeur de 112 livres de chaque quintal pesant de marcassite. Le fer d'Elbe est excellent & d'une ductilité qui approche du fer d'Espagne, comme on peut le voir dans les *Mémoires sur les forges Catalanes*, par M. Tronson-du-Coudray, Ouvrage important, qui se trouve *chez Ruault Libraire, à Paris.*

Dans les différentes parties de la Corse, il se trouve des mines d'alun, de salpêtre, de porphire, des jaspes comme on en voit dans la Chapelle du grand Duc à Florence.

## *Des Mines & Métaux, Carrieres, Marbres, Pétrifications & autres Fossiles, &c. de la Bourgogne, par M. Courtepée.*

1760.

Il seroit inutile de chercher des richesses souterreines dans ce qu'on appelle *Pays-Bas* de la Bourgogne; ce n'est par-tout qu'une grande plaine dont les couches inférieures sont composées de cailloux, de sables, de graviers & de petites pierres roulées par les eaux : le ſol inférieur, purement ſablonneux, eſt recouvert, ſur la ſuperficie, d'une croute de tuf, & d'un lit argilleux de terre végétable, améliorée par la culture annuelle, & les eaux pluviales. Si l'on veut creuſer un peu bas le terrein, on eſt arrêté par l'eau, dont le niveau eſt ordinairement à quinze ou ſeize pieds; c'eſt par cette raiſon que les Villes d'Auxonne, St. Jean de Lône, Seurre, Chauſſin, &c. ſont conſtruites en brique ou en bois; l'éloignement des carrières, la cherté du tranſport des pierres & des pavés n'en permettant pas l'uſage, ce n'eſt que dans les Villes qui ſont le long de la côte, & plus à portée des carrières, que l'on emploie communément la pierre à bâtir, & les pavés d'échantillon.

Courtepée.

Toute la pente de la côte & de l'arrière-côté n'offre que des carrières de pierres à bâtir, ou propres à être employées dans les ouvrages polis, comme tables, cheminées, &c. On s'eſt d'abord ſervi, pour bâtir dans la Capitale, des carrières de Chenôve & d'Aſnières, qui ſont la ſuperficie de la terre; tous les anciens édifices, même les tours & les murs de Dijon, décrits par Grégoire de Tours, & les monuments trouvés après leur démolition, en font foi. Ces pierres ſont d'un blanc pâle, pleines, entières & tendres; mais en même temps elles ſont ſujettes à geler, à s'étonner, à fuſer en leurs parements, & à s'affaiſſer ſous le poids des conſtructions: inconvénients qui les ont fait abandonner. La pierre d'Aſnieres étant d'un grain plus fin, a été réſervée pour les Statuaires. Les carrières de pierres dures, propres à bâtir, n'ont été ouvertes que bien poſtérieurement, à cauſe de leur profondeur; elles ſont près des Chartreux. On nomme *pierre franche* celle qu'on en tire; elle eſt ſupérieure en qualité à toutes celles des carrières du Pays; elle forme une maſſe continue à environ quarante pieds de profondeur, & à plus de cent pieds en terre ſans aucun joint. Sous ce banc énorme, on a trouvé un autre banc de pierre qui approche beaucoup de la nature du marbre, mais qui eſt extraordinairement dure, qui ſe taille bien, qui reçoit parfaitement le poli, & qui a le fond blanc carminé, taché de couleur jaune antique.

*Courtepée.*

Toutes les différentes carrières de Dijon gelent, à la réſerve de ce dernier banc, ſi on les emploie tout de ſuite, parcequ'elles n'ont pas encore ſué les eaux dont elles ſont impregnées : la gelée concentrant ces eaux dans l'intérieur de la pierre avant qu'elles ne s'écoulent par les délits horiſontaux, la fait éclater. Il ſuffit donc que cette pierre ſoit expoſée à l'air ſeulement trois ſemaines, dans les temps ſecs pendant l'été, pour qu'elle réſiſte toujours ſans altération, ſans qu'il ſoit beſoin d'obſerver de la poſer ſur ſon lit de carrière, comme quelques-uns le prétendent.

Il y a une infinité d'autres carrières le long de la côte, comme à Marçannay, Couchey, Fixin, Brochon, Gevrey, Vougeot, Nuys, Corgoloin, Premeaux, la Doué, &c. Leur couleur en général eſt d'un rouge vineux, piqué de blanc, & leur nature eſt à-peu-près la même ; elles different toutes des précédentes, en ce qu'elles ont la couleur & preſque la qualité du porphyre, ſur-tout celle de *Fixin*, qui mérite la préférence ſur toutes les autres, & à laquelle il ne manque que d'être vitrifiable, pour avoir toutes les qualités du vrai porphyre des Anciens, dont elle a la couleur, les taches blanches, le grain, la fineſſe & le poli. Toutes ces pierres ſont peut-être les meilleures du Royaume, par leur dureté & par le beau poli dont elles ſont ſuſceptibles, comme on peut s'en convaincre par les différents ouvrages auxquels on les emploie, tels que des retables, autels, marches, pilaſtres, vases, cheminées, parements, obélisques, &c. &c.

On distingue encore les carrières de Bailly-sur-Yonne, d'Anstrude & d'Arconcey en Auxois, d'Agey, d'Issurtille, de Tournus, de Tisy-en-Auxois, dont on voit un bel escalier à Fontainebleau, &c. &c. — Courtepée.

Toutes les pierres que nous venons d'indiquer sont calcaires; les pierres à chaux, les marnières, les crayons ne sont pas rares en Bourgogne, & se trouvent souvent à la superficie, ainsi que les glaisières.

La variété infinie des terres fourniroit encore un long article; comme les terres à briques, qui sont le long de la Saône & du Doubs; les terres à pipe qu'on trouve dans le territoire de Verdun; les veines d'excellente marne qu'on rencontre le long du cours de la Brenne & des côtés de Saffres; la terre crayeuse d'entre Aisey-le-Duc & Châtillon; celle qu'on nomme *airenne* ou *anvinne* dans le Comté de Bar-sur-Seine; les terres grasses, blanches & savonneuses de Lucenay-l'Evêque, de Cordesse, qui seroient d'un si grand secours pour fertiliser les terreins les plus ingrats, les terres bitumineuses & vitrioliques d'Epinac, Sully, &c. &c.

Nous avons aussi l'avantage de posséder plusieurs carrières de plâtre; celle de Mémont, de Montbar, & sur-tout celle de Decise, sont les plus renommées: à l'occident de la Paroisse de Berzé-la-Ville en Mâconnois, on en voit une au fond de laquelle on a tiré de grands morceaux d'albâtre.

Les pierres à mettre en œuvre ne sont pas les seules richesses que la Bourgogne possède en ce genre; plusieurs cantons renferment des carrières de marbre & d'albâtre, qui ne manquent, pour être plus célèbres, que d'être mieux connues; nous en devons la première découverte à M. le Comte de Buffon, vers 1740. On avoit même établi à Dijon & à Beaune, sous la protection des Etats, divers magasins d'ouvrages en marbre, mais ils ne se sont pas soutenus.

Courtepée.

Les plus beaux marbres, breches & albâtres se trouvent à Saint-Romain, à la Rochepot & à Savigny, Bailliage de Beaune; & Madame la Comtesse de Rochechouart a, dans son Château, un riche Cabinet d'histoire naturelle, pavé de trente-cinq sortes de marbres de Bourgogne, presque tous nuancés de couleurs différentes. Ceux tirés de *Diou*, Paroisse de Semur en Brionnois, de Gilly & de la Fosse, près de Bourbon-Lancy, sont d'un gris de souris, veinés d'un peu de blanc & de jaune, qui peut leur donner le nom de *faux portor*; ils sont d'un grand débit, on vient d'en paver l'Église de Notre-Dame de Paris. On trouve, dans l'Auxerrois, un lit peu épais de *lumachelle*, dont on pourroit former de très-jolies tables: la belle *brocatelle* de Bar-sur-Seine, à fond gris & bleu, est remplie d'astroites & de coquillages très petits, dont la tranche sémi-transparente forme des desseins & des accidents curieux. Nous pourrions encore citer la pierre noire de Nolay, celle de Vitteaux, le marbre noir de Framayes en Maconnois, le marbre blanc de Solutré dans le même Pays, &c. &c.

Toutes ces pierres & marbre sont de nature calcaire, & on n'en voit point de vitrifiable, excepté dans le Morvand, l'Autunois & le Charolois, où presque toutes les montagnes sont de grais & de granit, en masse ou en délitescence; c'est pour cette raison que les pierres y tiennent de la nature du caillou ou du quarz; & qu'il s'y trouve de la pierre meulière. M. le Comte d'Aligny en a fait exploiter une carrière à Manlay, dans l'Autunois, avec succès.

Courtepée.

Il n'eſt pas rare de rencontrer du jaſpe, de l'agathe & du talc dans le même pays ; la Bourgogne fournit, dans cette partie que l'on peut regarder comme le *Monde ancien*, & où les montagnes ſemblent tenir à la conſtitution primitive du globe terreſtre, du granit preſqu'auſſi beau que celui d'Egypte ; on en peut juger par deux groſſes colonnes qui ſoutiennent la Tribune dans l'Egliſe de St. Martin d'Autun, & qu'on croit avoir été tirées de nos carrières par les Romains.

Le banc de granit ſur lequel eſt aſſiſe la Ville de Sémur, eſt rouge ; celui d'Avalon eſt à plus petits grains, & moins rouge ; celui de Rouvray & de la Roche-en-Breny, eſt noir & blanc ; l'ancien Château de Bourbon-Lancy étoit poſé ſur un granit rougeâtre, &c.

Il y a auſſi beaucoup de tuffières ; elles ſe trouvent principalement dans les lieux arroſés par des rivières & des torrens, comme à Frenoy, à Saint-Seine, à Turcey, à Bouilland, & dans l'Auxois.

La plupart des maiſons en Bugey ſont bâties de tuf, pierre légère & poreuſe, qu'on ſcie aiſément de la forme dont on veut l'employer, ſur-tout pour les voûtes.

Cette abondance de matériaux en tout genre, facilite la bâtiſſe en Bourgogne ; le moëlon y eſt tout formé par lits, de l'épaiſſeur propre à l'employer en pierre mureuſe, ſans qu'il ſoit néceſſaire de le tailler à quatre faces, comme à Paris. la pierre plate *tégulaire*, que l'on déſigne improprement ſous le nom de *lave*, dont on fait les couvertures dans les Villages, ſe trouve à la ſurface de la terre.

Preſque toutes nos pierres, nos marbres, & ſur-tout ceux qu'on nomme *coquilliers*, ſont remplis de coquilles ; on en trouve auſſi des lits en-

*Courtepée.* tiers ſous des bancs de rochers, & d'autres ſur la ſuperficie provenant des bancs ſupérieurs délités à l'air. On ne peut regarder ces pétrifications comme des jeux de la Nature, puiſque pluſieurs d'entr'elles ont leurs analogues marins, & que l'on trouve quelquefois même des poiſſons pétrifiés, dont la forme & l'empreinte ſont aſſez bien conſervés, pour laiſſer reconnoître de quelle eſpèce ils ſont. C'eſt ſur la montagne de Grammont, Bailliage de Beaune, qu'on a découvert le fameux ſaumon enfermé dans un pâté de pierre, deſſiné dans l'orichtologie de M. d'Argenville, & que M. de Buffon a acheté depuis peu, pour orner le Cabinet du Roi : on voit au Château d'Arconcey une écréviſſe pétrifiée, bien marquée, de dix pouces de long, & une nautile avec ſes plis & la tranſparence de ſa nacre, ſur une belle table de pierre noire d'Arconcey. La pierre noire de Nolay, qui eſt un marbre groſſier, parſemé de beaucoup de gryphites criſtalliſées & devenues ſpatiques, renferme beaucoup de ces ſortes d'accidents. Il y a dans un des collatéraux de l'Egliſe de Nolay, une tombe au milieu de laquelle eſt la coupe d'une fort belle corne d'ammon, dont la ſpirale eſt formée par une ligne blanche & ſémi-tranſparente.

Il n'eſt perſonne qui n'ait rencontré dans les promenades, ou vû dans les cabinets des curieux de la Province, des cœurs de bœuf, des aſtroites, des cornes d'ammon de toutes grandeurs, des conchites, du corail foſſile, des belemnites entieres ou briſées, des entrochites colomnaires, des aſteries, des trochites, &c.

On ramaſſe dans les territoires de Montbar, de Semur, de Creancey, de Mont-Saint-Jean, de la Motte, Bailliage de Saulieu, & par toute la haute-Bourgogne, des pétrifications de corps marins, &

souvent même les coquilles entières, sans être pétrifiées; spécialement des peignes, des pétoncles, des moules, des pinnites, des cames, des huîtres, des conches marines, des sabots, des buccins, des gryphites, des anomies, des oreilles de mer, des patelles, des nautiles, des oursins à gros & à petits tubercules, des étoiles, des dentales, des tubulites: des astroites, des cervaux, des coraux, des glossopettes, des pierres cruciferes, des pierres lenticulaires, &c. Voyez les Cabinets d'histoire naturelle qui sont dans la Province, principalement celui de Madame la Comtesse de Rochechouart à Agey, ceux de l'Académie & de M. Richard de Ruffey à Dijon, celui de M. le Docteur Gagnare à Beaune, & de M. le Docteur Clerc à Semur, celui de Madame Aulas à Mâcon, ceux de MM. les Curés de la Motte-sous-Thoisy & de Mont-Saint-Jean, &c.

Courtepée.

Dans l'Autunois, on voit près de Sully, sous des bancs immenses de rochers, des lits de schites, remplis de branches & de racines d'arbres, d'empreintes d'herbes & de fougeres, de plantes & autres corps, qui sembleroient annoncer que la superficie de la terre a été ensevelie sous les eaux. Près d'Autun, on a découvert du houx pétrifié; le talc, espèce de pierre refractaire, y est commun; la montagne & les environs de Beuvray offrent aux curieux différentes crystallisations & de faux diamans, &c.

Il est en Bourgogne des pétrifications d'un autre genre, qui ne méritent ce nom qu'improprement; telles sont des pierres, qui par des circonstances fortuites, ont pris dans le sein de la terre des formes bisarres, qui les rapprochent quelquefois de la ressemblance avec des corps étrangers au régne minéral: ce sont des jeux de la Nature, qui ne fait qu'ébaucher des ressemblances grossieres, auxquelles supplée l'imagination des Naturalistes, comme les

Courtepée.

*Priapolites* qui se trouvent dans la pierre de Premeaux, les *Hystérolites*, &c... Mais c'est principalement dans les grottes d'Arcy-sur-Cure, de la Balme-en-Bugey, de la Roche-aux-Chevres, de la Rochepot, de Lusigny, de Nanteuil, de Mavilly, & de plusieurs autres souterreins semblables en Bourgogne, que la Nature paroit opérer, par le moyen de la filtration des eaux à travers les rochers, tout ce que l'art pourroit imaginer & représenter de plus singulier. Dans le Bailliage de Nuys, la fontaine de Vergy croît & décroit selon la Saône.

Il y a plusieurs rivieres qui se perdent dans les terres, comme la Venelle près de Lux, Suzon près de Ventoux, la riviere de Villaine en Duesmois, &c.

D'autres rivières ne croissent ni ne décroissent dans les plus grandes sécheresses & lors des pluies les plus abondantes, telles que l'Albane qui prend sa source à Tanay, la riviere de Sans-Fond, qui coule à plein bord dans un bel aqueduc construit par ordre des Ducs de la premiere Race pour la conduire à Citeaux, & la fontaine de Magny, appellée *le Creux-de-Saint-Martin*, à quatre lieues de Châtillon.

D'autres sources ont un cours d'eau intermittent; dans les grandes pluyes, il sort de gros volumes d'eau pendant quelques jours, de Genet, dans les vignes de Beaune, audessus de la fontaine de l'Aigue (1). Dans le puits, nommé *Tombain*, entre Vergy, Collonge & Ternand, l'eau forme de belles nappes, & s'éleve quelquefois si haut & si considérablement, que la ville de Nuys en a été inon-

(1) Lorsque la Fontaine de Genet commence à couler, c'est un signe infaillible de la cessation de la pluie; on ignore les causes de ce phénomene singulier.

dée trois fois, ſurtout en Janvier 1757. Il en ſort de même par intervalle de la Tournée, près Nolay, d'un rocher près de Premeaux, d'un autre audeſſus de Luſigny, d'un autre près Bouilland; ces flaques d'eau forment des torrens, qui ne coulent ordinairement que trois jours. Il y a dans le canton de Revermont deux lacs ſouterreins qui ſe dégorgent dans les ſécheresſes, & inondent une grande étendue de terrein, l'un s'appelle le *Dron*, & l'autre *Certines*. Il y a auſſi pluſieurs gouffres remplis d'eau, dont on a vainement ſondé la profondeur, comme le creux de Francheville, celui de Tombain déjà cité, le creux de Suzon, entre la Cude & Pont-de-Pany, ainſi nommé, parce que l'on prétend qu'il a une communication ſecrete avec le torrent de Suzon; le lac de Nantua, célèbre par ſes truites excellentes a plus d'un quart de lieue d'étendue; celui de Longpendu en Charolois, forme par ſes deux bondes de décharge, les rivieres de la Dehune & de la Bourbince, qui coulent aux deux Mers, &c. &c.

Courtepée.

Enfin, pluſieurs ſources & rivieres forment des caſcades curieuſes; on admire ſurtout celle audeſſus de la fontaine du Bout-du-Monde, dans le beau vallon de Vauchignon, ſitué au nord de Nolay: la nappe peut avoir ſix pieds de large, & environ quatre-vingt pieds de hauteur; la chûte de l'eau a excavé un baſſin de douze à quinze pieds de diamettre. Il y a deux autres caſcades à Mémont, appellées le *grand* & le *petit Piſſou*; le grand, ſurtout, forme une belle nappe d'eau en hiver & dans les temps de pluie. La caſcade du Rhône, à l'extrémité du pays de Gex, celle près de Buſſy-le-Grand en Auxois, celle de la montée de Cerdon en Bugey, celle de Sillant, route de Nantua à Genève, &c. ſe font auſſi remarquer. On va voir par curioſité dans toutes ces caſcades, les glaçons de figures

Courtepée. variées & bisarres qui s'y forment en hiver. On voit aussi une glaciere naturelle à Mavilly, Bailliage de Beaune; la glace s'y conserve très-long-temps dans les creux des rochers, & la situation de cette glaciere mériteroit bien d'être examinée avec soin, pour en déterminer les causes.

La Bourgogne, si féconde en curiosités naturelles, l'est également en richesses minérales & en métaux.

Il y a des mines d'or & d'argent près de Châlon-sur-Saône, à Préty & Sens: St. Léger-de-Foucheret, Alise-Sainte-Reine, donnent quelques indices de ces minéraux, mais on n'en fait aucun usage; on en soupçonne dans les environs de Messigny près Dijon: anciennement on en a exploité une d'argent près de Semur en Auxois; les Villages de Mâlain & de Savigny, présentent des pyrites brillantes, qui ont pu faire croire qu'il y avoit de l'or ou de l'argent. Dans le territoire d'Avalon, & à Aligny près de Saulieu, on trouve des mines de plomb mêlées d'argent; ces dernieres ont été exploitées vers 1734: des pyrites mêlées de cuivre, de soufre & de vitriol, dans le territoire & le ruisseau de Grenand, Bailliage d'Arnay-le-Duc, ont donné le nom d'*Aurifere* à ce ruisseau.

Le ruisseau qui passe à Bisset-sous-Cruchot, à trois lieues de Châtillon-sur-Seine, roule également du sable rempli de paillettes brillantes & dorées; mais on n'en a fait ni le lavage ni l'épreuve.

Le Trou-du-Loup, Paroisse de Missery, passe pour avoir une mine de cuivre, exploitée autrefois. Il y en avoit une autre au bas de Montjeu, près d'Autun, découverte en 1656, où Nicolas Jeannin de Castille fit faire des Fourneaux. M. le Duc de Guise y fit travailler il y a quarante ans.

Les cavités des rochers de l'Auxois sont pleines de

Courtepée.

pierres micacées, propres à ſécher l'écriture, de même que la poudre d'or, qu'on trouve preſqu'à la ſuperficie de la terre, à St. Leger-de-Foucheret, à Chaſtellux & ailleurs. Les puits d'épreuve qu'on fait à Pouilly, pour le canal de communication de la Saône à la Seine, offrent dans leur profondeur des pierres brillantes, des paillettes argentines & dorées; mais l'analyſe ne donne juſqu'à préſent aucune preuve de l'exiſtence du métal.

A environ mille pas de la ſource du ruiſſeau de Grenand, Village du Bailliage d'Arnay-le-Duc, il y a une mine de ſoufre très-abondante; elle eſt à neuf pieds de profondeur; la terre qui eſt audeſſus eſt rouge & enſuite noire, après quoi on trouve un banc d'ardoiſe pourrie, ſous lequel eſt la mine de ſoufre; un homme peut en tirer un quintal par jour: on ne ſait pas combien il rapporteroit à l'épreuve. On a remarqué que les champs & les prés, dans l'eſpace de ſix ou ſept arpens aux environs, ſont plus ſouvent brûlés & deſſéchés, lorſque les années ne ſont pas pluvieuſes, que dans les champs plus éloignés.

Une mine de zinc, dans le Bailliage de Montcenis. Le Directeur de la Charbonniere d'Epinac a trouvé, il y a environ ſept ans, près la Chapelle de St. Leger, à une demi-lieue de Curgy, une mine de plomb mêlangée d'argent. On découvriroit d'autres richeſſes, ſi on faiſoit des fouilles & des recherches, & ſi, par des épreuves chimiques bien faites, on s'aſſuroit de la nature & du produit des diverſes ſubſtances minérales. En condamnant les criminels à fouiller des mines, la Société retireroit du moins de leurs travaux un dédommagement.

Le chemin qui conduit de Montcenis à la Charbonniere, offre des aiguilles de cryſtal demi-tranſparentes & de couleur orangée, dans un ravin qui

Courtepée.

traverse une terre labourable. Le Comté de Charolois posséde aussi des crystaux qui, quoique détachés présentement, ont été anciennement adhérens par une de leurs extrémités, à une matrice sur laquelle ils ont pris naissance; ils différent de ceux de Montcenis par leur grosseur & par la variété des couleurs, qui annoncent un mélange de parties métalliques, & semblent prouver qu'il y a des métaux précieux dans ces cantons.

L'Auxerrois produit de l'ocre très-estimé des Teinturiers, & Baugy-sur-Loire en Charolois, de la terre à foulon, qui vaudroit peut-être celle des Anglois, si elle étoit éprouvée; cette terre bolaire est employée par les Doreurs en détrempe, pour servir de mordant; elle est supérieure à celle d'Arménie.

Soirans, Baume-la-Roche, &c. offrent aux Naturalistes du bois fossile pétrifié & métallisé; Glennes dans l'Auxois, des crystallisations jaunes rougeâtres, agathisées; dans le territoire de Premeaux, on trouve des masses de spat jaune, transparent, à aiguilles, &c.

A Crevant, Village à cinq quarts de lieue de Châtillon-sur-Seine, il y a une source dont l'eau est arsénicale; on l'a comblée depuis quelques années, parce que le bétail en mouroit. A Courcelles, autre Village à trois quarts de lieue de Châtillon, une fontaine minérale ferrugineuse, bonne pour les obstructions, & un peu purgative.

Le sel gemme doit se trouver en abondance dans le Duché, si on s'en rapporte à l'existence de six ou sept fontaines salées, que les Fermiers Généraux ont fait combler en différens temps. La fontaine ou mine de sel remarquable, qui est dans un pré au bas de Vezelay, proche la riviere de Cure, paroît s'être jouée de tous les obstacles qu'on lui a opposés; il suffit de creuser à la profondeur de deux pieds, pour puiser une eau salée, dont une chaudiere pleine laisse deux doigts de sel après l'évaporation. Les Commis n'ayant pu découvrir la source de cette mine inépuisable, ont fait passer la Cure par le pré ; mais la riviere s'est retirée, & la mine est telle qu'elle étoit auparavant ; l'herbe & les pierres d'alentour sont blanches de sel, & y attirent une quantité prodigieuse d'oiseaux de différentes especes. Les fontaines salées de Diancey (3), de Santenay, de Maisiere, de Pouillenay, &c. ne sont presque d'aucun usage par la vigilance des Gardes.

Courtepée.

Les bitumes fossiles, comme la pierre noire ou terre ampelite, que nous nommons *pierre à marquer*, *craie noire*, & le charbon de terre que tout concourt à ranger dans la même classe, ne sont pas rares en Bourgogne. On y distingue de deux sortes de charbons fossiles, l'un dont la matiere végétale dont il est formé, n'est pas entiérement décomposée ; l'autre, dont la substance est totalement altérée & pénétrée par le bitume ; ce qui le rend gras & onctueux, & lui a donné le nom de *charbon de poix* ou *charbon de forge*. On peut citer pour

(3) L'on regarde le Sel comme utile, 1°. A fertiliser des terres. 2. à l'entretien des bestiaux en santé. Ne pourroit-on pas employer les fontaines salées de la Lorraine, de la Franche Comté, & de la Bourgogne à ces deux objets. Le Ministere devroit engager les Fermiers à laisser abbreuver les bestiaux à ces fontaines, & laisser écouler ou arroser les terres avec ces eaux. Ceux même qui sont intéressés à l'usage contraire, ne doivent pas s'opposer à l'augmentation du commerce & de la force des bestiaux : ces fontaines pourroient être couvertes ; on y amasseroit les eaux pour les ouvrir à l'heure où l'on conduiroit les bestiaux à l'abreuvoir.

Courtepée.

exemple du premier, cette mine de charbon de bois fossile, qu'on trouve à un quart de lieue au couchant de Cuiseaux, & dont le banc se prolonge depuis Bourg-en-Bresse à Lons-le-Saulnier : une partie de cette mine est décidément du bois encrouté d'un mastic sablonneux, grossier & imparfait ; & l'autre est réduite en matiere charbonneuse, qui se détruit sous les doigts en les tachant, comme le charbon de saule. On peut voir la description de ce charbon de bois fossile dans le premier volume des Mémoires de l'Académie de Dijon. L'autre espèce de charbon minéral, plus grasse & plus bitumineuse, est beaucoup plus commune dans la Province. On en a découvert à Norges près Dijon, à Sombernon, dont M. Daubenton a fait l'épreuve & l'analyse, à Marcenay près Châtillon-sur-Seine, à Bourbon Lancy, à Mellionaz près Treffort en Bresse, à Montluel près du Rhône, &c. Mais toutes ces mines n'ont point été exploitées ; les seules mines de l'Autunois ont fourni jusqu'à présent aux besoins de la Province ; (4) on pourroit donc multiplier les ressources en ce genre, si on le vouloit.

L'usage de ce charbon de forge est presqu'indispensable pour mettre le fer en œuvre, & dans les autres travaux qui demandent du feu. C'est peut-être un des desseins de la Providence, d'avoir placé plusieurs mines de charbon dans une Province où il y a tant de mines de fer ; d'ailleurs l'utilité du charbon minéral, pour diminuer la consommation

(4) Mine de Plomb, que l'on prétend être mêlée d'argent, laquelle est à la porte d'Autun, & deux autres mines de fer que l'on a abandonnées parce que la dépense qu'elles exigeoient surpassoit le profit.

Courtepée.

effrayante de nos bois, & pour fournir à un chauffer commode & peu dispendieux, est démontrée par l'exemple des Habitans de Saint-Etienne en Forez, & des autres peuples qui s'en servent avec avantage.

Les charbonnieres d'Epinac, Bourg à trois lieues d'Autun, & du Hameau de Resille, à une demi-lieue d'Epinac, appartenant à M. de Tonnerre, furent découvertes en 1744; mais on ne commença à en faire l'exploitation qu'en 1751, après plusieurs épreuves de ce charbon, faites à Paris. On trouva dans ces mines des creux & des fouilles, qui prouvoient qu'elles avoient déjà été anciennement exploitées.

Charbonnieres, Blanzy & Creuzot, Villages du Bailliage de Montcenis, sont connus de temps immémorial pour fournir du charbon minéral. Le premier de ces Villages paroit en avoir retenu le nom. Ces mines, & surtout celles de Creuzot, Paroisse du Breuil, au nord de Montcenis, & à une demi-lieue de cette Ville, étoient jardinées plutôt qu'exploitées, par des Manœuvres qui ne faisoient de travaux qu'autant qu'il en falloit pour remplir leurs bannes, lorsque M. de la Chaize, Engagiste de la Baronnie de Montcenis, conçut l'avantage d'une exploitation en forme. Il est venu à bout, par des travaux immenses, de tirer tout le parti possible de ces mines inépuisables. La qualité supérieure de ce charbon a été reconnue par les Commissaires envoyés par le Ministre & par les Etats de Bourgogne; l'analyse qui en a été faite par les Académies des Sciences de Paris & de Dijon, & les certificats des Arsenaux de Strasbourg & d'Auxonne, & de plusieurs Artistes, démontrent également la supériorité de ce charbon sur tous autres. Il est noir, léger, friable, plus folié, plus brillant & plus sec que celui d'Epinac, que les Ouvriers préféroient à

Courtepée. celui de Forez. Malgré ces qualités extérieures, il prend feu moins promptement & le conserve plus longtemps ; la liqueur qu'on en retire par la distillation, ne rougit point le papier bleu, comme celle des autres charbons fossiles ; ce qui prouve que celui de Montcenis ne contient ni acide ni soufre, & qu'il est par conséquent meilleur pour la fonte des fers ; il est au moins égal à celui d'Angleterre pour la trempe, & il donne au fer plus de ductilité en le dépouillant des parties hétérogenes, &c.

Le charbon de terre, tel qu'on le retire de la mine, ne peut servir à la réduction des métaux ; & surtout des mines de fer, qui occasionnent une consommation de bois si considérable, que ce seroit un vrai présent à faire à la Société, que de lui montrer dans les entrailles de la terre un combustible propre à ménager ou remplacer celui qui ne peut croître à sa surface aussi promptement que notre luxe le détruit : l'humidité dont est chargé ce charbon crud qu'on voudroit employer dans les fourneaux, l'empâte au point de lui faire faire voûte, d'obstruer le fourneau, & d'y laisser des vuides dans lesquels les mines se calcinent, tandis que le soufflet ne sert plus qu'à refroidir la partie inférieure ; ou il gêne le vent & le dirige mal, ou il bouche la tuyere ; alors le soufflet l'attire par l'aspiration, & il y met le feu. Les Anglois ont cependant trouvé le moyen d'employer le charbon fossile dans les fonderies, en le préparant en kocks ; cette opération consiste à le couvrir de terre & de poussiere de bois, en laissant un jour dans cette espèce de fourneau, auquel on met le feu, pour faire évaporer l'humidité surabondante. On en a préparé de cette maniere à Montcenis ; & M. de Morveau a prouvé, par des essais, que les kocks du charbon de Montcenis peuvent complètement réduire la mine de fer, sans y em-

Courtepée.

ployer de charbon de bois, ni d'autres fondans que l'argile & la terre calcaire, dont on se sert pour les travaux en grand, outre que ces kocks ont l'avantage de durer quatre fois autant que le charbon de bois, & de faire un feu plus fort.

Les mines de fer étant les plus utiles à la Société semblent être à dessein répandues plus universellement sur la surface du globe & plus près de la superficie. Notre Province n'a rien à desirer à cet égard; les ochres, les pierres d'aigles, géodes, marrons, marcassites & pyrites ferrugineuses, qui s'y trouvent en abondance, annoncent au premier coup d'œil que la mine de fer y est commune.

En Bourgogne, on distingue trois sortes de mines de fer; la premiere, se nomme *mine de chasse rouge*, qui est en petits grains comme la poudre à tirer; la seconde, s'appelle *mine de fer grise & en greluche* qui est de la grosseur des pois; & la troisieme, *mine en roche*, elle est en cailloux que l'on écrase avec des pilons de fer pour en tirer la mine. La premiere sorte de mines est plus commune que les deux autres; elle se tire dans les champs ou terres labourables, où l'on fait un découvert de quatre à cinq pieds, jusqu'à ce qu'on trouve le banc de mine. Les indices ordinaires pour la trouver, sont, lorsqu'on voit dans les sillons des grains de mine séparés de la terre, qui étant plus légere, a été entraînée par les courants d'eau dans les sillons, ou lorsqu'on la découvre par le moyen d'une sonde de fer, qu'on nomme *loche*. Lorsqu'on a tiré la mine avec la terre qui compose le banc, on la porte au lavoir pour la débrouiller, la laver, & la séparer des corps étrangers. On en retire le tiers en mine, & quelquefois moitié, plus ou moins, suivant la richesse du banc, ensuite on porte la mine au fourneau avec la dose convenable de charbon de bois, de terre herbue ou ar-

Courtepée.

gile, & de caſtille, eſpèce de pierre calcaire. Afin de juger en gros des proportions, il faut ordinairement, pour une livre de fonte, dix à onze livres de terre, qui rendront au lavage environ quatre livres & demie de mine nette, plus, douze onces de caſtille & cinq onces de terre herbue. Notre deſſein n'eſt point d'entrer dans le détail des travaux des mines; il nous ſuffit d'indiquer les principales uſines qui ſont répandues dans la Province, & de renvoyer, pour la connoiſſance de la qualité des mines de la Province, aux recherches & aux *eſſais de feu M. Bouchu*, que l'Académie de Dijon compte publier.

En Charolois, il y a forges & fourneaux à Perrecy, Guenion, le Verderat, &c. on n'y fait guere que du fer fenderie pour les Cloutiers du Forez. On fait du fer Marchand dans les forges & fourneaux de la Motte-ſur-Dehune, conſtruits depuis une douzaine d'années, pour favoriſer dans ces cantons la conſommation des bois, qui n'y avoit eu juſqu'alors que très-peu de valeur. Il y a encore à Mevrin une autre forge, diſtante de la précédente de trois ou quatre lieues, & où la qualité de la mine eſt riche & le fer très-bon. Il y a du côté d'Autun une forge du nom de *la Motte*, dont les fers ne ſont pas aſſez doux.

On ne coule que de la ſablerie, comme pots, marmites & mortiers, contre-cœurs, foyers, &c. dans les fourneaux de Pellerey & de Bouilland, à peu de diſtance de Nuys dans la montagne. On en coule auſſi dans le fourneau de la Canche, entre Arnay & Yvry.

La forge de Veuvey-ſur-Ouche, à dix lieues de Dijon, n'employoit autrefois que la fonte du fourneau de la Canche, & ne travailloit que du fer fenderie pour les Clouteries du Forez; aujourd'hui cette forge, montée par un habile Maître, ne fabrique plus que du bon fer Marchand.

*Courtepée.*

M. de Buffon, aussi supérieur dans les Arts que dans les hautes Sciences, a fait construire dans sa terre un fourneau & forge magnifiques, où il fait fabriquer du fer de toute espèce & de la premiere qualité. Il y a aussi fait faire une fenderie pour les fers en verges, propres à la Clouterie, & des espatards, pour faire des cercles de fer. Les mines y sont excellentes, & ce grand homme est parvenu, tant par ses connoissances que par ses facultés, à faire fabriquer mieux que partout ailleurs. La qualité des mines & des fontes est moins bonne à la forge d'Aisy-sous-Rougemont, qui est peu éloignée de celle de Buffon : on n'y faisoit autrefois que du fer fenderie, on y fait à présent du fer marchand.

Dans les environs de Châtillon-sur-Seine, il y a beaucoup de forges, comme à Vanvey, Villote, Chameçon, Rochefort, Ampilly, Volaines, Essaroy, Vuxolles, Lignerolles, Gurgy, Cour-l'Evêque, Sainte-Colombe, &c. Les fers qui sortent de ces forges, sont presque d'une même essence, de qualité aigre, excepté néanmoins celles de Chameçon & de Rochefort, dont les fers sont bons & fort doux: celui des forges de Lignerolles, Gurgy & Villote, est le plus dur & le plus cassant.

Les forges de Villars & de Marey dans le Dijonnois, sont en réputation, surtout les deux de Marey, dont les fers sont de la meilleure qualité, & passent pour les premiers de la Bourgogne. Les forges de l'Abergement, Moloy, Courtivron, Compasseur, Ville-Comte, Diénay, sont aussi en réputation de fer fin; elles ont assez d'affouage & de bois, excepté celle de l'Abergement & de Diénay, qui n'ont que le cours d'eau, mais elles consom-

Courtepée.

ment les mêmes qualités de mines que les autres, & ne manquent pas de bois, étant à portée d'acheter ceux qui les avoisinent en quantité. La forge de Pellerey, à deux lieues de Saint-Seine, fournit d'assez bons fers ; mais il y a peu de bois, & les mines sont trop éloignées ; on en vient souvent prendre jusqu'au Val Suzon.

Les fers qui sortent des forges de Beze, Montigny, Saint-Seine-sur-Vingeanne, Drambon, Bezuotte, &c. sont très-estimés, surtout ceux de Beze qui sont supérieurs en qualité. La forge de Saint-Seine n'a presque point de bois pour son exploitation. En général, les bois sont plus chers dans ces dernieres forges du Dijonnois, qu'aux précédentes.

L'on fabrique de bon fer marchand & fenderie en quantité dans la forge de Tréchâteau, qui dépend de la direction de Dijon, quoique située dans la Généralité de Champagne. On y peut fabriquer quatre cents milliers de fer par an, sans chommage, de même qu'à Marey, Moloy, Ville-comte, Courtivron, Compasseur & Buffon. Toutes les autres donnent moitié moins, excepté celles du Charolois, dans chacune desquelles on peut faire trois cents milliers de fer par an, sans accidens.

Les Fourneaux de Fontaine-Françoise & de la Marche, ne font que des *fontes en gueuses*, pour le service de la plûpart de ces Forges ; les fontes y sont excellentes, & concourent beaucoup à la supériorité des fers dans cette partie de la Bourgogne ; il y a aussi des fileries pour faire le fil de fer.

Le commerce de nos fers est borné aux Provinces du Lyonnois, du Forez, du Languedoc, &c. ils ne pourroient passer à l'étranger que par Marseille, où ils n'arrivent qu'après avoir payé des droits énormes ; ce qui les empêcheroit de soutenir la concurrence avec les fers de Suede & de Russie, qu'ils égalent au moins en bonté, s'ils ne les surpassent. Ces fers étrangers font même un tort considérable à notre commerce intérieur, puisqu'ils peuvent se donner à Marseille & à Beaucaire à meilleur prix que les nôtres, en ce qu'ils ne payent point de droits d'entrée dans nos Ports ; aulieu que par une politique mal entendue, nos fers qui égalent ceux de Suede en qualité & en fabrication, ne peuvent arriver en Languedoc, sans avoir payé des droits, dont la liste seroit effrayante, de Dijon à Marseille. Les Octrois même des Villes font une nouvelle surcharge pour ces marchandises, qui en devroient être exemptes lorsqu'elles passent debout.

Courtepée.

On voit par tout ce détail que la Bourgogne est riche en productions minérales & fossiles : on ne peut que desirer d'y voir établir quelque jour une Ecole de Minéralogie (5)

(5) Jean Ribit, Sieur de la Riviere, premier Médecin de Henri IV. est le premier qui ait introduit la Chymie en France & l'étude de l'Histoire Naturelle au jardin du Roi. Pierre Bélon avoit donné les premieres recherches sur la Botanique dans ses Ouvrages & cultivé les Plantes étrangères dans les jardins. Il fut bientôt imité après sa mort, car le Gentilhomme Tourangeau qui étoit nommé *le solitaire*, Léon Suau, enfin Jacques Gohorry, Prieur de Marsilly, avoit un jardin au Fauxbourg Saint-Marcel, dans le lieu où est actuellement le labyrinthe du jardin du Roi, où les curieux, comme Botal, Châtelain, Chapelain, Choisnin de Chatelleraud son voisin, alloient tenir des conférences en 1572. A côté du jardin de Gohorry étoit celui du Sieur de la Brosse, Mathématicien du Roi, garni de simples rares & exquises. Dans les Laboratoires voisins de ces jardins, on parloit de la Chymie, alors bien obscure : on y répéta des expériences faites au retour des voyages de Bélon, par les ordres de François I à Montrichard, sur l'art de

faire éclore des poulets dans des fourneaux dont les degrés de chaleur étoient réglés par des regiſtres. Ducheſne de la Violette, Théodore de Mayerne, devinrent les oracles de ces aſſemblées, mais lorſque Ribit fut en place, il ſe décida pour la propagation de l'art qu'il aimoit: il protégea Beguin, il fit venir Daviſſon en France, l'an 1606: il écrivoit à ſes amis jeunes & vieux ces paroles de Pierre Severin: *Emitte calceos, montes accedite; valles, ſolitudines, littora maris, terræ profundos ſinus inquirite; animalium diſcrimina, plantarum differentias, mineralium ordines, omnium proprietates noſcendi modos, notate; ruſticorum aſtronomiam & terreſtrem Philoſophiam diligenter ediſcite; nec vos pudeat; tandem carbones emitte, fornaces conſtruite, vigilate & coquite ſine tædio; ita enim pervenietis ad corporum proprietatumque cognitionem, aliàs non.* Jean Ribit dût déplaire aux Scolaſtiques de ſon temps; il mérite l'eſtime & la reconnoiſſance des perſonnes éclairées du nôtre. Suivant le même Gohorry, Jean Fernel, Jean Chapelain premier Médecin, Honorat Châtelain, & Léonard Botal, Médecins du Roi, lurent & adopterent la Chirurgie de Paracelſe en pluſieurs parties dans des Conférences où aſſiſtoient Ambroiſe Paré & Jean le Bon ſon Auteur & compoſiteur d'ouvrages.

Courtepée

La Pharmacie a précédé la Chymie dans les Ecoles de Paris à cauſe de Jacques Dubois l'Auteur favori de M. Baumé. Un Apothicaire inſtruit, nommé Nicolas Houel natif de Paris, publia un Commentaire avec ce titre; *Pharmaceutices libri duo. Prior continet omnia meſuæ Theoremata*, canones univerſales *vocant, in tabulas redacta per N. H. Pharm. P. Poſterior eſt Joan, Tagautii D. M. de ſimplicibus medicamentis purgantibus, annotationibus illuſtratus per eundem Houel* 8°. *Pariſiis* 1571 *cont.* 160, *feuillets.*

Il promettoit un antidotaire pour troiſieme Livre & dédia le tout à Catherine de Médicis à qui il parle du tabac, de ſes beaux jardins des Thuilleries, de Monceaux & de Saint-Maur. Il nomme Antoine le Cocq ſon confrere & ſon aſſocié à la réformation de la Pharmacie. Il avoit pour ami Jean Dorat, Jean An. P. R. Pierre Galand qui lui envoyerent des vers Latins & Jean Parelli Médecin & Mathématicien. Il donna *Traité de la Peſte* cité par la Croix du Maine in-8°. *Paris* 1573, cont. 62 pag.

il le dédia à Christophe de Thou, premier Président avec des vers François l'un des Sonnets signé G D P. mais pour la gloire de son Art, il forma un recueil intitulé : *les Edits Ordonnances & Réglemens sur l'administration du revenu des Hostels-Dieu, hospitaux, leproseries, maladreries & autres lieux pitoyables de ce Royaume : ensemble la fondation & institution de la maison & charité Chrestienne fondée en la Ville de Paris & premierement commençant aux Fauxbourgs Saint-Marcel* in-8°. 1585. *Advertissement de la maison de l'institution de la Charité Chrestienne, établie ès-Faux-bourgs Saint-Marcel, par l'authorité du Roy & sa Cour de Parlement l'an 1578 par M. N. Houel premier inventeur de ladite maison, Intendant & Gouverneur d'icelle, in-8. Paris*, ( Pierre le Voirrier, Imprim. du Roy ès-Mathématiques ) 1585, *conten.* 155 *pag. les deux ensembles* & dédié à Louise de Lorraine Reine de France. On apprend que Nicolas Houel obtint du Roi la permission de vendre l'Hôtel des Tournelles, pour fonder une maison de Charité afin d'élever des orphelins aux bonnes lettres & en l'art de Pharmacie. Cet établissement fut d'abord aux Enfans Rouges, & de là au Fauxbourg Saint-Marcel, rue de l'Arbalete ; après l'avis du Parlement le 9 Mars 1577, le 14 Juin 1584, le 2 Janvier & le 8 Mai 1585, il obtint des Lettres-patentes sur ce sujet qui furent registrées & qui annoncent qu'il avoit dépensé plus de 20000 écus de ses deniers ; il avoit 1°. Une chapelle 2. Une Ecole des bonnes Lettres & de Pharmacie 3. Une Apoticairerie pour les pauvres 4. Un jardin des plantes comme celui de Padoue où il y avoit des arbres fruitiers & plantes rares pour l'utilité & la décoration de la Ville de Paris 5. Un Hôpital pour les pauvres honteux, le surplus de cette anecdote se lira dans les titres que j'indique & sur l'Auteur : on doit consulter la Croix du Maine dont la mémoire doit être rappellée dans ce siécle.

*Courtepée.*

*Munster.*

*Des Mines d'argent du Val de Lievre & de ses vallées, traduit du latin de Sébastien Munster.*

1550.

LES mines du Leberthal ou Val de Lievre sont dans les monts Vôges, au milieu des vallées que la rivière de Leber partage. Une partie de ces montagnes sépare l'Alsace de la Lorraine, & la langue françoise de la langue allemande : ce pays est situé à l'occident des villes de Colmar & de Schlestat, sur les limites de la Jurisdiction des Seigneurs de Ribaupierre ou de Rapolstein, qui en firent premiérement la découverte, l'an 1525, après la sédition des Paysans. Ces Seigneurs firent bâtir le chef-lieu des mines, appellé *Fundgrub* ou St. Guillaume, parcequ'ils avoient découvert un filon fort large de mine d'argent, dans la minière de Saint Jacques, du côté de Lorraine ; ce qui les engagea à faire de grandes dépenses dans la vallée de Furtil ou Furtelbach. Alléchés par les grandes richesses que les mines leur produisoient, ils firent sonder toutes les montagnes & les vallées du Leber, & on y découvrit des fosses très anciennes, appellées *Bingen*, & des anciennes chartes les rendirent certains des exploitations des siècles précédents. Ils connurent que les hommes avoient travaillé aux mines, & qu'ils ne les avoient abandonnées que par les eaux, parcequ'ils ne faisoient point de galeries d'écoulement comme on fait aujourd'hui ; ils creusoient seulement des puits ou des fosses. Le Domaine de l'Alsace & les Seigneurs de Ribaupierre participent également à la dixieme partie du produit, ſuivant la conceſſion ; ils ont en conſéquence leur préfet commun ſur les mines, excepté ſur St. Guillaume ou *Fundgrub*, qui appartient au Seigneur de Ribaupierre. *Munſter.*

*Etat des Mines ouvertes dans le Furtelbach.*

1°. St. Guillaume. 2°. Rumpapump. 3°. S. Jean. 4°. Furſtenbaw (1). 5°. Huis ferré. 6°. Régal d'Ulm. 7°. St. Martin. 8°. Trois puits unis. 9°. Le Four. 10°. St. Sang. 11°. Le filon. 12°. Les Aſſociés.

*Vallée de Surbetz.*

1°. St Michel. 2. Le Vertbois. 3. St. George. 4. La Riche d'argent.

*Vallée de Prahegetz.*

1°. St. Philippe. 2. St Martin. 3. La Vigne. 4. Le ſapin vert. 5. Le mont Armon. 6. St. Guillaume.

*Vieux vallon d'Eckirch.* Ecchricca.

1°. Notre-Dame de Froidefond. 2. St. Jacques. Ces mines rendent de la galène, du plomb &

(1) George Agricola en parle *in Juraſſo Galliæ Monte, qua parte Vocecius nominatur* id, *Metallum vocatur* Firſtum, *& eſt in ditione Principis Lotharingiæ* ailleurs *ſed ex* Firſto *argentario montis Juraſſi metallo Conradus cognomento pauper, repente ſuperioribus annis factus eſt dives* : de veteribus & novis metallis, lib. 1 & 11. Enfin il ajoûte ces mots *ſimiliter neque Maximilianus Cæſar, noſtra ætate Conradum aſcripſiſſet in numerum nobilium, qui comites nominantur. Fuit verò ille cùm in metallis Snebergi operas daret egentiſſimus : quare cognomentum habebat pauperis; ſed non poſt multos annos ex metallis* Firſti, *quod eſt opidum in Lotharingia, dives factus, nomen ex fortuna invenit.*

du métal argentin, desquels on retire, pour la fonte, de l'argent, du plomb noir & du cuivre. Depuis l'année 1528 à 1558, on a tiré 6500 marcs d'argent de ces lieux sauvages. L'an 1530, le puits du Four rendit en argent pur, environ 1800 écus, *circiter tria talenta seu centenaria*, de la même masse; & l'an 1539, le puits St. Guillaume produisit la même valeur. De tems en temps on découvre des petits filons d'argent pur, en faisant les fouilles. Il y a, dans ces vallées, douze martinets pour écraser, laver, fondre, départir & affiner les métaux; plus de 1280 maisons ont été bâties dans le Furtelbach, depuis l'an 1528; & la Ville de Ste. Marie aux Mines a été fort augmentée des deux côtés du Leber (2). Les Mineurs ont leurs Loix & leurs Ordonnances; ils ne reconnoissent pour Magistrat que leur Juge. Jean Hubinsack est celui de la partie du Leberthal réservee spécialement aux Seigneurs de Ribaupiere; c'est lui qui m'a envoyé un schist ou ardoise peinte & formée naturellement en cuivre, sur laquelle on remarque le poisson que les Allemands nomment *Olruppa* & *Treisa*. On y rencontre souvent des grenouilles & autres reptiles, même du lapis lazuli (3).

*Munster.*

Dans les fosses & les galeries des mines, les mineurs se servent du compas & de la boussole, comme les pilotes sur la mer : lorsqu'ils ont fait

(2) Cette Description s'accorde avec celle de Piguerre que l'on peut voir à la page 43, elle est ici plus exacte : on corrigera par cette derniere, les noms de *Surlaste* & de *Prahegert*, par ceux de *Surbetz* & de *Prahegetz*.

(3) Les moyens d'éprouver le *lapis lazuli*, ou azur d'outre-mer, sont de prendre un morceau de mine, le mouiller & le poser sur un corps blanc, alors il aura une belle couleur violette.

un

un puits d'une certaine profondeur, ils minent autour de son fond, en suivant la gangue du minerai; à côté de ce puits, ils en creusent un second qu'ils font communiquer en galerie avec le premier à sa moyenne hauteur; & enfin un troisieme, dans les proportions des deux autres: c'est par ces puits qu'ils retirent la mine, ou qu'ils ménagent les écoulements des eaux; c'est par des contours & des détours merveilleux qu'ils suivent le travail; la profondeur dans la terre les expose à rencontrer les eaux qui, ne pouvant être vuidées, les obligent d'abandonner le creux de la mine. Les Ouvriers prêts à recevoir la mine, la chargent & la conduisent, dans des charriots à quatre roues de fer, le long des galeries, jusqu'à l'un des trois puits d'où on la tire, pour être voiturée, dans d'autres petits charriots, jusqu'au martinet. Par ce moyen, les mines se trouvent vuidées assez promptement; on est étonné de voir les monceaux de mines, au dehors, qui s'apportent du séjour des ténèbres; car chacun porte avec lui sa lumière,

Munster.

Ou en casser un morceau & le mettre sur un brasier ardent, s'il est bon il ne doit rien perdre de sa couleur. On le met encore sur une pelle rouge qu'on tient au feu, puis on le jette dans du vinaigre blanc, s'il conserve sa couleur, il est de bonne qualité, s'il acquiert du lustre & de la vivacité, il est très fin. Ce minéral contient de l'or. Voyez les secrets du Seigneur Alexis Piémontois, autrement *Jerome Ruscelli*, mort l'an 1565: François Sansovino en forma le recueil & le fit imprimer en 1557 à Milan, il fut traduit en Latin par Jean Jacques Vecker; les meilleures editions Françoises sont celles de *Plantin* à Anvers, Lyon & Paris, depuis 1557 à 1572, toutes imprimées en Flandre, avec différents titres. On a ajoûté à latin, de quelques unes un traité des distillations.

Alix. dans ces cachots affreux, laquelle bien souvent ne brûleroit pas sans les soufflets & les vents de l'air naturel ou artificiel.

*Extrait de l'Histoire du Pays & Duché de Lorraine, avec le dénombrement des mines d'or, d'argent, cuivre, plomb du Val de Liepvre, & autres mines, par Thierry Alix, Président de la Chambre des Comptes de Lorraine, mss. 1594.*

Les mines d'argent, plomb & cuivre, qui se labourent présentement au Val de Liepvre, ou Val Lebrath sont :

*Meusloch*, près Ste. Marie aux Mines.

1°. Ste Anne. 2. Herischaff. 3. Gleysprey. 4. Finkenstreith. 5. St. Esprit. 6. Ste Anne. 7. Saint Jean. 8. Phemagenon.

*St. Pierremont*, Bailliage de Lunéville.

Saint Barthelemi.

*La Goutte-Martin.*

1°. St. Michel. 2. St. Jean *dit* Fundtguiere.

*Fenaruz.*

Ste. Barbe.

(3) On est déja instruit de l'ancienneté des mines de Lorraine d'après nos recherches à la page 40. En 1530 tems de la reprise des travaux, Antoine Duc de Lorraine & de Bar, concéda le 19 Août de cette année les mines d'or, d'argent & autres métaux, à Claude de Beauvau, Seigneur de Mogneville, pour en jouir dans sa terre & celle de Buren appartenant au Chapitre de Saint-Pierre de Bar-le-Duc : se reservant le dixieme des mines, voulant que l'argent affiné soit porté à sa Monnoye de Nancy & que l'on se conforme aux Statuts & Ordonnances des mines de Lorraine.

*Renegoute.*

Saint Laurent.

Celles qui ſe labourent préſentement tant à la Croix *aux Mines*, au Chipault, qu'aux environs. Alix.

1°. St. Nicolas de la Croix. 2. La grande montagne. 3. St Barthelemi du repas. 4. Notre-Dame de Luſſe, près St Diez. 5. St. Jean de Murluzen. 6. Notre-Dame de Benabois. 7. Les Rougis.

1°. St. Jean du Chipal. 2. St. Antoine. 3. Saint Thomas. 4. St. Diez. 5. St. Jean d'Anouxel.

*On a ouvert au Chipal une carrière de marbre de pluſieurs couleurs, depuis le P. Alix.*

On y trouve auſſi de l'antimoine, de l'arſénic ou autres.

Les mines d'argent qui ſe labourent en la Prévôté d'Arches ſont :

*Buſſans.*

*Argent.* St. Philippe.

*Tillot.*

*Cuivre.* 1°. St. Charles. 2. Henri de Lorraine.

---

Charles III accorda en 1598, les mines de cuivre rouge près le village du Tillot ſur la rive gauche de la Moſelle à Louis Barnet ſon Secrétaire. On y trouve la *minera cupri picea.*

En 1670, on travailloit aux mines du Val-de-Lievre, Sainte-Marie, la Croix, & Muſloch, au moment où Charles VI fit ſa retraite : la partie Alſacienne étoit auſſi très bien exploitée. Toutes furent abandonnées pendant la guerre de la fin du ſiécle.

Léopold afferma ſes mines avec ſes monnoyes & publia le 24 Avril 1700, une Ordonnance de réglement.

Staniſlas les concéda le 25 Juin 1746, au Sieur Saur le fils, dans la Lorraine Allemande & révoqua cette conceſſion par un Arrêt du Conſeil d'Etat le 28 Avril 1751, & le Sieur Sonini lui fut ſubrogé.

*Fraise dans le Val St. Diey* (4).

*Alix.* Un puits de mine de cuivre.

Valderfanges (voyez p. 42), mines d'azur; en l'office de Schawembourg se tirent plusieurs espèces de grenats de toutes couleurs, Chalcédoines, jaspes & autres semblables (5).

(4) Lubine, Village aux sources de la Faves, B. de Saint-Diez: le S. Gerard obtint en 1715 la concession des mines de Lubine, les deux premieres années il fondit 25 quintaux en argent & cuivre raffiné, les courtisans avides de Léopold, l'obligerent de quitter cette entreprise, le filon a plus de deux piés d'épaisseur.

(5) Vaudrevanges est une montagne toute minée, dont le cuivre a rendu aux essais de sa mine 26 pour 100, elle est près de l'hermitage de Limberg, Bailliage de Bouzonville. Obsteten, Calmes, Weiller, Schavembourg dans le Bailliage de ce nom, produisent des agathes, chalcédoines & autres pierres précieuses qu'on y travaille.

Les vases myrrhins connus à Rome, après les victoires de Pompée dans l'Asie, étoient suivant Pline, des pierres précieuses *murrhina & crystallina ex eadem terra effodimus.* C'est des mêmes mines que nous retirons les pierres myrrhines & Crystallines, il en donne la cause suivant ses principes de Physique. *Humorem putant sub terra calore densari.*

Il paroit que ces pierres précieuses recevoient une préparation au feu ainsi que nos Turquoises, car Properce écrit ce vers:

*Murrheaque in Parthis pocula cocta focis.*

Et suivant Martial, ces vases n'étoient point transparens; ils étoient ornés & embellis par des gravures ou des sculptures assorties à leurs différentes couleurs *murrhina picta.* Comme ils servoient à contenir de la myrhe ou des parfums, ils en conservoient l'odeur. Ceux qui étoient enrichis d'Orfévrerie étoient appellés *murrhina fictilia & plus constent.* De ce genre peut-être est le beau vase d'agathe sardoine qui a été donné

Dans tous les Monts Vosges se trouvent aussi fer, acier, litharge & autres : on y fait infinis de petits & menus verres, les grands miroirs (6) en bassin de toutes façons, qui ne se font ailleurs en tout l'univers. A Wissembach, Prévôté de St. Diey, les fonderies pour les mines ; à Lierme, dans la

Alix.

à l'Eglise de Saint-Denis en France par Charles III, Empereur, car je ne puis point me figurer qu'un vase de Porcelaine soit une pièce de 150000 livres ; que le commerce de la Chine ou du Japon, une fois ouvert entre les Romains & les Chinois, ait été oublié par les Auteurs ; & malgré l'ancienneté de la porcelaine, j'ai lieu de croire que beaucoup d'antiques de ce genre ont été fabriquées à Casino, par Manzoni & Guibert sous les grands Ducs ; les myrrhins pouvoient fort bien être des vases du genre de celui qui est cité ci-devant p. 42 & de celui de Saint-Denis. On trouve aussi des chalcédoines rouges de lacque, mêlées de bleu, de blanc &c. des grenats de plusieurs couleurs, du porphire, à Vagney près de Remiremont ainsi qu'à Saint-Nicolas de Port. Palissy avec ses Contemporains (p. 552,) appellent agathe plusieurs espèces de pierres précieuses. Blauberg dans le Bailliage de Bouzonville, mine très-ancienne sur la montagne qui touche à celle de Vaudrevanges, a été retrouvée par M. Saur : elle contient du cuivre, des morceaux de lapis d'une belle couleur, des matieres globuleuses bleues dont on préparoit la cendre bleue

6) Jean Augustin Panthée Chymiste Vénitien qui a décrit en grand toutes les opérations Chymiques, préparées & vendues par les Vénitiens, fait mention des miroirs métallics, les uns frangibles composés d'étain, les autres infrangibles composés d'argent. Est-ce qu'à cette époque, en 1525, les Vénitiens n'avoient point de Manufacture de glaces ? seroit-ce en Lorraine que cet Art auroit commencé comme l'insinue le Président Alix ? Ce que j'ai pu découvrir de certain, c'est qu'il y a un Privilege du Roi du 1 d'Août 1634, registré au

terre de Warde de Saulcy, fonderie pour la mine de Notre-Dame de Luſſe.

Alix. La rivière de Voulogne prend ſource au lac de Retournemer, paſſe au lac de Girard-mer; l'on en tire, en temps d'été des coquilles reſſemblantes aux moules, dans pluſieurs deſquelles ſe trouvent des perles (7) de fort belle eau, les aucunes approchantes de beauté les orientales.

Le lac de Dieuze ou de Lyndres, au milieu duquel eſt un village où ſe trouvent des médailles Romaines d'or, d'argent, de cuivre, & des inſcriptions.

✠

Plombières, ſitué ſur la Rivière d'Augronne, *Aqui Grannum*, comme ſi on diſoit, les eaux d'Apollon Grannus. Les eaux thermales de Plombières ont-elles été connues des Anciens Romains? Une couche fort haute de cailloutage & de tuilleaux, jettée à bain de ciment dans toute l'étendue de ce Bourg, dont à peine on en arrache quelques parcelles: les bordages de la Rivière, qui ſont de gros blocs de pierre de taille, poſés les uns ſur les autres en forme de degrés, ſur un fond pavé de grandes pierres de dix pieds de longueur, ſur leſques on remarque des A, des C, ou d'au-

Parlement le 21 Août ſuivant par lequel il eſt permis a Euſtache de Grammont & à Jean d'Antoneuil ſe diſant Vénitien d'établir des Manufactures de glaces de miroir.

(7) Il y a des Officiers & Gardes-perles pour la conſervation des perles dans les rivieres de Vologne & de Neunés: cette derniere deſcend de Martinpré & vient s'unir à la premiere aſſez près de Bruyeres: autrefois on pêchoit tous les ans les perles deux fois, mais le feu Roi de Pologne n'a ordonné cette pêche que deux fois pendant ſon ſéjour en Lorraine.

tres capitales Romaines, font les feuls monuments authentiques qu'on puiffe citer.

La Chronique des Jacobins de Colmar porte, fous l'an 1292, que Ferri III, Duc de Lorraine, *Caftrum de Plumeires conftruxit, ut defenderet balneantes à malis hominibus.* Plomières eft le nom patois que les Payfans donnent à cet endroit. C'étoit en raifon de quelques péages perçus par ces Princes. *Fuerunt ftatuta pedagia ad confervationem rerum conductarum, & ad evitandum pericula quæ, per aliquos latrones, multis modis committebantur.* Ce Prince ayant fait bâtir une fortereffe, déclara, en 1295, qu'il la tenoit en prêt de l'Abbaye de Remiremont, pendant fa vie, afin de perfectionner ce Fort, depuis la Tour, jufqu'au Bain *appellé* de la Reine. Cette même expreffion eft dans un autre acte de 1210, entre Ferri II & les Dames de Remiremont. Cette Reine, peut être Valdrade, femme de Lothaire, de la feconde race de nos Rois, fournit matière aux recherches des antiquaires. Ferri III donna à Ferri, fon fils, le nom de Plumières; c'eft ce qu'on apprend des Annales des Prémontrés, & de l'Hiftoire de Lorraine. Ce jeune Prince étoit grand Prévôt de St. Diey, en 1276.

Les anciens Auteurs que Jean le Bon a cités, comme ayant parlé des Eaux de Plombières, font Joachim Camérarius, Médecin & Poète latin, qui en a fait une *Defcription en vers latins*; Fuchs, dans fon *Tréfor de la fanté*; Gonthier d'Andernach, Médecin de Paris; Solenander; le Préfident Chaffeneus: j'ajoute à fa lifte, George Agricola, du Bartas, dans fa Semaine; Baccius, *de Thermis*; Fallopio, & Montaigne, dans fes Effais & fes Voyages. Le premier Traité *ad hoc* eft fi rare, que nous allons l'analyfer; il a pour titre:

» Abrégé de la propriété des Bains de Plommiè-
» res, extrait des trois Livres latins de Jehan le
» Bon, Hétropolitain (d'Autreville en Baſſigny),
» Médecin du Roi & de M. le Duc de Guiſe, in 16
» Paris, 1576. *Chez Claude Macé*, *contient* 52 *feuil-*
» *lets.*

Cet Ouvrage eſt dédié à la Reine Louiſe de Lorraine; » s'il plaît, *dit-il*, à la Majeſté Royale m'em-
» ployer ou à l'Hiſtoire ou à mon état, je ferai
» peut-être beaucoup de choſes qu'autres ne feront
» pas. *Signé*, votre fidèle Médecin, le Bon ».

Il avoit déja fait imprimer à Lyon, en 1574, un Traité *de la faculté & vertus des Bains de Bourbonne.*

Plommières, *dit-il*, eſt en Lorraine, au Pays de Voge, près de Remiremont, à cinq lieues d'Epinal, onze de Bourbonne, vingt de Chaumont en Baſſigni, On y trouve des hôtelleries, d'excellents poiſſons, des vins de Bourgogne & d'Allemagne; on ſe conduit aux bains avec la décence de Voge, & la vieille fraternité Gauloiſe. On n'y avoit point encore établi alors ni médecins, ni apotiçaires qu'il falloit amener avec ſoi. Il décrit toutes les maladies auxquelles les eaux ſont ſalutaires, & nomme entr'autres la ſtérilité; mais il falloit aller les boire, car les eaux ne peuvent ſe tranſporter.

Cette ſtérilité qui devoit ſe guérir à Plombières occaſionnoit une révolution ſur les Eaux minérales. Jean le Bon nous apprend que Brouet, Médecin du Cardinal de Bourbon avoit été s'inſtruire à Spa de l'effet des eaux; & que Miron, premier médecin, ſe tranſporta exprès ſur les lieux, afin de ne point croire, ſur la foi d'autrui, ce qu'il pouvoit ſçavoir par ſon expérience. Que Mauron alla aussi examiner des eaux, ainsi que Rosset, médecin de Madame de Ferrare, & Alexis, premier médecin de la Reine. Jean le Bon, exhorté par des grands Seigneurs, des Gentilshommes, des Médecins de la cour & de Paris, se chargea d'écrire sur celle de Plombières. Il se contenta pour lors de publier son Abrégé; parceque, répète-t il, son gros Traité étoit, avec ses papiers, à Langres, à l'abri des Reïtres & des Régiments qui couroient dans la Champagne où ils avoint commis des maux affreux, dont il promettoit l'histoire dans sa Franconimya; car, dit-il, *qui a maison à Langres, a un château en France.*

Il n'oublie point l'usage des jeunes femmes allemandes, belgiques & suisses, qui n'aimeront jamais leurs maris, s'ils ne les mènent, la première année de leur mariage, à Plombières, afin de se baigner par plaisir; cependant il conseille à ceux qui y vont par nécessité, de ne point y aller mari & femme; & il convient plaisamment que les bains ne servent point de mari, *nisi* par accident. Il blâme le commerce étranger des eaux de Lucques que l'on apportoit à Lyon, & dont les habitans tiroient plus de profit que de leurs vignes.

Le principal bain de Plombières est celui de la Reine, dit des Dames, & anciennement de Diane à laquelle il étoit consacré, & où l'on voit encore la niche où étoit placée la statue de cette Déesse, qui est, dit-il, en amphithéâtre. Il cite une inscription en lettres unciales, sur un conduit allant porter les eaux dans un château éloigné de trois lieues, où se voyent des ruines, & où un Prince demeuroit pour sa commodité. On ne se souvient pas de cela actuellement à Plombières.

Un autre bain est celui du chêne, plus populaire,

où les bestiaux alloient boire de leur propre mouvement.

Le grand bain en forme ovale, au lieu le plus large du bourg, pouvant contenir 500 personnes.

Au-dessous, le bain des lépreux & des vérolés.

Cet Auteur analysa, ou plutôt distilla les eaux de Plombières, avec Richart Hubert, Chirurgien cité par Palissy, & Poisson, Apoticaire du Cardinal de Guise. Ils mirent quatre pintes d'eau dans une cornue de verre, qui ayant été très long-tems à passer dans le matras, leur produisit un résidu qu'ils appellerent de la céruse. Voilà où en étoit alors la chimie contre laquelle Jacques Aubert avoit déja écrit; en horreur par Silvius, Duret, Brigard; contre laquelle Capet, Médecin du Roi, devoit faire un livre, & que le premier médecin Miron, devoit faire proscrire par un arrêt. Le Bon convenoit que la chimie avoit découvert, par hasard, le baume des arquébusades, ou le digestif, que Paré s'est attribué, & la poudre à canon. Il parle d'une seconde édition de *la Chirurgie des coups de guerre*, c'est-à-dire, la nouvelle édition qu'il alloit encore publier sous le nom de Paré, dont il étoit le compilateur.

Une Lettre, du premier Août 1576, de Jacques Silvius, instruit du projet qu'on avoit de terrasser la chimie : on y nomme Paracelse, *Parastultus*, *Parnsulsus*. Une Lettre latine du même, de l'an 1543, est adressée à Gesner, & il y blâme quelques recettes du *Trésor d'Evonyme*.

Autre bisarrerie de ce tems; le Religieux-Curé de Plombières héritoit des meubles, bagues & joyaux des malades qui mouroient prenants les bains, si on ne composoit avec lui en arrivant.

Un autre Auteur a écrit : » Entier discours » de la vertu & propriété des bains de Plombières,

» contenant la manière d'uſer de l'eau d'iceux en » toutes ſortes de maladies, enſemble le régime » que doivent tenir les malades, en uſant d'icelles, » par A. T. M. C., in-16, Paris, 1584. *Jean Hulpeau, contenant 46 feuillets.*

Le Libraire le dédia à Pierre Ravin D. R. en la Faculté de Médecine de Paris, le 10 Juin de cette année.

L'Anonyme avoit pour but la ſtérilité de la Reine & avoit vû à Plombieres la Ducheſſe Douairiere de Guiſe, Bethon Ambaſſadeur de la Reine d'Ecoſſe, les Seigneurs d'Andelot de Montbarré, de Flabemont, de l'Hom, du Châtelet, la Vicomteſſe de la Guerche, la femme d'Antoine Leonelli Médecin de Bâle : il renvoye au grand Traité de Jean le Bon qui devoit paroître, *moyennant qu'il ſoit plus méthodiquement digeré, que pluſieurs dient n'eſtre le* compendium *qu'il a mis en lumiere, touchant les bains ſuſdits & autres Livres ſiens, imprimés la plupart chez Bonfons.*

A cet égard le dernier n'a rien a reprocher au premier : il prétend qu'Ambron, fils aîné de Clodion le Chevelu, demeuroit l'an 484, ſuivant Baudoin & Richard de Vaſſebourg, dans la forêt des Ardennes ; qu'il fit bâtir des Temples & les Châteaux de Namur, de Toul, d'Epinal, de Château-Samſon & fit réédifier les bains de Plombieres ... conſtruits en grandes & belles pierres bien polies & proportionnées & cimentées à l'antique.

Il preſume qu'il y avoit une mine de plomb à Plombieres, il fait mention des eaux d'auprès de Montpellier où il avoit été reçu Docteur en Médecine, de celles d'Auvergne, de celles de Spa *& des eaux découvertes près la Ville de Bazas, non loin de Bourdeaux desquelles j'ai dreſſé, dit-il des Mémoires à part* ; de ſon tems, Plombieres étoit un Village de 100 feux

Il parle d'un opiat du Seigneur de Paulmy, dont on faisoit usage en prénant les eaux. Cet Anonyme pourroit être Antoine Talon, Licentié de Paris en 1561, Médecin, qui étoit du Diocèse de St. Flour.

Jean le Bon, plus instruit que l'Anonyme, a fait dans son Ouvrage un Chapitre des eaux de Sainte-Reine ou Alise en Auxois. Le vulgaire boit les eaux de Sainte-Reine, pour la rogne & pour la vérole; aussi il y avoit beaucoup de filles vagabondes & des libertins qui se jettoient ensemble, nus, dans un auge au dehors de la Chapelle: c'est ainsi qu'on a invoqué, dit-il, Saint-Eutrope pour les hidropiques & Saint-Genez pour les genaucheries & les sorcelleries. Comme antiquaire, il examina les ruines d'Alexia, la cuisine de César, où étoit une colonne chargée d'inscriptions. Il dit que le Village de Gran entre Gondrecourt & Vaucouleurs, au milieu des hermitages & burons, où se trouve encore un Théâtre, est *Augusta Treverorum*.

Qu'il y a eu une colonie des Romains, depuis Coiffy jusqu'au Rhin, & qu'il avoit trouvé dans la forêt appellée le cimetière des Sarrazins, des inscriptions qu'il copia sur les anciens monumens. Il a le premier imprimé celle de Bourbonne qui est dans Gruter & sa prétention est que toutes les Vôges & les montagnes de Donons étoient dépendantes de cette Colonie Romaine: dans l'enclave on voit Plombières & Bourbonne. Ce Village de Gran est du Diocèse de Treves & mérite d'être fouillé dans ses ruines.

Comme le Bon devoit composer *un Traité des plantes de la Belgique* dont les inconnues devoit former un autre Dioscoride; il devoit aussi donner un *Traité des genres & espèces de tous les fleuves, mines & fossiles des deux Belges.*

Plomieres prend sa dénomination du plomb pour être le principal fossille & minieres, car à Plancey (V. p.42) qui n'est pas loin de là (& qui y pourroit aller sous terre de diametre n'y auroit encore la moitié du chemin.) lieu où on tire & où on a toujours tiré du *glatin*, qui est la masse du métal de divers genres ensemble où toutefois le plomb domine sur tous les autres métaux.

Ceux qui président aux mines de Sainte-Marie le cognoissent même à la terre de Plommieres. Ces jours passés & années dernieres (il écrivoit en 1576) s'est trouvée une chose admirable, en faisant une cave à belle pointe de marteau en la roche qui est rouge & dure : c'est une terre en ceste roche par veine large de pied & demi & de profundité qui ne se peut suivre. Cette matière est blanche comme neige, unctueuse comme du beure, étant desseichée & mise sur le charbon elle rend une couleur d'azur la plus belle qui se pourroit voir & c'est cela auprès du grand bain au Lyon Rouge.

Le Bon assure qu'on a vû couler du vif argent au bain du chêne de Plommieres. Berthemin, p. 2 Ch. 4, dit avoir vû & ramassé des pailletes d'or à l'entour des fontaines de Plombieres.

La boue de Plombieres ou la terre grasse des eaux se moule parfaitement ; les vases qu'on en forme étant secs puis mouillés de nouveau avant d'être cuits, sont transparens, cette terre se retrecit en séchant & elle se vitrifie très-facilement, singularités qui demandent de nouveau les yeux d'un Naturaliste instruit.

Arches à une lieue de Bain : amas de petits graviers paitris dans la glaise rougeâtre, avec une espèce de bleinde presque noire, un gros a laissé sur la coupelle un grain d'or.

Bain, lieu célèbre par ses eaux thermales : il est situé sur la rivière de Baignerot, près de là sur la rivière de Cosné une Manufacture de fer blanc établie en 1728, par lettres-Patentes du Duc Léopold, en faveur de George Putou & aux freres Coster & Villiers.

Bellefontaine, B. de Remiremont, où l'on a établi une Manufacture d'acier.

Betting sur la Brems, B. de Schambourg, où il y a beaucoup de mines de fer & des forges, ainsi qu'à Lebach.

Castel, Mairie du même B. il y a des mines de cuivre, de fer; des forges & fonderies.

Fresse, ban de Ramonchamp à 5 lieues de Remiremont, mines de cuivre rouge.

Framont dans la Principauté de Salm, plusieurs antiquités, mines de fer & d'hémathites.

Hargarten, Bailliage de Boulay, mines rares, de plomb, mêlées avec le charbon de terre.

1°. Saint-Jacques, 2. Saint-Jean, 3. Saint-Barbé côté de Coutre, 4. Nouvelle mine de Saint-Nicolas.

Saint-Hipolithe B. de Saint-Diey, enclavé en Alsace, mines de charbon de terre découvertes en 1747, elles sont de deux espèces, M. Saur y ouvrit deux galeries, chacune de vingt toises. A Lauterupt près Laveline, même Bailliage, des mines d'or.

Longwi, dans la vallée ou Voyvre de Longwi mines d'alun qui sont négligées, celles de Touteweiller à une lieue de Saarbruk, sont exploitées avec succès; dans le voisinage, mine de charbon de terre & espece d'ardoisiere.

Saint-Pancré B. de Viller-la-montagne, mine de fer.

Moutenhauzen, B. de Bitche, forges, taillanderies; Vadomville, Bailliage de Commerci, forges de fer; Valdajols sur la route qui va de Plombieres à cette vallée, du spath fusible, vert, la plus belle espèce de la Chine, sur le rapport de M. Rouelle le cadet. Christal de Roche, trouvé à Saint-Praye, au Saint-Mont, à Rembervillers, à Fontenoi, aux

Voges ; du talc, à Raon ; carrieres renommées, à Savonnieres en Pertois.

Michel Fabert de Moulins, prit à ferme du Duc de Lorraine, les forges de Moyeuvres à trois lieues de Metz, à deux de Thionville. L'eau de la rivière d'Orne y étoit arrêtée par une écluse & conduite par un canal pour servir à deux forges, à deux fourneaux, à deux platisseries, à une fenderie & enfin à la plus belle usine qui fût alors dans le Royaume. Un débordement de la rivière ayant rompu cette écluse, il la fit réparer ; d'autres débordemens ayant encore causé le même dommage, il la fit rétablir trois fois ; s'étant ensuite rebuté, il l'abandonna, toujours obligé de payer par an 30000 testons conformément au bail passé avec le Duc de Lorraine. Affligé de cet accident, il en écrivit à son fils Abraham Fabert, depuis Maréchal de France. Mais ses réponses ne le satisfirent pas. Le jeune Fabert ayant eu un congé, se rendit à Metz, où il apprit l'Histoire des forges de Moyeuvres, il s'y transporta & jugea que la pesanteur de l'eau courante excédoit celle de l'écluse de résistance qu'on lui opposoit, son peré se refusa à l'évidence de la démonstration, c'est pourquoi il fit faire un pied cube de fer blanc & fit peser l'eau à Moyeuvres pour connoître ce que pese le pied cube d'eau. le fer de sa machine déduit & par supputation mesurant la largeur de la riviere, il la multiplia par la longueur, qui pouvoir faire poids sur l'écluse ; le produit lui ayant fait connoître la superficie, il mesura la profondeur & enfin le nombre quarré des toises cubes qui tomboit sur l'écluse. Son pere ne se rendit point à son calcul, Fabert le jeune s'étant marié, se chargea des forges à son profit, il fit travailler à l'écluse d'après ses plans & la mit dans sa perfection, on le railloit, on le blamoit à Metz, mais le succès de l'ouvrage justifia bientôt sa conduite. Il régla si bien ses ouvriers, & établit entre eux une si juste proportion, qu'absent ou présent, il pouvoit par la connoissance du gain des uns, juger de celui qu'avoient fait tous les autres. Lorsqu'on lui marquoit par exemple ce que les Fondeurs avoient gagné pendant quinze jours; il ne manquoit pas de sçavoir précisément ce qu'avoient gagné les Forgerons, les Charbonniers, les Bucherons; il connoissoit la quantité du fer qui se fabriquoit & par conséquent le profit, toutes dépenses faites, qu'il en pouvoit retirer. Des ouvriers à qui l'ordre déplaisoit, firent les mutins & une partie ayant quitté le travail, Fabert en fit venir d'autres; mais bientôt ils se représenterent & furent reçus, à la reserve des plus coupables dont il ne voulut point entendre parler. Ces forges alors les plus belles de l'Europe, auxquelles un cheval & un tombereau suffisoient pour fournir de mine à deux gros fourneaux dans lequels on la jette comme elle vient de la montagne sans être lavée, lui produisoit un million & demi de fer qui se vendoit 40 écus le millier.

## MINES DU COMTÉ DE BOURGOGNE ET DE L'ALSACE.

*Lettre à Monsieur de Peiresc sur les curiosités de la Franche-Comté par Fr. JEAN VIC de Besançon, demeurant à Dôle.*

1626.

*Vic*

JE pensois bien plutôt faire réponse à la votre dattée du 9 d'Octobre, si j'eusse pû satifaire à vos volontés comme d'abord je n'y trouvois pas beaucoup de difficulté à cause des differentes curiosités qui se rencontrent en ce pays tant pour le sel que pour les grottes

Vie.

grottes qui distillent de l'eau, laquelle se forme en diverses sortes de pierres lesquelles ne sont faites que pour admirer tant la Nature se montre étrange & se plaît à les former. Monsieur Alvisez Curé de Saint-Pierre à Besançon, en a fait une petite grotte chez lui laquelle l'on va voir par admiration. Nous avons encore une autre grotte laquelle est assez profonde dans terre, dont on y voit le jour fort bien par l'entrée, laquelle distille de l'eau; en effet tant plus qu'il fait chaud & à mesure qu'elle tombe elle se gelle & fait de gros quartiers de glace, si bien que le long de l'été l'on s'en sert aux principales maisons de ce pays pour raffraichir le vin, & la va-t-on quérir de nuit sur des chariots, par quartiers. Cette grotte est à Beaume distante de Besançon de cinq lieues, & ce qui est plus à admirer, c'est qu'autour de ladite grotte, il y a des limaces avec la coque toute velue par dessus, ne s'y en rencontrant point autre part de la sorte; mais quant à la pierre triangulaire que je vous envoye, je vous dirai qu'elle vient d'une mine qui est en ce pays ici, sur les frontieres d'Alsace où l'on y tire de la rosette en grande quantité. J'en ai mis encore une petite dans la boëte, laquelle vient de même lieu, vous la verrez aussi chargée dudit métal, étant bien marri que je ne puis vous en envoyer davantage à cause que difficilement peut-on aborder le lieu de ces mines présentement, à cause que les armées de l'Empereur conduites par le Général Gallas (1) sont au voisinage, lesquelles font semblant de vouloir assiéger une Ville appellée Montbelliard, laquelle appartient à un Prince Huguenot d'Allemagne qui releve en fief de notre Souverain

(1) V. les *Mémoires du Cardinal de la Valette*, in-12. Paris 1771, 2 vol. *chez Pierres*. M. Peiresc a souligné cette lettre.

Vic.

& n'y a point d'assurance que les soldats sortent de ce voisinage de tout cet hiver, car leur quartier en commence depuis Belfort tout voisin dudit Montbelliard & contient tout le Palatinat jusqu'à Treves. C'est pourquoi tous ces empêchemens ne me donneront la commodité de vous envoyer pour cette fois ici tout ce que je m'étois proposé, ce sera donc à une autre fois que nos lisieres seront plus libres. Mais pour retourner au lieu d'où est sorti la pierre que je vous ai envoyée, je vous dirai qu'il n'y a rien en cet endroit là que des montagnes, lesquelles fournissent il y a plus de 50 ans de ladite rosette; pour le reste elles sont stériles & à une demi journée en dedans notre pays il y a d'autres mines dans lesquelles j'ai vû tirer en passant par là, de la mine d'argent entremêlée avec de l'étain ou du plomb, mais l'argent qui en sort est seulement pour fournir aux frais que l'on fait à tirer l'un & l'autre métail, n'y ayant aucune source que d'eau commune excepté à Luxeul, à une bonne journée d'ici qu'il y a des bains chauds suphurés où l'on se va baigner pour plusieurs sortes de maladies. Quant à ce que vous desirés sçavoir de notre sel & comme il se forme, je vous dirai que c'est deux fontaines sallées qui sont dans terre dans la Ville de Salins, dont l'une est plus salée que l'autre & si néanmoins sont assez voisines, à sçavoir de 7 ou 8 pieds; l'on ne pourroit pas bien cuire le sel s'il n'y en avoit des deux mêlées ensembles. Je vous envoie de celui qui sort de la chaudiere, que vous trouverez dans une demie feuille de papier & de celui qui est en forme de recuit sur les charbons, lesdites fontaines sont si abondantes qu'elles suffiroient pour fournir la moitié de la France, car outre que l'on en fournit tout ce pays & toute la Suisse & beaucoup d'autres lieux, il y en a de si grands magasins, que je ne vous les sçaurois exprimer, aussi est-il à très-bon marché, car les 24 petits pains que je vous envoye ne coûteront pas un demi-sol; lesdites fontaines sont entre deux montagnes où est située la Ville de Salins, il ne délaisse d'avoir tout au proche des fontaines d'eau douce, fraiche & très-bonne, les amodiateurs en donnent, nonobstant le bon marché du sel, huit cent mille francs, & sont obligés à fournir toutes choses surtout le bois qui est le plus nécessaire à cause qu'il y a cinq chaudieres toutes rondes, larges de 30 pieds & hautes de 3 qui cuisent incessamment & faut bien 8 heures pour faire une cuite: voilà une partie, du moins le principal qu'il nous sçauroit dire de notre sel. Je vous envoye aussi des pierres faites en forme d'étoilles, lesquelles se trouvent en une petite montagne audessus de laquelle il y a un Château & autour des vignes dans lesquelles l'on trouve ces étoilles, étant très-véritables que toutes les pierres qui y sont sont toutes de la sorte, & vous remarquerez s'il vous plait qu'il y en a quelques unes qui ne sont pas ouvragées comme les autres, estimant que c'est seulement à mesure qu'elles se viennent à fendre, que le tems & la saison les rend dans cette perfection, vous le reconnoitrez mieux que non pas moi, car je vous en envoye de toutes les sortes. Quant à cette autre pierre laquelle est en forme de pommeau d'épée, elle a été trouvée aussi au voisinage non pas dans la même monticule laquelle a été appellée l'étoille à cause desdites pierres. J'ai encore rençontré proche Dole d'une sorte de terre que je vous envoye laquelle étant calcinée sur la pale du feu ou poche de fer se met toute en poussiere & lui faut laisser en la remuant jusqu'à ce qu'elle s'y réduise & après la laver dans un mortier, en la pillant elle se réduira en poussiere luisante comme de l'or en la maniere de celle que je vous envoye, je ne vous en envoye guere

Vio.

Vic.

parce que vous connoitrez bien ce que c'en eſt ; mais ſi vous en deſirez davantage, je vous envoyerai tant qu'il vous plaira, car les champs en ſont tout pleins en cet endroit là, l'on n'en tient point de compte par deçà, l'on s'en ſert ſeulement pour des lettres après qu'elle eſt calcinée encore eſt-ce les Capucins qui ont trouvé cette invention il n'y a pas deux ans ; vous y trouverez des merveilles après qu'elle eſt calcinée car il y a plus de pouſſiere d'or que de terre ou ſable, vous le verrez en l'expérimentant : nos Peres croyent qu'il y ait quelque mine à ces endroits-là, toutefois nous l'avons mis dans un creuſet & lui avons donné le feu tout ce qui ſe peut ; néanmoins rien ne s'eſt fondu ; aſſez proche de là, il y a de ladite terre, laquelle étant auſſi calcinée ſe réduit en pouſſière luiſante comme argent à la façon de l'autre d'or. Je crois que ſi l'on vouloit être bien curieux de rechercher en ce petit pays les raretés & curioſités qui s'y pourroient rencontrer, que l'on y trouveroit des merveilles.

## DES MINES DU COMTÉ DE BOURGOGNE.

*Par F. J. Dunod, Profeſſeur Royal en l'Univerſité de Beſançon.*

1737.

Dunod.

L'on a trouvé des paillettes d'or dans les ſables du Doux depuis Orchamp qui eſt à deux lieues au-deſſus de Dole, juſques à quatre ou cinq lieues plus bas. L'on en néglige aujourd'hui la recherche ; mais les anciens terriers des Seigneurs de cette contrée, prouvent qu'ils laiſſoient à ferme la pêche de l'or, & qu'ils en tiroient des ſommes aſſez conſidérables.

Cet or n'eſt dans le lit du Doux, que parce qu'il y a été amené par les ſources qui groſſiſſent cette rivière, & qui l'ont détaché des mines d'or au Comté de Bourgogne, que le hazard ou d'exactes recherches pourront découvrir quelque jour. Il y a quelques années qu'on en trouva un filet à Saint-Marcel-les-Juſſé, que l'éboulement des terres a empêché de ſuivre.

Dunod.

Il y a eu trois mines d'argent ouvertes au Comté de Bourgogne (1), celles de Charquemont dans le Mont Jura, ont été abandonnées, mais on travaille encore à profit dans les mines de Chateau-Lambert & de Planches-les-mines. Les anciennes Ordonnances du pays, contiennent de ſages réglemens ſur ce fait. Le Souverain avoit permis à des Compagnies de ſe former pour la traite des mines d'argent, ſous l'autorité de ſa Chambres-des-Comptes, & la Juriſdiction d'un Prévôt qu'il nommoit. Il tiroit le vingtieme du produit, & avoit la préférence ſur les parts des aſſociés pendant quarante jours, après leſquels il leur étoit libre de les vendre ailleurs.

Il ſemble que l'on n'ait négligé au Comté de Bourgogne, la recherche des métaux précieux, qui demande beaucoup d'induſtrie & de dépenſe, que pour ſe donner à la fabrique du plus utile de tous qu'on

(1) M. le Marquis de Marnéſia, a trouvé du ſpath vitreux & des mines d'argent à Preſilly & à Holiferne, deux morceaux ſemblables à ceux des mines d'étain de Cornouailles dans le parc de Moutonne, Bailliage d'Orgelet. M. Droz dit que le Doubs roule des paillettes d'or; que l'on a voulu exploiter des mines d'argent dans les monts de Noirmont, où l'on trouve des pierres marbrées & des coquillages.

Dunod.

y trouve communément (2) en abondance & avec peu de peine, c'est le fer qui s'y tire en si grande quantité, qu'on en assortit quarante-deux fourneaux, trente-neuf forges, qui ont ensemble quatre vingt-quatre feux, & vingt martinets. Il y a peu de Provinces où l'on fasse tant de fer, car elle en fournit à tous ses voisins. Le Roi en tire des bombes, des boulets & des grenades, & y fait faire les plastrons dont il arme sa cavalerie. C'est une preuve de la bonne qualité de ce fer. L'on mêle pour faire ces plastrons ou cuirasses, des feuilles de fer dur & de fer doux : & apres les avoir fait chauffer, on les bat au marteau de la forge, pour les unir. Elles sont à l'épreuve des plus fortes charges, quoique le poids n'en soit que depuis 13 à 15 livres: l'on trouve aussi dans cette province du marbre noir, blanc, gris, rouge & de couleur d'agathe. (3)

(2) Cette Province a des Réglemens particuliers pour l'exploitation des mines de fer & sur l'établissement des forges dans l'Edit du 4 Février 1621, qui se trouve dans le Receuil des Edits & Ordonnances de Franche-Comté partie VI. p. 111, titre 28 : ces mines de fer ont été connues du tems de Charlemagne en 792 ; en 1343, le Seigneur de Joux fit hommage de ses Ferrieres & minieres.

(3) Il y a du charbon de terre dans le Val de Morteau & des Tourbieres dans le voisinage de Pontarlier où l'on trouve à six pieds de profondeur des arbres couchés. Il faut voir dans ce Bailliage, les pierres colonées de Malpas, Oye, & la Cluse ; les pierres plates de la Planée & de Sainte-Colombe ; & l'espèce de craye ou argile blanche des environs des Usies à Cudane, l'albâtre blanc & rougeâtre du chemin entre Bulle & Dompiere.

Comte d'Hérouville.

# MÉMOIRE,

*Sur les mines d'Alſace, par M. le Comte d'Hérouville de Claye, Lieutenant Général des Armées du Roi.*

1741.

LES mines de Giromagny, le Puix & Auxelle-haut, ſont ſituées au pied des montagnes des Vôges, à l'extrémité de la haute *Alſace*; la ſuperficie des montagnes où ſont ſituées les mines appartient à différens particuliers, dont on achette le terrein quand il s'agit d'établir des machines, & de faire de nouveaux percemens.

Depuis le don fait des terres d'*Alſace* à la maiſon de Mazarin (1) ces mines ont été exploitées par cette

(1) Les mines de Giromagny ont été floriſſantes autrefois: le Cardinal Mazarin en devint le ceſſionnaire, il étoit aſſez riche pour les ſoutenir & pour en tirer un parti très-avantageux. En 1741, M. Orry Contrôleur général les fit viſiter; il vouloit les faire exploiter pour le Roi, mais ce projet ſe diſſipa lorſqu'il ne fut plus dans cette place. Depuis M. Pineau de Lucé Intendant d'Alſace, propoſa de faire exploiter les mines au compte de la Province, mais la ceſſion faite aux héritiers du Cardinal, en empêcha l'exécution; actuellement elles ſont dans un état de dégradation, leur produit n'évalue pas les mille arpens de futaye qu'elles conſument. Du côté des mines c'eſt une perte pour l'État, & relativement au bois une perte affreuſe pour la Province: il faut, quand on a des uſines, ſacrifier ſes gouts à leur entretien, les avantages qu'elles procurent, fait d'une part le bien de la Nation & de l'autre, en ſe procurant une aiſance honnête, on aſſure la fortune de ſes enfans, *V. ci-dev. p.* 590.

Comte d'Hérouville,

maiſon juſqu'à la fin de 1716, que le Seigneur Paul-Jules de Mazarin les fit détruire, par des raiſons dont il eſt inutile de rendre compte, parce quelles n'ont aucun rapport à la qualité de ces mines. Ces mines ſont reſtées preſque ſans exploitation juſqu'en 1733, qu'on commença à les rétablir.

Ce travail a été continué juſqu'en 1740, & voici l'état où elles étoient en 1742, 1743, &c.

La mine de Saint-Pierre, ſituée dans la montagne appellée *le Mort-Jean*, banc de Giromagny, a ſon entrée & ſa premiere galerie au pied de la montagne; elle eſt de quarante toiſes de longueur : le long de cette galerie eſt le premier puits de 89 pieds de profondeur; je dis *le long*, parce qu'au-delà du trou de ce puits la galerie eſt continuée de 55 toiſes & ſe rend aux ouvrages de la mine de Saint-Joſeph : le ſecond puits a 100 pieds de profondeur; le troiſieme 193; le quatrieme 123 : alors on trouve une autre galerie de quatre toiſes qui conduit au cinquieme puits, qui eſt de 128 pieds. Au milieu de ce puits, on rencontre une galerie de quarante toiſes de longueur qui conduit aux ouvrages où ſont actuellement quatre Mineurs occupés à un filon de mine d'argent d'un pouce d'épaiſſeur, qui promet augmentation. De ces ouvrages, on revient au ſixieme puits, qui eſt de 107 pieds de profondeur, où les ouvrages ſur le minuit, ſont remplis de décombres, que l'on commence à enlever.

Du ſixieme puits vers le midi, on a commencé une galerie de 35 toiſes de longueur, pour arriver à des ouvrages qu'on appelle *du cougle*, où il y a un filon de mine d'argent de deux pouces & demi d'épaiſſeur, où trois Mineurs ſont employés & où l'on eſpère en employer vingt. Cette partie de la mine paſſe pour la plus riche.

Comte d'Herouville.

Le ſeptieme puits a 94 pieds de profondeur, en tirant de ce puits au minuit par une galerie de trente-cinq toiſes, on trouve des ouvrages dans leſquels il y a deux Mineurs à un filon de 4 à 5 pouces d'épaiſſeur de mine d'argent, cuivre & plomb; le huitième puits à 100 pieds de profondeur; le neuvième a auſſi 100 pieds de profondeur. Au fond de ce puits on trouve une galerie de 40 toiſes, qui conduit aux ouvrages vers le minuit où ſont employés neuf Mineurs ſur un filon de 4 à 5 pouces. Le dixieme puits a 86 pieds, & le onzieme 120 pieds. Le douzième eſt de 60; on y trouve un filon de 4 pouces d'épaiſſeur, ſur trois toiſes de longueur, continuant par une mine picaſſée, juſqu'au fond où ſe trouve encore un filon de deux pouces d'épaiſſeur ſur ſix toiſes de longueur, & un autre picaſſement de mine en remontant.

Nous avons dit, en parlant du premier puits, qu'au-delà de ce puits la galerie étoit continuée de 55 toiſes, pour aller à la mine de Saint-Joſeph. Au bout de cette galerie, eſt un puits de la profondeur de 60 pieds; un ſecond puits de 40: mais ces ouvrages ſont ſi remplis de décombres qu'on ne peut les travailler; cette mine de Saint-Pierre eſt riche, & ſi les décombres en étoient enlevées, on pourroit employer vers le midi trente Mineurs coupant mine. On tira de cette mine pendant le mois de Mars, 1741, quatorze quintaux de mine d'argent, cuivre & plomb, tenant huit lots, 86 de mine d'argent, cuivre, & plomb, tenant en argent quatre lots, en cuivre douze lots pour cent, le plomb ſervant de fondant; plus 30 quintaux tenant 3 lots, qui ſont provenus des pierres de cette même mine, que l'on a fait piler & laver pour les bocards.

Pour exploiter cette mine, il y a un canal ſur terre d'un grand quart de lieue de longueur, qui conduit les eaux ſur une roue de 32 pieds de diametre, laquelle tire les eaux du fond de cette mine par vingt-deux pompes aſpirantes & foulantes. Pour gouverner cette machine, il faut un homme qui ait ſoin du canal, un Maître de machine, quatre valets, trois Charpentiers, trois hontemens, ſoixante-dix manœuvres, pour tirer la mine hors du puits; deux maréchaux, deux valets, huit chaideurs, outre le nombre de coupeurs dont nous avons parlé.

*Comte d'Hérouville.*

La mine de Saint-Daniel ſur le banc de Giromagny, actuellement exploitée, a ſon entrée au levant, par une galerie de la longueur de 30 toiſes; & ſur la longueur de cette galerie il ſe trouve trois puits ou chocs différens. Le premier a 48 pieds; le ſecond 48; le troiſiéme 36. Ces trois puits ſe réuniſſent dans le fond, où il ſe trouve une galerie de 42 toiſes; dans cette galerie eſt un autre puits de 60 pieds; puis une autre galerie de 6 toiſes, & au bout de cette galerie, un puits de 12 pieds de profondeur. Le filon du fond de la mine, eſt argent, cuivre & plomb de la largeur de 6 pouces, ſur 6 toiſes de longueur, & le filon des deux galeries eſt de 6 pouces de largeur ſur 20 toiſes de longueur. Cette mine produit actuellement par mois 70 quintaux de mine de plomb, 40 quintaux de mine d'argent; la mine de plomb tenant 45 lots de plomb pour cent, & 8 lots de mine auſſi pour cent ou quintal

La mine de Saint-Nicolas, banc de Giromagny, donnoit trois métaux, argent, cuivre & plomb; on ceſſa en 1738 d'y travailler faute d'argent, pour payer les ouvriers qui n'y travailloient qu'à fort-fait. Elle a ſon entrée au levant par une galerie de 8 toiſes au bout de laquelle eſt un puits & cette galerie continue depuis ce puits encore 18 toiſes, au bout deſquelles on trouve un filon de cuivre de l'épaiſſeur de deux pouces, ſur une toiſe de longueur; ce filon eſt mêlé de veines de mine d'argent, dont le quintal tient six lots. Cette mine a trois puits : le premier de 40 pieds ; le second de 60, & le troisième de 20 pieds de profondeur.

Comte d'Hérouville.

On observoit en 1741, qu'il étoit nécessaire d'exploiter cette mine pour l'utilité de celle de Saint-Daniel.

La mine de Saint-Louis sur le banc de Giromagny, a son entrée au midi par une galerie de 10 toises, au bas de laquelle est un puits de 12 pieds : au bas de ce puits est une autre galerie de la longueur de 80 toises, qui aboutit sur la galerie du premier puits de la mine de Phénigtorne. Dans le premier puits, il y en a un autre de 24 pieds de profondeur où se trouve un filon d'argent, de cuivre & plomb, de 4 pouces d'épaisseur sur 4 toises de longueur.

La mine de Phénigtorne passe pour la plus considérable du pays : elle a son entrée au levant au pied de la montagne de ce nom, & son filon est au midi ; elle est mêlée d'argent & cuivre, le quintal produit 2 marcs d'argent, & 10 à 12 livres de cuivre : quand le filon est mêlé de roc, elle ne donne qu'un marc d'argent par quintal, mais toujours la même quantité de cuivre. La premiere galerie pour l'entrée de cette mine est de 15 toises jusqu'au premier puits : il y a 12 chocs ou puits de 100 pieds de profondeur. Les ouvrages qui méritoient d'être travaillés, ne commençoient, en 1741, qu'au sixieme puits ; dans le septième puits, il y avoit un filon seulement picassé de mine d'argent ; rien dans le huitième ; dans le neuvième, au bout d'une galerie de trente toises de long, il y avoit un filon qui pouvoit avoir de la suite ; au bout de cette galerie, il y avoit encore un puits commencé, où l'on trouvoit un pouce de mine qui promettoit un gros filon : dans le dixième & onzième, peu de chose ; dans le

*Comte d'Hérouville.*

douzième, vers minuit, il se trouvoit un filon de trois pouces d'épaisseur sur 4 toises de longueur ; & dans le fond de la montagne, où la machine prenoit son eau, il y avoit un filon de trois pouces, en tirant du côté du puits, de la longueur de 12 toises au bout desquelles se trouvoit encore un puits commencé de la profondeur de 20 pieds & de trois toises de longueur, dans le fond duquel est un filon de six pouces d'épaisseur, de mine d'argent & cuivre sans roc ; & aux deux côtés dudit puits, encore le même filon d'une toise de chaque côté.

Cette mine de Phénigtorne, exploitée dans les régles, pouvoit, selon l'estimation de 1741, produire 90 quintaux, plutôt plus que moins, par mois.

On voit par ce profil, que les trois mines de Saint-Daniel, de Saint-Louis, & de Saint-Nicolas, peuvent communiquer dans la Phénigtorne par des galeries, & par conséquent abréger beaucoup les travaux & les dépenses.

La mine de Saint-François, sur le banc de Puix, n'étoit plus exploitée en 1741 ; elle a son entrée au levant par une galerie de quinze toises, au bout de laquelle on trouve le premier puits, qui est de 60 pieds de profondeur ; & du premier puits au second, la galerie, est continuée sur la longueur de sept toises, où l'on trouve le second puits de 90 pieds de profondeur.

Cette mine contient du plomb, tenant trois lots d'argent par quintal, & 40 liv. de plomb pour cent. Le filon commence au premier puits, & va jusqu'au fond du second, gros de tems en tems de 3 pouces, sur la longueur de 80 pieds du côté du midi & minuit : dans le fond du puits il y a un autre filon de quatre à cinq pouces, mêlé de roc par moitié ; & en remontant du côté du midi, il y a encore un filon de trois à quatre pouces d'épaisseur, sur trois toiſes de longueur, qui contient plus d'argent que les autres filons de la mine.

*Comte d'Herouville.*

La mine de Saint-Jacques, ſur le banc du Puix, non exploitée en 1741, paſſoit alors pour ne pouvoir l'être ſans nuire à la Phénigtorne, qui valoit mieux; & cela faute d'une quantité d'eau ſuffiſante pour les deux dans les tems de ſéchereſſe.

La mine de Saint-Michel, banc du Puix, non exploitée en 1741, eſt de plomb pur: elle a ſon entrée entre le midi & le couchant par une galerie de huit toiſes, au bout de laquelle eſt un puits de 30 pieds: ſon filon eſt petit & de peu valeur, mais de bonne eſpérance.

La mine de la Selique, banc du Puix, non exploitée en 1741, eſt de cuivre pur, n'a qu'une galerie de 20 toiſes au bout de laquelle il y a un puits commencé, qui n'a pas été continué; le filon n'en étoit pas encore en régle.

La mine de Saint-Nicolas des bois, banc du Puix, non exploitée en 1741, eſt de cuivre & plomb, à en juger par les décombres.

Les autres mines du banc du Puix, qui n'ont jamais été exploitées, du moins de mémoire d'homme, ſont la montagne Collin, la montagne Schelogue, les trois Rois, Saint-Guillaume, la Buzencere, & Sainte-Barbe.

La Taichegronde, non exploitée, eſt une mine d'argent, qui paroît abondante & riche.

Toutes ces montagnes tant du banc de Giromagny que du Puix, ſont contigues; une petite rivière les ſépare: de la premiere à la derniere il n'y a guere qu'une lieue de tour.

Il y a au banc d'Etueffont une mine d'argent, cuivre & plomb, diſtante d'une lieue & demie de celle de Giromagny; elle n'a point non plus été exploitée de mémoire d'homme.

*Comte d'Hérouville.*

Au banc d'Auxelles, la mine de Saint-Jean eſt entièrement exploitée à la premiere galerie ſeulement; elle eſt de plomb : on y entre par une galerie de cent toiſes pratiquée au pied du mont-Bomard ; vingt mineurs y ſont occupés. Il y a dans cette mine dix chocs ou puits de différentes profondeurs, depuis 56 juſqu'à 57 pieds chacun.

La mine de Saint-Urbain, au même banc, eſt exploitée à fort-fait; elle eſt de plomb, on y entre par une galerie pratiquée au midi, de cinq à ſix toiſes : la découverte de cette mine eſt nouvelle ; elle eſt de 1734 ou 1735. Son filon, qui parut d'abord à la ſuperficie de la terre, eſt maintenant de douze pouces d'épaiſſeur en des endroits, & de ſix pouces en d'autres; & ſa longueur de cinq toiſes avec eſpérance de continuité,

Au même banc, la mine de Saint-Martin, non exploitée depuis un an, eſt de plomb, ſon expoſition eſt au midi : on y entre par une galerie de vingt toiſes, au bout de laquelle eſt un choc ou puits de 18 pieds ſeulement de profondeur. Le filon de cette mine eſt de quatre à cinq pouces d'épaiſſeur, & de quatre toiſes de longueur ; c'eſt la même qualité de mine qu'à Saint-Urbain.

La mine de Sainte-Barbe, non exploitée depuis deux ans, eſt expoſée au levant ; on y entre par une galerie de la longueur de douze toiſes, au bout de laquelle eſt un ſeul puits de 90 pieds de profondeur ; elle donnoit argent, cuivre & plomb.

Au même banc, la mine de Saint-Jacques, non exploitée depuis deux ans a ſon expoſition au midi ; ſans galerie d'abord ; elle n'a qu'un puits de 24 pieds de profondeur, au bout duquel on trouve une galerie de quatre toiſes qui conduit à un autre puits de 60 pieds, où ſont des ouvrages à pouvoir occuper cinquante mineurs coupant mines.

Au même banc, la mine de l'homme-Sauvage, non exploitée, a son exposition au midi par une galerie de trois toises seulement, & travaillée à découvert : son exploitation a cessé depuis trois ans. Cette mine est de plomb, son filon est de deux pouces d'épaisseur.

Comte d'Hérouville.

Au même banc, la mine de la Scherchemite, non exploitée, a son exposition au levant ; elle est de plomb : son filon étoit, à ce que disoient les ouvriers, d'un demi-pied d'épaisseur.

Mine de Saint-George, non exploitée : elle est de cuivre ; son puits est sans galerie, & n'a que 18 pieds de profondeur.

Mines de la Kelchaffe & du Montménard, non exploitées : elles sont argent, cuivre & plomb ; & de vieux Mineurs les disent très-riches.

Les mines d'Auxelle-haut sont aussi contigues les unes aux autres.

Voilà l'état des principales mines d'Alsace en 1741 ; voici maintenant les observations qu'elles occasionnerent.

1°. Qu'il faut continuer un percement commencé à la mine de Saint-Nicolas, banc de Giromagny, jusqu'à la mine de Saint-Daniel ; parce qu'alors les eaux de Saint-Daniel s'écouleront dans Saint-Nicolas, & le transport des décombres se fera plus facilement par le rechangement des manœuvres & l'épargne des machines coûteuses qu'il faut employer aux eaux de Saint-Daniel. On conjecture encore que le percement ne sera pas long, les ouvriers de l'une des mines entendant les coups de marteau qui se frappent dans l'autre.

2°. Que pour relever la mine de Phénigtorne, il faut rétablir l'ancien canal & les deux roues, à cause de la grande quantité d'eau que produit la source qui est au fond de la mine.

Comte d'Hérouville.

3. Qu'il faudroit déplacer les fourneaux, les fonderies & tous les établissemens auxquels il faut de l'eau, dont la Phénigtorne a besoin, & qu'elle ne pourroit partager avec ces établissemens sans en manquer dans les tems de sécheresse.

4. Que la mine de Saint-François, banc du Puix, peut être reprise à peu de frais.

5. Que celle de Saint-Jacques, même banc, est à abandonner, parce que les machines à eau nuiroient à la Phénigtorne, & qu'on ne peut y en établir, ni à chevaux, ni à bras.

6. Que l'exploitation des mines d'Auxelle-haut en même tems que de celles de Puix & de Giromagny, seroient fort avantageuses, parce qu'on tireroit des unes ce qui seroit nécessaire, soit en fondant, soit autrement, pour les autres.

7. Que pour tirer parti de la mine de Saint-Jean, au banc d'Etueffont, il faudroit nétoyer trois étangs qui servent de réservoir, afin que dans les tems de sécheresse on en pût tirer l'eau, & suppléer ainsi à la source qui manque.

8. Que les ouvriers, quand ils ne travaillent qu'à fort-fait, ruinent nécessairement les entrepreneurs, & empêchent la continuation des ouvrages, les galeries étant mal entretenues, les décombres mal nétoyés, & le filon tout-à-fait abandonné, quand il importeroit d'en chercher la suite.

9. Que les Entrepreneurs, par le payement à fort-fait, payant aux mineurs un sol six deniers par livre de plomb suivant l'essai, les autres métaux qui se trouvent dans la mine de plomb, quoique non perdus, ne sont pas payés.

10. Que l'essai doit contenir par quintal de mine 45 livres de plomb, & que quand il produit moins, le directeur ne la recevant pas, le mineur est obligé de la nétoyer pour la faire monter au degré.

11. e

Le Comte d'Hérouville.

11. Que le Directeur ne la reçoit point à moindre degré, parce que plus la mine est nette, plus elle donne en pareil volume & moins il faut de charbon pour la fondre. Il importe donc par cette raison que la mine soit mêlée de roc le moins qu'il est possible: mais en voici d'autres qui ne sont pas moins importantes; c'est que ce roc est une matière chargée d'arsenic, d'antimoine & autres poisons qui détruisent le plomb & l'argent, l'emportant en fumée.

12. Qu'il se trouve dans le pays toutes les choses nécessaires, tant en bois qu'en eau, machines, fondeurs, mineurs, &c. pour l'exploitation des mines; & qu'il est inutile de recourir à des étrangers, surtout pour les fontes; l'expérience ayant démontré que celles des fondeurs du pays réussissent mieux que celles des étrangers.

13. Que sans nier que les Allemands ne soient de très-bons ouvriers, il ne faut cependant pas imputer mais à la force de leurs gages, ce qu'ils font de plus que les nôtres, dont la rente est moindre.

14. Que quant au bois nécessaire pour les mines de Puix & de Giromagny, tous les bois de montagnes étoient jadis affectés à leur usage; qu'il seroit

(1) Les Ordonnances ont remédié aux abus; les Marchands exploitans les bois, doivent requerir les Officiers des Eaux & Forêts, de faire une visite juridique des Souches & délits qui se trouvent à une petite distance du tour de leur vente, qu'on nomme *l'ouie de la coignée* & qui forme un arondissement de 50 perches pour les bois de 50 ans & audessus, & de 25 perches pour les bois plus jeunes: cette opération est nommée *le Souchetage*, elle se fait avant l'exploitation, afin qu'on n'impute pas aux Marchands des délits qu'il n'ont pas commis & après afin de vérifier s'ils n'ont point altéré les souches de leur ventes; c'est encore Palissy qui a prévu ce réglement si sage.

à souhaiter que ce privilége leur fût continué, & que les forges de Belfort & les quatorze communautés du Val de Rozemont les pourvussent ailleurs.

*Le Comte d'Hérouville.*

15. Que les autres bois des montagnes voisines qui ne sont pas dégradés s'ils sont bien entretenus, suffiront à l'exploitation.

16. Que le fort-fait empêche les ouvrages ingrats de s'exécuter, quelque profit qu'il puisse en revenir pour la suite; & par conséquent, que cette convention du Directeur au Mineur, ne devroit jamais avoir lieu.

17. Que les mines étant presque toujours engagées dans les rocs, leur exploitation consomme beaucoup de poudre à canon, & qu'il faudroit l'accorder aux entrepreneurs, au prix que le Roi la paye.

18. Qu'il faut établir le plus qu'on pourra de boccards pour piler les pierres de rebut, tant les anciennes que les nouvelles, parce que l'usage des boccards est de petite dépense & l'avantage considérable. Voici la preuve de leur avantage; celle de leur peu de dépense n'est pas nécessaire.

Après l'abandon des mines d'Alsace, les fermiers des Domaines de M. le Duc de Mazarin, n'ignorant pas ce qu'ils pourroient retirer des pierres de rebut provenues de l'ancienne exploitation, traiterent pour avoir la permission de cette recherche, avec M. le Duc de Mazarin. Le Seigneur Duc ne manqua pas d'être lésé dans ce premier traité; il le fit donc résilier; & il s'obligea par un autre à fournir les bois & les charbons, les fourneaux & les boccards, pour la moitié du profit. On peut juger par ces avantages combien les rentrées devoient être considérables.

19. Que si la compagnie Angloise qui avoit traité de ces mines s'en est mal trouvée, c'est qu'elle a été d'abord obligée de se constituer dans des frais

immenses, en machines, en maison, en magasin, en fourneaux, en halles, &c. sans compter les gages trop forts qu'elle donnoit aux ouvriers.

*Le Comte d'Hérouville.*

20. Qu'il conviendroit, pour prévenir tout abus, qu'il y eût des Directeurs, Inspecteurs & Contrôleurs des mines établis par le Roi.

21. Que les terreins des particuliers que l'on occupe pour l'exploitation des mines, sont remplacés par d'autres, selon l'estimation du traitant; mais non à sa charge, tant dans les autres mines du Royaume, que dans les mines étrangeres, & qu'il faudroit étendre ce privilége à celles d'Alsace.

22. Qu'afin que les précautions qu'on prendra pour exploiter utilement, ces mines ne restent pas inutiles, il faudroit ménager les bois, & avoir une concession à cet effet de certains bois à perpétuité, ainsi qu'il est pratiqué dans toutes les autres mines de l'Europe; parceque les baux à tems n'étant jamais d'un terme suffisant pour engager les Entrepreneurs aux dépenses nécessaires, il arrive souvent que les Entrepreneurs à tems limité, ou travaillent & disposent les mines à l'avantage des successeurs, ou que les Entrepreneurs à tems voyant leurs baux prêts à expirer, font travailler à fort-fait pour en tirer le plus de profit, & préparent ainsi une besogne ruineuse à ceux qui y entrent aprés eux.

23. Que pour le bon ordre des mines en général, il conviendroit que le Roi établît de sa part un Officier, non seulement pour lui rendre compte de la vigilance des Entrepreneurs & des progrès qu'ils pourroient faire; mais qui pût encore y administrer la justice, pour tout ce qui concerne les Officiers, ouvriers, mineurs; & les appels en justice ordinaire étant toujours dispendieux, que ceux des jugemens de cet Officier ne se fissent que pardevant les Intendans de la Province.

*Le Comte d'Hérouville.*

24. Que tous les Officiers, mineurs, fondeurs, Maitres des boccards & lavoirs, ainsi que les voituriers ordinaires qui conduisent les bois & charbons jouissent de toute franchise, soit de taille, soit de corvée.

25. Qu'il plût au Roi d'accorder la permission de passer en toutes les Provinces du Royaume, les cuivres & les plombs, sans payer droits d'entrée & de sortie.

26. Que le Conseil rendît un Arrêt par lequel il fût dit que tous les associés dans l'entreprise des mines, seront tenus de fournir leur part ou quotité des fonds & avances nécessaires, dans le mois; faute de quoi ils seront déchus & exclus de la société, sans qu'il soit nécessaire de recourir à aucune sommation ni autorité de Justice; cette loi étant usitée dans toute l'Europe en fait de mines.

Voilà ce que des personnes éclairées pensoient en 1741, devoir contribuer à l'exploitation avantageuse, tant des mines d'Alsace, que de toute mine en général; nous publions aujourd'hui leurs observations, presque surs qu'il s'en trouvera quelques-unes dans le grand nombre, qui pourroient encore être utiles, quelque changement qu'il soit peut-être arrivé depuis 1741 dans ces mines. Que nous serions satisfaits de nous tromper dans cette conjecture, & que l'intervalle de dix ans eût suffit pour remettre les choses sur un si bon pied, qu'on n'eût plus rien à desirer dans un objet aussi important!

Elles observoient encore en 1741, dans les visites qu'elles ont faites de ces mines, que les mineurs se conduisoient sans aucun secours de l'art; que les Entrepreneurs n'avoient aucune connoissance de la Géométrie souterraine; qu'ils ignoroient l'anatomie des montagnes; que les meilleurs fondans y étoient inconnus ; que pourvû que le métal fût fondu ils se soucioient fort peu du reste, de la bonne façon & de la bonne qualité, qui ne dépend souvent que d'une espèce de fondant qui rendroit le métal plus net, plus fin & meilleur ; que les ouvriers s'en tenoient à leurs fourneaux, sans étudier aucune forme nouvelle ; qu'ils n'examinoient pas davantage les matériaux dont ils devoient les charger ; qu'ils s'imaginoient qu'on ne peut faire mieux que ce qu'ils font ; qu'on est ennemi de leur intérêt ; quand on leur propose d'autres manœuvres : que quand on leur faisoit remarquer que les scories étoient épaisses, & que le métal fondu étoit impur, ils vous répondoient, *c'est la qualité de la mine*, tandis qu'ils devoient dire, *c'est la mauvaise qualité du fondant*, & en essayer d'autres : que si on leur démontroit que leurs machines n'avoient pas le degré de perfection dont elles étoient susceptibles, & qu'il y auroit à réformer dans la construction de leurs fourneaux, ils croyoient avoir satisfait à vos objections, quand ils avoient dit, *c'est la méthode du pays, & que si leurs usines étoient mal construites, on ne les auroit pas laissées si longtems imparfaites :* qu'il est constant qu'on peut faire de l'excellent acier en Alsace ; mais que l'ignorance & l'entêtement sur les fondans, laisse la matière en gueuse trop brute, le fer mal préparé, & l'acier médiocre ; qu'on croyoit à Kingdall que les armes blanches étoient de l'acier le plus épuré & qu'il n'en étoit rien ; que la présomption des ouvriers, & la suffisance des Maîtres, ne souffroient aucun conseil : qu'il faudroit des ordres ; & que ces ordres, pour embrasser le mal dans toute son étendue, devroient comprendre les tireries, fonderies, & autres mines : que la conduite des eaux étoit mal entendue ; les machines mauvaises, & les trempes médiocres ; qu'il n'y avoit nulle économie dans les

*Le Comte d'Hérouville.*

*Le Comte d'Hérouville.*

bois & les charbons ; que les établissemens devenoient ainsi presqu'inutiles ; que chaque Entrepreneur détruisoit ce qu'il pouvoit pendant son bail ; que tout se dégradoit, usines & forêts : qu'il suffisoit qu'on fût convenu de tant de charbon pour le faire supporter à la mine ; que dure ou tendre, il n'importoit, la chose alloit toujours ; que le fondant étant trop lent à dissoudre, il faudroit quelquefois plus de charbon ; mais que ni le Maître, ni l'ouvrier n'y pensoient pas : en un mot que la matière étoit mauvaise, qu'ils la croyoient bonne & que cela leur suffisoit. Voilà des observations qui étoient très-vraies en 1741 ; & il faudroit avoir bien mauvaise opinion des hommes, pour croire que c'est encore pis aujourd'hui.

Mais les endroits dont nous avons fait mention ne sont pas les seuls d'où on tire de la mine en Alsace : Sainte-Marie-aux-mines, donne fer, plomb & argent ; Giromagny & Banlieue, de même ; Lach & Val-de-wille, charbon, plomb ; d'Ambach, fer ordinaire, fer fin ou acier ; Ban-de-la-Roche, fer ordinaire ; Framont, fer ordinaire ; Molsheim, fer ordinaire, plâtre, marbre ; Sultz, huile de Pétrole, & autres bitumes. Ces mines ont leurs usines & hauts-fourneaux ; au Val de Saint-Damarin pour l'acier ; au Val de Munster, pour le laiton ; à Kingdall, pour les armes blanches & les cuivres ; à Baao, pour le fer & l'acier.

L'Alsace a aussi ses carrieres renommées : il y a à Rousack, moilon, pierre de taille, chaux & pavé, meules de moulin, bloc & bonne chaux ; à Savernes, excellent pavé.

Les mines non exploitées, sont, pour le fer, le Val de Munster & celui d'Orbay ; pour le fer & le cuivre, le Val-de-Wille Bao & Thaim ; pour le gros fer, le fin & le plomb, d'Ambach; (1) pour l'argent, le plomb & le fer, Andlau; pour le plomb, Oberenheim; pour le charbon, Vische; pour le fer & l'alun, le Ban-de-la-Roche & Framont. On trouve encore à Marlheine, Valsone & Hautbanc, des marcassites qui indiquent de bonnes mines.

## *Sur l'exploitation des Mines d'Alsace & du Comté de Bourgogne, par M. de Genssane, C. de l'Acad. des Sciences de Paris.* 1756.

Genssane.

LES montagnes des Vôges qui séparent l'Alsace de la Lorraine & de la Franche-Comté, sont très abondantes en différens minéraux : on y trouve des mines de plomb, de cuivre, d'argent, d'antimoine, de cobalt & de magnésie, de charbon de terre & de plusieurs autres substances terrestres ; & cela est d'autant plus fréquent dans ces cantons, qu'il seroit difficile d'y faire une demi-lieue de che-

(1) Mine de fer aisée à convertir en acier près de Dambach à sept lieues de Strasbourg dans les montagnes des Vôges découverte par M. Makaud de Hircheim, Chevalier de l'Ordre de Saint-Louis, Magistrat de Strasbourg. M. Bazin composa à ce sujet : *Traité de l'acier d'Alsace* in-12. Strasbourg 1737, où il est parlé de cette découverte avec des comparaisons des méthodes de Suede, de Dauphiné, de Carinthie, Stirol, &c. d'après Emmanuel Swedenborg. Cette mine rend 50 pour cent.

Il y a au nombre de ces mines un sable noir que l'aimant attire & qui est du fer natif.

*Voyez Journal de Verdun 1737, Trévoux 1739 & les actes de Leipsic, T. VI.*

Genssane.

min, sans y appercevoir les indices de quelque minéral. Il est vrai qu'en général les filons n'y sont pas riches, mais il en est plusieurs qui méritent la plus grande attention. Parmi ces derniers, il y en a qui ont été travaillés anciennement; d'autres qui n'ont été découverts que de nos temps; plusieurs enfin qui ne demanderoient qu'une recherche un peu exacte, pour devenir l'objet d'un travail également fructueux & considérable.

Nous nous sommes fait une loi, dans le détail que nous allons faire de ces mines, d'éviter un écueil auquel on n'est que trop sujet, qui est d'apprécier ces sortes de choses au-dessus de leur valeur: c'est une espèce de manie, parmi tous les mineurs de l'univers, de ne regarder les mines que du côté qu'elles flattent; & d'écarter, comme un mal, toute idée qui pourroit les faire envisager du côté opposé. On ne veut point s'imaginer qu'un filon, de quatre ou cinq pieds, de mine pure, peut se réduire à rien au bout de quelques toises: c'est cependant ce qui arrive très souvent, sur-tout dans les montagnes des Vôges. Les filons uniformes ou constans n'y sont pas communs; ils ne donnent, la plupart, que par bouillons, c'est-à-dire, par intervalles, & ils ont cela de commun avec toutes les mines de l'univers. C'est encore une erreur que de regarder comme une regle générale, que plus on approfondit une mine, plus elle doit se trouver riche: cette regle n'a lieu que pour certains filons, c'est tout le contraire dans d'autres. Ce détail au surplus est étranger à l'objet que nous nous sommes proposé dans ce mémoire que nous avons divisé en deux parties.

Dans la première, nous allons détailler les différentes mines d'Alsace & de Franche-Comté, que nous avons vues, & dont nous avons une entière connoiſſance, en les diſtinguant de celles que nous ne connoiſſons que par des rapports ou des mémoires qui nous ont été communiqués. Genſſane.

La ſeconde renferme quelques obſervations ſur la raiſon pour laquelle le travail de ces mines languit & n'eſt point porté au degré de vigueur dont elles ſeroient ſuſceptibles.

## PREMIERE PARTIE.

Avant d'entrer dans le détail des mines dont il eſt ici queſtion, il eſt bon d'être prévenu que ces travaux ont eté ſuivis ſucceſſivement, tantôt par des Allemands, tantôt par des François, & le plus ſouvent par les uns & les autres enſemble; & que la plupart des termes, dont on y fait uſage, ſont un mélange de françois & d'allemand, dont il convient d'être préalablement au fait.

Nous appellons indifféremment un filon ou une gangue, une veine de pierre, de ſable ou de terre, qui parcourt un certain terrein, & qui renferme quelque minéral.

La pierre dont nos filons ſont compoſés eſt un quarz, un ſpath, de l'ardoiſe, du caillou de différente couleur: leurs parties terreuſes ſont d'une terre graſſe marneuſe, ſouvent feuilletée, dont les couleurs varient ſuivant les métaux qu'elles renferment; nous l'appellons* *moulme*.

Les quartz ſont durs, compactes, de couleur blanche, griſe, rouge ou noire. Le ſpath, au contraire eſt moins dur: il a une apparence talqueuſe, quelquefois tranſparente; nous en avons de pluſieurs couleurs, du blanc, du verd aigue-marine, améthiſte, brun, cendré, &c.; il eſt en général tendre & friable Toutes ces ſubſtances ont ici le nom de *gangue*. On trouve encore des filons que nous

Genſſane.

appellons la *mine en ſable* ; c'eſt en effet un ſable quelquefois mouvant, & plus ſouvent de la conſiſtance du grès. On reconnoît ordinairement, par leur couleur, le genre de métal qu'ils renferment, quelquefois auſſi on ne ſauroit les diſtinguer que par l'épreuve : tel eſt celui qu'on trouve par fois dans le filon de Notre-Dame, à Planché, qu'on a pris long-tems pour du ſpath briſé, & qu'on a enfin reconnu pour de la mine d'argent ; il tient en effet juſqu'à 32 lots de ce métal. Il reſſemble parfaitement, par la couleur & la conſiſtance, au ſucre ordinaire en pains.

On dit ici que le filon ſe ſuit, & qu'un tel filon eſt réglé, lorſqu'il contient du minéral, ſans interruption, dans toute ſa longueur, quand même il ne ſeroit pas toujours de la même richeſſe. Ceux-ci ſont rares dans les montagnes des Vôges : les filons, comme nous l'avons déja obſervé, n'y donnent ordinairement de la mine que par bouillons, c'eſt-à-dire, par intervalles.

### *Mines de Franche-Comté.*

Les principales mines qu'on trouve dans la partie des Vôges, ſituée en Franche-Comté, ſont celles de *Planché*, *la Vieille-Hutte*, *Ternuai*, *le Mont de Vannes*, *Chateau-Lambert*, *Faucogniey* & *Saint Breſſon*.

### *Planché.*

La premiere mine qu'on a travaillée à Planché, eſt celle appellée *la Grande-Montagne* ; c'étoit une rencontre de pluſieurs filons qui formoient, dans cet endroit un bloc de minéral que les Allemands appellent *Stock*. Le minéral eſt mêlé de plomb, de cuivre & d'argent : lorſque la mine eſt bien pure, ou ce que nous appellons mine entière, elle rend soixante à soixante-cinq livres de plomb, deux à trois livres de cuivre, & deux lots d'argent par quintal; elle est très difficile à fondre, à cause de la quantité de bleinde & d'arsenic qu'elle renferme, & qui, malgré toutes les précautions possibles, vitrifie toujours une partie de métal à la fonte.

Genssane.

Cette montagne au reste est épuisée: elle est fendue dans toute sa hauteur de part en part; il n'y reste que quelques rameaux qui ne méritent pas attention. Ces travaux sont poussés à une profondeur considérable, au-dessous même du niveau du pied de la montagne: il est vrai que, dans cette profondeur, on y trouveroit encore beaucoup de minéral, mais l'abondance des sources, & l'idée sur-tout où l'on est que l'eau de la rivière y pénètre, sont cause qu'on n'a point encore relevé cet ancien travail. On pile encore actuellement les décombres qui y sont en quantité, & le minéral qu'on en retire rend à la grande fonte douze à quinze livres de plomb, deux à trois livres de cuivre, & une once d'argent par quintal.

A un quart de lieue, au-delà de ce travail, il y a deux autres travaux appellés *Sainte-Barbe* & *Saint-Jacques*, situés sur le même filon. Le minéral y est de la même qualité que celui ci-dessus; il rend cependant un peu plus de cuivre. Ce travail, sur-tout celui de Sainte-Barbe, est encore très vaste. Il fut r'ouvert en 1740, on y travailla quelque tems; mais comme il y avoit fort peu de minéral, l'abondance de l'eau, & sur-tout le peu de solidité du terrein, le firent abandonner; les décombres sont très bons pour le pilon, & on les pile actuellement avec ceux de la grande-montagne. Tous ces travaux sont à gauche de la rivière, en montant dans le vallon de Planché.

A droite de la même rivière, & vis-à-vis de la grande-montagne, est une autre mine appellée *No-*

*tre-Dame*. C'eſt un ancien travail, qui n'eſt pas conſidérable ; il fut r'ouvert en 1738. C'eſt une des plus riches mines d'argent qu'il y ait dans le canton : elle a rendu juſqu'à deux marcs par quintal, cinq à ſix livres de cuivre, & quinze à vingt livres de plomb. On y a trouvé quelque peu d'une mine d'argent très riche & fort rare ; elle reſſemble parfaitement au ſucre commun en pain. On pourſuivit ce travail juſqu'en 1741, qu'on fut obligé de l'abandonner, parceque le filon ſe trouva entiérement coupé par un roc ſauvage. Depuis ce tems-là, j'ai fait un grand nombre de tentatives pour retrouver ce filon, perſuadé qu'il devoit ſe prolonger au-delà du roc ſauvage : en effet, au mois d'Octobre dernier 1755, je le trouvai à environ 200 toiſes au-deſſus des anciens travaux, ſur ſon alignement qui eſt preſque eſt & oueſt, & il y a lieu de croire qu'il ne ſera pas infructueux.

*Genſſane.*

Au revers de la même montagne eſt une autre mine appellee *le Loury*. Il y a ici deux filons joints enſemble, qui ſe ſuivent parallelement : l'un eſt de cuivre, l'autre de plomb : ils ne donnent que par bouillons ; & ce qu'il y a de ſingulier, c'eſt qu'ils donnent alternativement, tantôt l'un, tantôt l'autre ; & que la mine de cuivre eſt piquaſſée de mine de plomb, & que celle de plomb eſt piquaſſée de mine de cuivre. Le minéral y eſt excellent & facile à fondre ; il rend enſemble à la grande fonte douze à quinze livres de cuivre, trente à trente-cinq livres de plomb, & trois lots & demi d'argent. Cette mine, à la petite épreuve, rend auſſi deux gros d'or ; mais à la grande fonte, cet or reſte uni avec le cuivre, & il en paſſe ſi peu dans le plomb, que l'argent qui en provient ne mérite pas le départ. J'ai fait bien des tentatives pour tirer au grand fourneau cet or dans ſon entier ; mais juſqu'à préſent je n'ai pu y parvenir, je le retrouve toujours dans le cuivre.

Genſſang.

Ce filon ſe prolonge juſqu'au revers d'une montagne voiſine, appellée *le Cramaillot*. J'y ai vu un petit travail : le filon y change de nature. Ce ne ſont plus deux filons particuliers, il eſt réduit à un ſeul qui eſt de la mine de fer à la ſurface de la terre. A trois ou quatre toiſes de profondeur, c'eſt de la mine de cuivre ; plus profond, ce n'eſt preſque que de la mine de plomb qui, à meſure qu'on approfondit, ſe convertit en mine d'argent. Le minéral y tient également de l'or, mais peu & bien moins qu'au *Loury*.

Comme ces filons ne donnent que par intervalles, ils payent à peine les frais. Il conviendroit de les attaquer par un percement qu'il faudroit pratiquer au pied de la montagne ; mais juſqu'ici la dépenſe que cela occaſionneroit nous en a détournés.

En montant le vallon, du même côté de la rivière, tout auprès de la verrerie de Saint-Antoine, on trouve un ancien travail appellé *le Cuivre*. Il y a ici pluſieurs filons d'une pierre de quartz blanche, tirant ſur le ſpath, mais très dure : le peu de minéral qu'elle renferme ne tient que du cuivre, & il paroît, par les décombres, qu'elle n'eſt pas abondante. Il y a eu ici une ancienne fonderie dont on voit encore les craſſes & quelques veſtiges ; les hals ou décombres mériteroient d'être pilés, s'il y avoit un pilon auprès ; mais ils ne ſont pas en aſſez grand volume pour y en conſtruire un, & ils ne valent pas la voiture éloignée.

*La Vieille-Hute.*

En ſuivant toujours le même vallon, à une lieue plus haut, tout auprès des frontieres de Lorraine, on trouve un endroit appellé *la vieille-hute*. Il y a ici

Genssane.

un volume immense de scories ou crasses de fonderies : il ne reste aucune tradition de ce travail ; mais, à en juger par les indices, il paroît être le plus ancien & le plus considérable qu'il y ait eu daus tout le canton. On y avoit bâti, il y a une trentaine d'années, une verrerie qui a été détruite depuis deux ans. En fouillant en différens endroits pour les bâtimens & jardins des verreries, on y a trouvé quelques lingots d'argent, plusieurs grandes plaques de métal composé, à-peu-près semblable à ce que nous appellons *cuivre noir*. Je ne sçaurois m'imaginer à quel dessein ni comment on formoit ces plaques : elles avoient deux à trois pieds en quarré irrégulier, & un bon demi-pouce d'épaisseur : ce régule à l'épreuve m'a rendu du cuivre, de la speis & un peu d'argent. Il est très arsenical ; il me paroît aussi qu'il avoit été plombé par la voie des mattes. On y a trouvé plusieurs outils, mais aucun de ceux dont on fait usage dans les travaux à la poudre : l'endroit du cimetière qu'on a découvert est aussi spacieux que les cimétières des Paroisses ordinaires.

Il y a une dixaine d'années qu'un Ouvrier de la verrerie y trouva quelques espèces d'argent monnoyé, d'une figure particulière. Comme je ne me trouvois pas dans le pays, je n'eus pas la satisfaction de les voir, & l'ouvrier a disparu depuis cette trouvaille ; mais, sur le rapport qu'on m'en a fait, ces espèces étoient, les unes quarrées, les autres triangulaires, marquées d'un poinçon sur les angles, d'un côté seulement, à-peu-près comme les pièces de cuivre, que nous appellons *monnoie de Suède*.

On y découvre journellement de la speis ; c'est une espèce de régule composé de cuivre, de plomb, d'argent, & sur-tout d'une grande partie d'arsenic.

Ce régule, employé dans la fonte des cloches en petite quantité, les rend très-sonores : j'en conserve un morceau qui pèse bien 250 livres. Tous ces indices prouvent que ces travaux n'ont pas été abandonnés par la faute de la mine, mais que les Ouvriers & autres ont péri tout à la fois par quelque calamité.

Lorsque les Verriers s'y étoient établis, cet endroit étoit un désert couvert d'une forêt épaisse ; & le terrein qui y est en pente y a tellement changé depuis qu'on y travailloit aux mines, que ce n'est qu'à la faveur d'un gros ravin d'eau, arrivé il y a 4 à cinq ans, que j'ai pu reconoître l'endroit d'où ils tiroient leur minéral, quelque peine que je me fusse donnée jusqu'alors. Il y a trois gros filons qui se suivent parallèlement, & qui forment ensemble plus de trois toises de largeur. Les Anciens ont travaillé à jour, c'est-à-dire, qu'ils ont creusé sur la longueur des filons une fente de plus de 100 toises de long : on ne sauroit en connoître la profondeur, cette excavation étant presqu'entiérement comblée : ce qu'il y a de sûr, c'est que le minéral doit être profond.

Le filon dans l'endroit, ou du moins proche de ce travail, est composé d'une pierre jaunâtre, molle & feuilletée, du genre des calcaires, entrecoupée de petites veines de quartz blanc : sa direction est par les douze heures, c'est-à-dire, nord & sud. Un peu plus loin, & surtout sur les décombres que j'ai fait découvrir, la pierre est un quartz gris tres-dur, mêlé de bleinde cubique, & de quelque peu de *glaut scobalt* : on y voit aussi quelques grains semblables à de la mine d'argent gris, & qui, comme elle, sont entourés d'une espèce de rouille aigue-marine. Ce qu'il y a de singulier, c'est qu'il m'a été impossible d'y trouver, ni sur le travail, ni dans les décombres, la grosseur d'un petit pois de mine bien caractérisée.

*Gensane.*

Les scories de la fonderie sont parsemées de grenailles de plomb : j'y ai trouvé quelques morceaux de belles mattes de cuivre & d'argent, & on verra en effet, ci-après, que c'est une mine de cuivre, de plomb & d'argent : j'y soupçonne aussi de l'étain, ou tout au moins une espèce d'arsenic fixe qui se régulise avec le plomb, parceque le métal que j'ai tiré de ces scories en grand a toutes les propriétés de l'étain, si on excepte les phénomènes de la coupelle où il ne fait aucune boursoufflure, comme nous le dirons bientôt.

Dès que j'eûs apperçu la direction du filon, il ne me fut pas difficile de suivre son alignement : je reconnus avec plaisir que les Anciens avoient marqué cet alignement sur la longueur d'une bonne demi-lieue, par des *schourffs* pratiqués à 10 ou 12 toises de distance les uns des autres (les schourffs sont de petits puisards qu'on fait sur les filons, pour en marquer la direction), & c'est ordinairement à la visite de quelques supérieurs ou de quelqu'expert dans ces sortes de travaux, que les Anciens marquoient la direction des filons ; quelquefois aussi ce sont des tentatives qu'on fait pour trouver du minéral.

En faisant cette recherche, je trouvai dans un précipice ces trois filons découverts par la chûte des eaux d'un petit ruisseau qui se précipite en bas des rochers : les trois filons y sont très gros, & les mêmes que dans les anciens travaux, avec cette différence qu'il n'y en a qu'un ici qui ait conservé sa nature de pierre jaune. Je le soupçonne de plomb ; il tient la droite, c'est-à-dire le côté de l'est des autres. Celui du milieu est un quartz parsemé de mine de cuivre jaune & de malachite bien caractérisée : le troisiéme à gauche est une marne noire, entrecoupée d'un quartz bleuâtre, mêlé de bleinde & de quelques yeux de mine d'argent.

gent. Comme cet endroit eſt impraticable, j'ai commencé un percement au pied du précipice, à environ cent toiſes de hauteur perpendiculaire plus bas; il ne me reſtoit, au mois de Mars dernier 1756, qu'environ douze toiſes à faire pour parvenir au gros filon. Le roc qui accompagne ces filons eſt une eſpèce de quartz tirant ſur le granit, tout parſemé de bleinde, à plus de dix toiſes de diſtance des filons.

*Genſſane.*

J'ai pilé, lavé le quartz gris dont j'ai parlé ci-deſſus; il rend un lavin très-ſemblable à la mine d'étain brun, tirant un peu ſur la couleur de biſmuth ou de gorge de pigeon, & fort approchant d'une eſpèce de mine de zinc dont parle Valérius. Cela m'avoit d'abord fait croire que le métal qui en provient eſt une eſpèce de mélange de plomb & de zinc; mais ce métal, réduit en chaux, & pouſſé par une longue calcination, ne rend pas la moindre fleur de zinc, non plus que par une longue fuſion.

Ce lavin contient trois ſortes de bleindes, qu'on ne peut diſtinguer que par la calcination: la premiere qui eſt la plus abondante, eſt d'une couleur aſſez ſemblable à la galène de plomb. Je l'ai tenue douze heures conſécutives au plus grand feu ſans avoir pu lui faire perdre ſon brillant: je l'ai fondue avec trois parties de litarge & ſix parties du meilleur flux, les ſcories ont encore été parſemées de brillant: elle tient beaucoucoup de fer & quelque teinture d'argent.

La ſeconde rougit ſeulement au feu, devient légère & ſurnage à l'eau; elle prend à ce degré de feu une très-belle couleur d'or: il s'en trouve beaucoup dans les décombres des anciens; il y en a auſſi quelque peu qui eſt jaune naturellement, & qui n'a pas beſoin d'être rougie au feu pour prendre cette couleur.

*Genſſane.* La troiſiéme enfin qui eſt la plus métallique, prend à la calcination la couleur de gris cendré, tout ſemblable à celle que prend la mine de plomb; elle rend en effet à l'épreuve une eſpece de plomb tres-ſinguliere : il reſſemble au plus bel étain ; il eſt très-ſonore, d'une belle couleur d'argent ; il n'eſt pas plus malléable que l'étain dont il a toutes les propriétés, excepté ſur la coupelle, où il ne donne aucune chaux ni bourſoufflure. Il coupelle avec des fleurs comme le biſmuth, mais le bouton de fin qui en provient eſt toujours couvert d'une pellicule de chaux blanche, tout ſemblable aux boutons d'argent qu'on tire de l'étain. La même choſe arrive au bouton d'argent que j'ai tiré des ſcories de l'ancienne fonderie : il eſt bon d'ajoûter ici que la fonte des anciens n'étoit pas exacte, parce que les ſcories priſes au hazard, rendent encore quatre & cinq liv. de ce métal par quintal. A en juger par le gros volume des gâteaux de ſcories qui ſubſiſtent, ils fondoient cette mine dans un grand fourneau à forge de fer, & en retiroient le métal dans de grands caſſins comme on tire la gueuſe, & c'eſt peut-être de la forme quarrée de ces grands caſſins qu'ils tiroient ces plaques d'une eſpèce de cuivre noir, dont nous avons parlé plus haut. Ils retiroient ces plaques de deſſus le plomb à meſure qu'elles ſe figeoient, de la même manière qu'on retire les mattes cuivreuſes lorſqu'on ſépare l'argent du cuivre par la voye des mattes.

Pour revenir au métal qui provient de ce minéral, nous obſerverons qu'il eſt extrêmement rongeant & qu'il ne ſçauroit être coupellé ſur des coupelles de cendres d'os, bien purifiées ; celles-ci même en ſont ſouvent percées d'outre en outre ; ce qui fait qu'il eſt très-difficile, pour ne pas dire impoſſible d'avoir des eſſais égaux. J'en ai eu qui m'ont donné juſqu'à neuf onces d'argent au quintal, & j'en ai fait un grand nombre d'autres qui ne m'ont rien donné du tout. J'ai fondu 10 à 12 quintaux de cette mine lavée au fourneau à manche, elle ne m'a rendu qu'environ cinq pour cent de ce même métal, que les fondeurs ont d'abord pris pour de l'argent, mais qui n'étoit rien moins que cela : je le regarde comme un mélange de plomb & de régule d'arsenic, produit par la quantité de cobalt qui se trouve dans cette mine.

*Gensane.*

D'ailleurs l'espèce de minéral dont nous avons fait usage dans ces épreuves, n'est point caractérisé ni pris dans l'intérieur des filons, nous l'avons tiré en pilant l'espèce de quartz ou granit qui accompagne immédiatement ces filons.

Je me suis un peu étendu sur cet article parce que malgré la mauvaise qualité du minéral qui se trouve à la surface & aux environs de ces filons, je ne les regarde pas moins comme les meilleurs & les plus riches que nous ayons dans la Province.

En descendant & à l'issue du vallon de Planché, au revers de la montagne du *mont-Ménard*, il y a un filon de plomb que j'ai actuellement en plein travail : ce filon est sur les limites de Franche-Comté & tout proche des mines d'*Auxel*, appartenant à M. le Duc de Mazarin. Il faut observer que les gros filons de mine de plomb de Saint-Jean d'Auxel se jettent en Franche-Comté à très-peu de distance des travaux de M. de Mazarin, & viennent croiser le filon que je fais exploiter dans cet endroit, à environ 125 toises de mon travail, ensorte que ce ne sera que dans quelques années, que nous parviendrons à cette croisée. Le minéral que j'y fais tirer est transporté à Planché ; il est de la même qualité que celui d'Auxel : il rend à la petite épreuve, deux lots d'argent & 60 à 65 livres de plomb ; mais fondu

*Genssane.*

tout seul à la grande fonte, il n'en rendroit pas 25 ; il faut absolument le mêler avec d'autres mines si on veut en tirer parti & surtout avec des mines cuivreuses & ferrugineuses. Cette mine renferme quantité de bleinde antimoniale qu'on ne sçauroit distinguer d'avec la mine de plomb, & qui à la fonte emporte ou vitrifie la plus grande partie du métal de cette derniere, si on n'y ajoûte les matières propres à absorber cet antimoine.

J'ai essayé envain de fondre ce minéral au fourneau Anglois, tant seul qu'avec différens mélanges, le tout se réduit en un bain très-liquide, sans que le métal se sépare des scories ; ce qui forme une espèce de matte grise & terreuse dont on ne peut presque plus rien tirer. Cette mine ne sue point son métal, comme cela arrive aux mines qu'on exploite en Bretagne : dès qu'elle commence à pâter, elle tombe en fusion & forme cette espèce de matte dont nous venons de parler. Le meilleur moyen que nous connoissions pour en tirer parti, est de la fondre crue au fourneau à manche avec des restes de mattes cuivreuses & ferrugineuses, & à leur défaut avec de la mine de cuivre tenant argent & des scories de forge.

Toutes les mines de plomb des Vôges ont cette qualité, si on excepte celle de Saint-Bresson, qu'on pourroit fondre sur l'aire avec des fagots, comme on fond la mine de bismuth. Il y a encore aux environs de Planché nombre d'autres petits travaux, mais qui ne sont pas assez considérables pour mériter ici une digression ; ce ne sont d'ailleurs, la plûpart, que des tentatives qui n'ont pas eu de suite.

Avant de quitter les mines de Planché, il est bon de dire un mot sur ce que la tradition nous apprend de leur ancien travail.

Genssane.

Ce vallon s'appelloit anciennement *froides montagnes* : ce n'étoit que des forêts incultes. Depuis la découverte des mines, on commença à y bâtir, & on l'appella *la mine* tous simplement : on dit aujourd'hui *Planché-la-mine*, & plus souvent *la mine*, pour le distinguer du village de Planché, qui est situé à une bonne lieue plus bas, & qui est l'endroit de la Paroisse. La mine n'est plus aujourd'hui ce qu'elle a été il y a quelques siècles ; le village étoit entouré de murailles, dont il ne reste aucun vestige. Il y avoit une Juridiction ou Conseil des mines : on voit encore aujourd'hui la prison : il y avoit un marché toutes les semaines, où personne ne pouvoit rien acheter qu'à une certaine heure & que les mineurs ne fussent fournis : on suspendoit pour cet effet un tableau au poteau du carcan au milieu de la place ; & pendant que ce tableau étoit suspendu, les seuls mineurs avoient droit d'acheter leurs provisions : à une certaine heure on ôtoit le tableau, & pour lors tout le monde étoit admis à faire leurs emplettes. On prétend qu'on y a battu monnoye, on désigne même l'endroit où elle étoit, mais j'ai de la peine à me le persuader, parce que ces mines n'ont jamais pu fournir de quoi entretenir une Monnoye, à moins qu'on ne tirât l'argent de la Veille-hutte, qui est dans le même vallon ; mais ce dernier travail me paroit plus ancien, puisqu'il n'en reste aucune idée. (1)

Au surplus, outre les mineurs libres, on y employoit les galériens ou gens condamnés *ad metalla*,

(1) Il faut convenir d'un autre côté que Château-Lambert seul pouvoit fournir plus de cuivre qu'on n'en pouvoit frapper, & nous savons d'ailleurs qu'au prix où étoient les denrées & les gages des ouvriers, le commerce, & le payement des travaux ne se pouvoient guere faire qu'en monnoye de cuivre.

Genssane.

l'on ne connoissoit point encore nos pilons, car on broyoit le minéral sous des meules de moulin. On commençoit par faire une espèce d'aire, sur laquelle on étendoit une certaine quantité de bois, comme nous faisons dans nos grillages; on mettoit ensuite un volume considérable de pierres, que nous appellons *mine de pilon*; on y mettoit le feu, qui, joint au soufre du minéral, ne manquoit pas d'embrâser tout le tas; & lorsque tout étoit rouge, on y conduisoit l'eau par un canal, ce qui rendoit la mine tendre & friable. Il y a quelques années, qu'en faisant creuser des décombres pour les piler, nous trouvâmes trois de ces moulins enterrés & en place; les bois & les fers étoient réduits en terre, mais les meules étoient entières; les dormans ou meules inférieures étoient creusées en forme de coquilles d'environ cinq pouces de profondeur; les meules supérieures étoient convexes & remplissoient presque la concavité des inférieures. Il n'y avoit aucune rénure ni échancrure, comme on le pratique aux meules dont on fait usage dans les mines qu'on travaille par le mercure: le diamètre des volans ou meules supérieures étoit d'environ deux pieds; les inférieures étoient plus grandes & carrées en dehors. La qualité de ces pierres est d'être extrêmement dures; c'est une espèce de granit qui n'est pas rare dans les Vôges; nous nous en servons pour les palliers des tourillons des roues, il est cependant rare d'en trouver de gros morceaux sans fils. Il nous reste des indices de quatre fonderies dans le vallon de Planché-la-mine; celle d'aujourd'hui occupe l'emplacement d'une des anciennes. Les travaux soûterrains ont été la plûpart faits au feu; il ne paroît pas que les anciens y ayent jamais employé la poudre. Il y en a d'autres qui sont faits au simple ciseau & d'une grande propreté; telle est la Stole ou galerie de Saint-Jacques & celle de Sainte-Barbe.

Il faut convenir que cela leur étoit bien facile, car nous voyons par d'anciens regiſtres, que les Mineurs avoient ſix deniers ou tout au plus un ſol de gages par jour, & que les houtmans ou ſergens des mines, avoient treize ſols quatre deniers par ſemaine: nous ſavons encore que le ſol de cuivre de ce tems-là n'excédoit pas le poids des nôtres; au contraire; en ſorte que les gages d'un de uos Mineurs en auroient payé trente dans ce temps-là, & par conſéquent un quintal ou un cent peſant de cuivre dans ce temps-là, faiſoit autant que trente quintaux aujourd'hui; faut-il s'étonner après cela, ſi dans ces premiers temps on s'enrichiſſoit dans les mines & ſi on s'y ruine à préſent? Ils pouvoient alors travailler nombre de filons avec un profit conſidérable, qu'il ſeroit de la derniere imprudence d'attaquer aujourd'hui, & cela par la ſeule raiſon qu'une livre de plomb, de cuivre ou d'argent vendue ſur le même pied qu'aujourd'hui, ce qui arrivoit en effet tout au moins, leur faiſoit autant d'effet que nous en feroient trente, & il ne faut pas s'imaginer que les mines produiſent moins de nos jours que dans ce temps-là: nous en avons pour le moins d'auſſi riches qu'ils en avoient. Nous voyons d'un autre côté qu'il s'en faut de beaucoup que leurs fontes fuſſent pouſſées à un degré de perfection que nous n'avons pas; car quoique nous ſoyons bien éloignés en France d'avoir perfectionné nos fontes autant qu'on l'a fait en Allemagne & en Angleterre, il n'eſt pas moins vrai que nous pourrions piler & fondre avec profit, la plûpart des ſcories d'un nombre d'anciennes fonderies qu'on trouve dans les montagnes des Vôges: ce qui prouve que ce n'eſt point ſur la façon de travailler qu'il faut jetter cette différence, mais ſur la diſproportion des prix du travail, des bois & des denrées néceſſaires à la vie. *Genſſane.*

*Mines de Ternuay, Fresse & le Mont-de-Vannes.*

*Genssane.* A deux petites lieues au couchant de Planché-les-mines, dans la Paroisse de Ternuay ou ternué, il y a une mine de plomb qui a été ouverte par les Anciens : je la fis décombrer en 1748, & je trouvai que cette mine va par roignons, c'est-à-dire par pelotons dispersés çà & là sans aucun filon réglé, la gangue est un quartz blanc mêlé de spath renfermé dans l'ardoise, & il paroît qu'il faudroit pousser les travaux à une grande profondeur, pour trouver le filon en règle : le minéral au surplus est de très-bonne qualité ; il rend soixante-dix livres de plomb par quintal & deux lots d'argent. Il tient peu de bleinde, & est par conséquent facile à fondre.

Un peu plus haut dans la Paroisse de Fresse, on trouve un ancien travail d'une grande profondeur : le filon qu'on a ouvert en 1739, donne du cuivre, du plomb & de l'argent, mais en si petite quantité qu'on n'a pas cru devoir en poursuivre le travail.

A un quart de lieue de là, est la montagne du Mont de-Vannes : il y a ici plusieurs petits travaux commencés par les Anciens sur des filons de mine de plomb. En général ces dernieres mines sont peu considérables & ne paroissent pas mériter qu'on y hasarde une dépense.

*Fauconniey.*

Au mois d'Octobte dernier 1755, on découvrit dans la Paroisse de Fauconniey un assez beau filon de mine de plomb ; j'y ai placé quelques Mineurs qui en tirent du minéral de très-bonne qualité, le filon y est gros, d'un quartz très-blanc ; mais la mine n'y est point encore bien pure ; elle est dispersée dans le quartz par pelotons de la grosseur du poing, plus ou moins forts.

Genſſane.

A une demi-lieue de là il y a une mine de magnéſie ou *brounnſtein*, très-abondante. Comme la conſommation n'en eſt pas conſidérable, je n'en fais tirer qu'à meſure qu'elle ſe vend : elle eſt parſemée de quelques fleurs de cobalt, qui ne paroiſſent que quand on l'a pilée & lavée ; elle tient près de quatre lots d'argent au quintal ; malgré cela, la dépenſe du travail, de la voiture, & de la fonte, abſorbe preſqu'entièrement ce produit. Je ſoupçonne que ce filon pourroit bien ſe convertir en mine d'argent dans la profondeur. Cette magnéſie eſt auſſi bonne dans les verreries que celle qu'on tire de l'Italie & de la forêt noire : ſi on calcine cette magnéſie & qu'on en jette un peu dans une diſſolution de cuivre faite par l'eſprit de nitre, & par conſéquent verte, elle la convertit en bleu au bout de quelques heures & la rend ſemblable à la diſſolution de cuivre par l'eſprit de ſel. Ce minéral eſt très-fuſible, malgré la quantité de fer qu'il contient : il augmente la vitrification de la mine de plomb de Planché & d'Auxel, qui péchent par leur trop de vitriſcibilité ; ce qui prouve qu'il ſeroit très-difficile d'en retirer en grand l'argent qu'il contient.

*Saint-Breſſon.*

La Paroiſſe de Saint-Breſſon eſt ſituée à une lieue de Fauconniey, ſur les frontieres de Lorraine : il y a dans cet endroit pluſieurs filons de mine de plomb: le minéral y eſt d'une qualité excellente, & ſi facile à fondre, qu'en mettant ſimplement la mine pure à ſcorifier ſous la mouffle, elle rend preſque tout ſon plomb : elle rend ſoixante-dix à ſoixante-quinze livres de plomb & une once d'argent par quintal. Il eſt fâcheux que les filons ne ſoient pas riches ; ils ne donnent que par bouillons & par petits pelotons de minéral diſperſés çà & là. Le travail

Genssane.

y eſt difficile, à cauſe du peu de ſolidité du terrein; les filons ſont d'un ſpath tendre, tranſparent & de de toutes ſortes de couleurs. Le minéral qu'on en tire actuellement, eſt tranſporté à la fonderie de Planché, où on le mêle avec celui de ce dernier endroit, dont il facilite la fonte.

Je ne connois point de mine qui donne tant de cryſtalliſations différentes que celle-ci, à cauſe du grand nombre de fentes ou crévaſſes dont les filons ſont entrecoupés. Nous avons rencontré l'année derniere une de ces fentes d'une grandeur conſidérable; ſa capacité intérieure avoit la forme d'une lentille d'environ quarante-deux pieds de diamètre; les parois étoient couvertes de ſtalactites ou cryſtaux, dont la figure varie à l'infini; cette croûte a un demi-pouce d'épaiſſeur dans les parties les plus minces; dans d'autres endroits elle a juſqu'à quatre pouces. La partie ſupérieure de la fente étoit entierement vuide; l'inférieure étoit remplie, juſqu'à un peu plus de moitié d'une eſpèce de gur rougeâtre & coulant; lorſqu'il eſt ſec on le prendroit pour de la terre ſigillée ou eſpèce de glaiſe très-fine; il ne contient pas le moindre atôme de ſable. Aux eſſais ordinaires, il ne donne aucune eſpèce de minéral, mais la curioſité m'ayant porté à le traiter, d'après l'expérience de Becker, avec l'huile de lin, j'en ai tiré un petit grain d'argent: par cette voye, il ne donne aucune marque de fer, ce qui prouve qu'il différe de la glaiſe ordinaire, cette mine ne donne que du plomb & de l'argent; on y trouve cependant de temps en temps quelques grains de lapis ou mine aſurée, mais en très-petite quantité.

*Château-Lambert.*

Les travaux des mines de Château-Lambert ſont très-anciens & très-vaſtes; on y a travaillé en différens temps & à différentes reprises. Ce travail a commencé tout au sommet de la montagne, sur les limites mêmes qui séparent la franche-Comté de la Lorraine, & à mesure qu'on a approfondi, on a ouvert différens percemens pour faciliter la sortie des matériaux & procurer l'écoulement des eaux; ensorte que depuis l'endroit où l'on a commencé ce travail jusqu'au fond des travaux actuels, il y a environ deux cents toises de hauteur perpendiculaire sur une longueur d'une grande étendue; le filon partage la montagne en deux sur les limites de Lorraine & de Comté & se jette ensuite en Lorraine, où sont les mines du Tillot.

Genssane.

Les Mineurs de part & d'autre, se joignirent anciennement au centre de la montagne, de façon qu'on peut aller sous terre de Comté en Lorraine: on voit encore aujourd'hui les limites marquées dans ces souterrains, par les Commissaires des maisons d'Autriche & de Lorraine. On voit aussi dans le centre de cette montagne, deux emplacemens de de roues taillées dans le roc: on faisoit venir l'eau de près d'une demi-lieue de loin, elle entroit par un percement pratiqué vers le sommet de la montagne, tomboit ensuite sur ces roues & sortoit par une stlot ou percement pratiqué vers le milieu du côteau.

Le filon va par les trois heures, c'est-à-dire nord-est & sud-ouest, & n'est point par conséquent perpendiculaire à l'horison; il couche sur le côté de Lorraine d'environ 25 degrés, tantôt plus, tantôt moins. Nous appellons ces sortes de filons *flackengangh*: il est de l'espèce de ceux qu'Agricola appelle filons branchus, *venæ ramosa*. Il jette en effet plusieurs branches, surtout du côté du hang; c'est le côté qui le couvre & qui est opposé au côté sur lequel il est couché, qu'on appelle *ligeht*. Les anciens avoient commencé un percement presqu'au pied de

Genſſane.

la montagne audeſſous du village de Château-Lambert ; ils y travailloient par le feu : il fut continué enſuite dans un autre temps avec la poudre, mais différemment d'aujourd'hui : les avirons ou aiguilles des Mineurs, avoient près de deux pouces de diamètre & étoient fort longs ; deux Mineurs les ſoutenoient, pendant qu'un troiſieme les frappoit à grands coups de maſſe, ce qui devoit être un travail fort long & pénible.

Nous l'avons enfin repris en 1734, & je l'ai heureuſement fini en 1748, ſur la longueur de deux cents toiſes dans un roc ſi dur, que j'y ai vû faire juſqu'à quatre-vingts coups de Mineurs l'un auprès de l'autre ſans faire ſauter un pouce de roc, les coups partoient comme un coup de canon, ſans le moindre effet. L'air nous y a tellement incommodés, que nous avons été bien des fois ſur le point d'y renoncer, & ce n'eſt qu'à la faveur d'un expédient dont je m'aviſai, que nous en ſommes venus à bout.

Comme cet expédient peut être d'une très-grande utilité dans les travaux ſouterrains & dans les endroits où l'air eſt mal-ſain & incommode, il ne ſera pas hors de propos d'en faire ici le détail.

J'avois fait conſtruire à l'entrée de ce percement un grand ſoufflet qui par le moyen d'un tuyau qui régnoit dans toute la longueur, portoit l'air extérieur & frais auprès du mineur, dans le goût du ventilateur de M. Halles ; cela fit ſon effet pendant quelques jours, au bout duquel temps l'air n'en devint que plus épais, au point qu'il n'étoit pas poſſible d'y reſpirer, & encore moins d'y tenir de la lumière, enſorte que nous nous voyons réduits à la néceſſité d'abandonner ce travail qui avoit déja coûté conſidérablement ; ce qui me fit naître une réflexion toute ſimple, qui eſt qu'on n'eſt point ſufsoqué dans les travaux souterrains & autres endroits mal-sains, faute d'air, comme on le croit communément & que c'est précisément tout le contraire, c'est-à-dire que c'est parce qu'il y est trop dense & trop chargé de parties hétérogènes qui en empêchent la circulation. Je conclus de là, qu'en introduisant de nouvel air, je ne faisois qu'augmenter le volume de celui qui y étoit déja & qui étant plus pesant que celui de l'atmosphère, ne pouvoit être chassé dehors par celui que j'y portois avec mon ventilateur; que par conséquent aulieu de penser à introduire de nouvel air dans ce travail, je devois au contraire m'attacher à en retirer celui qui y étoit. Je fis construire pour cet effet une autre espèce de soufflet, qui aulieu de refouler l'air comme le premier faisoit au contraire l'effet d'une pompe aspirante; & à mesure qu'il aspiroit le mauvais air du fond par le moyen du tuyau ci-dessus, le poids de l'atmosphère en introduisoit de nouveau par le percement même; ensorte qu'en moins de vingt-quatre heures l'air fut aussi sain dans le fond de ce travail qu'il l'étoit en dehors, ce qui a toujours continué depuis.

*Genssane.*

Je reviens à la mine de cette montagne; on y trouve presque de toutes les espèces de mines de cuivre connues: la plus grande partie est d'un rouge brun, appellée foie de cuivre, & de la mine de cuivre blanche & jaune. On y trouve de temps en temps quelque peu de mine d'argent, & même quelques grains d'argent-vierge, mais cela est rare: il y en a d'une espèce qui, à la petite épreuve, m'a donné une once d'or par quintal: celle-ci ne s'y rencontre que rarement; elle est d'un jaune œil de perdrix, entrecoupée de petites veines sanguines. On sait par tradition qu'anciennement on tiroit de l'or de ces mines, & que c'étoit par le moyen du charbon de terre; ce qui paroît assez singulier, car ce charbon

Genssane.

ne peut guère être employé qu'aux fourneaux de réverbère & on sait que ces fourneaux ne sont pas d'une ancienne invention; d'un autre côté ce n'étoit pas faute de bois. Ces travaux étoient dans ce temps-là au centre des forêts : on a sçu aussi par quelques vieux registres, qu'on a tiré de cette montagne jusqu'à cent soixante milliers de cuivre par an, & qu'on n'y payoit les ouvriers que comme à Planché ; sçavoir treize sols quatre deniers par semaine aux Houtmans & six deniers par jour aux Mineurs ordinaires.

Outre le grand filon dont nous venons de parler, cette montagne est toute entre-coupée de petits filons du même métal, qui sont tous horisontaux ou par bancs, ce qui provient de la ramification du grand filon.

Ces travaux aujourd'hui ne rendent pas du minéral en abondance, mais d'un autre côté le cuivre qu'on en retire est de la meilleure qualité.

A une demi-lieue de là, est une mine de plomb, appellée *le Baudy*; le minéral y est parsemé dans un quartz blanc; il n'y a encore qu'un puisard ou schaet d'environ 30 pieds de profondeur; les sources y sont considérables, & on travaille actuellement à un percement pour en procurer l'écoulement. Comme ces mines se trouvoient trop éloignées de Planché, nous les avons cédées depuis trois ans à une Compagnie qui les fait exploiter.

### *Mine du Mont-Jura, situées en Franche-Comté.*

Outre les mines situées dans les Vôges, dont nous venons de faire le détail, il s'en trouve encore de plusieurs espèces le long des montagnes du mont-Jura, qui séparent la Comté de la Suisse & du pays de Neuf-Châtel. Il y a quelque part dans le Bailliage de Baume & à peu de distance d'Ornans, un filon de mine d'argent, qui m'a rendu à l'épreuve au-delà de trois marcs au quintal : elle eſt bleue couleur du lapis, entrecoupée de mine d'argent blanc : le payſan qui m'en a remis de très-beaux morceaux m'aſſura que le filon eſt très-gros. Ce pauvre homme mourut il y a quelques années, le même jour qu'il nous avoit donné rendez-vous pour nous la montrer ; quelques informations que j'aye pu faire depuis, je n'ai pu en avoir aucun indice. Genſſanc.

A quatre lieues de Saint-Hypolite, à un endroit appellé *Blanche-roche*, il y a un gros filon, ou plutôt une veine de terre noire ſablonneuſe, que les Suiſſes viennent chercher dans des havre-ſacs pendant la nuit. J'ai vu ce travail au mois de Février dernier, & la ſtole que les Suiſſes ont faite a environ trente toiſes de longueur ſur dix à douze pieds de largeur. Entre la terre noire & le roc, il y a une petite veine d'une eſpèce de terre glaiſe pourpre ; nous y trouvâmes les outils des Suiſſes & plus d'un tombereau de cette terre toute fraichement tirée. Le roc qui accompagne cette veine eſt une pierre calcaire & farineuſe : cette eſpèce de pierre régne dans toute l'étendue des montagnes du Mont-Jura. J'ai déjà fait nombre d'eſſais ſur cette terre ſablonneuſe, mais juſqu'à préſent je n'ai pu encore découvrir quel peut être le motif qui engage les Suiſſes & ſurtout les habitants de la chaude-fonte, à en venir chercher clandeſtinement ſur leur dos. En lavant cette terre elle dépoſe un ſable brillant : ce ſont des petits cryſtaux angulaires, la plûpart cubiques, & qui, à la ſimple vue, paroiſſent un lavin de mine de plomb : la plûpart de ces cryſtaux prennent à la calcination une belle couleur de topaze, le ſurplus prend la couleur de ſciure de buis. Si on calcine la terre pure, elle perd ſa couleur noire & prend une couleur de ſciure de bois. Les petits cryſ-

Genssane.

taux se dissolvent sur le champ avec effervescence dans l'esprit de nitre, à cause de leur qualité calcaire ; ils déposent une espèce de chaux tout à fait semblable à la chaux dans le départ, & ce dépôt qui est assez copieux, se fait dans l'instant de la dissolution: les mêmes crystaux se dissolvent également dans l'esprit de sel, mais il ne s'y précipite aucune chaux ; cette chaux se dépose aussi dans l'acide vitriolique, mais la dissolution dans ce dernier menstrue est toujours trouble & imparfaite. Etant calcinée, elle prend une couleur de pourpre & paroît réellement métallique : elle entre facilement dans le bain de plomb & dans celui d'argent, mais elle ne laisse aucun grain de fin dans la coupelle : si on la fond simplement dans le bain d'argent, elle en augmente le poids & paroît lui donner une légère teinture d'or du Rhin, surtout si on jette l'argent dans l'eau aussitôt qu'il est figé : je ne l'ai pas encore fondue toute seule ni avec l'or ; mais je me doute que l'usage qu'on en fait est un usage frauduleux & qu'on la fait entrer dans ce que nous appellons *or de Genève*, pour en augmenter le poids & le volume, & peut être aussi pour en exalter la couleur.

Je ne connois aucune matière plus réfractaire à la fonte que la terre & le sable dont nous parlons ; je n'ai pu en obtenir qu'une scorie très-pâteuse, au point que les grains de plomb qui se ressuscitent de la litarge y restent suspendus en grenaille imperceptible, sans pouvoir pénétrer jusqu'au fond du creuset & s'y rassembler. Le plomb n'y prend aucun fin ; cependant les scories sont d'une couleur de pourpre violet, surtout si on employe la potasse dans le fondant, ce qui dénote une qualité métallique. J'ai tout lieu de soupçonner que c'est par la voie des cémentations & du flogistique qu'on fait usage de cette terre, à peu près de la maniere dont on fait le laiton. Cette matière ne tient aucun fer ni zink, ou du moins elle n'en donne aucune marque ; cependant on en fait un usage considérable, car, à en juger par le travail de cet endroit, on en a bien enlevé deux cents tombereaux en peu de temps : j'en ai fait conduire quelques tonneaux à Planché, dans le dessein de suivre ces épreuves. Genssane.

Cette veine est connue depuis plusieurs années : dans le temps de M. le Régent on arrêta un faux-monnoyeur, qui promit d'enseigner une riche mine d'or, si on vouloit lui sauver la vie, ce qui lui fut accordé : il emmena en cet endroit les Commissaires qu'on lui nomma : on ouvrit cette veine en présence du Subdélégué de Baume, & on en tira quelque peu qu'on transporta à Besançon. Dans cet intervalle, le faux-monnoyeur eût l'adresse de s'évader & n'ayant rien trouvé par les épreuves qu'on fit à Besançon, on en demeura là : ce n'est que par la grande quantité que les Suisses en tirent actuellement, que j'en ai été averti & que j'ai eu occasion d'observer ce que je viens de dire.

A six lieues de là proche de Morteau, on trouve quantité de charbon de terre de très-bonne qualité, dont on ne fait aucun usage & dont on pourroit tirer un grand avantage en y établissant les verreries, qui abîment tous les bois de la Province. A peu de distance de cet endroit, on trouve quantité de terre alumineuse & dont on pourroit tirer beaucoup d'alun à peu de frais, à cause de la proximité & de l'abondance du charbon de terre.

Je ne doute pas qu'il ne s'y trouve de la calamine, car outre l'abondance d'alun, qui en est un indice presque certain ; le terrein m'y paroît être de la même qualité que celui de Calmesberg, proche d'Aix-la-Chapelle, où l'on tire une grande quantité de ce minéral. J'observerai ici en passant, que les indices

Genſſane. les plus prochains de la calamine, ſont les charbons de terre, les terres alumineuſes & ſurtout des ſables diverſement colorés & entrecoupés de petites veines couleur de lilas. J'entre dans ce petit détail ; parce que cette découverte ſeroit de la derniere importance pour l'Etat.

On trouve auſſi auprès de Salins, quelques indices de mine de charbon. Il y a quelques années qu'on a découvert à demi-lieue de cette Ville une veine de grenats : je n'ai point vu cette mine, mais on m'en a remis un morceau dont les grenats ſont gros & aſſez bien colorés.

Entre Champagnolles & Château-vilain, il y a un petit filon de mine de plomb : le minéral paroît beau, mais en petite quantité.

Depuis Salins juſqu'à Château-Châlons, on trouve tout le long des montagnes une quantité prodigieuſe de pyrites, figurées de différentes eſpèces, & j'ai remarqué que ces pyrites, les cornes d'Ammon ſurtout, ſe trouvent toujours dans une eſpèce de glaiſe noire ou blanchâtre.

On y trouve auſſi pluſieurs filons de marcaſſite, comme à Longe-Chaux, Poutin, Arbois & autres endroits. Ces marcaſſites, que nous appellons *kis*, tiennent la plûpart pour tout métal du ſoufre, de l'arſenic & du fer. Tous ces minéraux ſont aux yeux d'un certain public, de riches mines d'or qui ſe convertiſſent en marcaſſites dans un inſtant aux yeux de ceux qui y voyent un peu plus clair. Telle eſt la mine d'or de Saint-Martin-les-Juſſayes, dont parle Dunot, qui pour tout or, m'a rendu à l'épreuve vingt livres de fer & preſqu'autant de ſoufre par quintal.

Nous ſavons cependant que les Romains tiroient beaucoup d'or de cette Province, ſurtout du Mont-Jura ; on y voit encore pluſieurs traces de leurs anciens travaux. Il y en a eu un ſur le Mont-d'or entre

Gensfane.

Jogne & Valorbe, dans lequel je suis descendu à une grande profondeur, sans pouvoir atteindre le fond, où le travail s'élargit considérablement. Cet ouvrage a été travaillé une partie au ciseau, & l'autre partie au pic, parce que ce filon est une espèce de talc spateux jaunâtre assez tendre; je n'y ai pas apperçu la moindre marque de minéral caractérisé; & à moins que ce talc ne soit de l'espèce de ceux de Norvège, dont parle Becker, & qu'il dit très-riches en or, je ne sçaurois désigner quelle espèce de minéral les Romains tiroient de cet endroit; les hals ou décombres, quoique tout couverts de gazon paroissent en grand volume: ils avoient à deux lieues de là une grande fonderie proche le village de Motte tout auprès de la source du Doux: on y voit encore des scories: on y trouve assez souvent une espèce de monnoye de cuivre fort petite qui porte d'un côté une tête couronnée & de l'autre le nom d'un Consul.

On trouve auprès de là audessus du Village de Montabier, de la mine de fer verte, qu'on fond à la forge de Roche-Jean; c'est un sable pétrifié, parsemé de taches vertes, tirant sur l'aigue-marine. Il arrive assez souvent que lorsqu'on finit les fontes, on trouve dans le fond du fourneau une espèce de matte que ce minéral dépose & qui est très-riche en argent.

A quatre lieues au midi de cet endroit, près du Village de Moret, il y a un autre travail au haut de la montagne de Gueulan: l'entrée de la stole est fort grande; j'y suis entré à quelques toises en avant, mais ici le roc est tombé & on ne sauroit y pénétrer. L'eau qui en sort feroit tourner un moulin: le filon est un quartz blanc, & le minéral est de cuivre. Il y a dans ce canton plusieurs autres travaux que je n'ai point visités, parce que j'ai vu que le minéral dans ces endroits, que les habitans prennent pour de l'or, n'est qu'une mine de cuivre

U 2

très-disperſée dans des roches fort dures, qu'on ne ſçauroit travailler ſans perte.

*Genſſane.*

Un peu plus loin, proche du Village de Long-Chaumois, je ſuis deſcendu dans un autre travail à environ trente pieds de profondeur. Ce travail paroît avoir été conſidérable : le filon eſt un quartz blanc taché de rouge. Le minéral que j'ai pris au ſommet de ce filon eſt une mine de fer parſemée de taches couleur de roſe, qui reſſemblent à des fleurs de cobalt : il m'a donné à l'épreuve un peu plus d'un gros d'or par quintal. J'eſtime que ce filon mérite attention : on m'a aſſuré qu'aux environs de Saint-Claude il y a pluſieurs de ces anciens ouvrages que je n'ai point viſités.

Aux environs de Lons-le-Saunier, on trouve quantité de charbon de terre : à quelque diſtance de là, tout auprès du Village de Saint-Agnès, on trouve une couche d'une eſpèce de maticre foſſile, qui reſſemble á une forêt renverſée & convertie en jayet. J'en ai fait tirer des morceaux de quatre à cinq pieds de long & de cinq à ſix pouces de diametre ; ils ne ſont pas ronds, mais ovales, & un peu aplatis ; leur écorce eſt tres-bien conſervée & reſſemble à celle du chêne ; la partie ligneuſe, ſi on peut l'appeller ainſi, eſt d'un brun noir & reſſemble fort au jayet. Lorſque ces tronçons ont été un certain temps à l'air, ils ſe caſſent tranſverſalement & la caſſure qui eſt très-luiſante laiſſe voir tres-diſtinctement les cercles de croiſſance, comme ceux qu'on voit au bout d'un ſapin qu'on a ſcié, avec cette différence ſeulement qu'au lieu de cercles, ce ſont des ovales concentriques : on m'en a remis un morceau entièrement ſemblable qu'on trouve en quantité dans les fameuſes mines de ſel de Williska en Pologne, & j'ai remarqué en effet que toutes les ſources ſalées que j'ai vues en Franche-Comté, en Alſace & aillleurs ſont toujours environnées d'un terrain bitumineux : ce ſont là toutes les mines que nous connoiſſons en Franche-Comté, & l'état où elle ſe trouvent en la préſente année 1756.

Genſſane.

Je ne ſuis point entré dans le détail d'un grand nombre de mines de fer qu'on exploite dans cette Province, ni des marbres de toute eſpèce qu'on y trouve. Il y a près de Pontarlier, de la brocatelle qui ne le cède en rien à celle que nous tirons de l'étranger, des brêches de toute eſpèce, des granits dans les Vôges, & pluſieurs autres ſortes de marbre. Nous paſſons aux mines d'Alſace.

*Mines de la haute Alſace. Giromagny.*

Les mines de Giromagny appartiennent, par donation de nos Rois, à la maiſon de Mazarin, qui en perçoit le dixieme au moyen de certains avantages qu'elle fait à ceux qui les exploitent. Il y a dans ces mines qui ſont en grand nombre, des travaux immenſes ; nous allons rendre compte des principaux, & ſurtout de ceux que nous avons vus lorſque nous en avions l'exploitation.

La premiere mine qu'on trouve ſur les terres de M. de Mazarin, en paſſant de Comté en Alſace, eſt Saint-Jean-d'Auxel ; c'eſt une mine de plomb qui tient juſqu'à ſoixante-quinze livres de ce métal, par quintal, deux lots d'argent & quelque peu de cuivre : elle eſt très-difficile à fondre, & a les mêmes qualités que celles de Planché.

Il y a ici trois filons qui ſe croiſent au centre des travaux ; le premier court nord & ſud, ou pour parler le langage des Mineurs, va par les douze heures, le deuxième par les onze heures, & le troiſième à dix heures, c'eſt-à-dire que ce dernier fait un angle de 30 degrés avec la méridienne, & ſuit par

Genſſane.

conſéquent la ligne de nord, nord-oueſt & ſud-ſud-eſt. Tous ces filons ſe jettent en Comté, le dernier ſurtout vient croiſer celui que je fais travailler à peu de diſtance de l'endroit où ſont mes ouvriers.

Le minéral dans les travaux de Saint-Jean, eſt d'une abondance ſurprenante. Ce travail a éte commencé par les Anciens vers le milieu du coteau de la montagne du Mont-Menard, & de là, en deſcendant de percement en percement, on eſt parvenu juſqu'au dernier dont on ſe ſert aujourd'hui, à une profondeur de plus de deux cents toiſes. Ici ne pouvant plus pratiquer de percement à cauſe de la longueur du chemin & du travail qu'il auroit fallu faire, on a approfondi par des puiſards, au nombre de dix les uns ſur les autres, de cent dix à cent vingt pieds de profondeur chacun, ce qui fait environ deux cent vingt toiſes audeſſous du dernier percement; enſorte que ces travaux, depuis l'endroit où ils ont été commencés, juſqu'à celui où ils aboutiſſent, ont plus de quatre cents toiſes de hauteur perpendiculaire. Le filon eſt compoſé de toutes ſortes de quartz, la plûpart blanc mêlé de ſpath.

Les Anciens tenoient ces travaux à ſec, au moyen d'une machine placée au centre de la montagne, pour laquelle ils faiſoient venir l'eau de fort loin. Les ſources y ſont fort petites; tous les puiſards audeſſous du percement ſont actuellement remplis d'eau, & on ne travaille préſentement que preſque au niveau du dernier percement : le filon eſt auſſi riche dans la profondeur que dans le haut. Les travaux actuels fourniſſent, comme nous avons dit, quantité de minéral, qui eſt tranſporté à la fonderie de Giromagny.

Un peu plus avant, dans le milieu du village d'Auxel, il y a une autre mine appellée *le Selschaft*, c'eſt-à-dire, compagnon des autres. Cet ouvrage n'a pas été ouvert depuis les Anciens & doit être considérable : à en juger par les décombres, ce filon est la plûpart de mine d'argent, mêlée de mine de plomb & de cuivre.

Nous observerons ici que généralement parlant, toutes les mines d'argent des montagnes de Planché & de Giromagny, sont de la même espèce : elles sont d'un gris cendré rembruni ou couleur d'antimoine.

Sur la même montagne, un peu plus haut, il y a trois ouvertures de mine de la même espèce & à peu de distance les unes des autres, appellées *Saint-Martin*, *Sainte-Barbe* & *Saint-Urbain* ; cette derniere, surtout est assez abondante ; les filons n'y donnent que par boüillons ; le minéral est de cuivre, de plomb & d'argent. Tous ces travaux ont été abandonnés depuis que nous avons fini notre traité avec M. le Duc de Mazarin en 1744.

Au revers de cette montagne du côté de Giromagny, est la mine appellée *Saint-Daniel* : elle peut avoir au plus 200 pieds de profondeur : le travail n'y est pas spacieux : le minéral rend communément 15 à 18 livres de cuivre & depuis 3 jusqu'à 4 onces d'argent au plus, avec quelque peu de plomb. On peut choisir des morceaux de cette mine qui tiennent jusqu'à 24 lots d'argent au quintal, mais ces morceaux sont rares ; le filon n'est pas même abondant en mine pure, & ne donne ordinairement que de la mine de pilon & par bouillons.

Ce filon se prolonge jusqu'auprès de la fonderie où il y a un autre travail appellé *Phénigtourne* (*tour aux Phénins.*) Les ouvrages sont ici assez profonds : il y a onze puisards les uns sur les autres, & le douzième commence. Nous les avons vuidés jusqu'au septième, après quoi le peu de minéral, le défaut d'eau pour les roues de la machine & surtout les dé-

Genssane.

penses immenses que ce travail nous occasionnoit, nous rebutèrent de cet objet.

On commence à trouver quelque peu de minéral au troisième puisard ou *schaet* : aux cinquième & sixième, le minéral est un peu plus abondant & plus argenteux, mais ce n'est partout que de la mine de pilon ; & les travaux n'y sont pas de grande étendue.

Ce même filon entre Saint-Daniel & Phénigtourne est traversé par un autre où les Anciens ont eu un ouvrage considérable appellé *teich Grunt* (*terre Allemande.*) Ce travail n'a pas été relevé : nous ouvrîmes la stole ou galerie d'entrée jusqu'à environ 100 toises en avant, nous y trouvâmes le terrein si peu solide, & il nous falloit une si grande quantité de bois, que nous fûmes forcés d'abandonner ce projet : le minéral est la plûpart de mine d'argent des plus riches de ce canton : les décombres y sont en grande quantité & la plûpart bons à piler.

A l'opposite de ce dernier travail, de l'autre côté de la rivière, est la grande mine de Saint-Pierre. C'est le plus profond & le plus vaste des travaux de l'endroit ; c'est aussi celui où nous avons le plus travaillé Il y a treize *schaets* ou puisards qui forment ensemble une profondeur de plus de 1500 pieds, depuis le sol de la rivière qui est tout auprès. Il y a quantité de galeries fort longues en avant & en arrière, sur l'alignement du filon : le minéral est d'argent, mêlé d'un peu de mine de cuivre. Le quintal rend de 4 à 6 lots d'argent,& quelques livres de cuivre. C'est au neuvième puisard, à l'endroit appellé *la haute-coche*, que le filon est un peu passable. Il y a environ deux à trois pouces de mine pure par bouillons; dans la profondeur, il diminue considérablement, au point que, tout au fond du travail, la mine n'a pas un demi-pouce, & quelquefois moins. Ce travail est actuellement comblé d'eau, & je n'estime pas qu'il fût prudent de le rétablir, à cause de la quantité d'ouvriers qu'il faut pour en retirer les décombres & le minéral, joint à la dépense considérable qu'occasionne la machine nécessaire pour le tenir à sec.

Genssanc.

Il y a sur ce même filon, un peu plus haut, un autre ouvrage appellé *Saint-Louis*, qui communique par une galerie dans les ouvrages de Saint-Pierre; le filon y est piquassé de mine de plomb & de cuivre, mais de peu de conséquence.

En remontant la rivière, du côté de la montagne du Balon, on trouve sur un même filon les travaux de Sainte-Barbe & de Saint-André : c'est une mine de plomb qui est fort bonne, & qui donne passablement. Le filon est un quarz blanc & noir, avec quelque peu de spath.

Vis-à-vis la mine de Sainte-Barbe, de l'autre côté de la rivière, est un autre travail appellé *S. François* : le minéral est de plomb; il y a deux puisards, & un troisième commencé : au fond de ce dernier la mine cesse tout-à-fait; on n'y trouve plus qu'une pierre noire sauvage, sans espérance de minéral. Nous abandonnâmes ce travail en 1743, après un procès-verbal, qui fut dressé en présence de tous les Mineurs qui la jugèrent de nulle valeur.

Un peu plus loin, sur le même côteau, en venant vers la montagne Saint-Antoine, on trouve un filon de mine d'argent où les Anciens ont fait quelque travail qui n'a point été relevé.

En montant jusques vers le sommet de la montagne de S. Antoine, il y a un assez joli filon de mine de cuivre jaune & malachite, qu'on a ouvert dans ces derniers tems. Il me paroît être le même que j'ai rencontré par pur hasard dans le percement que j'ai fait pour parvenir aux gros filons de la vieille-hutte. La qualité de la gangue & du minéral sont absolument les mêmes, &

Genssane. leur direction, qui coupe la montagne en deux, est précisément sur le même alignement,

Il y a à Giromagny & aux environs un grand nombre d'autres ouvrages de peu de conséquence, qui, peut-être, ne demanderoient qu'un peu de dépense pour devenir intéressans. Le minéral y est profond, & nous remarquons que les filons qui donnent de la mine au jour sont rarement avantageux. Nous les appellons *coureurs de jour* : on leur donne le même nom en Tirol & en plusieurs autres endroits de l'Allemagne.

Toutes les montagnes qui séparent Planché de Giromagny sont entrelacées d'un nombre prodigieux de différens filons qui les traversent en tout sens. Toutes ces mines donnent du cuivre, du plomb & de l'argent. Du côté de Giromagny le cuivre n'y est pas abondant : le plomb au contraire y est en grande quantité. A l'égard des mines d'argent, si on excepte S. Daniel, S. Urbain, le Selchaft & quelques autres, on ne seroit pas sûr d'en retirer les frais qu'elles occasionneroient pour les mettre en état, & j'aimerois mieux tenter quelques nouveaux filons de cette espèce qui n'y sont pas rares, que de hasarder de reprendre les anciens travaux épuisés, & qui vraisemblablement n'auroient pas été abandonnés, si on avoit pu trouver de quoi se dédommager des frais de leur exploitation : ce qui est vérifié par la plupart de ceux qu'on a rétablis dans ces derniers tems.

### *Mines du Val Saint-Amarin.* (1)

Je ne connois que deux filons de mine d'argent dans la vallée de S. Amarin, celui de Vercholts, & celui

(1) M. de Genssane a obtenu en 1752 la permission d'exploiter les mines de cuivre du Val Saint-Amarin en Alsace pour quinze années. Depuis, une nouvelle Com-

Genssane.

que j'ai nommé S. Antoine, qui est proche de la fonderie d'Orbey. La mine de Vercholts est un ancien travail qui doit être fort vaste, à en juger par les décombres : le minéral est la plupart d'argent parsemé de quelques grains de mine de plomb. J'en ai ramassé quelques morceaux qui m'ont donné à l'épreuve jusqu'à 10 lots d'argent au quintal. On y voit encore un vieux puisard qui avoit été relevé par le feu Prince de Lewemstein, Abbé de Murback, qui abandonna ce travail, après y avoir fait des dépenses considérables, à cause de la quantité d'eau dont cette mine est inondée. Il est cependant vrai qu'on pourroit attaquer ce filon d'une manière plus avantageuse ; aussi assure-t-on que ce Seigneur fut trompé par les ouvriers à qui il se confia : cette mine au reste est un concours de plusieurs filons de même espèce qui se croisent dans cet endroit.

Quant à la mine de S. Antoine, les Anciens y avoient fait quelques tentatives de peu de conséquence : j'y ai fait ouvrir une stole, & j'ai reconnu par la qualité du filon qui y est fort large, qu'on peut occuper les Ouvriers plus avantageusement sur les mines de cuivre, qui, dans la haute vallée surtout, y sont en grande quantité, au point que j'en connois au moins 25 de cette espèce qui donnent de belle mine.

---

pagnie, dont a aussi été le même Chymiste, a obtenu le 8 Août 1768 les mines d'or du Val Saint-Amarin pendant vingt ans, avec faculté de profiter de la totalité durant quatre années & de remettre ensuite le cinquième de l'or en nature au titre de 18 karats à Sa Majesté.

M. Hellot avoit extrait de l'or du Minerai que la Compagnie lui avoit apporté, on avoit estimé qu'on tireroit au moins quatre onces d'or par quintal. Les actionnaires ayant eu procès entre eux, on rendit un Arrêt du Conseil le 12 Octobre qui renvoya les Parties à procéder au Châtelet.

*Genssane.* Il est vrai qu'on ne doit pas s'attendre que tous ces filons donnent dans la profondeur, mais il y en a d'autres qui promettent beaucoup. Je ne ferai mention ici que des principaux, & surtout de ceux où je fais travailler depuis quatre à cinq ans que j'en ai la concession.

Le premier, en montant à droite du village d'Orbey, est S. Joseph ; les Anciens en avoient commencé le travail qui n'étoit pas bien avancé. On y tire de très-belle mine de cuivre de toutes les espèces ; il y en a une sorte entr'autres dont il n'est point fait mention dans aucun Auteur, & que je n'avois jamais vue. Elle est d'un pourpre vif, tigré de jaune & d'une matière blanche qu'on prendroit pour du spath, & qui est cependant de la dure mine de cuivre : le filon va par les trois heures, c'est-à-dire, nord-est & sud-ouest ; il est quelquefois accompagné d'une espèce de quartz feuilleté extrêmement blanc, & beaucoup plus pesant que la mine de plomb la plus riche. Cette pierre est très-réfractaire, & ne donne aucun métal. A peu de distance de là, il y en a un gros filon tout pur qui va croiser celui de la mine : cette espéce de spath est parsemé de taches d'un beau vert, & renferme quelques yeux de mine de cuivre jaune & malachite.

Le filon de cette mine ne donne que par intervalle, & le cuivre qui en provient est de la meilleure qualité : aussi le minéral ne tient aucun autre métal, si on excepte un peu de fer ; elle est très-aisée à fondre.

A gauche d'Orbey, au-dessus du village de Storkenson, est un très-beau filon de cuivre qui regne tout le long d'un ruisseau jusqu'au sommet de la montagne. La mine est œil de perdrix ; il y a des morceaux choisis qui m'ont donné jusqu'à quarante liv. de cuivre au quintal: ce filon est traversé sur sa longueur par plusieurs autres de même espèce, & d'un en particulier qui tient de la mine d'argent, mêlée de mine de cuivre azur, l'*asur erts*. Ce filon n'avoit point été ouvert jusqu'à présent ; je l'ai attaqué par une stole au pied de la montagne, à cause des sources qui y sont abondantes.

Genssane.

En revenant du côté d'Orbey, sur la grande route qui conduit en Lorraine, il y a plusieurs filons de cuivre, entr'autres celui appellé *Sainte-Barbe*, que j'ai fait ouvrir au mois de Mars 1754. La mine y est jaune, couleur de rosette ; elle est un peu ferrugineuse, mais le cuivre en est excellent ; le roc au surplus y est très dur : c'est un quartz rouge, parsemé d'une espèce de bleinde que nous appellons *Eissen-raum* ou fleur de fer. Les eaux y sont abondantes & le filon ne donne que par bouillons ; mais lorsqu'il donne, il a jusqu'à un pied de mine pure.

En montant de là à la montagne de Steingraben, on trouve plusieurs filons de même métal ; celui qu'on y exploite est presqu'au sommet de la montagne, il est fort large ; & ce qu'il y a de singulier, c'est qu'il est très-tendre, quoiqu'enfermé dans un roc d'une espèce de quartz vert aussi dur que l'acier. La mine est partie bleu de montagne, quelque peu de mine jaune, & la plus grande partie de *pech erts* ou mine de cuivre bitumineuse ; c'est la *minera picea* de Cramer : le sommet du filon est une mine ferrugineuse brûlée, toute semblable au mâchefer : on voit assez souvent pendant la nuit sortir de grosses flammes de cet endroit, les Mineurs n'y sont cependant pas incommodés & l'ouvrage jusqu'à présent y est fort sain. Il ne nous est pas non plus encore arrivé d'avoir vu ces flammes dans les travaux qui ont actuellement plus de 150 pieds de profondeur. La mine entiere ne s'y trouve que par bouillons, mais le filon donne régulierement de la mine de pilon ou mine piquassée ; on s'y sert rarement de poudre ; le tra-

Genssane.

vail s'y fait presque tout au pic. Les bouillons de mine entiere y sont singulierement arrangés ; ce sont des morceaux de minéral de différentes grosseurs enveloppés d'une rouille rouge, entassés les uns sur les autres sans aucune liaison, tout comme une voiture de moellons : ensorte qu'après les avoir dégarnis par le bas un seul coup de pic en fait tomber une demi-voiture : le minéral n'est pas riche, il ne rend guère que huit à dix livres de cuivre par quintal, & veut être fondu avec d'autres mines.

Ce filon est traversé par un autre petit filon de mine de cuivre malachite & jaune, & quelque fois d'une belle couleur de rose & de lilas : cette dernière m'a quelquefois donné à l'épreuve un petit bouton d'or, mais en trop petite quantité pour mériter attention ; l'espèce de mâchefer dont j'ai parlé ci-dessus, donne aussi constamment un petit bouton d'or à l'épreuve, mais jusqu'à présenr il ne m'a pas été possible de le tirer à la grande fonte sans perte. A l'endroit où ces deux filons se croisent, on trouve quantité de ghur ou espèce de matière blanche semblable au blanc de céruse, que quelques Chymistes appellent *lac lunæ*. Je ne sais si cette matière a toutes les propriétés que ces derniers lui attribuent, mais un fait bien constant, c'est que c'est un très-violent poison pour toutes sortes d'insectes.

La direction de ce filon est par les trois heures, c'est-à-dire, nord-est & sud-ouest ; & une remarque constante que j'ai faite dans les mines de cette vallée, c'est qu'en général tous les filons qui ne tiennent que du cuivre vont par trois ou par neuf heures, aulieu que ceux qui tiennent du fin ont leur direction par six ou douze heures, c'est-à-dire, les dernières nord & sud, & les premieres est & ouest.

Toute cette montagne (je dis celle de Steingraben) qui est extrêmement haute & escarpée, est

Genssan.

remplie de filons de cuivre & de fer ; c'est à ses côtés qu'on a trouvé quelques morceaux d'un spath fort blanc, qui renferme des feuilles d'or vierge, d'un haut titre. M. de Vanolles, ci-devant Intendant à Strasbourg, y a fait faire à cette occasion quelques recherches qui ont été infructueuses, & il n'y a pas de peines que je ne me sois données depuis quatre ans pour découvrir la veine de ce précieux métal sans pouvoir y réussir ; il y a apparence que ce sont des morceaux détachés, que le hasard produit. On n'ôteroit pas de l'idée des habitans du lieu, qu'il y vient de temps à autre des étrangers chercher de ce minéral ; le feu Sieur Schneider, Maire d'Orbey, m'a assuré avoir vû deux étrangers qui en emportoient dans leurs sacs, & que c'étoit une terre très-noire, mêlée de pierre blanche. Un fait encore plus constant, c'est qu'il y a environ deux ans, le nommé Kentseler Tirolien, que nous avions chargé de visiter quelques endroits dangereux où je n'osois aller, y trouva une bêche cachée au haut des branches d'un sapin, mais cela n'est pas une preuve certaine de la mine, cet outil pouvoit fort bien y avoir été oublié par quelque berger. Il faut encore convenir qu'il y a certains filons dans cette montagne, d'une matière très-singuliere & différente des filons ordinaires ; c'est une espèce d'ocre ou sable couleur d'orpiment, entrelassé de petites veines de quartz blanc ; la pierre qui les accompagne est d'un grain brut & sablonneux, & ressemble assez, pour la couleur, au marbre brocatelle ou saracolin. Cette matière est fort sulfureuse & rend à l'épreuve une matte qui ne tient aucun fin.

Au revers de la même montagne, dans le vallon de Brukback, il y a encore plusieurs filons de cuivre ; j'y fais travailler à deux endroits, la mine n'y est pas abondante, mais elle est de très-bonne qualité.

Genssane.

Un peu plus bas dans le même vallon, on trouve un ancien travail, qu'on m'assuroit être une riche mine d'argent, mais ayant fait fouiller les décombres, j'ai trouvé que c'étoit une mine de cuivre qui tient un peu d'argent, mais en petite quantité. Il y a eu là une petite fonderie, & il paroît que ceux qui exploitoient cette mine n'entendoient rien aux fontes, car le peu de scories qui y restent sont remplies de métal à demi-fondu.

Je ne finirois pas si j'entreprenois de détailler tous les filons des montagnes d'Orbey & de la haute vallée de Saint-Amarin ; il ne manque à cet endroit que les moyens d'y faire des avances un peu considérables pour rendre ces mines les plus florissantes & les plus avantageuses qu'il y ait dans ce genre. On trouve aussi dans cette vallée, des crystaux de roche d'une très-belle eau & bien taillés ; il y a aussi une espèce de grenat d'une couleur admirable aux environs de la mine de Saint-Antoine, mais les grains en sont fort petits.

### *Steinback.*

A deux lieues de Saint-Amarin audessus de Cernay, est le village de Steinback. Il y a ici une riche mine de plomb à en juger par les décombres ; elle a été exploitée anciennement & r'ouverte il y a quelques années par des particuliers qui l'ont abandonnée, n'osant pas y faire des établissemens sans y être autorisés. Un de mes Mineurs m'a assuré que dans l'intérieur de cette montagne, le filon de cette mine de plomb est croisé par un filon de mine d'argent noir, qui est le plus riche qu'il ait vu, & j'aurois fait ouvrir cet ouvrage, si on pouvoit être moins en garde sur tout ce que ces sortes de gens nous débitent. Un peu plus haut, il y a encore quelques vestiges

vestiges d'un ancien travail sur un filon de cuivre que je n'ai pas visité. Genssane.

Entre Guerwiller & Valtwiller, tout au sommet d'une haute montagne, il y a un endroit qu'on appelle *Silber-lock* ou *trou d'argent*; il y a là une quantité de crasses d'une fonderie. Je ne sçaurois comprendre quelle étoit leur manière de fondre car il étoit impossible de conduire l'eau à cette hauteur; ces scories sont d'une mine de plomb & argent; il y a beaucoup d'apparence qu'ils fondoient leur mine sur l'aire; mais comment en séparoient-ils leur argent? d'un autre côté ces crasses sont très-nettes, & il n'est guère possible de fondre aussi parfaitement en plein air, pas même avec des fourneaux à reverbère. La fonderie des Romains, près du Mont-d'or en Franche-Comté, est dans ce même cas: j'ai aussi remarqué sur une montagne, à quelques lieues d'Auxerre, des tas prodigieux de crasses de mines de fer, & tout cela dans des endroits où aucun ruisseau ni rivière n'a jamais pu atteindre: ainsi à moins qu'ils ne fissent mouvoir leur soufflets avec des animaux ou à bras d'homme, il ne leur étoit pas possible de faire leurs fontes aussi exactes sans avoir quelque méthode qui n'est pas venue jusqu'à nous.

Dans la vallée de Guerwiller il y a aussi plusieurs anciens travaux, la plûpart sur des filons de mine d'argent; je ne les ai point encore vus, mais j'ai quelques échantillons de ces mines qui sont assez beaux.

A deux lieues de Guerwiller, dans la vallée de Sultsmatt, contre le Village d'Offenback, il y a une très-belle mine de cuivre azur que je fais exploiter. Les anciens y avoient quelques travaux, on appelle encore cet endroit *Gulden asel*, c'est-à-dire, *l'âne d'or*: ce nom lui a été donné, à ce qu'on dit

Genssane. dans le pays, parce qu'en travaillant cette mine, on y trouva un âne converti en mineral : le filon contient peu de mine entiere, mais il rend quantité de mine de pilon très-riche ; le minéral tout brut rend à la fonte huit à dix livres de cuivre & quatre lots d'argent par quintal ; le filon est un quartz noir extrêmement dur, tout parsemé de mine couleur de lapis avec quantité de cobalt. Je fais transporter ce minéral à la fonderie de Planché, où je le fonds non seulement avec quelque profit, mais il est encore un excellent fondant pour les mines de cet endroit, dont il corrige la vitrification. Il y a dans le val de Munster quantité d'anciens travaux, la plûpart sur des filons de mines d'argent : les décombres seroient excellens pour le pilon s'il y en avoit un dans les environs.

Nous terminons ce détail par une observation générale sur les mines : celles qui sont dans la partie des Vôges, au midi de Saint-Amarin, sont ordinairement de plomb, de cuivre & d'argent. Aux environs de Saint-Amarin, ce n'est presque que des mines de cuivre, celles au contraire qui sont au nord de Saint-Amarin, sont presque toutes mines d'argent quelque peu de cuivre & presque point de plomb. (3)

(3) On trouve dans la vallée de Saint-Lambert autrement Lampertsloch près de Sulz dans la Basse Alsace, une mine de Bitume qui mériteroit d'être examinée par les Minéralogistes, analysée par les Chymistes & employee par le Ministere, soit pour la Marine, soit pour le Roulage des voitures, &c. Elle appartient à M. Antoine le Bel, Ecuyer, Seigneur de Schenambourg. Dès l'année 1570 il en est question dans le *Traité des eaux minérales*, de Léonard Thurneiser, Chapitre 38, & dans celui de Jacob Théodore, surnommé de son pays, *Tabernamontanus*, sous le nom de bitume de Lampertsloch

## SECONDE PARTIE.

D'après le détail que nous venons de faire de la quantité de mines qu'on trouve dans les montagnes des Vôges, tant en Franche-Comté que dans la Province d'Alsace, on ne peut qu'être surpris que leurs travaux languissent & que ceux qui les font exploiter s'y ruinent la plûpart.

Genssane.

---

entre Haguenau & Wissembourg. Bernard Hertzog ou le Duc, en fait mention dans sa Chronique Latine qui est dans les Manuscrits de Colbert *N°. 6018. Bibl. Royale.* Helisée Roslin en parle dans sa Chronique de l'Alsace & des Vôges, de l'an 1593. Jean Volck Officier du Comté de Hanau, a écrit en 1625 & fait imprimer à Strasbourg une *Description de l'huile de pierre du banc de Lampertsloch, Bailliage de Voerth en basse Alsace.* Cet Auteur a fait quelques recherches sur les ouvrages où il est question de ce bitume avant lui; il assure que son usage est excellent pour graisser les machines où il y a du frotement & du mouvement & qu'on pourroit l'étendre aux usages de la Marine.

Le Roi concéda cette mine d'Asphalte dans la Seigneurie du Landgrave de Hesse-d'Armstadt par Arrêt du Conseil du 21 Février 1720, avec exemption des droits des fermes & de péages dans tout le Royaume; ce qui depuis fut confirmé le 9 Juin 1731, 1740, 25 Sept. 1753, 1 Sept. 1761. On fit paroître une description des matières huileuses & autres que l'on tire de la mine d'Asphalte près de Sulz dans un lieu nommé *la Sabloniere* en Allemand, parce qu'elle appartenoit à Louis Pierre Auzillon de la Sabloniere Conseiller Sécrétaire Interprète de Sa Majesté en Suisse, emphytéote de cette mine. M. Jean Theoph. Hoeffel, fit imprimer à Strasbourg *Historia Balsami Mineralis Alsatici*, 4°. 1734, & il en a été parlé dans un *Traité des Eaux Minérales*, par Antoine Frey D. M. à Wuissembourg. Le Sieur de la Sabloniere déposa au Bureau du Commerce, le 15 Septembre 1740, un Traité de cette mine de Lamper-

Genssane.

La surprise cessera si l'on fait attention que cela provient de plusieurs causes auxquelles pourtant il seroit aisé de remédier ; la premiere & la plus préjudiciable, est le défaut d'habiles fondeurs, la non-

floch qu'on trouve dans un banc de sable fin, crystalin & en platine ; il décrivoit une autre mine dans les Vôges confinant à Bitch, celle de Châtillon dont le filon va passer sous le Rhône, le Puy de la Poix près Clermont Ferrant, celui de Gaujac dans les Landes de Bourdeaux. En 1758, le Sieur de la Sabloniere obtint un Arrêt du Conseil qui est imprimé dans le recueil sur *le fait des mines* qui se trouve chez Prault ; en 1759, il fit imprimer dans le Journal des Sçavans une relation d'un événement arrivé à la Sabloniere : le 22 Juin, dit il, on découvrit un filon nouveau en suivant le Roc qui avoit été percé, on vit paroître une source d'eau & de graisse, les lumieres ayant enflammé cette matière sur les huit heures du soir, à minuit la galerie qui étoit longue de 150 pieds, se trouva remplie d'éclairs accompagnés d'un bruit sourd imitant le tonnerre : sur les cinq heures du matin, il se fit une explosion même au dehors de la mine qui renversa les toits des hangards servant à l'exploitation ; enfin cet accident s'appaisa, il se répandit une odeur insurportable qui dura plusieurs jours. Les procès verbaux furent dressés & envoyés à l'Intendant & au Ministre d'Etat.

Le 24 Décembre 1768, M le Bel est devenu propriétaire de cette mine, & il avoit obtenu un Arrêt du Conseil le 6 de Novembre, par lequel ses ouvriers jouissent des exemptions accordées à ceux qui sont employés dans les mines du Royaume : en 1772, il a obtenu un Arrêt du Conseil le 23 Juin & des Lettres-patentes données à Compiegne le 5 Août suivant, qui ont été registrées au Parlement de Paris, & à Besançon, à la Cour Souveraine de Nancy, Chambre des comptes de Lorraine, Conseil Souverain d'Alsace. Les Magasins sont établis à Strasbourg, à Lyon, à Paris, au Bourg de la Villette où se distribuent les graisses épaisses, claires, & l'huile d'Asphalte.

Genssane.

jouissance des priviléges accordés à ces sortes de travaux, la dévastation & exportation des bois, enfin le manque de facultés des concessionnaires, qui ayant d'abord consommé la plus grande partie de leur bien, ne sont plus en état de pousser ces travaux au point d'en retirer leurs avances & leurs pertes. Tels sont les principaux obstacles qui s'opposent au progrès des mines & il sera aisé de s'en convaincre par le détail qui suit.

Nous avons observé que les mines des Vôges sont ordinairement très-difficiles à fondre ; chaque espèce de minéral demande une différente fonte, & j'ai quelquefois vu le minéral d'un même filon aller passablement bien à la fonte, pendant un certain temps, & ne pouvoir plus être fondu de la même maniere pendant un autre ; la mine n'a qu'à devenir plus sulphureuse, plus chargée de bleinde, d'arsenic ou d'autres matières étrangères pour exiger une maniere de fondre toute différente. Les mines de plomb surtout, sont ici chargees d'une espèce de bleinde arsenicale, qu'on ne sauroit distinguer du vrai minéral, qui dans la fonte absorbe la plûpart du métal, si on n'est pas attentif à y mêler des matieres propres à la corriger.

Les fondeurs du pays, sur l'assiduité desquels on pourroit le plus compter, sont des paysans sans émulation qui travaillent machinalement parce qu'ils ne sont pas instruits ; ils ne connoissent pas même leur fourneau, ni à plus forte raison, l'art de conduire & de corriger une fonte. Les étrangers leur cachent soigneusement le peu qu'ils savent : je dis le peu car il ne faut pas nous flatter d'avoir des habiles gens, même parmi ces derniers, un homme capable ne sort guère de son pays où il est soigné & bien entretenu : ceux qui nous viennent ont tou-

Genſſane. jours eu, pour quitter leur Patrie, quelques raiſons qui ne ſauroient être qu'à notre déſavantage.

Ils ſont tous en général fainéans, inconſtans & inſolens, la plûpart ivrognes, & quelquefois pires: ils ſe donnent toujours pour habiles & ont tous, ſans exception, la manie de blâmer & de trouver mauvais tout ce qu'on a fait avant eux ; & après avoir bien dépenſé en changemens & en tentatives, ils ſont contraints de faire eux-mêmes ce qu'ils blâmoient dans les autres, ces gens-là ne cherchent qu'à s'inſtruire à nos dépens, ſans s'embaraſſer de ce qu'il en peut arriver, & le jour même qu'ils entrent dans nos travaux, ils commencent à méditer celui auquel ils en ſortiront : les engagemens ſont inutiles avec eux dès qu'ils s'ennuyent ; ils nous forcent malgré nous à les chaſſer par leur mauvaiſe conduite & leur mauvais travail dont ils nous écraſent. Eh qui ne ſait pas que le plus grand mal qui puiſſe arriver dans une fonderie, eſt celui d'être obligé de changer ſouvent de fondeurs, dans ces embarras je conſeille aux conceſſionnaires de ſe mettre au fait de leurs travaux, de la qualité de leurs mines & ſurtout de la maniere de les fondre, s'ils veulent éviter leur ruine ; ſont-ils tous en état de le faire, même de s'y livrer ?

Quel avantage ne ſeroit-ce pas pour l'Etat, ſi on établiſſoit des écoles (4) de fondeurs, comme

(4) Une des folies qui ont paſſé dans la tête des Alchimiſtes a été de croire qu'on pouvoit tranſmuer le fer en cuivre, quoique Guibert en eût démontré l'abſurdité. On a des Lettres-patentes du mois d'Août 1601, regiſtrées au Parlement le 8 Mai 1602, & au Contrôle général des mines de France, portant confirmation d'un contrat paſſé entre Henri IV & Paul Arnault Ecuyer Gentilhomme ordinaire du Roi, par leſquelles il eſt per-

on en a établi tant d'autres dont nous ressentons tous le succes ? Envain enverrons nous des jeunes gens dans des fonderies étrangères pour s'y instruire, les mines de chaque pays ont, généralement parlant, leurs qualités particulieres ; ils reviendront chez nous, où ils trouveront toute une autre besogne que celles qu'ils ont vues ; ils seront obligés d'étudier & de tâtonner sur nouveaux frais, c'est sur les minéraux qu'ils auront à fondre qu'il faudroit les exercer. La preuve de cette vérité, c'est que dans nos fonderies des Vôges, nous ne trouvons pas de fondeur qui fasse mieux que ceux du pays de Hesse, où les mines sont analogues aux nôtres. Dans toute l'Allemagne & en Angleterre on ne s'embarrasse point des fontes, les fondeurs en sont responsables, & tant que nous ne parviendrons pas à ce point, nous serons toujours la victime du produit de nos mines. On ne doit pas craindre de manquer de minéral, ni en Comté, ni en Alsace, toute la difficulté sera de le bien fondre & de faire ensorte que le produit des fontes réponde à celui de la mine qu'on livre aux fonderies. La docimasie est peu connue dans nos mines : c'est cependant par la voie des épreuves, qu'on parvient à peu de frais à connoître les différentes qualités de chaque minéral, les mélanges qui leur conviennent le mieux dans les fontes en grand, que nous ne

Genssane.

mis à Arnault & ses associés de faire travailler & commander aux machines qu'ils feront dresser pour transmuer le fer & le plomb en cuivre & faire chaudrons à fils de laiton & à plusieurs autres inventions utiles, sans qu'il soit loisible à aucun de s'en servir durant 30 ans : voyez ce que nous avons dit p. 289 & le mémoire de M. de Jussieu, p. 581, tout cela étoit l'effet de l'ignorance ; voyez aussi la p. 590, qui confirme M. de Genssane.

Gensane.

connoissons en France que superficiellement & que nous ne connoîtrons point à fond, tant que nous n'aurons pas de fonderies Royales ou des écoles pour instruire & exercer des jeunes élèves à ce genre de travail,

La non-jouissance des privilèges accordés aux travaux des mines, est encoré un grand obstacle à leur progrès : tous les Seigneurs, en Alsace surtout, se croyent les Maîtres dés mines qui se trouvent dans leurs terres. Veut-on y faire travailler, on vous fait sur le champ signifier des défenses ; un concessionnaire qui hasarde son bien, préfère de les laisser plûtôt que d'avoir des procès, & se voit par là forcé de renoncer à des établissemens qui deviendroient également avantageux à ces Seigneurs & à l'Etat. On ne jouit dans ce pays-là presque d'aucune exemption, & cela sous prétexte que les Ordonnances des mines ne sont point reçues ni en Comté, ni en Alsace : tout cela discrédite ces travaux, & surtout ceux qui, suivant le préjugé du public, ont la folie d'y sacrifier leur temps & leur bien, le produit des mines n'est cependant pas moins nécessaire à l'État que la plûpart des autres denrées ; les métaux sont certainement une des principales branches du commerce ; on ne sçauroit se passer de plomb, de cuivre & d'argent, que nous tirons à grands frais de l'étranger, & il est certain que les mines du Royaume bien exploitées en fourniroient au-delà de ce dont l'État peut avoir besoin : il ne faudroit pour y parvenir, qu'une protection décidée pour ces sortes d'établissemens,

Le commerce des bois est devenu dans les Vôges le commerce de tous les habitans, c'est à qui en abattra davantage, & les forêts en peu de temps y seront entièrement détruites : les Seigneurs même, préferent de les vendre aux forges & aux verreries,

Genssane.

parce qu'elles en consomment davantage. On ne fait point attention qu'on peut avoir des forges partout, parce qu'en France nous avons partout des mînes de fer. Il y a peu de Provinces où l'on ne trouve abondamment du charbon de terre (5) aussi propre pour les verreries que les bois : en y établissant ces usines, on se procureroit un double avantage, la consommation de ces charbons & la conservation des bois. Il n'en est pas de même des mines de cuivre, de plomb & d'argent, elles ne se trouvent que dans certains cantons, & on ne peut compter sur leur produit, qu'en conservant les bois de leur voisinage.

Enfin le défaut de faculté des particuliers qui entreprennent ces sortes de travaux, n'est pas moins préjudiciable à leur succès. Lorsqu'on commence ces établissemens, on ne fait point assez d'attention aux dépenses préliminaires qu'ils occasionnent : on ne prend point garde qu'il n'y a pas d'entreprise dans le monde qui exige plus de talens de la part de ceux qui sont chargés de l'exécution : l'esprit d'économie, la connoissance des bois & des charbons, l'art d'être en garde contre tout ce qu'on nous débite des mines d'un endroit, que différentes vues font plus apprécier ou plus mépriser qu'il ne faut, la connoissance des filons & des mines qu'ils produisent, & parconséquent de l'histoire naturelle, qu'on n'acquiert que par une longue habitude, la connoissance des fontes, la Chymie, la Géométrie souterraine, l'Architecture, & surtout les Méchaniques, toutes ces parties, dis-je, sont d'un usage journalier dans les

(5) Je viens de découvrir que les mines des Charbonnieres, au lieu de Rival, dans la Justice de Brassac, en Auvergne, étoient déja exploitées en 1472, & qu'elles appartenoient à Jacques de Langeac.

Genssane.

travaux des mines: & faute de les connoître on s'expose souvent à des dépenses inutiles. Il arrive de là qu'on se rebute, & plus souvent encore qu'on n'est plus en état d'y fournir, & qu'on se voit forcé d'abandonner un établissement au moment qu'on l'a mis en état de nous dédommager de nos peines & de nos dépenses. Ne seroit-ce pas l'intérêt de l'Etat de soutenir ces travaux par quelques avances; je ne dis pas qu'il faille prodiguer ces secours, mais après s'être bien éclairci qu'il ne manque à un Entrepreneur que d'être soutenu pour réussir, il seroit intéressant de ne pas les lui refuser. Tout ce qu'on retire du sein de la terre, est un bien réel dont l'Etat s'enrichit & dont il se prive faute de secourir ceux qui le procurent.

Tels sont les moyens que je crois les plus propres pour faire fleurir nos mines, ce ne sont au surplus que des reflections que je soumets volontiers à des lumières plus grandes que les miennes.

# MINES DE LA CHAMPAGNE.

## ET DE LA FRANCE ORIENTALE.

GUILLAUME Budé dans son Livre IV *de Asse*, écrit en 1524, parle des mines d'or & d'argent découvertes, dans les terres de l'Evêché de Langres. » Vidimus hoc anno ex Lingonensi agro » effosos lapides auro argentoque interstinctos, ex » quibus aurum argentumque elicitur; Hos metallarii » pro experimento dederant. Qualis autem subesset » vena, nondum compertum erat; is ager in ditione » est Michaelis Bodeti, Antistitis Lingonensis, viri » tum singulari ac multiplici eruditione prædicti,

» tum verò ad priscam normam continentiæ Pontificiæ exacti, cujus auspiciis metallarii opifices specimina supradicta auri argentique metallorum ediderunt. »

Lettres patentes du 15 Juin 1575, registrées au Parlement le 29 Mars 1576, par lesquelles le Roi exempte des charges & impositions, Jean Corpmans & son fils, Allemans, Maîtres de toutes mines & ayans l'expérience requise de telles choses; avec la permission de venir demeurer en France sans payer aucune finance, non plus que les ouvriers d'iceux travaillans aux mines & minieres de soufre & autres substances metalliques qui se trouveront ès-intériorités de la terre du Village d'Aubigni près Mezieres & trois lieues ès-environs (fors & excepté les mines de fer.) comme aussi de fondre & mettre en œuvre les matières qu'ils en tireront, les appliquer à leurs profits & de leurs associés, en payant au Roy le dixieme. Leur sera aussi libre d'avoir une Taverne & d'y vendre vin sans payer le droit de huitième, de prendre dans les forêts du Roi, en payant, le bois nécessaire, d'amener le soufre & autres métaux par eux tirés, aux magasins Royaux, sans payer aucun droit, défences d'interrompre leurs filons dans ces mines.

Mine d'argent à Bleicourt, entre Joinville & Braize; ceux qui exploitoient cette mine, ignorant la Métallurgie, demanderent publiquement des instructions dans le Journal de Verdun, Mars 1716. On ajoûte que l'Eglise de ce lieu bâtie par Walbert Architecte, sous le règne de Dagobert, est dans le style Gaulois & qu'on voit la statue de Pierre du Châtelet qui recouvra sa liberté après avoir été prisonnier d'Isouf, Soudan de Damas, enfin que les vitraux peints, ont été donnés par Jean Sire de Joinville.

Bourbonne-les-bains, Bourg du Baſſigni à une lieue de Coiffy & dix lieues de Chaumont. Jean-le-Bon Médecin du Roi, dans ſon livre des bains de Bourbonne-les-bains, in-16, Lyon 1574 & 1590, dit qu'on avoit vû une pierre d'une antique colomne ou on liſoit :

*Borboni Thermarum,*
*Deo mammonæ*
*Ca. Latinius Romanus*
*In Gallia*
*Pro ſalute Cocillæ uxoris ejus*
*Ex voto erexit.*

Il parle de la fontaine Martelle, *olim* Maſaille, qui porte l'eau dans l'amphithéâtre où eſt le bain d'eau bouillante reſſroidie par un canal d'eau froide.

La fontaine Saint-Antoine : le bain Patri, de forme ovalle bien pavé, ou le cuſeau de la rivière vient ſe rendre. Pres de là des ſalines abandonnées. De ſon tems, le Roi & un Seigneur du nom de Bourbonne, partageoient la Seigneurie. Ce lieu étoit fréquenté par les filles de joye, il cite Monſel, Auteur du livre *de la forêt de Paſſavant, dite anciennement la vieille Langres & de ſes rivieres*, ſon livre eſt dédié à M. de Saint-Belin Abbé de la Creſte

En 1739, on découvrit, dit M. Hellot, une mine de mercure dans une carrière d'un village du Marquis de la Charce à deux lieues de Bourbonne-les-bains; il y avoit deux eſpèces de terres qui rendirent la trois centième partie de mercure; à 15 ou 16 pieds de profondeur, on trouva la terre glaiſe. Cette mine eſt ſur le penchant d'une montagne dont le pied eſt baigné par des ruiſſeaux. A Mouſtier-en-Der, mine de ſanguine, dont on apporte le crayon à Paris.

La Champagne inférieure eſt ſans mine ; elle eſt toute cretacée : la Champagne ſupérieure comprend le Valage, le Baſſigni, l'Aubois, arroſés par la Marne, l'Aube & la Blaiſe : cette derniere riviere a les ruiſſeaux de Chevillon, de Tenance, du Rougeant, du Rognon, de Chatonrupt & d'Oſne. Ces pays contiennent de la mine de fer juſqu'à des profondeurs inacceſſibles. Il faut auſſi y remarquer la forge de Bayard, dépendante de la Commanderie de Ruetz, qui eſt la plus ancienne de la rivière de Marne, près le coteau du Chatelet lieu où ſe trouve des médailles en bronze du bas Empire ; tous les ruiſſeaux nommés ici ſont couverts de forges & de fourneaux, on s'y plaint de la multiplicité des uſines établies depuis 1764 & qui ſont mal conſtruites comme la forge de Heurville, celle de Marnaval & de Cloſmortier.

Henry de Lenoncourt, Chevalier de l'Ordre du Roi, Seigneur de Veroncourt ou Veranicourt, obtint des Lettres-Patentes au mois d'Août 1573 regiſtrées au Parlement le 7 Janvier 1579, contenant la permiſſion de faire chercher, ouvrir & profondir les minieres de fer qui ſe trouveront ès-villages, lieux & finages, de Jonchery & la Hermand appartenant au Roi pour ſa forge de Veranicourt.

Narcy, lieu connu autrefois par ſes mines de fer ; on trouva l'an 1750, à Ragecourt, dans le fourneau & la forge, ſix queues de mine de fer lavée, & 700 de fonte de fer.

Forges & fourneau à Chamouillé reſſort de Vitri-le-François, & pluſieurs autres aux environs de Saint-Dizier.

Dans l'Election de Sainte-Menehoud, forêt d'Argonne, pluſieurs forges où l'on fait des bombes, des canons, des boulets & autres munitions.

Forges & fourneaux dans le pays Meſſin à Cirey.

Oberſtein, Principauté ſur la Nahe, qui eſt un fief de l'Evêché de Metz, ſuivant un acte du jour de Saint-Michel 1243, & l'Arrêt de la Chambre Royale du Parlement de Metz du 7 Novembre 1680, lieu célèbre pour ſes mines d'agathes, & ſur la maniere de les travailler. Voyez la deſcription d'Oberſtein, dans *le Journal d'un Voyage Minéralogique par M. Collini*, in-8°. 1776, *chez Ruault.*

Dans le Duché de Deux-Ponts, fief de l'Evêché de Metz, ſuivant les repriſes depuis le treiſieme ſiecle & l'Arrêt de la Chambre Royale du P. de Metz, du 28 Juin 1680, on trouve dans le Diſtrict de Meiſenheim, ſiége d'une Prévôté, des mines; & dans celui d'Eiſenheim, du mercure & des amethiſtes; de l'agathe entre Lichetemberg & Baumholder; des mines de cuivre au Bailliage de Nohfelde, & pluſieurs mines de charbon de terre & de fer, dans leſquelles on a établi des uſines d'acier.

Le Palatinat du Rhin ou la France orientale: il y a une étendue de douze lieues de long ſur ſept à huit de largeur, dans les Bailliages de Lautern, de Lautereck, d'Alzey & de Creutznach où ſont des mines de mercure qui s'exploitent à Moerſchfeld dont les procédés ſont décrits dans l'ouvrage de M. Collini; l'or du Rhin ſe recueille près de Germesheim & de Selz; les Palatins en font frapper les florins d'or du Rhin.

En ſuivant le cours du Rhin dans l'Auſtraſie Françoiſe ou la France orientale, on trouve des mines de fer dans l'Archevêché de Mayence, des mines de charbon de terre, de la calamine, du fer, du cuivre, du plomb, de l'argent, de l'étain & même de l'or dans l'Archevêché de Trèves; il y a des mines de fer dans le Duché de Luxembourg: ce pays a été parcouru par Bernard Paliſſy.

Les Electeurs de Mayence, de Trèves & de Cologne, ont fait frapper des Monnoyes de l'or du Rhin. La Chronique d'Anselme ( Abbé *Laurishamensis* à l'an 1094 ) parle des mines de Wetzenloch, *de monte autem ubi argentum foditur* : la Chronique des Jacobins de Colmar l'an 1292, dit *mineram auri apud Heildelberg inventam*. Il y a à Reichembac des mines de plomb, de fer ; dans le Stromberg des mines de cuivre, de plomb & d'argent ; d'autres mines dans Hundsrucke. Fréderic II, Empereur, concéda l'an 1299 en fief, à Louis Electeur Palatin, tous les métaux & mines de ses fiefs & terres patrimoniales.

Il y a des mines de cuivre, de plomb, des agathes, des ardoises dans le Comté de Sponheim. Des mines d'argent, de cuivre, de fer & de charbon dans les terres de la maison Princiere de Nassau.

A Theux, dans le Marquisat de Franchimont, du marbre noir, qui prend un beau poli ; on en trouve aussi près le Château de Montjardin, dans le pays de Luxembourg à deux lieues de Theux.

A Limbourg, du marbre jaspé, mêlé de sable & de coquillages de mer ( *Orthoceratites* ) qui ne se polit point parfaitement.

A Saint-Remi près Rochefort au pays de Liége du marbre bleu, blanc & rougeâtre qui prend un poli éclatant ( V. ci-devant p. 21, 172. )

La houille se trouve dans une bande de terrein qui s'étend d'est-nord-est, à l'ouest-sud-ouest, ayant environ 10 lieues de largeur sur 45 de longueur ; elle se prolonge depuis Rolduc & Aix la Chapelle vers Limbourg, Herve, Liege, Huy, Andenne, Charleroy, Valencienes, Theux, &c. Dans la partie du Hainaut depuis Kievrain près de Condé continuant pendant sept lieues ju ques vers Marimon, on trouve des puits de 35 à 40 toises de profondeur. La veine de charbon est entre deux bancs de roc très-dur &

à trois ou quatre pieds d'épaiſſeur, les manœuvres ſont contraints pour en faire l'extraction, d'être toujours ſur les genoux où même quelquefois couchés ſur une épaule ; plus le charbon eſt profond plus ſa qualité eſt parfaite.

Celui de Kievrain eſt plus eſtimé que celui d'Angleterre, ſes veines ſont en pente juſqu'à 150 toiſes de profondeur. Les machines à puiſer l'eau ſont ſemblable à celles de Vaſmes au pays de Liége : il y avoit à côté de Mons, environ 120 puits ouverts occupans chacun 40 à 45 perſonnes, hommes & femmes.

Enfin près Valenciennes, on établit en 1736, la machine à feu des Anglois pour en tirer les eaux, ainſi qu'à Freſne près de Condé.

On exploite le charbon de terre à Herve en Limbourg, à Soumagne & dans les environs de Liége à Andenne, Charleroy entre Liége & Huy.

On retire des pyrîtes à Haut-heim, près de Limbourg & à Chaufontaine pays de Liége, pour avoir du ſoufre & du vitriol ; elles y ſont mêlées avec de la mine de plomb. On a fait cette exploitation près de Theux aux endroits où il y a des mines de fer & de plomb qui ſont très-abondantes.

Du côté de Huy & de Namur, une mine de fer couleur de brique en petits graviers rougeâtres.

Mines de fer à Oneux, Beaufais près Theux & à Chaufontaine.

Mine de zinc près d'Aix la Chapelle dans le Duché de Limbourg au lieu de la Calmine, & auſſi près de Namur. Daviſſon avoit connu la pierre calaminaire, jaune & rougeâtre du pays de Liége près de Dinant, dont on ſe ſert, dit-il, pour rendre le cuivre jaune.

Mine

Mine de plomb de Vedrin, ſur une petite montagne à une lieue de Namur, ſon puits a 40 toiſes de profondeur.

La machine à feu pour pomper les eaux, a été conſtruite par le Sieur Seuders Anglois.

## *Deſcription d'un Minéral de Liége, dont on retire du ſoufre & du vitriol. 1665.*

### *Extrait du Journal d'Angleterre.*

LE Cheualier Robert Moray a dit à la Société Royale de Londres, que ce n'eſt qu'vn meſme minéral dont on tire le souphre & le vitriol; qui ne reſſemble pas mal à de la mine de plomb, & que meſme il s'y en rencontre ſouuent que l'on ſépare en le grattant. On creuſe quelquefois la mine quinze ou vingt braſſes & plus, ſelon que la veine conduit les ouuriers, ou que les eaux ſouſterraines le permettent.

Quand on en veut faire du ſouphre, on la romp par petits morceaux, que l'on met dans des creuſets de terre, longs de cinq pieds, d'vne figure pyramidale, & dont l'entrée a bien vn pied en quarré. On diſpoſe ces creuſets en ſorte qu'ils ſont panchés, & poſés les vns ſur les autres : ordinairement il y en a huit en bas, & ſept en haut, rangés de maniere qu'il y a du vuide entre-deux, au trauers duquel paſſe le feu qui par ce moyen les touche tous. Le ſouphre, qui eſt fondu par la violence du feu, dégoute, & ſortant par le bout le plus pointu du creuſet, tombe dans vne auge de plomb qui eſt commune à tous, & au trauers de laquelle il coule inceſſamment vn petit ruiſſeau d'eau froide, qui y eſt conduite par des tuyaux, afin de congeler le souphre liquefié, qui est ordinairement quatre heures à fondre. Quand cela est fait, on tire les cendres auec vn crochet de fer, on les emporte dans vne broüette de fer hors de la hutte, & on les met par monceaux, que l'on couure d'autres cendres lexiuées & seiches, afin de les conseruer plus chaudement; ce que l'on fait tant qu'elles donnent du souphre.

Quand on veut faire de la couperose ou du vitriol, on prend quantité de ces cendres, que l'on met dans vn trou quarré fait en terre, qui a enuiron quatre pieds de profondeur & huit pieds de largeur, lequel est par tout reuestu de planches de bois bien iointes. Après cela on iette de l'eau commune par-dessus, en sorte qu'elle surnage, & on l'y laisse ordinairement 24 heures, ou bien iusqu'à ce qu'vn œuf nage dessus, ce qui est vne marque que l'eau est assez forte Quand on la veut cuire, on la fait couler par des tuyaux dans des chaudieres, & on y adiouste la moitié autant de la *mere eau*, comme on l'appelle, qui est celle qui reste quand le vitriol est fait. Ces chaudieres sont de plomb, & ont quatre pieds & demy de haut, six pieds de long, & trois pieds de large, & sont posées sur des grilles de fer. On fait boüillir cette liqueur dans ces chaudieres à grand feu de charbon durant 24 heures ou plus, selon que la lexiue est forte ou foible. Quand l'eau est assez consumée, on en tire le feu, on la laisse vn peu refroidir, & on la tire des chaudieres par des trous qui sont à costé, & par des tuyaux de bois on la fait passer dans des récipients qui ont trois pieds de profondeur & quatre pieds de long, où on la laisse 14 ou 15 iours, & plus long-temps s'il est besoin, iusqu'à ce que le vitriol se sépare de l'eau, se crystalise & s'endurcisse. L'eau qui reste quand on a tiré le vitriol, eſt celle qu'on appelle la *mere eau*, & les cendres lexiuées, qui demeurent au fond de ce trou planchayé, ſont les feces que l'eau laiſſe quand le vitriol eſt fait.

---

*Mines de Flandres, Artois, Boulenois, Picardie.*

SI on traçoit une carte Minéralogique de la Flandres, il faudroit y marquer la chaine des anciennes côtes de la mer commençant à Witſan & Blancneſſ, entre Boulogne & Calais, ſuivre l'ancienne côte élevée ſur la droite de Guiſnes & Ardres, par le Mont de Ruminghem, juſqu'à Watten, qui eſt un détroit du golphe de Sithiu ou St. Omer.

De Watten ſuivre Ravesberg, Balemberg, Dornberg, Caſſel, Eeke, Gatsberg, Cramberg, Locre, Swartsberg, Mont-Kemele, Witſecalte, Meſſine, Roſemberg, la Hute, Varneton.

A gauche de la Lys, Hout-heim, Holbeck, Ghelewe, Mont-d'Adzecle, Vincle-Cappele & Courtray.

De Courtray à Clytberg, Suevelgheim, Wulsberg, Caître, Spyteberg, Moregheim, Oudenarde & vers Aloſt près d'Affligheim, Merchten, Grimberghe, Laecken, Vilvorde, Bruxelles ancien golphe de la mer, Corteberghe, Louvain ancien golphe à l'Abbaye de Parc & Château de Heverlé, enſuite Aerſchot, Sichem, Dieſt, Leeuwe, Borcholen, & Tongres ancien port de mer; le bord de la Meuſe près Maeſtricht, Valckemberg, Aix-la-Chapelle, Dueren, le Chenich, &c. Herſel, Bonn, Cologne.

Sans cette attention, la carte ſeroit abſurde & mauvaiſe, car les ſubſtances qu'on découvre entre ces anciennes côtes & la mer ſont differentes de celles qu'on trouve dans la chaîne & derriere la borne ancienne de la mer.

Entre la mer & la chaîne des anciennes montagnes, on y trouve, dit Becher l'un des premiers obſervateurs, la tourbe métallique, c'eſt-à-dire, combinée avec des demi-métaux; près d'Harlem, une terre rouge arſenicale; du cobalt près de la même Ville & ſon métal anonyme, de ſables d'argent & le ſable rouge aurifere près Arnheim, &c. mais on n'y trouvera jamais des mines de la premiere création comme dans les granits, &c

On apprend de la Chronique Belgique de Jean Gerbrand, L. II. C. 14. Que vers 695, Saint-Villebrod voyagea à Rome: pendant ſon abſence *arbores in Hollandia maximi nemoris ſine venia per ventum validum & terræ motum in una nocte pro magna parte ceciderunt*, auſſi Guichardin dit, on brûle une tourbe qu'on appelle *Torf* & *Turf* dans les pays de la Friſe, au milieu de ces tourbes, on trouve des arbres entiers qui ſont inclinés vers le Sud-oueſt, enſorte qu'on voit que les vents maeſtraux & du nord de cette mer les ont abbatus. Varenius dit qu'on trouve dans les montagnes de Gueldres près de Nimegue des coquillages de mer & en creuſant la terre en Hollande qu'on trouve auſſi à une grande profondeur, des arbriſſeaux de mer & des matieres marécageuſes. L'on remarque ſouvent dans les Pays-bas que les lieux marins deviennent des terres & les lieux terreſtres deviennent mer, dit Anſelme Boece de Boot Liv. II. C. 158, car dans quelques fonds près de la Ville de Bruges ma patrie, lorſqu'on fouille depuis dix à vingt aulnes (l'aune a trois pieds 9 pouces) on trouve des forêts entieres, on y diſtingue les feuilles, les troncs d'arbres, on y reconnoit les eſpèces d'arbres & les couches annuelles de la chûte des feuilles. On les brûle comme du charbon qu'on nomme *Deerynch* : ces forêts ſe trouvent dans des lieux couverts par les eaux de la mer il y a plus de cinq cens ans ( 1636. ) Les cimes des arbres ſans doute battues par des tempêtes & des vents occidentaux, ſont courbées du côté de l'orient:

Dans le Franc-de-Bruges, dans les Chatellenies de Furnes, Bourbourg, & Berg-Saint-winoc à quatre ou cinq pieds de terre plus & moins, on trouve ce que les Flamands nomment *Derinch*, les Hollandois & Brabançois l'appellent *moër* dont il font la tourbe; c'eſt un lit de bois pourri de deux pieds d'épaiſſeur, des arbres renverſés, des feuilles & même des noiſettes entieres: on y a trouvé des vaſes ruſtiques, dit Olivier de Vrée, des inſtrumens militaires, nautiques, des médailles, des monumens Romains & plus anciens; quelques arbres paroiſſent avoir été coupés & les autres arrachés.

Vanoccio Biringuccio dit qu'on l'avoit aſſuré qu'il y avoit des mines d'étain en Flandres: *ancho ho ſentito dire trovarſene in certi luochi della Fiandra mine di Stagno.* Vanoccio Lib. 1. Cap. V. M. de Peſtre de Tournay Négociant à Dunkerque, m'a aſſuré en avoir trouvé une mine près Tournay dont il a promis d'envoyer des échantillons à pluſieurs Minéralogiſtes.

» Il y avoit autrefois un commerce direct très-conſidérable entre les Pays-bas & l'Italie, on en tiroit les aluns: en 1468, il y eut un Traité entre le Pape Paul II, & Charles le Hardy Duc de Bourgogne, concernant la vente & le débit des aluns d'Italie en Flandres: le prix des aluns augmenta dans le commencement du ſeizième ſiécle à un tel point que Philippes-le-Beau, Archiduc d'Autriche fit faire à Bruges en 1504, une information de ce qui pouvoit cauſer la cherté de ce minéral.

Les alns d'Italie étant probablement trop chers & ceux de la Turquie étant à meilleur marché, les Flamands en firent venir de cet Empire, ce qui engagea Jules II, (Julien de la Rovere) à lancer en 1508 une Bulle d'excommunication contre ceux qui feroient venir des aluns des pays de la domination du Grand-Turc.

La Flandres n'a pas beaucoup de mines, cependant l'Archiduc Albert & Isabelle, ont accordé quelques octrois. Jean Curtius a obtenu des Lettres-patentes en 1600, contenant permission de chercher dans les pays d'entre Sambre & Meuse, tous les minéraux en remettant au Souverain le dixieme du plomb, le huitieme du cuivre, le cinquieme de l'or, de l'argent & de l'azur, le quinzieme de l'alun, soufre, & couperose. Depuis, il obtint en 1607 la permission de faire de nouvelles recherches dans toutes les Provinces des Pays-bas.

Dans l'histoire de la Terre & Vicomté de Sebourg par Pierre le Bouqc, page 190, on trouve que M. Nicolas Desquennes, Curé de Sebourg, avoit trouvé en Artois des mines d'or & d'argent, il obtint en 1623 des Lettres-patentes pour en faire l'exploitation. » *Cette notice m'a été communiquée par M. Godefroy, Garde des Archives du Roi à Lille.*

On a tiré des fouilles du canal de Saint-Omer un bois ou charbon vitriolique : étant nouvellement tiré, il s'écailloit dans le feu avec une détonation semblable à celle d'un pistolet; l'ayant un jour exposé à la flamme d'une chandelle, il s'en détacha un éclat qui fut se ficher dans la muraille, ce qui dégoûta de recommencer ce jeu. Ce minéral est tombé en efflorescence & réduit en poussiere noire, dont la lotion a donné du vitriol verd. Aux villages de Mingoval, Bethonsard, Villerval, on trouve des pyrites; elles donnent des étincelles quand on les frappe avec l'acier;

on en trouve aussi dans les Monts de Rebreuve, Olhain, la Comté, où des coquilles sont devenues pyriteuses, celles d'Ablain Saint-Nazare ont donné du cuivre à l'essai.

En 1739, on a découvert une mine de charbon de terre proche de Boulogne sur mer, dans le village d'Ardingheim : M. le Duc d'Aumont obtint la permission de la faire ouvrir ainsi que celles de tout le Boulenois, pays reconquis & Comté d'Ardres, en dédommageant les propriétaires.

Le Marquis de Tagny a eu une semblable permission dans le terroir de Rhety.

On ajoûte qu'il n'est pas aussi bon que celui de Hainault & d'Angleterre, ce qui vient de l'ignorance des travailleurs qui cherchent le plutôt fait & ne connoissent point les bonnes veines.

Il y a aussi des mines de fer, mais le défaut de bois les rend inutiles.

On y en pourroit trouver de plomb & d'étain si quelqu'un se trouvoit en état de faire de la dépense.

Les pierres de Sinkal sont assez communes dans la Province : il y a du marbre assez beau à *Marquise* & qui le devient tous les jours de plus en plus en creusant ; on l'appelle la pierre marquise.

Les pavez de Mortemer, sont assez propres pour les Eglises & les sales. *Etat de la France de Boulainv.*

Dans la forêt de Saint-Michel, Election de Guise, des forges & fourneaux où l'on fait des munitions d'artillerie.

A Bourry & à Couvigny Villages près la rivière d'Ayne, Election de Laon, une mine d'alun.

Manufacture de glaces à Saint-Gobin & Verrerie dans les bois de la Fere.

*Favignies.* Ce Village est à quatre lieues de Beauvais en Picardie : on y trouve des bancs considérables d'une argile grise, liante, peu sableuse, avec laquelle les Potiers du lieu, qui sont en grand nombre, fabriquent les poteries de terre commune cuite en grès, qui se débitent à Paris.

Si on épluchoit exactement cette argile, si on la lavoit, elle n'auroit pas les défauts qu'on lui connoit, qui est de s'écailler. Il seroit de la gloire de l'Intendant de la Province d'y envoyer l'Inspecteur des Manufactures de son département avec des Mémoires pour perfectionner cette poterie qui sert au peuple des Provinces voisines & qui a été mieux connue de Palissy que des habitans qui la gachent tous les jours. *Voyez Palissy*, p. 654.

## *Mines de la Généralité de Paris.*

Alkali minéral très-pur, donnant du sel de Glauber avec l'acide vitriolique, du sel marin avec l'acide de ce sel, &c. qu'on trouve sur la pierre à moëllon de quelques édifices de Paris; M. Proust en a trouvé à la salpêtriere, il en avoit aussi découvert dans les fondemens des maisons de la Ville d'Angers. En 1774, il en avoit envoyé à M. Rouelle.

Cette substance est commune dans le Royaume & définie par les Auteurs des *Traités des eaux minérales* de cette maniere » nitre est un fossile blanc, » tirant sur la couleur de rose vermeille, poreux » comme une éponge, avec une amertume peculiere, » ou autrement sel fossile dit de nitre (suivant Dioscoride & les anciens) qui abonde à Vic-le-Comte » à Bourbon, &c. nitre minéral ou fossile qui se » faisoit en Egypte, bien que ces masses de nitre » soient négligées ès-officines, nous ne laissons pas de » jouir du bénéfice de nos eaux nitreuses. A la place » de cet ancien nitre a succédé le salpêtre, &c. » D'après ces expressions & la distinction qu'ils en font du salpêtre que depuis nous avons nommé nitre, on ne peut pas douter que nos ancêtres n'ayent connu *le natrum* ou l'alkali fossile, qu'ils ont appellé nitre avec tous les anciens, & qui est peu usité dans les opérations utiles aux Arts & aux Sciences dans le Royaume. Au reste l'un des plus sçavans Naturalistes de la France, qui connoissoit bien le salpêtre, le sel alkali végétal qui se fait en Egypte & le *natrum* ou *nitrum* de l'Egypte où il avoit voyagé, nous avertit que souvent les Marchands *nitro vero carentes*, *alkali salem pro nitro vendunt*. Voyez le Chapitre II du Traité des eaux minérales de M. Monnet. Il est certain que lorsqu'on trouve en France du salpêtre tout formé à base alkaline dans les terres, comme M. Montet en a trouvé en 1757. *Mem. de l'Ac. des Sc.* & comme cela est cité ci-devant, p. 560 à 563, on doit aussi trouver le natrum ou alkali fossile; ce que nos anciens avoient démontré.

» Combien de millions de pipes de pierres sont journellement gâtées, dit Palissy, à faire de la chaux *& du plâtre*... une grande partie est mise en poussiere par les Maçons... dissoutes & pulverisées par les gelées & autres accidens qui reduisent les pierres en poudre. » Qu'on se transporte à la montagne de Montmartre par le côté de Clichi, on sera étonné de voir que cette montagne bordoit le grand chemin qui conduit à Saint-Denis; que de ce lieu on approche du même côté la carriere en exploitation, la surprise augmente par les monticules, les bouleversemens des terres, & surtout par l'aspect de la coupe perpendiculaire des bancs de pierres. Faites ensuite le tour de Montmartre, tant du côté de Saint-Denis, que du côté de Paris & partez de cette montagne pour aller droit à celle de Belleville, & revenez en cotoyant par le chemin de Mesnil-montant, vous arriverez à Paris persuadé que Belleville & Montmartre ont été réunis autrefois, qu'il y avoit une montagne entre Paris & la Chapelle ; les fouilles, les monticules existant entre Montmartre & Belleville le prouvent & ce qui reste est réduit à plus de moitié moins que ce qui existoit avant la construction de la Ville de Paris.

Par une raison inverse, le Mont *Testaccio* à Rome qui n'est guere moins considérable que Montmartre, n'est composé que de pots cassés, de tuilles & autres morceaux de terre cuite, dont il s'est formé une montagne pendant plusieurs siécles.

A l'Isle Adam, son A. S. M. le Prince de Conti faisant construire un puits dans sa faisanderie, on trouva un lit de terre qui brûle, & qui par la distillation, donne la même liqueur inflammable que le Charbon de terre. Au milieu de ce lit on trouva aussi des amas de coquilles pyriteuses, & de petits morceaux d'ambre jaune ou succin. V. p. 373.

Dans la montagne de Store au même lieu près la grille, un rocher de coquilles pétrifiées dans la montagne, des moules pétrifiées, du lierre rampant le long de la montagne, pétrifié jusques dans ses racines, des huitres, des cames, des peignes, des buccins, des vis, pétrifiés, une espèce de graine pétrifiée ; on assure qu'à trente pieds en terre, on trouve des ossemens humains rougeâtres & pétrifiés.

Les montagnes voisines produisent les mêmes phénomènes en plus petite quantité. A l'Abbaye du Val des eaux qui incrustent les corps en pierres comme les roseaux, &c. Dans la Garenne Merielle près Store, des grais incrustés de coquillages comme vis, cames, &c. *Feuille nécessaire*, 12 *Nov.* 1759. Derriere le Parc de l'Abbaye de Saint-Paul de Beauvais un marais nommé *Champ-pourri*, on y trouve du bol rouge, du bol noir rempli de coquillages fort petit, & une terre marneuse qui contient des grains noirs : ceci a été connu de l'historien Louvet. La mine de fer y est abondante : autrefois il y avoit des forges, comme l'indique les laitiers voisins ; sur la montagne on trouve des pyrites martiales, des pierres ferrugineuses suivant M. Desmars, qui parle aussi des eaux de Gouincourt & de celles de Becquay. *Merc. Juin 1749, premier vol.*

Un nommé Prévôt, prétendit avoir découvert une mine d'or au territoire d'Auneuil, Election de Beauvais, & en effet la terre qu'il tiroit de sa mine, paroissoit chargée d'un métal jaune & luisant ; mais ce n'etoit qu'une marcassite imparfaite.

Une autre mine fut découverte proche Lusancy Election de Meaux ; mais l'expérience qu'on en fit réussit mal, en ce que la dépense passa de beaucoup le prix de l'or qu'on en tira.

Il y avoit autrefois des forges & des fonderies pour la mine de fer dans les Elections de Sens, Joigny & de Vezelay. *Etat de la France de Boulainv.*

Aux Coites *les marais sous le chainet* Paroisse de Saint-Martin la Garenne, une matiere noire & combustible, découverte en 1733 ; concédée au mois d'Avril 1748 au Sieur Boel de Sainte-Croix.

A Bazemont près Mantes, & à Bonaste, indices de charbon de terre, on n'a point trouvé la plature ou lit principal.

Du jayet à la montagne de Saint Germain-en-Laye route de Marli ; à Geninville audelà de Magni route de Rouen à deux lieues de N. . . la Desirée près Saint-Martin de la Garenne, plusieurs indices de mine d'argent : on y travailla en 1729, & on vendit à des Orfêvres des morceaux de minéral qui en avoit été tiré, elle est à 15 pieds de profondeur ; on fit un puits de 15 pieds carrés, à vingt pieds de la roue du moulin de ce lieu.

A Berval, Paroisse de Grizy, plusieurs morceaux d'un mélange de fer & de cuivre, un sable verdâtre, qui aux essais donne du cuivre ; la tradition du lieu est qu'on y a travaillé autrefois (avant 1747) à une mine de cuivre.

Sable jaune, rougeâtre, & des veines horisontales de mine de fer imparfaite, tenant or & argent, sçavoir celles de Geroncourt, Marine, Grizy, Berval & autres Villages au-delà de Pontoise, route de Beauvais (V. Garrault p. 32.) Ils donnent aux essais depuis 450 jusqu'à 1000 grains de fin, dont moitié or & le reste en argent : c'est le cas d'employer ici le procédé de Becher dans *minera arenaria perpetua.*

FIN.

# RECHERCHES

## *SUR LA MÉTALLURGIE*

## DES ANCIENS.

*Par* Louis Savot, *Médecin du ROI, de la Faculté de Médecine de Paris.*

1627.

# A HAVT ET PVISSANT SEIGNEVR

MESSIRE

# ANTOINE RVSÉ,

## MARQVIS D'ESFIAT,

## CHAILLY, ET LONG-IVMEAV,

Chevalier des Ordres du ROY, Grand-Maître, Surintendant & General Reformateur des Mines & Minieres, & Surintendant des Finances de France.

MONSEIGNEVR,

*La coustume porte par deuoir ceux qui donnent quelque escrit au public, à le dédier à ceux qui paroissent le plus en eminentes dignitez dans le public, principalement s'ils leur ont quelque sorte de particuliere obligation. C'est pourquoy la grandeur de vos vertus vous ayant éleué aux honneurs les plus illustres du Royaume, en l'Ambassade extraordinaire d'Angleterre, l'vne des plus importantes qui fut à l'Estat : & par la preuve de vostre suffisance & dexterité en cet employ, destiné à celle d'Alemagne, si elle eust esté executée, qui regardoit auec le bien de la France, celuy de toute la Chrestienté : & encore après auoir longuement & dignement exercé la charge de Grand-Maistre, Surintendant & General Reformateur des mines & minieres de France, la recognoissance de vostre grande integrité*

*& assiduité aux affaires, vous ayant fait appeller à la Suritendance des Finances, comme vous estant fort meritoirement deuë, veu qu'il semble mesme que ceste derniere charge, soit comme dependante & inseparable de la premiere: Car si la disposition des loix donné droit sur ce qui est audessus de la terre, à celuy qui l'auoit premierement sur ce qui est audessous, puis qüe vous l'auiez sur les richesses qui sont sous la terre il vous deuoit appartenir sur celles qui sont audessus: & pour ioindre l'art à la nature, & vous rendre par ce moyen vostre Office parfait, puis que vous exerciez la plus grande & la plus haute charge sur les thresors qui se tirent de la nature, vous la deuiez pareillement exercer sur ceux qui prouiennent de l'art. Que si enfin les mines & minieres sont comme des veines & des nerfs dans la terre, & par après en estant dehors, aussi comme des veines & des nerfs dans vn Estat, qui luy donnent la vie & les principales forces, il n'appartenoit qu'à vn esprit grandement vif & fort, tel qu'est le vostre, à en auoir la principale direction. I'ay creu par ces raisons*, MONSEIGNEVR, *& sur ce que ce present* Traité *appartient au subiet* des Finances, des metaux & des mineraux, *que ie ne pouuois mieux luy faire voir la lumiere que par la splendeur de vostre nom. Outre ce que par dessus & pour le comble de toutes ces considerations, tous mes labeurs ne doiuent desormais appartenir qu'à vous, pour auoir à present l'honneur d'estre à vous. Receuez donc*, MONSEIGNEVR, *je vous supplie, l'offre de cet ouurage, comme chose qui vous est deue, non seulement par de si grandes obligations, mais encore par vne plus grande affection que i'ay de meriter par les effets, en tout ce que ie pourray de mieux, l'honneur de me qualifier aussi bien en public qu'en particulier:*

MONSEIGNEVR,

Vostre tres-humble, tres obeyssant, & tres-fidelle seruiteur, SAVOT.

# RECHERCHES
## *SUR LA MÉTALLURGIE*
## DES ANCIENS. (1)

### CHAPITRE PREMIER.

*De la matiere des medalles & monnoyes antiques : qu'elle a esté de deux sortes, sçauoir ordinaire & extraordinaire : que les Romains ont peu auoir autresfois de la monnoye de plomb : quelle estoit ceste monnoye de plomb : l'opinion du sieur de Saumaise non suiuie par l'Autheur, & pourquoi : que Boulenger s'est aussi equiuoqué sur le suiet de quelques medalles antiques.*

LA matiere des medalles & monnoyes antiques a esté ou ordinaire ou extraordinaire. On a employé or- *Savot.*

(1) Louis Savot né à Saulieu, Ville du Diocèse d'Autun, vint à Paris, où après avoir perfectionné ses études, il étudia la Chirurgie. Ayant été reçu Maître, son

Savot.

dinairement & presque de tout temps pour la fabrication des medalles & monnoyes, l'or, l'argent & le cuiure ; mais extraordinairement & en diuers temps & lieux on s'est serui de beaucoup d'autres sortes de

goût pour les Sciences & l'Histoire Naturelle, se trouvant resserré dans l'exercice de cet Art, il étudia en Médecine : on l'admit au Baccalaureat dans la Faculté de Paris : il renonça à la profession de Chirurgien le 17 Avril 1610, & fit sa Licence ; il ne reçut point le bonnet de Docteur.

La Mothe-le-Vayer a écrit dans le *Mémorial des Conférences*, que Louis Savot, Médecin fort habile, fréquentoit ses assemblées savantes & qu'il avoit particulierement soin de la santé du Président Janin. Il disoit ingénuement que sa profession n'étoit fondée que sur des conjectures, & qu'il observoit tous les jours qu'on mouroit & que l'on guérissoit par les mêmes remedes, sans qu'il fût possible d'établir une régle certaine pour ne s'en servir qu'utilement. Avec ces sentimens & son affection pour les connoissances utiles à la société, il s'appliqua à connoître les pierres, les terres, les minéraux ; il étudia les mines & les minieres de France, & composa des recherches savantes sur la Métallurgie des Anciens que nous publions ici. Il n'est pas possible de profiter de la lecture de Pline & des autres Auteurs sans l'Ouvrage de Savot qui est tout ce qu'il y a de plus exact jusqu'à présent. Cependant cet Ouvrage n'est point connu des Chymistes. Les Etrangers ont mieux apprécié que nous ce Livre, car il a été traduit en Latin par Rodolphe Kuster & imprimé plusieurs fois par le célèbre Groevius. Ce que Savot a écrit sur les couleurs primitives mérite une attention singuliere ; son *Architecture Françoise* est un Ouvrage si important, qu'il est encore aussi nécessaire aux Architectes qu'aux Médecins. G. Blondel de l'Académie des Sciences en a donné deux éditions. La cheminée de Pensilvanie est décrite avec exactitude dans ce petit Livre précieux.

Tous les Antiquaires ont profité du *Traité des Médailles*

matiere, comme de fer, que plusieurs peuples ont employé en ce suiet, & entre autres les anciens Anglois, selon César *au 5. liure de ses Commentaires de la guerre des Gaules*; les Clazoméniens selon Aristote au second de ses *Œconomiques*; les Lacédémoniens, selon Plutarque en *la vie de Lycurgue*, & les Bisantins selon *Pollux* (1). Le mesme Pollux, & auparauant lui Aristote, rapportent que Denys tyran de Syracuse fit faire de la monnoye d'estain : Belleforest en son *histoire vniuerselle*, & d'autres encores auec lui escriuent que quelques peuples de Libye & des Indes font aussi monnoyer l'estain. Il y a beaucoup d'apparence (2) pour croire que les Romains ont eu autresfois quelque monnoye de plomb : ce qui se peut colliger de plusieurs authorités tirées de diuers endroits, comme de Plaute (3) & de Martial, (4) quoyque quelques-vns veulent

Savot

de Savot ; la brochure qu'il a écrite sur la Statue de Henri IV. traite une question sçavante ; *Pourquoi les statues des Princes & des Dieux* étoient *plus grandes que nature*? Les Mécenes de ses Ouvrages ont été Geoffroy de Pontac Me. des Requêtes, le Marquis de la Vieuville & le Marquis d'Effiat Surintendant des Finances, René Moreau son ami chez qui il mourut étant Médecin du Roi en 1640, âgé de plus de soixante ans. Il avoit dans son appartement une collection de presque tous les fossiles du Royaume. Ceux qui n'ont jamais lû le petit Ouvrage que nous imprimons, nous sçauront gré de le leur avoir fait connoître : le catalogue de ses œuvres est dans la Bibl. des Auteurs de Bourgogne.

(1) Poll. Onom. L. IX. C. VI. p. 79.

(2) Cela est prouvé. V. Patin Hist. des Méd. p. 60.

(3) Plaut. Trinum. A. IV. Sc. 4. V. 120. Id. Mostell. A. IV. Sc. 2. V. 11.

(4) Lib. 1. Epig. 79. Lib. X. Ep. 4.

dire que quand ces Autheurs ont vſé de ces mots *plumbei nummi*, il ne faut pas entendre par iceux des pieces de monnoye qui fuſſent de plomb ; mais ſeulement de la monnoye de fort peu de valeur & de petit prix. C'eſt en ce ſens auſſi que le ſieur de Saumaiſe entend que fuſſent les monnoyes de plomb Romaines, diſant en ces mots ſur *Flavius Vopiſcus*, que *æs plumbo miſcebatur etiam publicè, inde plumbeos nummos per contemptum Martialis appellat, æream monetam cui plurimum plumbi admixtum erat.* Or s'il entend que du temps de Martial qui viuoit ſous Domitian, les Empereurs fiſſent battre de la monnoye de cuiure, comme il le ſemble par les termes ci-deuant rapportés, il me pardonnera s'il lui plait ſi je repugne à ſon opinion, parcequ'il ne ſe trouue point de plomb dans les medalles de cuiure des Empereurs, que vers le temps de *Septimius Seuerus*. L'erreur toutesfois en ceſte opinion eſt excuſable en vn homme, quoique tres-docte, d'autant que ceſte cognoiſſance ne ſe peut acquerir par les liures, ains par l'eſpreuue ſeule de la monnoye de cuiure antique. Car ceux qui en ſont curieux, la mettant dans le feu pour en faire tomber la rouille, ne voyent point qu'il en ſorte aucun plomb ou eſtain d'aucunes, auparauant le temps dudit *Septimius*, mais bien & fort viſiblement de celles qui ont eſté fabriquées du depuis, deſquelles on voit ſuinter & ſortir par petites gouttes le plomb en diuers endroits, quand elles ont ſenty vn peu l'ardeur du feu. Tous ceux qui ont des medalles antiques, ont ou peuuent voir dans les cabinets des autres, des medalles antiques qui ſont de plomb, en ayant eu moy-meſme de telles ; mais cela ne doit pas eſtre tant eſtrange, puiſque Eraſme eſcrit que de ſon temps il ſe trouuoit de la monnoye de plomb qui auoit cours en Angleterre.

Savot.

Ce meſme defaut de s'eſtudier à la cognoiſſance des

medalles & monnoyes antiques par la frequente inspection d'icelles, aussi bien que par la lecture des liures, a esté cause aussi que Boulenger, quoy que tres sçauant, s'est abusé quand il a escrit en son second liu. *de Imperatore Romano*, ch. 15. qu'il se trouue des medalles de Domitian qui ont pour reuers ceste inscription *fisci Iudaici calumnia sublata*, & deux autres de Traian, dont l'vne a pour legende au reuers *vehiculatione Italiæ remissa*, & l'autre *Plebi Vrbanæ frumento constituto*. Car toutes ces trois inscriptions sont de Nerua seulement, & non pas de Domitian ny de Traian; ce qui est si asseuré parmy ceux qui manient des medalles, & sçauent l'explication de ces trois reuers, qu'ils ne pourroient pas pardonner ce *qui pro quo* à vn qui feroit profession de se cognoistre aux medalles antiques. Savot.

## CHAPITRE II.

*Quel a esté le plomb & l'estain des Anciens : qu'ils auoient de deux sortes de plomb : quel a esté leur vray estain : lieu de Pline fort mal aisé touchant ce vray estain : discours un peu estendu pour l'explication du passage susdit : comment les metaux sont separez & preparez : que c'est que* Scoria, Helcysma, Encauma, Molybdena, & Molybdoides : *que Ruland a erré en expliquant ce que c'estoit que* Molybdena & Molybdoides : *que les Anciens n'ont point fait battre de monnoyes de ce vray estain, & pourquoy.*

MAIS d'autant que les Anciens, principalement les Romains, ont eu diuerses sortes de plomb & d'estain, il ne sera à mon aduis hors de propos d'en dire quelque chose en cet endroit, pour sçauoir mieux de

Savot

quelle espece de plomb ou d'estain pouuoient estre lesdites monnoyes. Ie ne trouve que de deux sortes de plomb dans Pline, l'vn qu'on appelle plomb noir, & l'autre plomb blanc au ch. 16 de son 34 liure. Le plomb noir est le plomb que nous auons auiourd'hui: le plomb blanc est à mon aduis l'estain doux, autrement l'estain fin ou d'Angleterre, lequel i'estime auo r esté appellé plomb par les Anciens, d'autant qu'il n'a gueres plus de son que le plomb commun, lui estant fort semblable en mollesse, ou douceur & en son, ne differant en apparence gueres du plomb que par sa couleur, laquelle est blanche presque comme celle de l'argent, à raison de laquelle les Latins l'appellent *plumbum album.* L'opinion que i'ay que ce plomb soit l'estain doux est en ce que, outre la raison susdite, Pline dit qu'il est fort cher à comparaison de l'autre, & que les Grecs l'appellent κασίτερον : or nous entendons par le κασίτερον l'estain, les Grecs n'ayant point d'autre nom pour signifier & exprimer en leur langue ce que nous appellons estain: ie crois que cette grande blancheur luy est donnée à cause de quelque peu de vif argent qui est meslé parmy, tant parce que l'argent vif se trouve dans les veines de cet estain; que en ce que si on fait bouillir du cuiure auec cet estain dans de la bouture, il deuiendra presque aussi blanc que s'il auoit bouilli auec de l'argent vif, & c'est en cette sorte que les ouuriers blanchissent souuent les grosses besongnes de cuiure. Cet estain est tellement doux & mol qu'on ne l'employe point tout seul: car on le mesle auec du plomb pour faire l'estain commun s'endurcissant par ce moyen, à cause que deux metaux meslez ensemble, quelque doux que puisse estre aucun d'iceux, s'aigrissent & deuiennent plus durs estant meslez, comme on le peut voir mesme meslant vn peu d'argent vif auec du plomb.

Quant à l'estain, les Anciens en auoient de deux

sortes, l'vn vray & l'autre faux. Le vray estoit composé de plomb & d'argent fondus ensemble ; car Pline nous l'enseigne ainsi sur la fin du susdit chapitre, quand il explique la façon de separer cet estain de sa mine en ceste sorte, *Plumbi nigri origo duplex est, aut enim sua prouenit vena, nec quicquam aliud ex se parit: aut cum argento nascitur, mixtisque venis conflatur: ejus qui primus fuit in fornacibus liquor, stannum appellatur, qui secundus, argentum, quod remansit in fornacibus, galena, quæ portio est tertia addita venæ: hæc rursus conflata dat nigrum plumbum deductis partibus duabus.* Ce lieu est très difficile, & pour son obscurité n'a esté expliqué de personne, ny possible entendu : parce que l'intelligence ne s'en peut auoir, sans celle de l'art & industrie de separer les metaux tant de leurs mines propres, que par apres les vns d'auec les autres ; ceste cognoissance se rencontrant rarement en vn homme de lettres. I'en dirai donc ce qui me semble estre de besoin pour ce suiet, selon ce que ma curiosité m'en a peu faire apprendre des Affineurs & Ouuriers qui ont trauaillé aux mines, & que ie leur ai veu mettre en pratique. Pour separer donc les metaux des impuritez de la mine, ils ont accoustumé de piller & moudre premierement la mine, puis apres de la lauer ; car la brouïllant & remuant parmy l'eau, ce qui n'est pas de la nature du metal ; comme le plus leger, se mesle & s'en va auec l'eau, & ce qui est metal descend & tombe incontinent au fond, à cause de sa pesanteur, de sorte qu'en versant l'eau ainsi remuée & brouillée sans la laisser beaucoup reposer, on verse quant-&-quant les impuritez de la mine, comme la terre, le sable, les pierres & les sels metalliques, si aucun y en a. On repete ceste laueure tant de fois, & iusques à ce que l'eau demeure claire, ce qu'estant ainsi fait, on trouue en fond la mine beaucoup pu-

Savot.

rifiée. Que s'il y a quelque matiere sulfureuse meslée parmy, comme il s'y en retrouue par fois, ou quelque plomb meslé parmy le cuiure, on brusle la mine, en la tenant sur le feu jusques à ce que le plomb se soit separé s'il y en a, lequel se brûleroit par vne plus grande chaleur, ou que tout ce qui y estoit de sulfureux soit consommé. Pline a remarqué ceste preparation, car au chap. 4 du 33 liure il l'enseigne en ceste sorte, *Quod effossum est tunditur, lauatur, vritur, molitur in farinam.*

Savot.

Ceste mine dont Pline a parlé au passage susdit, estant ainsi preparée & purifiée, se iette dans le fourneau pour y estre fondue : estant reduite à ce point, l'argent & le plomb tout purs demeurent fondus & meslez ensemble, & ce qui estoit resté d'impur, que l'eau ny le feu n'auoient peu emporter entierement par les preparations precedentes, se tourne en vne substance vitreuse appellée loupe, qui se tient comme vne escume au dessus du plomb & de l'argent fondus & confondus ensemble : desquels deux metaux ainsi meslez prouenoit le vray estain des Anciens, & se formoit de la façon en ceste premiere fonte : & c'est ce que veut dire Pline par ces paroles, *Eius qui primus fuit in fornacibus liquor, stannum appellatur* : car il auoit dit auparauant que la mine du plomb estoit de deux sortes, l'vne qui ne tenoit rien que du plomb seul, sans qu'il y eust aucun metal meslé parmy, & l'autre qui tenoit en partie de plomb & en partie d'argent, qui se mesloit ensemblément apres que la mine estoit fondue. C'est donc ainsi que se doiuent entendre les paroles precedentes de cet Autheur, qui sont telles, *Plumbi nigri origo duplex est, aut enim sua prouenit vena, nec quicquam aliud ex se parit : aut cum argento nascitur, mixtisque venis conflatur.* Il dit par apres qu'à la seconde fonte l'argent estoit purifié & separé entierement du plomb, si nous prenons bien ſelon le ſens de Pline ces paroles, *Eius qui primus fuit in fornacibus liquor, ſtannum appellatur, qui ſecundus argentum.* Pour entendre bien ceſte ſeconde fonte, il ne faut pas s'imaginer qu'elle ſe faſſe par le fourneau dans lequel la mine a eſté premierement fondue, mais dans de grandes coupelles & cendrées, auſquelles on affine l'argent. On fait donc refondre dans ces grandes coupelles par un feu de reuerbere, agité & allumé continuellement à force de grands & puiſſants ſouflets, ce vray eſtain des Anciens, qui n'eſt autre choſe comme ie viens de dire, que plomb & argent alliez enſemble; eſtant ainſi fondus, le plomb par le moyen de la grande chaleur qu'il reçoit s'exhale en partie en fumee qui produit vne eſpece de tuthie, l'autre partie qui demeure comme fixe ſans s'euaporer ſe change en deux façons, l'vne s'imbibant dans la cendrée ſe tourne en vne matiere que les Affineurs appellent *caſſe*, l'autre en forme de liqueur qui nage comme de l'huile au deſſus, laquelle n'eſt autre choſe que ce que nous appellons litharge. Ceſte liqueur ou litharge ainſi fluide qui ne prouient que du plomb, ſe reduit facilement & promptement en plomb autour d'vn charbon allumé auſſi toſt qu'il eſt ietté ou tombé dedans. L'argent par ce moyen ſe trouuant à ſec, ſeparé & purifié entierement du plomb, (l'vne des parties s'eſtant euaporée en eſpece de tuthie, & les deux autres en caſſe & en litharge) s'endurcit & refroidit, pour ne receuoir plus la chaleur de fuſion, que le plomb luy donnoit eſtant meſlé & fondu auec luy: l'argent eſtant ainſi affiné & purifié, on reprend les loupes, les caſſes & la litharge, qu'on repile & qu'on relaue comme la mine, ce qu'eſtant fait on les remet fondre dans le premier fourneau, auquel à force de grand feu & de ſouflets, elles ſe refondent, l'vne des par-

*Savot.*

ties se reduisant & fondant en plomb, & l'autre en loupes. Pline dit donc par apres que de ceste casse, litharge & loupes, qui sont comme vne troisiesme nature de veine & mine de plomb, qu'il appelle *Galena*, s'en tire encore du plomb, de mesme que des deux autres mines naturelles, sçauoir celle qui ne tient que de plomb seulement, & l'autre qui tient de plomb & d'argent, ceste troisiesme estant comme vne mine & veine artificielle : d'autant qu'estant pilée, lauée & fondue dans le premier fourneau, tout de mesme que les deux autres, il en sort du plomb, aussi bien que des deux precedentes : car ces deux mots, *Galena* & *Molybdena*, qui ne signifient qu'vne mesme chose, se prennent dans Pline & dans Dioscoride, aussi bien pour la mine de plomb qui est naturelle, que pour ceste troisiesme & derniere qui est artificielle. Tout ce que dessus estant bien entendu, ce passage de Pline, à mon aduis se pourra facilement entendre, & suiuant ceste derniere explication, ces dernieres paroles, *Quod remansit in fornacibus galena quæ portio est tertia addita venæ. Hæc rursus conflata dat nigrum plumbum, deductis partibus duabus.* Ou bien nous les pourrons encore ainsi interpreter, qu'vne partie des trois qui estoit d'argent fin a esté auparauant separée par la cendrée, les deux autres qui restoient par la cendrée se sont reduites, vne partie en plomb & l'autre en loupe, laquelle loupe est appellée par les Grecs & les Latins *scoria*, & par les Grecs encore *Helcysma* & *Encauma*, comme on le peut voir dans Pline & dans Dioscoride : mais la premiere exposition me plaist plus que la derniere.

Savot

Je ne puis obmettre à ce propos deux erreurs que ie trouue auoir esté commises par Ruland, en nous voulant donner en son Lexicon Chymique la signification de ces deux mots *Molybdena* & *Molyb-*

*doides*; en ce qu'il dit qu'il y a vne espece de *Molybdena*, qui est sterile, dont on ne tire aucun metal, ce qui est contre tous les bons Autheurs; l'autre en ce qu'il tient que la mine dont on ne tire que du plomb, s'appelle *Molybdoides*: car au contraire la mine qui ne tient aucunement de plomb, n'en ayant rien que la ressemblance & la couleur, est celle (suiuant l'opinion mesme de Fallopio, de Cæsalpin & d'Imperato,) que Dioscoride appelle *Molybdoides*. Imperato estime que ce soit celle que nous appellons mine d'Angleterre, laquelle est de couleur de plomb; dont on fait des crayons, qui marquent la mesme couleur, & ne tient neantmoins, & n'a rien de plomb en soy. Saxot.

Les Anciens ne pouuoient selon mon opinion faire battre de la monnoye de ce vray estain, d'autant qu'il ne pouuoit estre malleable, ni se forger aisément, à cause du plomb meslé parmy l'argent: car le plomb allié auec l'argent le rend aigre & cassant, si ce n'est que l'vn de ces deux metaux surpassast de beaucoup l'autre en l'alliage.

## CHAPITRE III

*De l'estain faux des Anciens. Qu'ils en ont eu de trois sortes. Que les deux dernieres sortes estoient propres à la soudure. Lieu de Pline tres-malaisé touchant le fait de ceste soudure. Raison pour laquelle le plomb ne se peut souder sans estain, ni l'estain sans plomb suiuant ce passage de Pline. La composition de la soudure de l'or, de l'argent & du cuiure. Que le plomb neantmoins se peut souder auec le plomb seul. De quel estain & plomb les Anciens pouuoient faire battre de la monnoye.*

PLINE nous enseigne au chapitre 17 de son 34 liure que les Anciens auoient de trois sortes d'es-

Savot. tain faux & contrefait. Le premier estant composé d'vn tiers de cuiure blanc, & des deux tiers de plomb blanc, qui est l'estain doux d'auiourd'hui, comme ie l'ai dit cy-deuant : *Nunc adulteratur* (dit-il) *stannum, addita æris tertia portione candidi, in plumbum album.* Le second se faisoit en alliant le plomb noir auec le plomb blanc par portions egales, suiuant ces paroles, *fit & alio modo, mixtis albi plumbi nigrique libris* : ceste seconde espece d'estain s'appelloit du temps de Pline *argentarium*, selon qu'il en appert par ces paroles suiuantes, *Hoc nunc aliqui argentarium appellant.* La troisiesme auoit sur deux parties de plomb noir, vne partie de plomb blanc, lequel estoit propre à souder les tuyaux de plomb, & s'appelloit *tertiarium*, à ce qu'il dit, par ces termes, *Idem & tertiarium vocant : In quo duæ nigri portiones sunt, & tertia albi hoc fistulæ solidantur.* Quoy qu'il ne face mention que du troisiesme genre d'estain pour la soudure, le second neantmoins ne lairroit pas d'y estre propre : mais on se seruoit du troisiesme comme estant fort bon, & à meilleur prix. Sur ce propos, ie ne puis passer vn autre texte du mesme Autheur, par lequel il apprend la façon d'appliquer ceste soudure, sans l'expliquer, par ce qu'il est assez obscur : Il est tiré du chapitre precedent, & conceu en ces mots, *Nec iungi inter se plumbum nigrum sine albo potest, nec ei sine oleo ac ne album quidem secum sine nigro.* Il veut dire qu'on ne peut souder le plomb sans estain, ny l'estain sans plomb, & qu'il est besoin d'huile ou de quelque chose onctueuse pour appliquer & faire prendre l'vne & l'autre soudure. Auiourd'huy on se sert au lieu d'huile, de poix raisine, sans l'vne desquelles la soudure ne se pourroit attacher, à cause qu'estant fonduë, il s'engendreroit incontinent audessus de la cendre ou potée, qui est comme vne soudure brulée

Savot.

par le moyen de laquelle cendre ou potée, la soudure ne pourroit pas bien prendre ny se coller, comme estant trop seche: Or ceste cendre ou secheresse est empeschée de s'engendrer, par le moyen de quelque chose de gras & onctueux.

La raison pour laquelle le plomb ne se peut souder sans estain, ny l'estain sans plomb, & le semblable ne peut bien adherer à ce qui luy est du tout semblable, n'adherant & s'attachant chaque chose à sa semblable, que par le moyen d'vne autre qui luy soit aucunement dissemblable, est amplement deduite par Auerroës selon qu'il est cotté par *Vincent de Beauuais* au liure 8. chap. 43 de son *miroir naturel*: Nous voyons aussi & cognoissons par la medecine, que les cicatrices qui sont especes de soudures naturelles, ne sont pas du tout semblables à la peau, y ayant quelque chose de different entre la nature de la cicatrice ou soudure naturelle, & celle de la peau: L'or aussi ne se peut souder auec l'or, ny l'argent auec l'argent, non plus que le cuiure auec le cuiure seul, ains auec quelque matiere vn peu dissemblable: Car pour la soudure de l'or on prend, pour exemple, vn grain d'or à 22 caracts, trois grains d'argent, & autant de cuiure: pour celle de l'argent on fond deux portions d'argent auec vne de cuiure: ceste mesme soudure de l'argent peut seruir au cuiure, mais d'autant qu'elle est trop chere, on en fait vne autre à moindres frais, laquelle est composée d'vn quart de cuiure, les autres trois quarts estant d'estain: ceste composition s'appelle *Ramoil*: au lieu que les soudures du plomb & de l'estain s'attachent & se lient par le moyen de quelque chose d'onctueux, celles de l'or, de l'argent, & du cuiure s'appliquent auec le *borax*, que les Orfeures appellent Roche.

*Savot.* Nonobstant toutesfois ce que dessus, & quoy que Pline & Auerroës tiennent que le plomb ne se peut souder sans estain, ni l'estain sans plomb, neantmoins le susdit Vincent au chap. 17 du liure cydeuant cité, rapporte que de son temps l'inuention fut trouuée de souder le plomb auec du plomb en le chauffant fort, & y appliquant du plomb fondu à cause que la soudure des tuyaux des fontaines qui estoit composée d'estain se pourrissoit incontinent dans terre, ce qui n'arriuoit pas au plomb. Le maistre de la pompe à Paris, d'esprit noble en ses inuentions, & heureux en l'execution, a commencé le premier de nostre temps, quoy que ceste pratique soit mal-aisée de la mettre fort dextrement & industrieusement en vsage dans Paris, faisant ses tuyaux tout d'vne piece, sans aucune soudure d'estain, cela se pratique encore à présent à ce que i'ay appris en Angleterre.

Les Anciens ne pouuoient faire battre de la monnoye de ceste premiere espece de faux estain, à cause qu'il estoit trop aigre, s'ils en ont fait des deux autres especes, elles ont peu mal-aisément se conseruer iusques à nostre temps, à cause que l'estain se corrompt beaucoup plustost dans terre, & encores dauantage dans la chaux que ne fait pas le plomb. C'est pourquoy nous trouuons plustost des medalles de plomb que d'estain: Il est vray toutesfois qu'elles se peuuent conseruer, si elles sont de cuiure recouuert d'estain par le dessus : car il s'en trouue encore aujourd'huy beaucoup de telles, principalement de Probus, d'Aurelian, & de Diocletian, & croy que la pluspart de celles qu'on tient estre de cuiure Corinthien blanc sont faites de ceste sorte.

Ces medalles ou monnoyes d'estain & de plomb, ont esté quelquefois tenues pour faulses monnoyes, ou bien descriées & defenduës d'estre mises en commerce, comme nous l'apprenons par la loy 9 *paragr.* 2. du liu. 8. des Digestes tiltre 10. où estant fait mention de la loy *Cornelia*, establie contre les faulsaires, & particulierement à l'encontre des faux monnoyeurs, il est porté par ce paragraphe que *Eadem lege exprimitur, ne quis nummos stagneos, plumbeos emere, vendere dolo malo velit* : Ce qui se prouue encore par ces paroles du Comique *in Mostellaria.* Savot.

*Tace, inquit, tu faber, qui cudere soles plumbeos nummos.*

## CHAPITRE IV.

*Quoyque nous ayons auiourd'huy trois sortes d'estain, aussi bien que du temps de Pline, neantmoins qu'elles different de celles des Anciens : De la nature & composition des trois especes d'estain que nous auons à present : Ce qui rend les metaux plus sonnants : L'opinion d'Aubert touchant l'estain de glace : Que dans les medalles de cuiure qui se trouuent depuis Septimius Seuerus, il y a du plomb ou de l'estain : Pourquoy le plomb n'est pas propre en l'alliage des monnoyes, & que depuis Septimius Seuerus on ne trouue que peu ou point du tout de medalles de cuiure Corinthien.*

ENCORE que l'estain qui est en vsage pour le iourd'huy, soit different de celuy qui auoit cours du temps de Pline, il ne laisse pas pour cela d'estre de trois sortes ; aussi bien que du temps de Pline. Le premier est l'estain doux, ou l'estain fin, qui est tel qu'il vient de la mine en Angleterre apres qu'on l'en

Savot.

a separé, sans l'allier par apres à aucune autre chose : On ne l'employe point seul en œuure, à cause (comme il a esté dit cy-dessus qu'il est trop mol, & n'a gueres non plus de son que le plomb : ceste premiere sorte d'estain est, comme ie l'ai remarqué cy-deuant, ce que les Anciens appelloient plomb blanc ; l'autre sorte d'estain est l'estain commun, lequel est composé d'estain doux & de plomb, meslant & mettant ordinairement sur dix-huict liures de plomb cent liures d'estain doux ou enuiron, il approche aucunement du *tertiarium* de Pline ; parce qu'il est composé de plomb & d'estain doux seulement, comme l'*argentarium*, & le *tertiarium* de Pline, mais il approche plus au *tertiarium*, par la proportion de l'alliage : la troisiesme espece de nostre estain, se fait d'estain doux auec vn bien peu de cuiure & d'estain de glace ; pour le rendre plus dur, & plus sonnant, on a accoustumé de mettre sur quelque cent liures d'estain ou enuiron, deux ou trois liures au plus des deux autres matieres : Quelques vns y adioustent, pour l'endurcir dauantage & le rendre plus sonnant quelque peu de regule d'antimoine, qui le rend plus cassant, auec vn grain plus menu & plus fin, pour luy donner plus de son : car les metaux sont d'autant plus sonnants qu'ils sont plus cassants, & ont le grain plus doux & plus fin : ie ne voy pas bien pourquoy on adiouste le regule d'antimoine auec l'estain de glace : veu qu'Aubert soustient contre Duchesne, Sr. de la Violette, que l'estain de glace n'est autre chose que le regule d'antimoine : si cela est ainsi, ceux qui tirent & font l'estain de glace sçauent beaucoup mieux extraire le regule de l'antimoine que ne font pas les Alchymistes : car l'estain de glace est beaucoup plus beau, & plus blanc que le regule des Alchymistes : les Allemans appellent cet estain de glace *bismuth*, & les

Latins

Latins modernes *plumbum cinereum* : car ie ne trouue point que les Anciens l'ayent cogneu, d'autant qu'ils ne parlent à mon aduis que de deux sortes de plomb, sçauoir de celuy qu'ils ont appellé *plumbum nigrum*, & de l'autre qu'ils ont nommé *candidum*. Savot.

Il est encores icy à noter que depuis *Septimius Seuerus* ou enuiron, comme ie l'ay desia dit, les medalles ou monnoyes de cuiure tiennent quelque peu de plomb ou d'estain, ce qui se recognoist quand on les met dans le feu : car on en voit suinter visiblement de petites goutes de plomb ou d'estain : Ce qui est l'vne des raisons pour laquelle le plomb n'est pas propre selon l'opinion de *Budelius*, à estre employé en l'alliage des monnoyes, à cause qu'à la premiere chaleur de feu qu'on leur donneroit il s'en separeroit aisément, souilleroit facilement par ce moyen la surface de la piece, & la diminueroit d'autant de poids en s'en separant.

Nous ne voyons point aussi, que tres-rarement, & fort peu ou point du tout, depuis *Septimius Seuerus*, des medalles de cuiure Corinthien, qui ne sont que de cuiure doré, à cause que le cuiure allié auec le plomb, tel qu'est celuy qu'on appelle Potin, (5) dont les chenets & les chandeliers sont faits, ne peut prendre vne belle dorure, d'autant qu'estant besoin de le chauffer pour y faire tenir la dorure, soit qu'elle se fasse auec l'or en feuilles ou l'or moulu, le plomb se iettant facilement au dehors, par le moyen de la chaleur se mesleroit auec l'or, & par ce moyen le salliroit & terniroit d'vne couleur plombeuse.

(5) Il entroit dans la composition du potin, dont on se servoit pour frapper des médailles, environ un cinquième d'argent, comme on l'a reconnu, en faisant fondre plusieurs de ces pièces.

Savot.

## CHAPITRE V.

*Que les Anciens se sont seruy quelquesfois pour leurs monnoyes d'autres matieres que de celles de toutes sortes de metaux : Que les lupins n'ont iamais esté employez pour matiere de monnoye, contre l'opinion de Muret, de Turnebe, de Lambin, & de Hotoman : Que les authoritez tirées de Plaute, du Code, & d'Horace ne font rien pour eux : L'explication des trois susdits passages contre leur opinion : Qu'il y a difference entre les ers ou orobes, & les lupins : Que quoyqu'il y aye bien de la difference entre les ers ou orobes, & la graine de vesces, neantmoins qu'on prend par vne erreur notable, la derniere pour les orobes : En quels temps on s'est seruy aux monnoyes de matieres extraordinaires.*

OUTRE toutes sortes de metaux, on s'est encores seruy quelquesfois de beaucoup d'autres choses pour la matiere des monnoyes : Car on en trouue de cuir, de terre cuitte, d'ambre noir, ou de iaiet, de bois, d'escorce d'arbres, de carton, de sel, de coral, de coquilles, de petites noix ou noyaux, de petits cailloux, & de porcelaine blanche, comme le prouuent amplement (6) *Budelius* & *Bornitus*, par le tes-

(6) Renier Budelius ou Van Budel de Ruremonde, Président des mines & des monnoyes de l'Archevêque de Cologne dans la Westphalie & sur le Rhin, a écrit un Ouvrage très-important à connoître *de monetis & re Nummaria, Libri II.* 4°. *Coloniæ Agrippinæ* 1591 ; à l'égard de Bornitus, voyez la page 394.

moignage d'vn grand nombre d'Historiographes. Muret, Turnebe, Lambin, & Hotoman tiennent encore pour vne matiere de monnoye les lupins dont les Comediens se seruoient anciennement : Hotoman escriuant au premier chapitre de son liure, *De re nummaria* qu'on monnoyoit ces lupins, apres les auoir fait tremper & ramollir premierement : il tire ceste opinion de ces deux vers de Plaute, *In Pœnulo.* Savot.

*Agite, inspicite, aurum est ô profecto spectatores Comicum,*
*Macerato hoc pingues fiunt in Barbaria boues.*

Mais Hotoman s'abuse beaucoup à mon aduis, de vouloir inferer par le sens du dernier vers, qu'on ramollissoit premierement les lupins dans l'eau, pour leur faire mieux prendre la figure du coing de la monnoye. Il n'y a celuy qui aye veu des medalles d'or Grecques de celles qui sont petites, qui ne puisse sçauoir qu'elles ont de l'espaisseur presque autant que les lupins n'estant non plus grandes qu'vn lupin, & presque de mesme couleur : de sorte qu'vn lupin estant monstré de loing, pouuoit estre prins pour vne petite piece de monnoye d'or, principalement si elle estoit vsée : Or que Plaute aye entendu parler des lupins, il se voit en ce qu'il dit que ceste piece qu'on monstroit pour vne piece & monnoye d'or estoit de cet or qu'on détrempoit & ramollissoit en l'eau, pour en engraisser les bœufs en Barbarie, se seruant de ceste description pour signifier & donner à entendre, que ce n'estoit pas de l'or, mais des vrais lupins qu'on auoit accoustumé de faire infuser & tremper dans de l'eau pour les ramollir, & en oster leur amertume, auparauant que de s'en seruir, non seulement pour les donner aux bœufs, mais aussi aux hommes : Car Columelle parlant aux dixiesme chap. de son second Liure de la nourriture que donne ce legume aux bœufs, il dit en termes expres que *Boues per hiemem coctum maceratúmque probe alit.* Dioſcoride auſſi au liure ſecond chap. 10. de la matiere de la medecine, recommande ceſte preparation auparauant que d'en vſer par ces paroles de la verſion Latine, *Lupini tuti vbi macerati dulceſcere cœperunt : cum aceto poti faſtidium detrahunt, & cibi auiditatem faciunt.* Galien pareillement au premier liure de la faculté des aliments, ch. 23. nous apprend que de ſon temps les hommes meſmes s'en ſeruoient eſtant preparez & appreſtez en la façon ſuſdite : car il en parle ainſi ſelon la meſme verſion, *Elixus enim deinde in aqua dulci maceratus tantiſper, donec in ea omnem ſibi ingenitam exuerit in ſuauitatem, ita demum manditur cum garo & oxygaro vel etiam ſine his, ſale mediocriter conditus.* Pline au chap. 14, de ſon dix-huictieſme liure, n'en dit gueres moins, quand il en dit ces paroles, *Maceratum aqua calida homini quoque in cibo eſt.* Ce ſeroit aujourd'hui vne tres-mauuaiſe viande quelque ſaulſe qu'on y puiſſe faire. Bruerin Champier eſcrit (Lib. VII. C. VI.) que quoy qu'il ayt voyagé enuiron vingt ans par toute la France, & encores en beaucoup d'autres prouinces, neantmoins qu'il n'a iamais veu en aucun lieu vſer de lupins pour nourriture.

Savot,

Hotoman s'eſſaye encore de fortifier ſon opinion par vne autre authorité tirée de la loy premiere, liure 3. du Code, tiltre 43. *de aleatorib.* où l'Empereur parle ainſi. *Si quis ſub ſpecie alearum victus lupinis, vel alia quauis materia, ceſſet etiam aduerſus eum omnis actio.* Ce lieu neantmoins ne peut non plus luy ſeruir que celui de Plaute rapporté cy-deſſus : car les lupins, ſelon que l'a tres-doctement remarqué Godefroy, ne doiuent pas eſtre prins en cet endroit pour vne eſpece de monnoye ; mais pour de vrays & naturels lupins, dont on ſe ſeruoit au ieu, comme on fait aujourd'huy faute d'argent ſur ieu de faſiots, de iettons, ou de marques pour donner plus d'aſſeurance & de hardieſſe aux ioueurs à coucher plus beau ieu. Il prend enfin pour appuyer de plus en plus ceſte opinion, les lupins en ce vers d'Horace :

Savot.

*Nec tamen ignorat quid diſtent æra lupinis*,

pour vne eſpece de monnoye : encore qu'Horace parlant des lupins en cet endroit, n'ayt aucunement voulu entendre par iceux aucune ſorte de monnoye mais bien deux ſortes de legumes, qui ſont les lupins, & les ers ou orobes, que les Latins appellent *erva*, prenant la lettre v, pour vne conſonne, & non pas pour vne voyelle : ce mot eſtant de deux ſyllabes, & non pas de trois, comme il en appert par ce bout de vers du meſme Horace :

— *Tenui ſolabitur ervo*

& par ce vers pris des bucoliques de Virgile :

*Eheu quàm pingui macer eſt mihi taurus in ervo.*

Horace donc a voulu dire par ce vers, que le ſage ſçauoit bien recognoiſtre la diſſemblance des choſes, quoyque fort ſemblable, ce qui eſt vne des plus grandes parties de la ſageſſe humaine, ſuiuant que le teſmoigne Galien, par l'authorité de Platon en ſes Liures *De Hippocratis & Platonis decretis*. Or encore qu'il y ayt de la difference entre les ers & les lupins ils ſe reſſemblent neantmoins en beaucoup de qualitez : Car ils ſont tous deux d'vne meſme couleur, & de meſme ſaueur ou gouſt, eſtant tous deux iaunaſtres & amers, ils ſeruent tous deux de remedes polycreſtes. Galien attribuant ceſte qualité aux lupins, & Pline la meſme aux ers, quand ils leur donnent autant de vertus que Caton faiſoit aux choux, & ſeruent tous deux de paſture & de medecine aux bœufs, dans les Autheurs qui ont eſcrit *De re ruſtica* & particulierement dans Columelle Liure 2. Ch. 10 & au Liure 6. Ch. 3. 4. & 6 & dans Galien encore, les ers ſe preparent de meſme que les lupins, au Liure ſecond de la faculté des ſimples medicaments ch. 29. Ils ont neantmoins quelque difference, & entre autres que les ers ou orobes ne peuuent ſeruir que de paſture au beſtail, au lieu que les lupins ſeruent non ſeulement de paſtures aux beſtes, mais encores quelquesfois de nourriture aux hommes.

*Savot.*

Ie ne puis finir ce diſcours des ers ou orobes, que ie ne die en cet endroit, que ie m'eſtonne de ce qu'on prent en l'vſage de la medecine, la graine de veſces au lieu de celle des ers ou orobes, & la farine de ceſte premiere graine, au lieu de celle de l'autre, meſmes dans Paris, veu qu'il y a des differences aſſez notables entre l'vne & l'autre graine: car la premiere eſt noiraſtre, & la ſeconde iaunaſtre: la premiere a beaucoup moins d'amertume que la derniere: la premiere eſt aſtringente, & l'autre deterſiue: en fin la premiere reſerre le ventre, & la derniere le laſche.

Or pour reprendre & conclure le diſcours des monnoyes extraordinaires & extrauagantes, (7) il faut remarquer qu'elles n'ont eſté la pluſpart employées par les Princes & Magiſtrats qu'en temps de neceſſité, & au defaut d'vne meilleure monnoye, à charge toutesfois de les reprendre, & d'en redonner de la bonne monnoye, à la premiere commodité qu'en auroit le Prince ou la Republique, comme

(7) En général les monnoyes de cuirs, de coquilles, de lupins ſont la premiere idée des papiers d'Etat, des billets, des monnoyes obſidionales dont les avantages ont été ſentis, mais pas encore aſſez connus pour juger leur entier effet.

l'ont prouué par l'authorité de plusieurs Historiens, Budelius *l.* 1. *de re nummaria cap.* 1. Bornitus *de nummis l.* 1. *cap.* 14. Vvolffgang en son Traité *De iure monetarum*, ch. 9. & Garault en ses *recherches des monnoyes* au ch. intitulé, *Que c'est que monnoye, & de la matiere d'icelle*, & en general presque tous ceux qui ont escrit de la matiere des monnoyes.

Savot.

## CHAPITRE VI.

*De la matiere ordinaire des medalles ou monnoyes antiques : Qu'il est besoin auant que d'entrer sur le particulier de ce subiect, d'expliquer les termes de caract, & denier, dont on se sert, pour declarer les degrez du fin qui sont en l'or, & de la loy en l'argent : Comment on s'en sert tant en France, qu'en quelques autres Prouinces : Mesconte de du Moulin sur ce subiect : De l'origine du mot caract : Que soubs le bas Empire la pluspart des tributs, & des peines pecuniaires se payou en or, au contraire de ce qui se pratiquoit au haut Empire.*

ENCORE que, comme il a esté dit cy-dessus, on ayt employé, & fait seruir pour monnoyes beaucoup de differentes choses, neantmoins on ne s'est ordinairement & presque de tout temps guere seruy d'autre matiere pour ce suiet, que d'or, d'argent, & de cuiure, ou seuls, purs & affinez, ou alliez par ensemble, ou auec d'autres metaux que les trois susdits.

Mais auparauant que de resoudre si les medalles & monnoyes antiques, ont esté autrefois fabriquées de metail pur & fin, ou aloyé, il est besoin pour mieux, & plus facilement exprimer que c'est que ce

Savot.

qu'on appelle fin & loy, pureté ou bonté, en l'or & en l'argent, de donner premierement à entendre que ceux qui trauaillent & mettent en œuure ces deux precieux metaux, diuisent ceste pureté & bonté en certain nombre de degrez, sçauoir celle de l'or en 24. & de l'argent en 12. Quant au cuiure, parce que ce metal est vil, à comparaison des deux autres on n'y obserue point ces diuisions : Car on se contente d'appeller le cuiure pur & separé de tout meslange, cuiure rouge, cuiure de rosette, ou cuiure fin & despouillé de sa matte.

Ces degrez de bonté & pureté qu'on considere en l'or s'appellent *caracts*, & ceux de l'argent *deniers*, tellement que l'or qui est au 24. degré de bonté, qui est l'or qu'on appelle à 24 caracts, est celuy qui est au supreme degré & tiltre de bonté & pureté, estant tout pur sans meslange d'aucun autre metal, si aucun se peut trouuer reduit iusques à ce dernier tiltre de fin : Chacun de ces caracts se sousdiuise en d'autres degrez & parties iusques à vne 32e. d'vn caract : quelques vns mesme tiennent qu'ils le peuuent amener iusques à vne 64. Quand on dit donc qu'vne piece d'or est par exemple à 12 caracts, il faut entendre qu'il n'y a que la moitié de ceste piece qui soit d'or, l'autre moitié estant d'argent ou de cuiure, suiuant que l'alliage a esté fait sur le blanc ou sur le rouge ; parce que 12 est la moitié de 24. Quand l'on parle aussi d'vne piece à 18 caracts, il faut entendre que dans la piece qu'on dit estre à 18 caracts, n'y a que les trois quarts d'or, à cause que 18 sont les trois quarts de 24. Que si on le trouue à 18 caracts & vne huictiesme d'vn caract, il n'y a dans la piece que trois quarts d'or, & outre ce la huictiesme partie d'vne vingt-quatriesme partie de toute la piece, ou autrement la huictiesme partie d'vn caract. Or il faut icy prendre garde qu'on n'vse point des fractions d'vn caract iusques à vne trente-deuxiesme, que par 2, 4, 8, & 16e. en doublant tousiours la fraction precedente sans faire mention de 3 de 5 de 7 & autres nombres qui pourroient estre entre les susdits, qui procedent tousiours de l'vn à l'autre par duplication. Ayant donc expliqué & declaré que c'est que douze, que dixhuict, & vne huictiesme, & que 24 caracts, on entendra facilement les autres caracts, ou degrez, & fractions d'iceux, sans qu'il soit besoin d'en faire vne plus particuliere ny plus ample explication. Par-là, on peut colliger que ceux qui ont fait ceste diuision du fin en l'or, ont iugé qu'on pouuoit par l'essay cognoistre le tiltre & fin de l'or, pour le moins iusques à la 32e. partie de la 24e. d'vne piece d'or : ou pour le dire plus clairement, iusques à la 768e. partie d'vne piece d'or : d'autant que 32, multipliez par 24, produisent le nombre de 768, il faut qu'vn tresbuchet soit bien iuste, pour y recognoistre la difference d'vn poids à vn autre, iusques à la 768, partie. Bodin toutes-fois a escrit au chap. 3 du 6e. Livre de sa Republique, que par vn essay qui fut fait de son temps à Paris, on trouua que les medalles d'or de Vespasien estoient à si haut tiltre de fin & bonté, que les Orfeures & le President de la Cour des monnoyes n'y trouuerent qu'vne 788. partie d'empirance. On n'est pas si exact à rechercher & essayer le dernier degré de bonté en l'argent : car on ne diuise ces degrez qu'en douze, qu'on appelle deniers, & chacun de ces deniers ou degrez, en vingt-quatre grains ou parties, ces degrez en l'argent s'appellent loy, & en l'or caracts : Or quand on dit qu'vne piece d'argent est à 12. deniers de loy, il ne faut pas entendre par là, que ceste piece n'a en soy qu'vne douziesme partie d'empirance, ou de cuiure, ains qu'elle est au dernier

Savot.

Savot. & ſupreme degré de pureté & bonté, n'y ayant aucune parcelle d'empirance, au moins qui ſe puiſſe recognoiſtre à l'eſſay : Que ſi on dit qu'elle eſt à vnze deniers dixhuict grains de loy, cela veut dire qu'il n'y a qu'vne 48e. partie de cuiure, parce qu'il n'y a à dire que ſix grains, que cet argent ne ſoit à douze deniers. Que ſi on dit qu'elle ne tient que 4 deniers de fin, on veut dire qu'il n'y a qu'vn tiers d'argent les deux autres eſtant de cuiure à cauſe que le nombre de quatre n'eſt que le tiers de douze.

Par là on peut recognoiſtre qu'on ne recherche en France le ſupreme degré de bonté en l'argent, que iuſques à vne 288 partie, car multipliant 12 par 24, le produit nous donne le nombre de 288, au lieu qu'on recherche le plus haut tiltre en l'or iuſques à vne 768e. partie: mais nonobſtant tout cela l'argent à 12 deniers, comme i'ay dit, eſt auſſi fin que l'or à 24 caracts : d'autant qu'on limite le dernier degré de fin en l'argent à 12 deniers, & celuy de l'or à 24 caracts.

Au lieu que nous diuiſons en France les fractions du caract, au moins iuſques à vne 32e. partie, les Allemans, Flamans & Anglois à mon aduis partagent le caract en 12 parties ſeulement, qu'ils appellent grains, faiſant par ceſte fraction ou ſouſdiuiſion, que la loy ou bonté interieure de l'argent fin, qui ſe marque ( comme i'ay dit ) premierement par 12, deniers ou degrez de fin, & chaque denier par 24 grains fin, qui ſont 288 grains fin, par la raiſon que i'ay dit cy-deuant, reuient au tiltre ou bonté interieure de l'or fin, qu'ils denotent auſſi par 12 degrez de fin, & chacun de ces degrez par 24 grains : La où au contraire quelques Eſtats d'Italie, comme ceux de Gennes, & autres, denotent comme nous la bonté interieure de l'or fin par 24 degrez, qu'ils nomment auſſi caracts, chacun deſquels ils sousdiuisent par 24 grains fin, ainsi que le remarque le sieur Poulain cy-deuant General des monnoyes, en son glossaire ou explication des termes de monnoye. Budelius en son premier Liure *de monetis* ch. 8 & 10, rapporte d'autres diuisions du fin, tant en l'argent qu'en l'or. On peut voir aussi là dessus Budée en son traicté de *Asse*, Agricola en son 7e. Liure *De re metallica*. Lazare Ercher en vn pareil traicté; Albert Brun en celuy qu'il a fait *De augmento & diminutione monetarum*, & Charles du Moulin *De mutatione monetarum*. Mais du Moulin s'est trompé doublement en ce suiet: Premierement en ce qu'il diuise, bien qu'il soit François, le caract en 24 grains, aussi bien que le denier, comme font quelques estrangers, l'autre qu'il partage chacun de ces grains en 24 parties, & encore chacune de ces 24 parties en autres 24, ensorte qu'il diuise le fin en l'or, iusques à vne 331776e. partie, ce qui est impossible de reussir aucunement en practique, n'y ayant aucun tresbuchet à essay, quelque fin & iuste qu'il soit, où l'on puisse iuger de la difference d'vn poids à vn autre, gueres plus pres que d'vne 768e. partie, ce qui est bien loing de la 331776. Voila comme l'ignorance de la practique fait tresbucher quelquesfois les plus sçauants & braues hommes aux lettres. Savot.

Parce que nous auons parlé de ce mot *caract*, dont l'origine n'est pas encores bien certaine, ie ne veux finir ce chapitre sans en dire quelque chose. La plusp art des Doctes le fait descendre du Grec κεράτιον, entant qu'il signifie vne espece de petit poids; ie croy neantmoins qu'on le pourroit deriuer plus à propos du mot χαράτζιον, que Meursius nous explique en son Dictionnaire Grec-Barbare pour vn denier de tribut; Boulenger en son traité *De vectigalib. populi Romani*, le prend aussi pour une es-

Savot.

pece de monnoye deſtinée à pareille fin : car tout ainſi que pour la diuiſion du fin en l'argent, on s'eſt ſeruy du nom d'vne eſpece de monnoye qu'on appelle denier, , il y a beaucoup d'apparence de croire que pour celle de l'or, on ſe ſoit ſeruy auſſi d'vne autre eſpece de monnoye appellée caract, dont le nom en demeure encores à preſent. I'eſtime que ce χαράτζιον, qui eſtoit le denier d'vn certain tribut eſtoit d'or, c'eſt pourquoi on l'a employé à la diuiſion du fin en l'or : car du temps du bas Empire, principalement ſous Iuſtinien, la pluſpart de toutes les impoſitions de deniers ſe faiſoit en or : & de là ſont venus ces mots d'impoſitions, *Aurum publicum, negotiatorium, coronarium, luſtrale, glebale, oblatitium, largitionale, auraria penſitatio, præſtatio, functio, aurarius canon*; & que les peines pecuniaires ſont eſtimées & eualuées ſouuent par ſols & liures d'or (8). Ce qui eſt le contraire de ce qui ſe practiquoit du temps du haut Empire, & auparauant, comme on le peut recognoiſtre en ces paroles de Pline tirées du chap. 3 de ſon 33 liure, *Sed præter alia equidem miror Populum Romanum victis gentibus, in tributo ſemper argentum imperitaſſe, non aurum.*

(8) La monnoye d'or & d'argent dépendit particulièrement de l'Empereur, comme on l'apprend par tant de monumens & par cette inſcription qui eſt du tems de Trajan.

FORTVNAE AVG.
SACRVM
OFFICINATORES MONETAE
AVRARIAE ARGENTARIAE
CAESARIS.

Il en fut de même en France, la monnoye d'or fut réſervée à nos Rois; celle de bronze étoit dans l'Empire à la diſpoſition du Sénat.

Savot.

# CHAPITRE VII.

*Des trois matieres ordinaires des medalles & monnoyes antiques, sçauoir de l'or, de l'argent & du cuiure. S'ils se trouuent tout purs & fins dans leurs mines, ou bien s'ils en sont separez par art. Pour mieux discerner les vrayes medalles antiques d'auec les faulses, qu'il faudra declarer premierement trois choses. La premiere de quelle façon on separe auiourd'huy ces trois metaux. La seconde, si les Anciens auoient l'art de les separer, & si c'estoit par le mesme moyen que nous y tenons. Et la troisiesme iusques à quel tiltre & degré de fin on peut reduire & amener ces trois metaux. Trois moyens de separer l'or d'auec l'argent, par l'eau de depart, par le ciment royal, & par l'antimoine. Comment l'or se separe d'auec l'argent par le moyen de l'eau forte. Que ceste inuention ne commença que du regne du Roi François premier. Que le vitriol ne change le fer en cuiure, contre l'opinion de Libauius & des Alchymistes.*

CES trois matieres ordinaires des medalles & monnoyes antiques, sçauoir l'or, l'argent & le cuiure, se trouuent quelquesfois, mais rarement, tout purs dans leurs mines, ou bien elles en sont purifiées & separées par l'art. L'or est celui des trois qui se rencontre le moins rarement pur & fin; l'argent au contraire est celui qui se trouue si peu souuent, que George Agricola escrit au ch. 5 de son 8 liure *De natura fossilium*, que les Anciens n'ont pas sceu qu'il se peust trouuer seul & pur

Savot.

dans les veines de la terre. Surquoy il ne ſera à mon aduis hors de ſuiet, pour mieux donner à cognoiſtre les vrayes medalles d'auec les faulſes par leur bonté interieure, d'expliquer trois choſes aſſez difficiles; neantmoins fort vtiles pour la fin ſuſdite. La premiere, de quelle façon on ſepare auiourd'hui ces trois metaux. La ſeconde, ſi les Anciens ſçauoient les ſeparer, & s'ils le ſçauoient, ſi c'eſtoit en la façon, & de meſme qu'il ſe practique auiourd'hui: & la troiſieſme iuſques à quel tiltre & degré de bonté ces trois metaux peuuent eſtre reduits & affinez. I'ai dit cy-deſſus, de quelle façon on ſepare l'or & l'argent d'auec le cuiure, par le moyen du plomb, & croy l'auoir aſſez clairement donné à entendre, ſans qu'il ſoit beſoin de la repeter icy. Par ceſte operation on ne peut ſeparer que l'or ou l'argent d'auec le cuiure, mais non pas l'or d'auec l'argent. Ayant donc par la ſuſdite operation ſeparé le cuiure tant de l'or que de l'argent, on peut par apres ſeparer ces deux riches metaux l'vn d'auec l'autre, par trois moyens: le premier, par l'eau forte, laquelle pour ce ſujet s'appelle eau de depart; le ſecond, par le ciment royal; & le troiſieſme, par l'antimoine. Par la premiere operation, l'argent ſe diſſoult en eau, par le moyen de l'eau forte, en laquelle l'or tombe en poudre au fond du vaiſſeau; mais il conuient icy eſtre aduerty, que s'il n'y a beaucoup plus d'argent que d'or, l'eau n'agira aucunement; de ſorte qu'il faut qu'il y ayt au moins les deux tiers d'argent, & vn autre tiers d'or, & encore que l'eau ſoit tres-bonne, car ſi elle eſt foible elle n'operera point. On ſe ſert de ceſte proportion aux eſſais, en quoy on y voit vn effect qui n'eſt pas ſans admiration, en ce que l'eau ſepare entierement tout l'argent qui eſtoit meſlé auec l'or, ſans que la forme ou figure de la piece, en laquelle ces deux metaux estoient meslez en la proportion susdite se trouue changée, paroissant à la veuë aussi entiere qu'auparauant. On ne se sert de ceste proportion que quand on veut faire quelque essay curieux & exact, car autrement pour faire ceste separation on mesle trois portions d'argent auec vne d'or, laquelle par ce moyen fait la quatriesme partie du total de la piece. Les Affineurs pour ceste raison appellent ceste façon d'allier l'or & l'argent, inquarter. En laquelle proportion la piece estant alliée, ne retient plus sa premiere forme & figure au depart : car l'or tombe, comme i'ay dit, tout en poudre au fond du vaisseau, & l'argent se dissoult & mesle auec l'eau forte ou de depart. Savot.

C'est chose toute asseurée que l'art de separer l'or d'auec l'argent, par le moyen de l'eau forte n'a pas esté cogneu des Anciens, à cause que l'eau forte, comme l'a remarqué Pancirole en son *traité des choses nouuellement inuentées*, *est d'inuention moderne*. Nous lisons aussi dans le troisiesme liure que Budée a fait *De Asse*, que l'art de departir l'argent d'auec l'or, par le moyen de l'eau de depart, qu'il appelle pour cet effet *aquam chrysulcam*, commença enuiron de son temps dans Paris, qu'vn nommé le Cointe (9) l'y apporta le premier, par le moyen

(9) Au temps passé, en la separation des metaux demeuroit en l'argent plus d'or fin que ne faict à present dont la monnoye d'argent étoit meilleure jusqu'à ce qu'un nommé le Cointe (*Voyez p.* 51.) s'advisa & fut autheur par l'eau forte de faire plus subtil & exacte departement & separation, en quoy comme disent les monnoyers & Orfêvres, il a gaigné plus de quarante mil escuz, non pas qu'il ait inventé la dicte eau forte, comme aucuns ont cuidé, car j'en ay leu la composition (*Voyez p.* 284.)

Savot.

de laquellle il s'enrichit, & son fils encore dauantage apres luy, & qu'il tenoit ceste operation chere & secrette pour le profit qui luy en reuenoit : il la croyoit ou feignoit plustost dangereuse, pour en croistre le profit : car il disoit que la fumée d'icelle estoit fort pernicieuse à la santé ; de sorte qu'il y faisoit trauailler par vn seruiteur, lui n'y prenant garde que de loing. L'experience plus grande qu'on en a auiourd'huy a fait cognoistre qu'il y auoit plus de peur que de mal à en approcher. Ceste remarque de Budée touchant l'inuention moderne & de son temps de l'eau de depart, se peut aussi confirmer par l'article 44. d'vne *Ordonnance du Roy François premier donnée à Blois le* 19 *Mars l'an* 1540 par lequel article les gages des Essayeurs de la monnoye sont augmentez de la moitié, pour raison de ce depart auec l'eau : car il y est dit en termes expres, que les Essayeurs au lieu de 50 liures tournois qu'ils auoient accoustumé d'auoir, auront chacun cent liures tournois pour suruenir aux frais des essais de l'or au feu & à l'eau.

Quoy que l'argent soit tout dissoult & reduit en eau, au moins à l'apparence de la veuë, on l'en

en plusieurs très-anciens Livres escrits à la main, laquelle eau est si corresive, qu'elle consomme plomb, estain, airain & tout autre metal qui sera en la masse exceptez l'or & l'argent lesquelz elle separe, demeurant l'or au fond & l'argent meslé parmi l'eau, & est ledit or fin, mais l'argent de rechef s'affine par le feu en la coppelle, sinon moyennant poudre de sel ammoniac dissolue en ladicte eau, qui fait que l'argent y est affiné, aussi pur & plustot que par la coppelle. Je laisse à parler du departement qui se faict par le plomb & à plus grands frais par le cymant royal; *note extraite de Charles du Molin célebre Avocat de Paris.*

retire

retiré toutesfois, en rabattant premierement & adoucissant la force de l'eau forte, par le moyen de l'eau commune qu'on mesle parmy, & y iettant par apres dedans des pieces de cuiure, lesquelles ont ceste proprieté particuliere d'attirer à soy tout l'argent qui estoit dissoult auec l'eau forte, lequel par le moyen du cuiure se tourne en poudre blanche, pour se joindre & attacher au cuiure, si bien que par ce moyen l'or & le cuiure se trouuent separez d'ensemble. Savot.

S'il y a du cuiure dissoult dans l'eau forte, on l'en retire par le moyen du fer, de mesme que l'argent s'en retire par le moyen du cuiure. Ce cuiure attiré par le fer, & separé de l'eau se mesle parmy le fer, & le teint en couleur de franc cuiure. Et d'autant que le vitriol resout en eau se mesle de mesme auec le fer, & lui donne vne couleur de cuiure, faisant en cela le mesme effet que l'eau forte esteinte, les Alchymistes ont voulu faire croire que le vitriol transmuoit le fer en cuiure, & par là prouuer la transmutation metallique : neantmoins ce n'est que le cuiure dissoult dans le vitriol, comme dans l'eau forte, qui a reprins son premier estat & consistence de cuiure par le moyen du fer, & si est meslé & incorporé, comme l'a monstré par la raison & l'expérience Nicolas Guibert Medecin Lorrain, contre Libauius & autres Alchymistes, en son traité intitulé *Alchymiæ interitus*.

*Voyez la page* 472, *& le cuivre de cémentation*, *page* 583.

Savot

## CHAPITRE VIII.

*Comment on affine l'or auec le ciment royal, & l'antimoine. Comment on retire par apres l'argent & le cuiure du ciment & de l'antimoine. Comment on separe quelques fois les metaux, mais principalement l'or par le moyen de l'argent vif. Que ceste operation estoit cognuë des Anciens aussi bien que de nous, quoi que nous la practiquions mieux qu'eux. Que la couleur de l'or apres qu'il a esté affiné, depend beaucoup des metaux auec lesquels il estoit allié & meslé auparauant.*

LE second moyen de separer l'or d'auec l'argent, ou le cuiure d'auec ces deux derniers metaux, se fait par le moyen d'vne composition appellée ciment royal, laquelle est faite de bricques reduites en poudre subtile, & d'autres matieres qui ont vne proprieté particuliere d'agir, tant sur l'argent que sur le cuiure, sans endommager l'or, & en retirer & separer tout l'argent & le cuiure qui y estoient meslez, sans que la forme ou figure qui a passé par ce ciment en soit pour cela changée, sinon qu'on trouue apres ceste operation un or tres-beau, tres-pur & tres-haut en couleur, & les pieces autant affoiblies de leur poids, qu'elles tenoient d'argent ou de cuiure. En ceste operation quoy que l'argent ou le cuiure soient meslez en fort petite quantité, comparaison de l'or auec lequel ils sont alliez, ce ciment ne laisse pas d'agir pour quelque petite quantité d'argent ou de cuiure qu'il y puisse auoir auec l'or, ce que l'eau forte ne peut pas faire, n'agissant point s'il n'y a au moins les deux tiers d'argent ou de cuiure meslez auec l'or, & encore faut-il qu'elle soit très-forte. Budelius, Agricola & Ercher ont escrit de ceste deuxiesme operation : mais Ercher en a parlé plus clairement, distinctement & copieusement que les deux autres, c'est pourquoy ie ne m'arrêterai pas à la specifier plus particulierement. Savot.

Le troisiesme moyen d'affiner l'or, & le separer d'auec l'argent & le cuiure, se fait auec l'antimoine, en fondant auec l'or de l'antimoine plus ou moins, selon qu'il y a plus ou moins d'argent ou de cuiure allié auec l'or. L'antimoine estant ainsi fondu auec l'or non pur, il s'emboit & s'abreuue du cuiure ou de l'argent, quittant l'or, lequel tombe par apres comme vn regule au fond du creuset; mais d'autant que cet or demeure aigre, ne se pouuant faire qu'il ne retienne & emporte auec soy quelque chose de l'antimoine, pour en retirer tout à fait l'antimoine, on fait exhaler & euaporer en fumée tout ce que l'or auoit peu tirer d'antimoine auec soy, en l'euentant auec prudence & dexterité; car si on chasse l'antimoine vn peu trop fort, il emporte de l'or auec soy. Ceste operation est fort amplement aussi descrite par Ercher, comme aussi par George Agricola, lesquels outre ce rapportent encore d'autres moyens de separer l'or d'auec l'argent; mais ces trois cy-dessus rapportez sont les principaux, les plus surs & les plus aisez, l'argent ou le cuiure qui sont demeurez dans le ciment ou dans l'antimoine s'en retirent par apres, ou auec le plomb, ou auec l'argent vif, duquel on se sert mesme pour separer l'or des impuritez de sa mine, apres l'auoir pilée, lauée, bruslée & relauée s'il en est besoin; car broyant par apres la mine ainsi preparée auec l'argent vif & l'eau commune, tout ce qui est d'impur comme leger, se broüille & s'en va auec l'eau,

Savot.

& l'or auec l'argent vif, comme plus pesans, demeurans au fond se meslent & amalgament ensemble. On se sert aussi de ceste operation auec l'argent vif, pour separer l'or qui se trouue parmy les sables de quelques riuieres. Quelques Affineurs mesme s'en seruent, apres auoir fait leurs laueures pour retirer ce qui auroit peu eschapper & rester dans l'eau des laueures, ainsi que ie l'ay veu practiquer à Paris à quelques-vns. Ioseph Acosta dit en son Histoire des Indes, qu'on se sert aussi de l'argent vif aux mines d'or, & en descrit assez amplement la façon. Lazare Ercher la declare aussi fort au long. Les Anciens s'en seruoient aussi comme nous le pouuons apprendre *par le 3 chapitre du 33 liure de l'Histoire naturelle de Pline.* Vitruue encore en dit quelque chose *au 8 chapitre de son 7 liure.* Nous auons auiourd'huy vne façon meilleure que celle des Anciens, de retirer par apres l'argent vif d'auec l'or; car ils se contentoient de faire passer cet argent vif amalgamé auec l'or à trauers vne piece de cuir, croyant que l'argent vif seul passoit à trauers le cuir, ce qui estoit d'or restant entierement dans le cuir, apres l'auoir fort exprimé; mais ils se trompoient, car l'argent vif en passant à trauers le cuir, ne laisse pour cela d'emporter auec soy un peu d'or, ainsi que le remarque Ercher: dauantage il reste tousiours beaucoup d'argent vif auec l'or, qui demeure dans le cuir, lequel argent vif ils ne pouuoient plus retirer ny separer d'auec l'or, qu'en le perdant & dissipant en fumée. Auiourd'hui on enferme cet amalgame dans vne cornue, à laquelle on joint vn materas à moitié plein d'eau, dans lequel la fumée de l'argent vif tombant elle reprend son premier estat d'argent vif, par le moyen de la froideur de l'eau qui condense ceste fumée, & lui fait reprendre sa premiere consistence; mais il faut donner le feu prudemment à la cornue, autrement elle seroit en danger de creuer.

ou discours qu'on puisse donner, tant exact puisse-t-il estre, de toutes les susdites operations, il est impossible de les comprendre parfaitement sans la pratique, laquelle on peut voir dans Paris, en voyant trauailler les maistres Affineurs. *Savot.*

Si on allie du cuiure auec de l'or, & que par apres on l'en separe, on a vn or beaucoup plus beau & plus haut en couleur, que s'il auoit esté allié auec l'argent : car l'alliage de l'argent lui laisse vne teinture palle & basse, au lieu que l'alliage du cuiure luy en laisse vne rouge, vifue & fort haute; de sorte que la couleur de l'or depend beaucoup de celle des metaux auec lesquels il a esté meslé. On ne se sert aujourd'huy pour departir l'or, guere que d'eau forte, ceste operation estant la plus aisée, & de moins de coust que les autres. On se sert du ciment quelques fois, parce qu'il y entre des matieres qui tiennent beaucoup du cuiure, pour exalter & releuer la couleur de l'or. L'affinage de l'or qui se fait par l'antimoine est le plus rare de tous, quoy qu'il esleue & ameine l'or à vn supreme degré de fin & de bonté. Si l'or a esté allié auec l'argent il le laisse blanchastre : mais si l'alliage a esté auec le cuiure, il lui laisse vne fort belle & haute couleur. Ces deux dernieres operations à mon aduis ne se mettent que rarement en practique, à cause qu'elles sont de trop grande peine, & de trop grand frais, à comparaison du depart qui se fait par le moyen de l'eau forte.

Savot.

## CHAPITRE IX

*Que les Anciens sçauoient affiner l'argent auec le plomb comme nous. Qu'ils ne sçauoient pas separer l'argent d'auec l'or sans perte. De l'*Electrum *des Anciens, & comment il estoit composé. Pourquoy les medalles antiques ordinaires ne se trouuent point d'autre matiere que d'or, d'argent & de cuiure. Que les Anciens ne sçauoient pas aussi separer le cuiure d'auec l'or sans perdre le cuiure. Que c'estoit que leur* obryzum. *Pourquoy s'ils ne sçauoient pas separer l'or d'auec l'argent, leurs medalles d'or sont presque toutes d'or fin. Les grandes vertus qu'ils attribuoient à leur* Electrum. *Qu'il y a eu des medalles de cet* Electrum.

C'EST chose toute certaine que les Anciens sçauoient separer l'argent d'auec le plomb, comme on le peut veoir par le chap. 6 du 33 liure de Pline, & par la loy 5 du 6 des Digestes tiltre premier en ces termes, *Sed si plumbum cum argento mixtum sit, quia deduci possit, nec communicabitur*, &c. Ils sçauoient aussi separer l'argent & le cuiure d'ensemble, comme on le peut remarquer par le tiltre premier du 41 des Digestes en la loy *Lucius* par ces paroles, *si ære meo, & argento tuo conflato aliqua species facta sit, non erit ea nostra communis, quia cùm diuersæ materiæ æs atque argentum sit; ab artificib. separari & in pristinam materiam reduci solet.* Mais quant à la separation de l'argent auec l'or, ou ils ne la sçauoient pas, ou elle leur estoit si difficile, qu'ils ne la pouuoient faire sans perdre & destruire l'argent, ce qui euſt eſté vne grande deſpence. Toutesfois il ſemble en deux endroits du droit Romain, qu'ils ignoroient abſolument ceſte ſeparation ; car au ſecond des Inſtitutes tiltre 1 paragraphe 27 ce meſlange & alliage de l'or auec l'argent eſt comparé à celuy du vin auec le miel, ſi bien que comme on ne peut ſeparer le vin d'auec le miel, ſans corrompre la nature de l'vn & de l'autre, encore qu'ils demeurent tous deux confus enſemblément, ce qui fait que de ce meſlange naiſt vne troiſieſme eſpece que les Latins appellent *mulſum*. Auſſi de ce temps-là l'or & l'argent eſtant alliez enſemble, quoy qu'ils demeurent confus enſemblément, neantmoins on ne ſçauoit pas le moyen de les ſeparer ſans les deſtruire & corrompre. De ſorte que tout ainſi que du meſlange du vin & du miel naiſſoit vne troiſieſme eſpece que les Latins appellent *mulſum*, auſſi l'or & l'argent eſtant alliez enſemble, faute de les pouuoir ſeparer & retirer l'vn d'auec l'autre, les Anciens faiſoient de cet alliage vne troiſieſme eſpece de metal, qu'ils appelloient *electrum*. Ce que ie viens de dire ſe peut inferer & recognoiſtre par ces paroles du paragraphe ſuſdit, *Sed & ſi diuerſæ materiæ ſint, & ob id propterea ſpecies facta ſit ex vino & melle mulſum, aut ex auro & argento electrum.* Le meſme ſe peut colliger des paroles ſuiuantes tirées de la loy 7 du 41 des Digeſtes tiltre premier *De acquirendo rerum dominio* ſſ. 8. *Veluti ſi alius vinum contulerit, alius mel, vel alius aurum, alius argentum, quamuis & mulſi & electri noui corporis ſit ſpecies.* Or cet alliage s'appelloit principalement *electrum*, ſi les trois parts eſtoient d'or & la quatrieſme d'argent, ſelon ſainct Iſidore, ou quand il n'y auoit que la cinquieſme partie d'argent, les quatre autres eſtant d'or, ſelon Pline au 4 chap. de ſon 33 liure, à cauſe, dit-il, que s'il y auoit dauantage d'argent, cet alliage ſeroit trop aigre, & ne pourroit ſe forger ny eſtre malleable,

*Savot,*

*Quod si quintam portionem* ( dit-il ) *excessit in cudibus non resistit*. Mais Pline s'est grandement trompé en ceste opinion, car l'alliage de l'argent auec l'or, en quelque proportion que ce puisse estre, ny mesme auec le cuiure, n'empesche pas que le metal ne se puisse forger, non plus que si l'or, l'argent & le cuiure sont alliez ensemblément, ces trois metaux compatissant tellement ensemble en quelque proportion que ce soit, qu'ils ne laissent point de pouuoir estre forgez, & d'endurer le marteau sans se casser, ce qui n'arriue pas si on les allie auec un autre metal que l'vn de ces trois, comme auec l'estain, le plomb & le fer, quand ils se peuuent allier; car alors ils deuiennent si aigres & cassans, principalement auec l'estain, qu'ils ne peuuent plus estre forgez. C'est pourquoy les medalles & monnoyes antiques n'ont este ordinairement que d'or, d'argent & de cuiure, purs ou alliez par ensemble, d'autant que si elles eussent esté meslées auec quelque autre metal, que l'un des trois susdits, elles n'eussent peu supporter le marteau ny la presse sans se casser.

Savot.

Les Anciens ignoroient aussi ce semble l'art de separer l'or d'auec le cuiure, car le Iurisconsulte Vlpian parle ainsi au lieu susdit du sixiesme des Digestes, *Sed si deduci, inquit, non possit, vt puta si æs & aurum mixtum fuerit.* Toutesfois si on veut examiner ce lieu, on trouuera que quand le Iurisconsulte parle de l'impossibilité de la separation de ces deux metaux, il ne l'entend qu'en ce qu'on ne pouuoit separer le cuiure d'auec l'or, sans perdre le cuiure. Les Iurisconsultes, comme dit Du Moulin sur l'interpretation de ce passage, en son traité *De mutatione monetarum* article 775 appellent impossible la separation d'vne chose, quand elle ne se peut faire qu'incommodément, & auec perte & dommage. Or qu'ils sceussent separer le cuiure d'auec l'or, & mesme affiner l'or, il en appert par l'or qu'ils appelloient *obryzum*, qui estoit vn or lequel apres auoir esté purifié & affiné, deuenoit d'vne tres-belle, tres-haute & rouge couleur, approchant celle du feu, *Vt qui simili colore rubeat* (dit Pline) *quo ignis atque ipsum obryzum vocant.* Or telle couleur n'arriue qu'à l'or qui a esté allié ou qui a esté halené de quelque fumée cuiureuse; l'affinage de l'or se verifie aussi par le tiltre du Code Theodosien *De ponderatoribus*, en ces mots, *Diu multùmque flammæ examine in ea obryza detineatur, quemadmodum pura videatur.*

Savot.

Mais il reste, sur ce qui a esté dit cy-dessus, touchant la possibilité de la separation de l'or auec l'argent, vne difficulté à resoudre qui n'est pas petite: sçauoir s'il est vray que les Anciens ne sceussent pas separer l'argent d'auec l'or, d'où vient que nous trouuons presque toutes les medalles & monnoyes qui sont d'or estre d'or fin? Sur quoy je respond premierement & selon l'aduis de George Agricola en son huictiesme liure *de natura fossilium*, chapitre 2 qu'ils auoient abondance d'or pur & fin, & tel naturellement ou dans les mines, ou dans les sables des riuieres. Voicy donc comme George Agricola nous en dit son opinion, *Certè quoties animum refero ad eorum scripta* (il parle des Anciens) *adducor ut credam plus puri auri semper repertum esse, quàm confectum è terrarum vel lapidum generibus cum quibus solet esse permixtum.* Il rapporte pour preuue de son opinion beaucoup de fleuues celebres & renommez, à cause de l'or qui estoit meslé en quantité auec leur sable, comme le Gange aux Indes, le Hebrus en Thrace, le Tage en Espagne, le Po en Italie, l'Elbe en Allemagne. Il fait aussi mention de beaucoup de masses & gros-

Savot.

ſes pieces d'or (10) qui ſe trouuoient naturellement & copieuſement en Eſpagne, où il s'en trouuoit quelquesfois des morceaux qui ſurpaſſoient le poids de dix liures, meſme qu'il s'en eſt trouué en beaucoup d'autres Prouinces du poids d'vne, de deux & de trois liures. De ſorte que trouuant quantité d'or naturellement purifié, & ſuffiſamment copieux pour en faire de la monnoye, ils n'auoient pas beſoin de l'affiner pour ce ſuiet auec perte, ny meſme quand ils euſſent eu la meſme inuention que nous auons auiourd'hui, de ſeparer l'argent d'auec l'or ſans perdre l'argent. Dauantage au defaut de cet or naturellement pur & fin, ils pouuoient affiner celuy qui n'eſtoit allié qu'auec le cuiure, n'y ayant pas grande perte à perdre le cuiure. Ils reſeruoient donc l'or qu'ils trouuoient allié auec l'argent, pour en faire leur troiſieſme eſpece de metal qu'ils appelloient *electrum*, ayant plus de profit à le laiſſer tel que de l'en ſeparer, quand ils l'euſſent peu faire, veu qu'ils attribuoient meſme de plus grandes proprietés & vertus à cet *electrum*, ou or allié auec l'argent, qu'à l'or fin. *Defæcatius eſt* (dit S. Iſidore) *hoc metallum omnibus metallis*; & vn peu plus bas, *ſi ei infundas venenum ſtridorem edit, & colores varios in modum arcus cæleſtis emittit.* Pline en dit preſque autant au 33 de ſon Hiſtoire naturelle chap. 4 quand il eſcrit que celui qui ſe trouue naturellement tel *venena deprehendit*. Du temps du Roy Louis XII l'or à ouurer pouuoit eſtre de ce tiltre, ſçauoir de quatre portions d'or & vne cinquieſme d'argent, qui eſt iuſtement la compoſition de Pline. Car par ſon Ordonnance faite à Blois le 19 Nouembre 1506 qui ne ſe trouue pas inſerée dans le corps des Ordonnances, il

(10) L'or en Pepites; ceux d'une demi-livre *palas*; les groſſes juſqu'à 10 livres *Palacranas*; & *Palacras* les paillettes. Ballux V. p. 177.

eſt permis aux Orféures de trauailler d'or de dix-neuf caracts & vn quint. Les Anciens ont auſſi quelquefois fabriqué de la monnoye de cet *electrum*, ou or allié auec l'argent en la proportion ſuſdite, comme a fait l'Empereur Alexandre Seuere, ainſi que nous le teſmoignent les Hiſtoriens qui ont eſcrit ſa vie. Savot.

## CHAPITRE X.

*Si l'or & l'argent ſe peuuent affiner parfaitement. L'opinion de Budée fort incertaine & variable ſur ce ſuiet. Que c'eſt que remede de loy en termes de monnoye. Que Garault s'eſt abuſé, croyant que l'argent de cendrée fut le plus fin argent. Que c'eſt qu'argent de cendrée, de coupelle & de grenaille.*

IL reſte encore vne autre obiection à reſoudre, qu'on pourroit faire contre ce qui a eſté dit cy-deſſus; que les Anciens trouuoient de l'or tout pur ou dans les caues, ou dans la terre, veu que Pline au lieu cy-deſſus allegué eſcrit, qu'en tout or il y a touſiours de l'argent meſlé parmy, en l'vn iuſques à vne dixieſme partie d'argent, en l'autre iuſques à vne neufieſme, meſme iuſques à vne huictieſme, & que le plus fin qui ſe trouuoit, eſtoit celuy qui ſe prenoit & tiroit de quelque endroit des Gaules, où il n'y auoit que la 36 partie d'argent. Sur cela ie puis reſpondre que le teſmoignage d'vn autheur tel que Pline, qui eſt ſubiet à ſe tromper ſouuent, ou à tromper ſon Lecteur, n'eſt conſiderable quand ils s'en rencontrent d'autres contraires à ſon opinion. Or nous auons non ſeulement contre ce texte de Pline, l'experience & l'authorité

Savot.

de tous les modernes, comme de George Agricola, de Lazare Ercher, de George *Fabricius*, & de tous ceux qui ont escrit des mines, specialement de celles d'or; mais aussi l'authorité des Anciens, comme de Deimarchus, de Megasthenes, d'Aristeas & de Herodote, dans Agricola, & d'Æneas Syluius, dans George *Fabricius*, & outre ce celle de l'Empereur Iustinian en ses Institutes, & des Iurisconsultes dans les Digestes. Que si George Agricola a escrit qu'il ne se trouue point d'or qui ne tienne d'argent ou de cuiure, il l'a dit sur l'opinion qu'il auoit, qui n'est pas encore bien determinée parmy les Autheurs, que l'or ne se pouuoit affiner ny purifier si parfaitement qu'il n'y restast parmy quelque portion d'argent ou de cuiure, quoy que fort peu perceptible au poids, laquelle opinion n'est pas encore bien constante parmy les hommes de lettres; car Budée varie fort sur ce suiet, disant premierement en son 3 liure *De asse*, que l'or ne se peut affiner que jusques à 23 caracts & trois quatriesmes de caract, en sorte qu'il y demeure tousiours la 96 partie d'argent ou de cuiure qui ne se peut separer. Il dit par apres que les Affineurs & Maistres des monnoyes tiennent qu'on peut affiner l'or jusques à 23 caracts & quinze seiziesmes d'vn caract. Cela veut dire qu'on ne peut separer & affiner si purement l'or, qu'il n'y reste tousiours parmy la 384 partie d'argent ou de cuiure: il dit incontinent apres que l'argent se peut affiner si parfaitement, qu'il n'y reste plus parmy aucun autre metal.

Budelius en son premier liure *De re nummaria* chapitre 12 dit qu'il a eu bien de la peine de comprendre ce qu'a voulu dire Budée en cet endroit, y ayant trouué beaucoup d'obscurité, dont je ne m'estonne pas, d'autant que je crois que Budée ne ne s'eſt pas entendu ſoy-meſme, pour auoir confondu & prins le remede de loy pour le plus haut tiltre de fin qu'on puiſſe donner à l'or, lequel remede de loy le ſieur Poulain nous explique ainſi en ſon gloſſaire, *Remede de loy* (dit-il) *eſt vne aide*, ou permiſſion que le Prince donne au Maiſtre ou Fermier de la monnoye de tenir la loy ou bonté plus eſcharce qu'elle ne doit eſtre par l'ordonnance. Ceſte aide & permiſſion fondée ſur l'incertitude de l'art d'eſſayer au iuſte l'or & l'argent, comme à preſent les eſcus ſont à 23 caracts d'or fin, au remede d'vn quart de caract; mais il ne s'enſuit pas qu'encore que le Prince accorde ce quart de caract au Maiſtre ou Fermier de la monnoye, que l'or ne puiſſe eſtre affiné à vn beaucoup plus haut tiltre. Du Moulin au liure intitulé *De mutatione monetæ*, queſtion 100 après auoir reprins & blaſmé Budée de contrarieté, dit que quelque affinage qu'on puiſſe apporter à l'or ou à l'argent, qu'on ne les peut neantmoins rendre parfaits, fins & purs; de laquelle opinion eſt auſſi George Agricola, au commencement de ſon 7 & 10 liure *De re metallica*, comme auſſi en ſon 3 liure *De pretio monetarum.* Didace Couarruuias au chap. 3 *De veterum numiſmatum collatione*, rapporte ſur ceſte difficulté l'opinion de Budée, à laquelle il ſemble qu'il s'arreſte, d'autant qu'il ne dit rien à l'encontre. Garault en ſes *recherches des monnoyes*, *& en ſes memoires & recueil des nombres, poids, meſures & tiltres des monnoyes*, eſcrit qu'on ne peut reduire l'or à 24 caracts, ny l'argent à 12 deniers de fin & bonté, ains qu'il s'en faut ordinairement en l'or vn huictieſme de caract, & en l'argent ſix grains, qui eſt l'argent (dit-il) le plus fin qui ſe peut recouurer, appellé argent de cendrée: enquoy particulierement Garault ſe trompe beaucoup, croyant que l'argent de cendrée ſoit le

*Savot.*

Savot

plus fin qui se puisse recouurer : il est bien vray qu'en l'argent de cendrée il s'en faut ordinairement six grains, qu'il ne soit reduit à 12 deniers de fin : Mais pour cela il ne s'ensuit pas que l'argent ne se puisse affiner à vn plus haut degré : car l'argent de coupelle & de grenaille peuuent estre poussez & chassez bien plus haut.

Pour bien comprendre cecy, il faut entendre la distinction qui est entre argent de cendrée, argent de coupelle, & argent de grenaille. L'argent de cendrée est l'argent affiné auec le plomb en grande quantité, comme iusques à trois & quatre cent marcs à la fois, qu'on fait fondre en vn grand vaisseau fait de cendres bien douces & bien lauées, d'où vient que pour ce suiet l'argent affiné en ceste façon s'appelle argent de cendrée, lequel pour estre affiné en vne si grande quantité ne le peut estre si bien & iustement qu'il n'y reste ordinairement six grains de plomb ou impurité en toute la masse qui a esté affinée. L'argent de coupelle est celuy qui a esté aussi affiné auec le plomb, en vn petit vaisseau composé de mesmes cendres que le precedent, n'y ayant rien de difference sinon que le vaisseau est bien plus petit, & l'argent qu'on y affine en bien plus petite quantité, ne s'en affinant d'ordinaire qu'enuiron le poids d'vn demy gros d'argent : de sorte que pour distinguer ce petit vaisseau d'auec le grand, on appelle le grand cendrée, & le petit coupelle ; l'argent qui a esté affiné dans le grand vaisseau argent de cendrée, & celuy qui l'a esté pareillement dans le petit, argent de coupelle, lequel a esté purifié & affiné dans ceste coupelle, iusques au plus haut & supreme degré de bonté qu'il puisse auoir par l'art ; d'autant qu'il s'en faut, comme il a esté dit cy-dessus, ordinairement enuiron six grains que l'argent de cendrée ne soit esleué à vn si haut degré de bonté que l'argent de coupelle. Les Affineurs neantmoins par apres l'y reduisent & ameinent, en le faisant refondre en vn fourneau à vent, estant bien fondu & bien chaud, ce qu'il y pouuoit rester de plomb & d'impurité nage & monte audessus comme en forme de litharge, laquelle les Affineurs separent à mesure qu'elle monte, iettant dans le creuset de la poussiere de charbon, laquelle s'empastant & agrumelant auec ceste espece de litharge, les Affineurs la retirent & separent par ce moyen y iettant tant de fois ceste poussiere de charbon, & iusques à ce qu'ils voyent leur argent pur & beau, sans apperceuoir aucune impurité par dessus. Ils appellent ce dernier affinage éuenter l'argent. Apres l'auoir ainsi purifié & rendu clair, beau, & net, ils le iettent tout chaud & tout fondu dans vne tine pleine d'eau commune, en laquelle il se met en tombant en petites bossettes, & grains qu'ils nomment grenaille. Cet argent ayant ainsi passé par ceste eau demeure tres-blanc, & tres-beau en forme de bossettes ou grains, & beaucoup plus propre à estre employé, que s'il estoit ietté en lingots.

Savot.

Savot.

# CHAPITRE XI.

*Que l'argent de grenaille est celuy que les Latins appellent* Argentum pustulatum *, & pourquoy : Contrarietez d'opinions sur la question precedente : Si l'or & l'argent peuuent estre affinez parfaitement : Qu'il est impossible de purifier & affiner l'or & l'argent entierement, & pourquoy : Que quoy qu'on prouue par discours ceste impossibilité qu'elle ne peut neantmoins estre cognue par vne experience palpable.*

A CAUSE de ceste forme qu'il prend estant ietté dans l'eau on l'appelle argent de grenaille : c'est pourquoy les Latins l'ont nommé *argentum pustulatum*, parce qu'il se met estant ainsi versé dans l'eau en forme de bossettes & pustules.

Le defaut de ceste cognoissance mechanique, laquelle est excusable aux hommes de lettres, les a mis bien en peine sur la cause de cette epithete, que les Latins donnent à l'argent le plus fin, & l'etymologie de ce mot *pustulatum* leur a donné de fort diuerses pensées : Car ne comprenant pas son origine, les vns ont voulu lire au lieu de *pustulatum*, *postulatum*, les autres *pusillatum*, & d'autres encores *pastillatum*.

Outre les Autheurs cy-dessus alleguez, sçauoir Pline, Budée, du Moulin, Agricola, & Couarruuias, d'autres encore comme Bilibaldus, Bodin & Albert Brun, tiennent & escriuent que suiuant mesme l'aduis des experts & Orféures, qu'on ne peut affiner & purifier entierement l'or ny l'argent. Neantmoins & nonobstant toutes ces authoritez Budelius tient

tient par le rapport mesme à ce qu'il dit des Experts l'opinion contraire. Mais il y apporte vne distinction, qui est que si on affine ces deux metaux en grande quantité, il est impossible ou tres-mal-aisé de les purifier entierement, que si on en fait vn petit essay, qu'asseurément on les affinera si iustement, & à vn si parfaict tiltre & degré de fin & de bonté, qu'ils resteront tout purs & sans aucun meslange; neantmoins ie ne puis pour tout cela suiure absolument ny entierement l'opinion de Budelius, quoy qu'il la tienne fondée sur l'experience & le rapport des Experts : Car par les mesmes experiences & rapports, c'est chose tres-vraye que quand on fait vn affinage soit d'or, ou d'argent, en quelque petite quantité que ce puisse estre, si on le fait sur l'or, qu'il est tres-mal-aisé de l'incarter; & mesler tellement auec l'argent, qu'ils demeurent confus l'vn auec l'autre comme l'eau auec le vin, par parcelles petites, & menuës comme des atomes: Car quand ils sont fondus ensemble, ils ne s'allient & confondent pas entierement l'vn auec l'autre, l'or demeurant fondu au fond, & l'argent audessus, à cause de la difference de leur poids, si on ne les remuë bien estant fondus, pour les faire mieux mesler, d'où vient que l'or ne se diuisant pas iusques en parcelles indiuisibles, se tient souuent dans le creuset sans s'estre abreuué d'argent également en toutes ses plus petites parties, ce qui fait que l'eau ne pouuant agir ny mordre sur ces parties assez sensibles, le départ ne se peut faire parfaitement; dauantage il est impossible que l'or & l'argent ne s'abreuuent naturellement, & attirent tellement l'un l'autre, qu'il ne reste tant soit peu d'or dans l'argent qui est dissout dans l'eau, & aussi vn bien peu d'argent dans l'or qui est tombé au fond d'icelle. Le mesme se peut croire de l'affinage qui se fait

Savot.

auec le ciment, le ſoulfre, l'antimoine, & autres matieres, eſtant pareillement impoſſible que l'argent & le cuiure ne retiennent auec eux vn tant ſoit peu d'or, & l'or dans ſoy vn bien peu d'argent ou de cuiure : outre ce que ſi on ne conduit bien le ciment, le ſoulfre l'antimoine & autres pareilles matieres, elles emportent ordinairement auec elles quelque peu d'or. L'experience confirme encore viſiblement ces raiſons : Car l'or allié auec l'argent pallit touſiours quelque peu : que s'il a eſté allié auec le cuiure, il rougit quelque exact affinage qu'on puiſſe faire : ce qui monſtre par ceſte diuerſité de couleur en l'or, apres qu'il a eſte affiné, qu'il retient touſiours quelque peu d'argent ou de cuiure.

Savot.

Ie puis autant dire de l'affinage de l'argent, que ie viens de dire de celuy de l'or, eſtant ſemblablement impoſſible, que le plomb ne s'abreuue d'vn tant ſoit peu d'argent & l'argent d'vn bien peu de plomb : C'eſt pourquoy le plomb des affineurs tient vn peu d'argent, & l'argent quand il eſt fondu chaud quoy qu'il ſoit affiné iette touſiours quelque peu de plomboſité au deſſus. Dauantage George Agricola nous aſſeure au commencement de ſon 10e. Liure *De re metallica*, par l'experience de tous les Maiſtres, qu'on trouue touſiours naturellement, quoy qu'on puiſſe faire, vn bien peu d'or dans l'argent & dans le cuiure ; vn bien peu d'argent dans l'or, dans le cuiure dans le plomb, & dans le fer ; vn peu de plomb dans l'argent, & en fin vn peu de fer dans le cuiure. D'ailleurs on ne peut auoir vn tresbuchet à eſſay tant iuſte puiſſe-t-il eſtre, & tant bien enfermé dans ſa lanterne, qui puiſſe tresbucher ſans vne portion de poids aſſez ſenſible. Ie tiens toutesfois qu'encore que par diſcours & ratiocination on puiſſe inferer, ſouſtenir & demonſtrer que la ſeparation entiere & parfaite des metaux les vns d'auec les autres ne se peut faire, on ne peut toutesfois faire voir & cognoistre par vne experience palpable la certitude de ce theoreme. Savot.

## CHAPITRE XII.

*Que les medalles & monnoyes antiques ont esté pour la plusspart battues sur le fin, mesme celles de nos premiers Roys : Des medalles d'Alexandre Seuere qui ont esté de bas or & de bas argent : Qu'il a prins le tiltre de* RESTITVTOR MONETÆ, *quoy qu'il ayt le premier grandement affoibly les monnoyes, & pour quelle raison : Pourquoy les medalles fourrées se sont conseruées : Que les medalles ont tousiours diminué en bonté interieure iusques au temps d'Aurelian, ou de Diocletian : Que les pieces fourées n'ont point de son, qui est vn moyen pour les recognoistre telles : Que les pieces fourrées se recognoissent aussi estre telles par le tresbuchet, & pourquoy.*

LA plusspart des medalles & monnoyes antiques, Hebraïques, Grecques, & Romaines ont esté battues sur le fin, mesme nos premiers Roys l'ont ainsi practiqué, comme nous le voyons par les capitulaires, tant de Charles-magne que de Charles-le-Chauue, & entre autres par celuy de Charles-le-Chauue, qui contient ces mots : *Vt denarij ex omnibus monetis meri ac bene pensantes sicut & in capitulari prædecessorum ac progenitorum nostrorum Regum libro 4. 32, capitulo continetur, in omni regno nostro non reiiciantur.* Et depuis Charles-le-Chauue, iusques à

Savot.

Phillippes-le-Bel, lequel affoiblit le premier les monnoyes en France, selon Bodin au 6. de sa Republique ch. 3. Toutesfois nous lisons dans le droit Ciuil que du temps mesme des Empereurs, les Gaulois auoient leurs monnoyes d'or de plus bas or que la monnoye Romaine & pour ce suiet estoient moins estimées : comme il appert par la nouuelle de *Maioranus lib.* 4. *tit.* 1 en ces mots, *Nullus solidum integri ponderis calumniosœ adprobationis obtentu recuset exactor, excepto eo Gallico, cuius aurum minore æstimatione taxatur.*

Il est aussi tout constant & certain que de tout temps il y a eu des faux monnoyeurs, & que quelques Princes ou Republiques ont par trop affoibly la leur, comme il se lit de *Liuius Drusus* Tribun du peuple, & d'Antoine dans Plutarque, comme aussi de Caracalla, & d'Eliogabale, dans ceux qui ont escrit leur vies, & dans *Lampridius* d'Alexandre Seuere, lequel quoy qu'il se donne dans quelques-vnes de ses monnoyes la qualité de *restitutor monetæ*, il n'a pas laissé pour cela de faire de la monnoye d'or alliée auec l'argent, qu'ils appelloient en ce temps-là *electream*, à raison de la proportion de l'alliage, *Alexandri habitu*, dit cet autheur, *nummos plurimos figurauit*, & *quidem electreos aliquantos*. Toutesfois nous ne voyons point auiourd'huy de medalles d'or bas Romaines, qu'on ne tienne pour faulses, excepté celles du susdit Empereur, si elles se trouuoient alliées en la proportion requise en l'*electrum* : mais ie n'en ay veu aucunes de telles, ny cognu personne qui dise en auoir veu : Aussi n'est-il pas croyable que puisque ces monnoyes d'or & d'argent battues par le commandement de Seuere, ne se sont peu conseruer iusques à nostre temps à cause de leur rareté, que des pieces faulses qui ont tousiours esté rares parmy les Anciens, & lesquelles quoy qu'au commencement elles paruſſent bonnes, neantmoins elles ſe deſcouuroient bien-toſt telles qu'elles eſtoient ſi elles prenoient quelque cours, qu'elles ayent eſté gardées, & conſeruées apres auoir paru faulſes.

Savot.

Il ſe trouue auſſi des Gothiques par les medalles antiques, qui ſont de fort bas or : mais cela eſt procedé pluſtoſt de la pauureté & ignorance du ſiecle, pour ne ſçauoir ſeparer l'argent d'auec l'or ſans perdre l'argent, que par deſſein qu'ils euſſent d'affoiblir l'or s'ils l'euſſent ſceu.

Il eſt bien vray qu'il s'en trouue quelques-vnes encores à preſent du temps des premiers Empereurs, qu'on appelle fourrées n'eſtant que de cuiure, ou de fer recouuert par deſſus de lames minces d'argent fin. Telles medalles ainſi fourrées ſe ſont conſeruées, à mon aduis, parce que le dehors eſtant de pur argent, le temps ne l'a peu ny noircir, ny rougir, comme il euſt fait ſi l'argent euſt eſté meſlé & allié auec le cuiure, ou le fer, auec lequel il s'allie, quoy que par apres il ſoit tres-mal-aiſé de l'en ſéparer à ce que dit Ercherus.

I'ay fait eſſayer par curioſité vne medalle d'argent d'Alexandre Seuere, pour ſçauoir ce qu'elle tenoit de fin, & ay trouué qu'il n'y auoit qu'enuiron vn tiers de fin, quoy qu'elle fuſt du poids qu'ont accouſtumé d'auoir les medalles d'argent.

Ie croy que c'eſt en ceſte façon que cet Empereur reſtitua la monnoye : car ayant comme il en appert dans Lampridius diminué les tributs iuſques aux deux tiers, ayant fait battre pour faciliter le payement des tributs & impoſitions, des medalles d'or, qui ne peſoient que le tiers de celles de ſes predeceſſeurs, il fit faire auſſi, à mon aduis pour la ſolde & payement des gens de guerre, & des autres deſpences de l'Empire, des pieces de monnoyes d'argent, qui auoient le poids de la dragme, ce qui eſtoit le payement de la iournée d'vn ſoldat, & d'vn manœuure. Ces pieces ayant donc en apparence la meſme bonté & beauté que les deniers d'argent fin, le peuple s'en pouuoit par ce moyen aiſément contenter : puiſqu'elles paroiſſent à l'œil, & au poids ſemblables aux monnoyes de bon argent : mais l'empirance eſtant recognuë, ce qui pouuoit arriuer en peu de temps, il n'y a point de doute que les marchandiſes n'encheriſſent à proportion, comme nous le voyons arriuer quand les Princes affoibliſſent leurs monnoyes de bonté interieure, ou de poids, ou de tous les deux enſemble. Cet intereſt ne touchoit gueres l'Empereur, & le peuple n'auoit pas beaucoup ſuiet de ſe plaindre de ce foiblage, puiſque l'Empereur auoit d'autant diminué les tributs, ſi ce n'eſtoit pour la conſequence à l'aduenir : car les affaires & neceſſitez de l'Empire n'ayant peu longuement ſupporter ceſte décharge, les Empereurs du depuis ayant pour ce ſuiet eſté contraints de remettre ſur les premieres charges, ils ne laiſſerent de continuer cet affoibliſſement, eſtant l'ordinaire des peuples de ſouffrir aiſément à l'aduenir, & pour touſiours les charges quand il y ſont accouſtumez, qui n'auoient en leurs commencemens eſté impoſées que pour vn temps de neceſſité, & quelque particulier ſuiet. Ceſte accouſtumance fut cauſe que les charges augmentant de plus en plus, l'Eſtat de l'Empire allant en décadence les monnoyes d'argent allerent auſſi de temps en temps du depuis tellement à l'empirance, qu'elles ne ſe trouuent gueres plus, depuis Galien iuſques à Aurelian ou Diocletian, que de cuiure argenté.

Savot.

Il ſemble qu'ils euſſent peu plus longuement tromper le peuple, ſi au lieu d'allier l'argent auec le cuiure ils euſſent ſeulement recouuert la ſurface du cuiure de petites lames d'argent fin, ce qu'ils pouuoient faire en ce temps auquel on forgeoit la monnoye

Savot.

d'vne grande eſpaiſſeur. Ie croy que pour éuiter ceſte fourrure & couuerture de bon argent, on fit du depuis les pieces de monnoye fort primes & fort tenues, pour deux raiſons; la premiere, qu'il eſtoit fort mal-aiſé de les fourrer, ayant peu d'eſpaiſſeur; la ſeconde que quand meſme on les euſt peu fourrer on en euſt recogneu la fauſſeté par le ſon : car les pieces de bon argent qui n'ont gueres d'eſpaiſſeur, ſont ſonnantes, principalement ſi elles ſont vn peu larges : mais ſi elles ſont fourrées, elles perdent leur ſon. Or quand les monnoyes d'argent eſtoient petites & de beaucoup d'eſpaiſſeur, comme elles eſtoient aux premiers temps, elles n'auoient gueres de ſon; c'eſt pourquoy elles eſtoient de tant plus aiſées à fourrer, pour deux raiſons contraires aux deux precedentes, ſçauoir pour n'auoir gueres de ſon, quoy qu'elles fuſſent de bon argent, & pour eſtre eſtroittes & eſpaiſſes.

Les pieces fourrées ſe recognoiſſent non ſeulement par le ſon, ſi elles n'excedent point la groſſeur de celles qui ſont entierement de bon argent, mais auſſi par le tresbuchet, parce que le cuiure & le fer ſont moins peſans que l'argent, eſtant encore plus aiſées à recognoiſtre, ſi elles ſont fourrées de fer, que ſi elles l'eſtoient de cuiure, d'autant que le fer eſt plus leger que le cuiure.

Savot.

## CHAPITRE XIII.

*Que l'or & l'argent donnent leurs noms aux metaux auec lesquels ils sont alliez, quoy qu'ils y soient en beaucoup moindre quantité : Que le cuiure n'est pas de la sorte : Premiere diuision du cuiure faite par les Anciens : Que c'est que* æs regulare, *&* caldarium : *Contrariété du cuiure à la soudure du fer : Seconde diuision du cuiure faite par les Anciens : Que c'est que* cadmia, *combien il y en a de sortes : Distinction fort exacte & fort nette de toutes les especes de* cadmia, *neantmoins fort embrouïllée dans les Autheurs tant anciens que modernes : Que c'est que la tuthie d'auiourd'huy : Qu'elle n'est pas la* pompholix *des Anciens, contre l'opinion des Medecins Arabes, & de tous les modernes : Que la* pompholix *ne se trouue plus dans les boutiques : Grande ignorance des Arabes : Erreur de Desgorris.*

QVOY que l'or ou l'argent soient alliez en fort petite quantité auec d'autres metaux, ils donnent neantmoins leur nom à la piece encore qu'elle tienne fort peu d'or ou d'argent : Car nous vsons de ces termes d'or à quinze & seize caracts, & d'argent à huict & à neuf deniers, & encores à dauantage iusques à 23 caracts en l'or, & à vnze deniers en l'argent.

Combien que le cuiure se mesle aussi auec d'autres metaux de moindre prix, on ne le diuise pas neantmoins par degrez de bonté interieure ou de fin, comme on fait l'or & l'argent, & ne retient le nom de cuiure que quand il surpasse les metaux de moindre prix auec lesquels il a esté meslé.

Les Anciens l'ont diſtingué de pluſieurs noms, ſelon qu'ils l'ont diuerſement meſlé & allié. Ils le diuiſoient premierement en deux genres, dont le premier eſtoit celuy qui ſe fondoit & ſe forgeoit auſſi, qu'ils appelloient, quand ces deux qualitez s'y rencontroient, *æs regulare*: l'autre qui ſouffroit ſeulement la fonte ſans pouuoir ſouffrir le marteau s'appelloit *caldarium*, comme nous l'apprenons du 34. Liure de Pline chapitre 8. & de ſainct Iſidore, preſque en ſemblables termes que ceux de Pline. Plus le cuiure eſt pur & net de tout meſlange, plus il ſe forge aiſément: *Omne æs*, dit ſainct Iſidore apres Pline, *diligentia purgatis igne vitiis excoctiſque regulare dicitur*. Tel eſt le cuiure fin que nous appellons aujourd'huy cuiure rouge ou cuiure de roſette, eſpuré de ſa matte: le cuiure rouge ſe forge non ſeulement à froid, mais auſſi quand il eſt chaud, ce que ne fait pas l'airain, ne pouuant eſtre batu qu'à froid. Savot.

Quoy que le cuiure ſoit rouge, neantmoins s'il n'eſt bien purifié, il n'eſt pas bien doux & malleable, comme s'il tient quelque peu de plomb ou de fer, & ſpecialement de fer: C'eſt pourquoy le cuiure qui ſe tire du vitriol diſſout par le moyen du fer, n'eſt iamais bien doux, quoy qu'il ſoit tres-beau en couleur. Le fer, ſemblablement eſt touſiours aigre, s'il eſt cuiureux, le cuiure eſtant ſi contraire à ſa douceur, que ſi on iette tant ſoit peu de cuiure dans la forge d'vn Mareſchal ou Serrurier, comme l'a remarqué *Budelius*, il leur eſt impoſſible de ſouder leur fer, tellement qu'ils ſont contraints d'oſter tout le charbon, meſmes iuſques aux cendres de leurs forges, & y remettre & rallumer de nouueau d'autre charbon, autrement leur fer ſe bruſleroit tout ſans ſe pouuoir ſouder.

Le cuiure des Anciens ſe peut encore diuiſer autrement, sçauoir en cuiure iaune, cuiure blanc & cuiure brun, à chacun desquels l'antiquité a imposé diuers noms, non seulement à cause de la varieté des couleurs, mais aussi à raison de la diuersité de sa composition.

Savot.

Le iaune se faisoit par diuers moyens, & premierement par vne espece de minéral, que les Grecs & les Latins ont nommé *cadmia*, & les François *calamine*, par vn nom qui se prend en plusieurs sens : car on la diuise premierement en celle qui est naturelle & sans art, & celle qui est artificielle & qui se fait par art.

La naturelle, que George Agricola appelle *fossilem*, est derechef diuisée en deux especes, sçauoir en celle qui contient beaucoup de cuiure, & quelquesfois aussi de l'argent, on l'appelle par excellence *metallicam*, & celle qui ne tient ny de cuiure ny d'argent, qu'on nomme *fossilem*, par vne signification plus restrainte ; Festus l'appelle *Cadmeam terram quæ in æs conjicitur* (dit-il) *vt fiat orichalcum*. Ceste calamine metallique n'est point employée par les Medecins, selon Pline : *Ipse lapis ex quo fit æs* (dit-il) *cadmia vocatur fusuris necessarius, Medicinæ inutilis*, n'y ayant que la calamine fossile qui ne tient rien de cuiure, & la calamine artificielle qui seruent en medecine.

La naturelle ou metallique, qui contient en soy du cuiure & de l'argent quelquesfois, est selon George Agricola fort veneneuse, & tellement corrosiue, qu'elle vlcere souuent les pieds & les mains des ouuriers qui la trauaillent & manient ; il s'en fait à ce que dit le mesme Autheur vn sublimé grandement corrosif.

L'artificielle se fait ou dans les mines ou dans les fourneaux ; celle des mines est aussi inutile à la médecine. Elle a son origine de l'exhalaison de la calamine naturelle, qui se trouue enfermée dans les pierres des rochers, quand les ouuriers les chauffent à force de feu, lorsqu'ils s'essayent de fendre & rompre par la violence du feu les roches & les mines, ainsi qu'Hannibal fit autresfois les rochers des Alpes.

Savot.

Celle qui naist dans les fourneaux, appellée dans George Agricola *cadmia fornacum*, vient de la mine de cuiure ou d'argent; mais celle qui vient de la mine d'argent n'est pas si bonne, ou bien de la calamine fossile, dans laquelle n'y a ny cuiure ny argent.

Ces deux especes donc de calamine naturelle, tant la metallique que la fossile, estant échauffées par la violence du feu dans les fourneaux, iettent vne fumée & suye metallique, laquelle s'attache de toutes parts au fourneau, *Purgamenta æris cadmia*, dit Sainct Isidore, *& origo*.

Ceste suye metallique qu'Agricola appelle *cadmiam fornacum*, se sousdiuise encores en plusieurs autres especes, suiuant les diuers endroits du fourneau ausquels elle s'attache, & les diuerses figures & couleurs qu'elle prend. Celle qui s'attache au-dessus du fourneau est fort attenuée & subtile, & d'autant qu'elle tient quelque chose de la forme d'vn raisin, les Grecs l'ont appellée *botrytim.* Pline en constitue encore vne autre espece, laquelle sortant la flamme par la bouche du fourneau, il l'appelle *capnitim*, & la tient encore plus subtile que la precedente.

Celle qui est moins attenuée & subtile que les deux precedentes, ne pouuant s'esleuer si haut à cause de sa terrestreité s'attache ou aux costez du fourneau, ou descend & tombe au fond. Quand elle s'attache aux costez du fourneau, elle est appellée *placodes* dans Dioscoride, ou *placitis* dans Galien & dans Pline, à cause qu'elle se forme comme en

Savot.

croustes plus ou moins espaisses suiuant l'abondance de la matiere. Que si on iette à diuerses fois de la nouuelle matiere ou mine dans le fourneau, il s'y amasse de nouuelles croustes sur les autres, lesquelles d'autant qu'elles sont diuisées comme par bandes ou ceintures, les Grecs ont appellé telle *cadmia, zonitim*. Celle qui est encore plus terrestre & grossiere s'attache plus bas, & à cause de sa terrestreité & dureté semblable à celle de quelque terre cuite, est appellée *ostracitis*.

La plus terrestre, la plus grossiere, la plus acre, la plus impure, & comme la lye de toutes descend & tombe au fond, où elle se mesle parmy les cendres & impuritez du fourneau : parce qu'elle est trop recuitte, elle est nommée des Grecs *diphryges*, comme deux fois bruslée, encore qu'il y ayt d'autre sorte de *diphryges*. Ceste espece donc de *diphryges* se iette dehors comme inutile; c'est pourquoy quand Galien en parle, il dit qu'il en trouua vne grande quantité en Cypre qu'on auoit ietté dehors comme inutile au milieu du chemin.

On distingue encore ceste *cadmia* selon la distinction de ses couleurs, car il s'en trouue de couleur cendrée, de rouge brun, de bleu par le dehors, & tachetée par le dedans de couleur d'onyx, de blanche & de noisette. Celle qui est tachetée de couleur d'onyx est appellée par les Grecs pour ce suiet *onychitis*; celle qui est de couleur cendrée & rouge brun, se remarque dans la *botrytis* : celle qui est de rouge brun est meilleure que la cendrée selon Pline. Celle qui est bleue par le dehors & blanche par le dedans, tachetée toutesfois de couleur d'onyx, ne se rencontre qu'en la *placitis*, autrement *placodes*. La blanche se tire de la mine d'argent, mais elle n'est pas si bonne que celle qui vient de la mine de cuiure, ainsi que nous l'enſeigne Dioſcoride. La noire eſt toute impure, & ne ſe trouue ceſte couleur que dans l'*oſtracitis*, ſuiuant le meſme Autheur.

Savot.

Dioſcoride fait encore mention d'vne autre laquelle s'attache & s'incorpore à l'entour de grandes cuilliers de fer auec leſquelles on remue la mine fondue : en ceſte derniere production de *cadmia* ſe rencontrent ſouuent pluſieurs des eſpeces cy-deſſus expliquées. La tuthie que nous auons auiourd'huy eſt ceſte derniere ſorte de *cadmia* deſcrite par Dioſcoride ; car nous y voyons encore la forme ronde, & le creux de ces cuillers de fer ou de leurs manches. Les Arabes, & tous les modernes aprés eux, prennent toutesfois ceſte tuthie pour la *pompholix*, mais fort mal à propos, comme ie le feray voir incontinent.

Ceſte *cadmia fornacum* s'engendre, comme i'ay deſia dit, de la mine de cuiure ou d'argent ; mais celle qui vient de la mine de cuiure eſt beaucoup meilleure, ſuiuant l'aduis de tous les Anciens. Il s'en fait encore vne autre auec la *pyrite* ou marchaſite de cuiure bruſlée, ſelon Galien, laquelle n'eſt autre choſe qu'vne eſpece baſtarde de mine de cuiure ; mais la meilleure *cadmia fornacum* eſt celle qui ſe tire de la vraye mine de cuiure ou de la calamine foſſile qui ne tient rien de cuiure,

Les Medecins Arabes, & tous les modernes apres eux, ont merueilleuſement confondu & embrouillé toutes les ſuſdites diſtinctions, ne les ayant pas bien entendues, pour auoir ignoré & negligé la cognoiſſance de l'affinage des metaux, la ſeparation d'iceux d'auec leurs mines, comme il ſe peut voir particulierement en ce qu'ils prennent la tuthie pour la *pompholix*, quoy que la deſcription qu'ils en font conuienne à ceſte *cadmia fornacum*, & non pas à la *pompholix* des Anciens, laquelle ne ſe trouue plus dans les boutiques, comme ie le ferai voir par la description que i'en tireray des Anciens.

Savot.

Ces Arabes ont esté si ignorans de ceste *cadmia*, qu'ils l'ont confondue auec la litharge d'or & d'argent; car ils appellent la litharge d'or en leur barbarisme *cadimiam* ou *climiam auri*, & celle d'argent *cadimiam* ou *climiam argenti*.

Ie croy que Desgorris, suiuant ceste erreur des Arabes qui font de la litharge d'or & d'argent vne espece de *cadmia*, a escrit en ses definitions, auec vne plus grande erreur, que la *cadmia* se tire aussi des mines d'or & de plomb, mesmes que celle qui se tiroit de la marchasite d'argent ou de plomb estoit des meilleures, ce qui est formellement contraire à l'authorité de Dioscoride qui en parle ainsi, *fit & in argenti fornacibus candidior ac minus ponderosa, sed viribus nequaquam comparanda œrariæ*, & Desgorris tout au contraire en ces termes, *Ex reliquis œris venis pauca & non bona oritur, adeo vt ex pyrite in quo inest plumbum nigrum, & argentum melior fiat.*

Savot.

## CHAPITRE XIV.

*Qu'on ne se sert à present en Medecine de toutes les cadmies des Anciens, que de la pierre calaminaire, & de la tuthie alexandrine. Que ceste tuthie n'est pas la* pompholix. *Recommandation de la* pompholix *en l'usage de la Medecine. Comment se faisoit la* pompholix *anciennement. La difference du* spodium *des Anciens d'auec celui d'auiourd'huy. Que la tuthie des fondeurs doit estre prise pour la* pompholix. *Que c'est que speautre ou* calaem. *Que le speautre peut estre le* pseudargyrum *de Strabon. Que l'*orichalcum *des Anciens pouuoit estre composé du speautre & du cuiure.*

De toutes ces especes de calamine qu'auoient les Anciens, il n'y en a que deux auiourd'huy qui soient employées à l'vsage de la Medecine, sçauoir la fossile qui ne tient rien de cuiure, laquelle est appellée dans les boutiques *lapis calaminaris*. L'autre espece dont nous nous seruons est ceste *cadmia* dont Dioscoride fait mention, laquelle s'attache à l'entour des perches & cuillers de fer dans le fourneau, qui est ce qu'on appelle à present tuthie alexandrine qui se trouue communément dans les boutiques des Droguistes & Apothicaires; mais la vraye tuthie qui doit estre prinse pour la *pompholix* des Anciens est fort approchante de celle des fondeurs en cuiure suiuant que je la descriray tantost. Or on prend fort mal à propos ceste tuthie qui se trouue dans les boutiques des Droguistes &

Apothicaires pour la *pompholix* ; car encore qu'elles prouiennent toutes deux d'vne mesme matiere, si est-ce neantmoins qu'il y a bien de la difference ; car ceste tuthie des Droguistes & Apothicaires estant recuite dans le fourneau, a beaucoup plus d'empyreume, d'impression du feu & de terrestreité que la *pompholix*. La premiere estant fort terrestre, recuite & bruslée par l'ardeur des charbons & des flammes, au lieu que la *pompholix* est d'vne matiere beaucoup plus subtile, & ne retient que fort peu de feu, s'en exhalant & enuolant bien loin & bien haut, aussi-tost que le feu est vn peu ardent.

Savot.

Ie m'estonne comme elle est negligée, & si peu cogneue aujourd'huy, veu qu'elle se peut recouurer & trouuer aisément, & que Galien en fait si grand cas pour les vlceres chancreux & malins, ceux des yeux, du siege & des parties honteuses, qu'il ne recognoist aucun medicament plus propre ny plus excellent, attendu qu'elle desseiche puissamment sans sentiment aucun d'acrimonie ny de douleur, estant tres-mal-aisé de rencontrer vn remede qui ayt le pouuoir de dessecher beaucoup, sans apporter cuisson ny douleur aucune comme fait la *pompholix*

Laquelle les Anciens faisoient & tiroient en ceste sorte : on construisoit premierement deux petites chambrettes l'vne sur l'autre, dans la premiere desquelles qui estoit celle d'embas on logeoit au milieu le fourneau, dont la bouche & ouuerture par le dehors estoit aussi haute que le plancher superieur de ceste premiere chambre, lequel plancher estoit percé & entr'ouuert seulement à l'endroit de ceste emboucheure. Ce plancher estoit plat, au lieu que celui de la chambrette superieure estoit rond & vouté, selon Galien. Ceste chambrette superieure auoit vne fenestre ou petite porte qu'on tenoit neantmoins bien fermée pendant

dant qu'on faisoit la *pompholix*, pour la confection de laquelle on procedoit en ceste sorte : quand le feu estoit bien embrasé & allumé, & le fourneau bien chaud, on iettoit dedans par la fenestre ou petite porte de la chambre superieure de la mine de cuiure ou de la calamine seule, lesquelles estant echauffées, iettoient en haut, & respandoient par toute la chambrette superieure grande quantité de fumée & suye blanchastre, vne partie aussi de ceste fumée & suye se respandoit par tout le fourneau, dont se faisoient toutes ces diuerses especes de *cadmia fornacum*, dont i'ay parlé cy-deuant. Savot.

La fumée qui montoit en haut hors du fourneau remplissoit toute la chambre superieure, s'attachant aux parois & au plancher superieur, qui estoit en forme de voute. Au commencement elle s'y attachoit par forme de petites bubes, dont elle a esté appellée *pompholix*, & par apres en forme de petits floccons de laine subtils & doux comme de la soye. Ce qui ne se pouuoit attacher à la voute retomboit comme trop pesant sur le plancher d'embas de ceste chambrette superieure, mais il estoit impur tant à cause de sa terrestreité, que pour les ordures & saletés de ce plancher, auec lesquelles il le falloit ramasser. Ce qui s'attachoit à la voute & aux parois de ceste chambrette estoit la *pompholix*, mais la meilleure estoit celle de la voute pour estre la plus subtile, ce qui tomboit sur le plancher estoit le *spodium* des Anciens, duquel Galien ne se seruoit iamais pouuant recouurer facilement de la *pompholix*.

Le *spodium* antique est aussi fort different de celuy qu'on tient auiourd'huy dans les boutiques, car le *spodium* d'à present est celuy que descrit Platearius, lequel n'est autre chose que de l'yuoire bruslé & calciné iusques à ce qu'il ait perdu sa noirceur, & qu'il deuienne tres-blanc. Quand il ne sortoit plus de fumée hors du fourneau, on r'ouuroit la petite porte pour reietter de nouuelle matiere dans ſe fourneau, ce qu'on reiteroit tant & ſi longuement, & iuſques à ce qu'on euſt de la *pompholix* & du *ſpodium* ſuffiſamment leſquels ne prouenoient pas ſeulement de la mine de cuiure, mais encore d'autres ſortes; car quelquesfois on prenoit du cuiure pur qu'on faiſoit fondre, ou bien auec la pierre calamine, ou auec ceſte calamine des fourneaux ou tuthie alexandrine, ou bien auec le *lapis calaminaris* tout ſeul, lequel rendoit auſſi bien ceſte fumée que la mine de cuiure.

Savot.

Le cuiure iaune, autrement laton ou airain, peut auſſi produire ceſte *pompholix*, & par conſequent le *ſpodium*; car il eſt compoſé de franc cuiure & de la pierre calaminaire, ou bien de la tuthie alexandrine, ſi bien que quand ce metal eſt fondu, toute la calamine ou tuthie alexandrine s'exhale & s'en va en fumée, tellement que s'il demeuroit longuement fondu toute ceſte calamine ou tuthie s'en euaporeroit, ne reſtant par apres gueres plus que le cuiure pur.

Les fondeurs en cuiure, apres qu'ils ont fondu le cuiure iaune, s'ils le laiſſent refroidir dans le fourneau, à meſure que le feu s'y eſteint, ils trouuent au-deſſus vne ſuye aſſez eſpaiſſe en forme de floccons de laine ſubtile & douce au toucher, comme de la ſoye, laquelle peut eſtre employée pour la *pompholix* & priſe pour icelle, puiſqu'elle a toutes les conditions que lui donne Dioſcoride, ſinon qu'elle n'a pu monter ſi haut, faute d'auoir eu tant de chaleur ſur la fin, mais auſſi elle en doit auoir moins d'empyreume. Les fondeurs lui donnent le nom de tuthie, & la vendent ou donnent pour la gueriſon des maladies des yeux, tout de meſme que les Anciens ſe ſeruoient de la *pompholix* à ceſte fin, tellement que ceſte tuthie des fondeurs doit eſtre priſe & employée pour la *pompholix* des Anciens, & non pas la tuthie alexandrine, qui se vend aux boutiques des Droguistes & Apothicaires.

Hugues Linschot en son liure second de la nauigation aux Indes orientales chapitre 17 rapporte qu'il se trouue non loin de Malaca vne espece de mineral semblable en apparence à l'estain, que ceux du pays appellent *calaem*, mot fort approchant de celui de la calamine, aussi en semble-t-il estre vne espece, en ayant les effects, comme ie le diray cy-apres. Il y a quelques années, à ce qu'escrit vn autheur moderne, que les Hollandois en prindrent vn vaisseau chargé aupres de Malaca sur les Portugais, qu'ils amenérent en Hollande : du depuis on en a apporté en diuers lieux, mesme à Paris où on le nomme speautre. Ce mineral est blanc, dur comme l'argent, endure aucunement le marteau ; le burin & la lime, & se fond presque aussi aisément que le plomb : ce doit estre à mon aduis quelque espece de calamine artificielle, parce qu'il en a les mesmes effects ; car estant fondu seul, ou auec le cuiure, il rend comme la calamine vne fumée, mais beaucoup plus blanche ; & laisse apres qu'il est refroidy vne *pompholix* au-dessus du creuset, qui est fort blanche douce & pareille à vn floccon de laine, tout de mesme qu'est celuy de la *pompholix* ; de sorte qu'on peut auec ce mineral faire vne *pompholix*, mesme plus belle que celle qui sort de la calamine ordinaire. Ie ne sçay si ce pourroit estre le *pseudargyrum* ou faux argent de Strabon, dont il donne la description & composition sur le mot *Andeira*. Il dit donc sur le subiet de ce mot, qu'aupres d'*Andeira*, mesme suiuant l'opinion de quelques-vns, proche le mont *Tmolus* se trouue vne certaine pierre laquelle estant fondue rend du fer : par apres si on mesle dans le fourneau ce fer auec vne certaine terre, qu'il en decoule & s'en fait vn certain mineral qu'il appelle *pseudargyrum* ou faux

Savot.

Savot. argent, auec lequel si on adiouste du cuiure, on en fait l'*orichalchum* ou laton. Ceste description se rapporte beaucoup a ce speautre ou *calaem* des Indes, car il a la dureté & couleur de l'argent, & messé auec le cuiure fait vn *orichalcum* ou laton tres-beau & fort semblable en couleur à l'or.

## CHAPITRE XV.

*Du cuiure iaune : qu'il est ou naturel ou artificiel : que le naturel se trouue peu ou point du tout : que l'artificiel se fait en plusieurs façons, & premierement auec la pierre calaminaire : que ceste calamine est le* crocus metallorum *de Ruland contre Duchesne & les Alchymistes : autre façon de cuiure iaune auec la tuthie : erreur de Libauius : autre moyen de iaunir le cuiure auec l'estain : Comment l'estain peut donner vne couleur iaune au cuiure, & pourquoy.*

Il a esté besoin d'expliquer clairement & distinctement toutes les especes susdites de *cadmia* & de la *pompholix* des Anciens, comme aussi celles des calamines & tuthies que nous auons auiourd'huy pour donner mieux à entendre comment le cuiure se teint en iaune, ce qui ne se pourroit facilement comprendre sans l'intelligence du discours precedent. La cognoissance donc de ce que dessus presupposée, il faut sçauoir que le cuiure iaune se fait tel par plusieurs moyens, mais premierement qu'il est ou naturel ou artificiel.

Le naturel se fait de la mine de cuiure, quand la calamine qui y est n'a pas esté bien euentée, c'est-à-dire que le metal n'a pas este tant & si longuement tenu dans la chaleur du feu excitée par la force des soufflets, iusques à ce que toute la calamine se soit exhalée; mais le cuiure iaune naturel se rencontre peu ou point du tout aiourd'huy: car le cuiure ayant besoin pour estre mieux purifié, d'estre euenté à grande chaleur de feu, la calamine qui est ce qui luy donne la couleur iaune s'exhale toute par ce moyen.

Savot

L'artificiel se compose en plusieurs façons; & premierement auec la pierre calaminaire, dont les Anciens mesme se seruoient, comme nous l'apprenons entre autres Autheurs de *Festus*, dans lequel elle est appellée *cadmea terra*; aussi n'est-ce qu'vne espece de terre, laquelle i'estime estre la terre saincte de Ruland, autrement par lui appellée *crocus metallorum*, dont son eau ophthalmique est composée, & non pas le *crocus* de l'antimoine, comme l'a pensé Duchesne, & apres luy presque tous les Alchymistes. Ce qui me fait iuger que ceste terre saincte ou *crocus metallorum* est plustost la pierre calaminaire, que non pas vne preparation particuliere de l'antimoine à la façon des Alchymistes, est premierement en ce que Ruland appelle son *crocus metallorum* terre, telle qu'est la pierre calaminaire, & non pas l'antimoine; secondement que la pierre calaminaire a vne grande proprieté pour les maladies des yeux, laquelle n'est pas telle en l'antimoine; en troisiesme lieu que l'eau du *crocus* de l'antimoine instillée dans l'œil lasche le ventre, ou prouoque des nausées à beaucoup de personnes, ce que ne fait pas l'eau ophthalmique de Ruland: en quatriesme lieu, que ceste terre ou pierre calaminaire teint le metal en couleur iaunastre & saffranée, pour laquelle raison il est appellé *crocus metallorum*; ce que ne fait pas le *crocus* de l'antimoine. En fin d'autant que Ruland nous l'a mesme donné

Saaat. à demy à cognoiſtre en ſon Lexicon Chymique, où expliquant ce mot *crocus*, il l'interprete *orichalcum*, pour la choſe qui rend & fait appeller le cuiure *orichalcum*.

Ceſte terre ou pierre calaminaire ne donne pas ſeulement la couleur iaune ou de ſaffran au cuiure, mais elle l'augmente auſſi de poids iuſques à vne quatrieſme ou cinquieſme partie pour le moins. Galien en a fait tant d'eſtat, que de toutes les calamines qu'il vit en Cypre, il n'en rapporta que la pierre calaminaire, dont il fit des preſens à ſes amis eſtant à Rome, qui luy en eurent, à ce qu'il dit luy-meſme vne tres-grande obligation, & en firent de l'eſtat comme d'vn tres excellent medicament. Agricola enſeigne au commencement de ſon 9 liure *De natura foſſilium*, la façon de faire le laton auec ceſte pierre calaminaire.

Le cuiure ſe iaunit auſſi auec la *cadmia fornacum*, ou tuthie alexandrine. Albert le Grand en ſon traité *De mineralibus*, dit l'auoir veu faire luy-meſme, & en deſcrit la façon. Ercher deſcrit auſſi fort amplement la façon du laton auec la tuthie.

Le cuiure ſe iaunit encore, comme l'a remarqué Vilalpandus, auec l'eſtain, quand il y eſt mélé en petite quantité. L'eſtain donne vne couleur iaune au cuiure, parce que la grande chaleur du cuiure le bruſlant, le rend comme en potée, & poudre blanche, telle qu'eſt la fumée de la tuthie, & de la pierre calaminaire. Car le cuiure rouge, comme dit Vincent de Beauuais, eſtant attenué par la chaleur du feu, & meſlé auec ceſte poudre blanche, ſe deſcharge de ſa couleur, & tire par ce moyen ſur le iaune. Le cuiure qui a eſté teint par le moyen de l'eſtain, differe de celuy qui l'a eſté auec la tuthie ou la calamine, en ce que le premier eſt fort aigre & caſſant, au lieu que le dernier eſt doux & forgeable.

Savot.

## CHAPITRE XVI.

*Erreur d'Agricola touchant le* pseudargyrus *de Strabon. La rareté de l'*orichalcum *ancien. Que le Pancirole s'est abusé sur la diuersité de l'*aurichalcum. *Que le precieux* orichalcum *pouuoit estre fait du speautre & du cuiure, & pourquoy. Que c'est que* χαλκολίβανος *dans l'Apocalypse. que le mot* aurichalcum *se peut escrire auec la diphtongue* au, *& pour quelle raison : que le fer tant de fonte que de forge se peut fondre, mesme plus d'vne fois, contre l'opinion de Scaliger. Du cuiure blanc : qu'il est naturel ou artificiel. Diuerses façons de faire l'artificiel. Comment le talc de Venise se peut mettre facilement & promptement en poudre tres-subtile : que les Anciens ont eu vn* orichalcum *blanc. Pourquoy les Alchymistes ont été ainsi appellés.*

LE cuiure qui a esté teint en iaune principalement auec la calamine ou la tuthie, est appellé par le Latins *orichalcum.* I'ai dit cy-deuant qu'il s'en fait auiourd'huy vn tres-beau & fort approchant de la couleur de l'or, par le moyen du *calaem* ou speautre qui vient des Indes, lequel speautre pouuoit bien estre le *pseudargyrus* de Strabon, pour les raisons que i'en ai apportées : ce qu'estant ainsi George Agricola s'est abusé, d'auoir dit au commencement de son 9 liure *De natura fossilium*, que le *pseudargyrus* de Strabon estoit le cuiure blanc ; car ce *pseudargyrus* n'est pas cuiure, mais vne matiere laquelle, quoy qu'elle soit blanche comme l'argent, donne neantmoins la couleur iaune au cuiure rouge. Ce ſpeautre apporté des Indes, qui rend le cuiure pareil à l'or en beauté, & meilleur que l'or en dureté, pourroit bien eſtre la teinture de cet *orichalcum* des Anciens, qui a eſté ſi rare qu'il ne ſe trouuoit plus du temps de Platon ny d'Ariſtote, & encore moins de celuy de Ioſephe ou de Pline, & lequel eſtoit anciennement plus eſtimé que l'or meſme, comme le dit Seruius ſur le 12 de l'Æneide, *Cùm ſplendorem auri & æris duritiem poſſideret.*

Savot.

Puiſque cet *orichalcum* ne ſe trouuoit plus depuis le temps de Platon, quand le Iuriſconſulte Martianus ou pluſtoſt Iulianus a dit au 18 des Digeſtes tiltre premier *De contrahenda emptione*, en la loy 45, que ſi quelqu'vn *vas aurichalcum pro auro vendidiſſet ignorans, tenetur vt aurum quod vendidit præſtet*, ce Iuriſconſulte n'a pas entendu parler en cet endroit de l'*orichalcum* ancien, comme le croit le Pancirole quand il traitte *De aurichalco*, mais du moderne qui eſt le laton ou airain d'auiourd'huy, d'autant que cet *orichalcum* eſt en ce lieu beaucoup moins eſtimé que l'or: autrement celuy qui l'auoit vendu iuſtement pour or, n'euſt pas eſté condamné de rendre de l'or à l'acheteur au lieu de cet *orichalcum*, puiſque *l'orichalcum* ancien eſtoit de plus grand prix que l'or meſme; de ſorte que le vendeur n'euſt pas eſté condamné de dedommager l'acheteur.

Ce qui confirme encore l'opinion que l'*aurichalcum* ancien ſoit le cuiure teint auec le ſpeautre ou *calaem* des Indes, eſt qu'Ariſtote en ſon liure des choſes merueilleuſes raconte qu'il ſe trouuoit anciennement aux Indes vn cuiure ſi beau, ſi luiſant & ſi excellent, que ſa couleur ne differoit en rien de celle de l'or, meſme que Darius en auoit des vaſes ſi ſemblables à l'or, qu'on ne pouuoit recognoiſtre ſi c'eſtoit or ou non, que par l'odeur ſeule. Les vaſes auſſi qu'Eſdras rapporta de Babylonne en Hieruſalem pour les mettre au Temple, pouuoient eſtre de pareil cuiure. Sovot.

Il eſt fait encore mention en la verſion Latine du chapitre premier & ſecond de l'Apocalypſe, d'vn *orichalcum* que le texte Grec appelle *chalcolibanos*, quoy qu'*Antoine de Lebrixa* le prenne non pour vn metal, mais pour l'encens maſle, apportant pour preuue de ſon interpretation quelques hymnes d'Orphée intitulez χαλκολίβανος à Apollon & à Latone, comme qui diroit, Forme de ſacrifice à l'honneur d'Apollon & de Latone : car la meilleure part des autres Interpretes prennent ce *chalcolibanos* ſelon le ſens de la verſion latine, ainſi qu'il ſe peut veoir par le docte commentaire qu'a fait le Pere Alchazar ſur le premier chapitre ſuſdit.

Quelques-vns tiennent, nonobſtant les obſeruations de *Nicolaus Erythræus*, qu'il faut eſcrire ce mot *aurichalcum* par la diphtongue *au*, & non pas par vn *o*, croyant que ce metal fuſt compoſé d'or & de cuiure, ce qui n'eſt pas ſans apparence, & ſans appuy de raiſon ; car les Anciens ne ſçachant pas l'art de ſeparer l'argent & le cuiure d'auec l'or, ſans perdre l'argent & le cuiure, il eſt à preſumer qu'ils en faiſoient, pluſtoſt que de les perdre, principalement quand l'or ſe trouuoit meſlé auec vne quantité notable d'argent & de cuiure, deux particulieres eſpeces de metal, appellant la premiere où l'argent eſtoit meſlé *electrum*, & l'autre où il y auoit du cuiure *aurichalcum*, quoy que quelques-vns prennent quelquesfois l'*aurichalcum* pour l'*electrum*.

Scaliger en ſon exercitation 88 contre Cardan, reprend à mon aduis mal à propos Cardan de ce qu'il attribuë à tout metal la proprieté d'être fuſi-

Savot. ble; ce qui n'eſt pas, ſelon Scaliger, vniuerſel & conuenable à tout metal; car il ſe trouue (dit Scaliger) aux Indes occidentales (11) entre Mexico & Darien de l'*orichalcum*, que les Eſpagnols n'ont peu jamais fondre, quelque artifice & induſtrie qu'ils y ayent peu apporter. Dauantage qu'il y a deux ſortes de fer, dont l'vn ne ſe fond qu'vne fois ſans ſe pouuoir refondre par apres, qui eſt le fer de fonte, tel qu'eſt celui des pots de fer & des contre-cœurs de fer de cheminées, & l'autre qui eſt le fer forgeable, que les Mareſchaux & Serruriers employent, ſe ramoliſſant & forgeant aiſément quand il eſt chaud, ſans ſe pouuoir iamais aucunement fondre. En quoi ie trouue que Scaliger s'eſt beaucoup trompé, & a eu tort de reprendre Cardan en ce ſuiet; car il n'a peu ſouſtenir ny dire que ceſte matiere qu'il dit eſtre du laton, fuſt du laton, puiſqu'elle ne ſe pouuoit aucunement fondre, ny ayant point de laton qui ne ſe puiſſe fondre, meſme beaucoup plus aiſément que le franc cuiure. D'ailleurs quand il parle du fer, il contrarie formellement Ariſtote, qui dit en termes expres au 4 des meteores que le fer eſt fuſible, & meſme tellement fuſible, que l'acier ſe fait en fondant le fer par pluſieurs fois: il contredit encore l'expérience; car les fondeurs fondent & refondent tous les iours le fer de fonte, y en ayant qui ne gaignent leur vie à autre choſe qu'à refondre le

(11) Voici le paſſage: *Præterea ſcito*, in funduribus, *qui tractus eſt inter Mexicum & Dariem, fodinas eſſe orichalci: quod nullo igni, nullis Hiſpanicis artibus hactenus liqueſcere potuit*: ce fait concerne encore la platine qu'on envoye de l'Amérique Eſpagnole. Scaliger ne dit pas que c'eſt du *laton*, il penſoit à *l'orichalcum* des Anciens.

fer de fonte souuent, pour refaire des pieds ou reboucher des trous aux pots de fer qui sont cassez, en versant sur lesdits trous & les remplissant de fer fondu & refondu mesme par plusieurs fois. Le fer forgeable aussi se peut refondre en le bruslant premierement, & le faisant couler, quand il est bien rouge de feu, goutte à goutte, appliquant contre vne bille de soulfre : Cæsalpin dit en son traité *De metallicis*, qu'on le refond aussi auec l'antimoine. Savot.

Outre le laton & cuiure iaune, il se trouue encore du cuiure blanc. Pline au chapitre 6 de son 23 liure escrit qu'au dessous de la mine & vene d'argent se trouue celle du cuiure blanc. Pomponio Gauric enseigne la façon de le faire blanc. George Agricola en donne deux moyens, dont le premier est semblable à celuy que Cardan a descrit en ses liures *de la subtilité*, & l'autre se fait auec la *magnetis*, autrement le talc de Venise selon Imperato. Ie n'ay experimenté ny l'vn ny l'autre, mais ie sçay par experience que le talc de Venise se met facilement & promptement en poudre tres-blanche & tres subtile, s'il est pilé en vn mortier de cuiure qui soit chaud auec vn pilon pareillement chaud, & que la surface tant du mortier que du pilon en retiennent quelque blancheur. Comme les Anciens ont eu autresfois vn *orichalcum* iaune aussi beau que l'or, aussi en ont-ils eu vn autre aussi beau & aussi blanc que l'argent ; ce que i'apprend principalement d'Aristote, en son liure *des choses merueilleuses*, où il l'appelle cuiure *mossinœcum*, & dit en cet endroit qu'il ne prenoit pas ceste belle blancheur par le moyen de l'estain, mais par le meslange d'vne certaine terre qui se trouuoit en ce pays-là. Que le premier autheur de ce beau cuiure blanc n'apprint son secret ny son art à personne ; tellement que ceste science mourut

Savot.

auec luy, & que de là vient que les cuiures anciens de ce temps-là sont fort precieux, & beaucoup plus excellens que ceux qu'on a fait du depuis. Quand Virgile a donné donc l'epithete de blanc au cuiure, il a plustost entendu parler de cestuy-cy que non pas du laton, lequel encore qu'il soit iaune, neantmoins à comparaison de l'or, comme l'interprete Seruius, il paroist blanc.

Ce peut estre à cause de la beauté de ce cuiure des Anciens, approchant celle de l'or & de l'argent, que les Alchymistes ont esté appellez Alchymistes selon l'opinion de Libauius en son *syntagma arcanorum chymicorum* liure 7 chap. 24 d'vn certain nommé *Alchymus*, lequel contrefaisoit l'or & en faisoit du faux si semblable au vray, qu'il l'exposoit facilement & vendoit pour vray or : si bien que ce mot Alchymiste, selon sa meilleure origine par l'authorité du plus grand partisan de l'Alchymie, ne signifie autre chose à proprement parler qu'vn faiseur de faux or, & en suite de faulse monnoye.

Savot.

## CHAPITRE XVII.

*Du cuiure Corinthien. Trois ſortes de cuiure Corinthien. Qu'il ne s'en faiſoit plus du temps de Pline. Que nous n'auons point de medalles de cuiure Corinthien. Quel eſt le cuiure que l'on appelle Corinthien ès medalles. De quel cuiure eſtoient les grandes, moyennes & petites medalles du temps de Pline. Qu'il y a des calamines qui donnent plus belle teinture au cuiure les vnes que les autres. Que tout cuiure ne ſe peut pas dorer. Quel cuiure ſe peut dorer. Que c'eſt que mitraille. Qu'elle eſtoit en vſage du temps de Pline. Que tout cuiure propre à dorer a eſté à la parfin appellé cuiure Corinthien. Quel eſt le cuiure que Pline appelle* hepatizon. *Erreur de Cæſalpin ſur ce ſuiet. Que c'eſt que Potin. Qu'il a eſté cogneu de Pline. Que la pluspart des medalles depuis Alexandre Seuere ſont de Potin. Quels eſtoient les cuiures que Pline appelle* coronarium & pyropum. *Comment on donne auiourd'huy la couleur d'or au laton ou airain. Du cuiure ou matiere dont ſont faites les cloches & les canons.*

I'AY dit cy deuant que les Anciens ne ſçauoient pas departir ſans beaucoup de perte l'argent & le cuiure d'auec l'or, ce qui fut cauſe qu'ils en firent deux eſpeces de metaux, appellant l'or allié auec l'argent en certaine proportion *electrum*, & l'or auec le cuiure *aurichalcum*. Ces trois metaux par apres eſtant meſlez & confus enſemble ſoit par art ou fortuitement, amenerent encore vne troiſieſme eſpece de metal, qui fut appellé cuiure Corinthien, pour la raison qu'en donne Pline assez cognue d'vn chacun, sans qu'il soit besoin de la repeter icy. Ce genre de cuiure Corinthien fut derechef sousdiuisé par eux en trois especes, dont la premiere estoit quand l'or excedoit au meslange : la seconde lors que l'argent y estoit le plus copieusement ; & la troisiesme quand ces trois metaux estoient meslez par égales portions. Il semble que ce genre de cuiure Corinthien, soit que l'art en fust incogneu ou negligé, ne se faisoit plus du temps de Pline, quoy qu'ils eussent de son temps des vases & figures antiques de ce genre de cuiure ; car il en parle ainsi au 2 chapitre de son 34 liure, *Quondam æs confusum auro argentoque miscebatur.* Et vn peu plus bas, *Adeo exoleuit fundendi æris preciosi ratio vt iam diu ne fortuna quidem in ære ius artis habeat : Ex illa autem antiqua gloria Corinthium maximè laudatur.*

Savot.

Les medalles aussi que nous disons aujourd'huy estre de cuiure Corinthien ne sont point composées de ce genre de cuiure de Corinthe descrit dans Pline ; car les iaunes ne sont, si on les veut bien considerer, que d'vn cuiure doré. Et quoy que la couleur de ce cuiure iaune antique, approche de plus près la couleur de l'or, que ne fait le laton ou airain d'auiourd'huy, il ne s'est point trouué néantmoins par les essais qu'on en a fait, qu'il y eust de l'or meslé parmy ; ceste haute teinture ne prouenant que de là, ou de celle de la calamine, d'autant qu'il y a des cuiures qui boiuent bien mieux la calamine les vns que les autres. Ceux que Pline appelle *Marianum*, *Cordubense & Liuianum* en receuoient vne si belle couleur, qu'ils approchoient en beauté l'*orichalcum* antique, aux medalles & monnoyes qui en estoient faites, particulierement aux grandes & moyennes medalles, ce qui se prouue par ceſte authorité de Pline tirée du 2 chapitre de ſon 34 liure, *Summa gloria nunc in Marianum conuerſa, quod & Cordubenſe dicitur, hoc à Liuiano cadmiam maximè ſorbet, & orichalci bonitatem imitatur in ſeſterciis dupondiariiſque.* Quant aux petites medalles du temps de Pline, elles n'eſtoient que de cuiure de Cypre, qui eſtoit le cuiure commun, dont il en fait de deux ſortes, ſçauoir le franc cuiure, qu'il appelle *regulare*, & l'airain commun qu'il nomme *coronarium*, ce qui ſe voit par le 9 chapit. de ſon 33 liure, le 8 du 34 liure, & par ces paroles ſuiuantes du chapitre 2 ſuſdit, *Ciprio ſuo aſſibus contentis.* Savot.

Comme il y a des cuiures qui prennent mieux la teinture par la calamine les vns que les autres; auſſi y a-t-il des calamines qui donnent vne bien plus belle couleur au cuiure les vnes que les autres, comme nous le voyons auiourd'hui par le ſpeautre qu'on apporte des Indes, qui teint le cuiure d'vne couleur preſque pareille à celle de l'or.

Or il faut icy encore noter que toute ſorte de cuiure ne ſe peut pas dorer, n'y ayant que trois ſortes de cuiure qui prennent bien la dorure, ſçauoir le franc cuiure, le laton ou mitraille, & la bonne bronze, qui eſt la meilleure matiere dont on fait les ſtatues, laquelle eſt compoſée de franc cuiure & de laton, airain ou mitraille, le franc cuiure ne pouuant bien couler tout ſeul, de ſorte qu'il eſt neceſſaire d'y adiouſter le laton, pour rendre la matiere plus coulante, tout metal ſe fondant & coulant touſiours mieux quand il eſt allié auec vn autre. On choiſit ſouuent la mitraille pour dorer, laquelle n'eſt autre choſe que du laton ou airain qui a deſia ſeruy, tels que ſont les vieux chauderons, tant parce que s'il y auoit du plomb meſlé parmy ce laton, la dorure n'en feroit pas ſi belle : c'eſt

Savot

pourquoy le potin en la composition duquel il y entre beaucoup de plomb, n'est aucunement propre à dorer. Or s'il y auoit eu quelque peu de plomb meslé parmy les vieux chauderons, il en auroit esté separé par succession de temps ayant esté chauffé plusieurs fois : car c'est le propre du plomb de suinter incontinent au dehors à la moindre chaleur de feu qui puisse estre suffisante pour le faire fondre.

Pline au susdit chapitre 2 tesmoigne que de son temps on donnoit le nom de cuiure Corinthien, à la matiere dont on faisoit les statues & figures, *Omnia signa*, dit-il, *Corinthia appellant.*

Ceste façon de choisir la mitraille ou airain qui a desia seruy pour faire de la bronze propre à dorer, s'obseruoit du temps de Pline, comme il en appert par le 9 chapitre du mesme liure : car selon ce sens se doiuent entendre ces paroles du susdit chapitre, *In proflatum additur tertia portio æris collectanei, hoc est, ex vsu coempti : Peculiare in eo condimentum attritu domiti & consuetudine nitoris veluti mansuefacti.*

Il semble que tout cuiure propre à dorer ayt esté du depuis appellé Corinthien, principalement la bronze propre à dorer : car le mesme Pline au susdit chapitre 2 tesmoigne que de son temps on donnoit le nom de cuiure Corinthien, à la matiere dont on faisoit les statues & figures, *Omnia signa*, (dit-il) *Corinthia appellant.*

Ce mesme Autheur fait vn peu apres mention d'vne autre espece de beau cuiure, qu'on appelloit *hepatizon*, à cause qu'il estoit d'vne couleur brune pareille à celle d'vn foye, qui n'estoit autre chose à mon aduis, que ce que nous appellons auiourd'hui bronze, d'autant que ce metal approche de fort pres la couleur du foye. Cæsalpin confond en son second liure *De metallicis*, ce cuiure *hepatizon* de Pline, auec le cuiure

de

de Corinthe ; le prenant pour la troisiesme espece de cuiure Corinthien, quoy que Pline l'ayt distingué du cuiure Corinthien par ces mots, *Quod ideo hepatizon appellant, procul à Corinthio.* Savot.

Le potin dont i'ai parlé cy-dessus, est vne autre espece de cuiure iaune, qui ne se peut dorer à cause du plomb qui y entre, comme ie l'ay remarqué cy-deuant. Il est composé de cuiure, de laton & de plomb ; & possible vn peu d'estain ; on luy donne le nom de potin, à cause qu'on fait ordinairement les pots de cuiure de cette matiere. Pour ceste mesme raison Pline appelle la composition de ce genre de cuiure, car il y en a vn meilleur que l'autre, *temperaturam ollariam*, *vase* (dit-il) *hoc nomen dante.* On en fait aussi à present les chenets & les chandeliers. Ce cuiure aussi se peut prendre à cause qu'il ne se peut forger, pour celuy que le mesme Pline appelle *caldarium*, au chap. 8 de son 34 liure, *Caldarium* (dit-il) *funditur tantum malleis fragile.*

Les medalles de cuiure principalement depuis Alexandre Seuere, sont de matiere semblable : car elles rendent & jettent en forme de sueur le plomb au dehors, si on les met dans le feu, comme il a esté dit cy-dessus.

Pline traite encore sur la fin du 8 chap. de son 34 liure de deux autres especes de cuiure, l'vn desquels il appelle *coronarium*, & l'autre *pyropum*. Le *coronarium* n'estoit autre chose que le clinquant d'auiourd'hui, car ce n'estoit que du laton battu en feuilles deliées, & approchant en couleur celle de l'or comme le clinquant : on l'employoit anciennement à parer & en faire des couronnes pour les Comediens.

Pline dit qu'on luy donnoit la couleur d'or auec du fiel de bœuf ; auiourd'hui on met en couleur d'or le laton ou airain à la chaleur seule du feu.

Savot. Pour la rendre plus belle, on iette dans le feu des plumes de perdris, ou bien de la poudre de *terra merita*, qui est vne racine que les Droguistes appellent autrement *curcuma* & les Anciens *cancamum*.

Le *æs pyropum* estoit fait selon le mesme Pline au chap. 8 de son 34 liure adioustant à l'*æs coronarium* ou clinquant, la 4 partie d'or, qui le rendoit beau & brillant comme feu, *Idemque* (parlant de l'*æs coronarium*) *in vncias additis auri scrupulis senis pyropi bractea ignescit*.

Suiuant ceste description de Pline, i'estime que cet *æs pyropum* n'estoit qu'vne lame deliée presque comme le clinquant, qui estoit dorée assez espaissement de part & d'autre; car pour dorer suffisamment des deux costez vne lame mince comme le clinquant, il n'y pouuoit entrer en dorure guere moins que la quatriesme partie d'or, la lame de cuiure ne seruant que pour donner corps & soustien à ceste dorure; par ce moyen l'or appliqué sur le cuiure rendoit vne couleur bien plus viue & plus brillante que s'il eust esté tout seul. Le cuiure d'autre costé quelque mince & delié qu'il fust ne pouuoit estre gasté ny vsé par la rouille, d'autant que le cuiure doré vn peu espais ne se rouille iamais, & resiste presque autant ou mieux à cause de sa fermeté aux iniures de l'air que l'or mesme. Pancirole croit, & non sans grande apparence de raison à mon aduis, qu'on se seruoit de cet *æs pyropum*, aux girouettes qu'on posoit au sommet des bastimens. Cet artifice estoit de peu de despence à comparaison de sa beauté & de sa durée.

Ce qui me fait croire que cet *æs pyropum* n'estoit qu'vne lame de cuiure fort deliée, dorée des deux costez, et d'autant que s'il est entendu autrement, sçauoir que ce fust du cuiure allié auec vne quatriesme partie d'or, les paroles de Pline ne pourroient s'accorder à ce sens ; car il n'eust pas esté besoin de choisir plustost vne lame mince de cuiure, que du cuiure en masses ou lingot s'il eust fallu l'allier auec l'or. Dauantage, si ce n'eust esté que du cuiure allié seulement auec vne quatriesme portion d'or, il n'eust pas esté beau, brillant ny esclattant comme feu, ainsi qu'est le cuiure bien doré ; outre ce qu'estant exposé à l'air il se fust terny & rouillé bien-tost, ce qui ne peut arriuer au cuiure chargé de beaucoup de dorure.

Savot.

Nous auons auiourd'huy deux autres sortes de mixtions & compositions faites auec le cuiure, dont les Anciens n'ont point parlé : la premiere est celle dont sont faites les cloches & les timbres d'horologes ; l'autre est celle des canons. La matiere des cloches est composée d'estain & de cuiure : on y met plus ou moins de cuiure suiuant la grosseur ou petitesse des cloches ; il faut moins d'estain aux grosses qu'aux petites ; à cause que plus il y a d'estain, plus le metal est aisé à se casser. Les fondeurs iugent de la quantité de l'estain qu'ils y doiuent mettre en cassant vne piece de ceste matiere, auparauant que de la ietter & d'en faire la cloche ; car s'ils trouuent le grain trop gros, ils y mettent dauantage d'estain, s'il est trop delié, ils augmentent le cuiure : ils y mettent dauantage d'estain pour rendre le grain plus delié, & par mesme moyen le son meilleur. Ils y augmentent le cuiure, pour rendre la matiere moins subiette à se casser : de sorte que les petites cloches peuuent porter plus d'estain que les grosses, à cause qu'elles ne sont frappées d'vn coup si rude que les grosses. On adiouste aux timbres de l'estain de glace pour leur donner vn son meilleur, & par consequent le grain plus fin & plus menu ; mais ils sont aussi fort subiets à se casser : il est vray qu'ils ne sont battus si rudement de leur marteau que les cloches, en la matiere desquelles on ne met point pour ceste raison d'estain de glace.

Savot. La matiere des canons est faite de franc cuiure, d'airain ou mitraille, & de matieres de cloches, que les fondeurs appellent metail. On met sur seize parties de franc cuiure vne partie de metail & vne autre de mitraille. Ces deux derniers metaux ne s'y mettent que pour rendre la matiere plus coulante, car autrement elle ne couleroit pas bien, & se rempliroit de fossettes & de vents qui seroient cause de faire creuer les canons. Il faut aussi prendre garde que ces deux derniers metaux n'excedent au plus principalement le metail, la proportion susdite, d'autant que s'ils y estoient mis en plus grande quantité, la matiere en seroit trop cassante.

La matiere des canons refonduë est propre à ietter des statues & figures, à cause que l'estain qui y est en petite quantité se brusle & se consomme tout à ceste seconde fonte, n'y restant guere plus que le cuiure & la mitraille.

Ces deux dernieres matieres ne peuuent estre propres à faire des medalles, d'autant qu'elles ne peuuent estre forgées ny frappées sans se casser & mettre en pieces.

FIN.

Guillain.

## LE SECRET DES SECRETS.

*Reservé au Roy de France & de Navarre LOVYS XIII, afin de puissamment engraisser tous héritages, leur faire rapporter tous les ans, & chacun an dauantage, & meilleur qu'à présent. Oster les rigoureuses recherches du Salpestre, & néantmoins en faire tant que l'on voudra, sans incommoder personne, présenté au Roy Henry le Grand, de glorieuse mémoire, par feu Monseigneur le Comte de Soissons, & Monseigneur le Duc de Sully, en faueur de Nicolas de Guillain, Secrétaire de la Chambre de sa Maiesté, laissé à Monseigneur le Marquis de Rosny pour le faire executer. 1625.*

MONSEIGNEUR, vous sçauez qu'on faict un grand amendement aux heritages, d'y semer les terriers des estables, & qu'on en tire aussi le meilleur Salpestre; & que le Salpestre estant tiré d'vne terre, elle ne peut rapporter aucuns fruicts iusques à ce qu'il y soit retourné, & que le Salpestre est vne fleur blanche qui sort de la terre à toutes sécheresses d'Esté & & d'Hyuer, & tombe en eau à toutes humiditez, & que c'est ainsi qu'il plaist à Dieu, Ouurier de tout, arrouser les plantes d'eau si grasse quelle ne mouille, laquelle fleur on peut faire venir en si grande quantité que l'on voudra, imitant la nature: Car rien ne peut estre bon faict au contraire d'icelle. On trouue ladite Fleur par tout & en tous lieux, mais meilleure, & plus abondante en l'vn qu'en l'autre. C'est le sel commun de tous métaux mineraux, & substance terrestre, & de tout ce que la terre enserre, & sans iceluy on ne pourroit faire venir blé, vin, ny aucuns autres fruicts, & personne ne subsisteroit aux cachots. C'est vn sel qui vesgete, contraire au vulgal vif argent, qui fuit, & se cache dans les concauitez: Quand apres

(1) Voyez ci-devant la note du P. Mersene, p. 195.

seicheresse vient vne pluye chaude, qui ramasse ladite fleur en l'air, & sur la terre, trouuant vne ouuerture elle faict quelque chose selon que la matrice est pure ou impure, elle s'engendre dans les murailles, & au plus haut produit chacun an en vn mesme lieu plusieurs choses l'vne après l'autre, qui se reuiuifient tous les ans.

Guillain.

*Pour faire venir ladicte fleur en puissance.*

Soit fait piscines aux estables les plus creuses & larges qu'on pourra, prenant garde que l'eau sousteraine n'approche d'vn pied le fond desdites piscines, parce qu'elle tireroit ladicte fleur, & si seulement on fait tomber les vrines & fientes dans la terre deliée, & si on iette tous les iours de la nouuelle terre sur lesdictes fientes & vrines, & après on met le tout sécher à couuert de la pluye, ladicte fleur y viendra en abondance. Laquelle chasse tout mauuais air, & quand ils cureront lesdits excremens, faudra qu'ils les mettent sécher à couuert de la pluye, & qu'ils remettent autre terre au lieu de celle qu'ils en tireront, & qu'ils y iettent aussi les poudres des ballieures de tout le logis & des caues, seliers, vieilles murailles, les mauuaises cendres du feu, & celles des lescives quand elles seront seiches, & les poudres des démolitions des fournaises, & ce que les maçons délaissent de leurs chaulx & mortier faict auec chaulx, & quant aux litieres faudra les enterrer.

*Combien que cest amendement soit grand, il peut estre réduit en peu de consistence, parce qu'il ne gist qu'en ladicte fleur.*

Faut auoir vn cuuier comme pour faire lescive, boucher le trou, & mettre au fond de la litiere ou autre paille, & sur icelle de ladicte matiere, & apres y mettre de l'eau tant qu'elle surnage de deux poulces, & laisser ladicte eau enuiron trois iours, & apres la tirer par ledit trou, & ietter sur ce qu'on voudra reseruer de ladicte matiere, & remettre d'autre eau,

& la tirer autres trois iours apres & la garder. Vuider ledit cuuier & bien mesler ce qui en sortira, y adiouter le plus de paille ou de litiere qu'on pourra, & ladicte fleur reuiendra promptement, & cela sec sera bon pour remettre aux piscines au lieu d'autre terre, remettre autre matiere dans ledit cuuier, & faire comme dessus, & pour premiere eau se seruir de la seconde, qu'on aura gardée, & si on mouille les semences dans ladicte premiere eau, & apres estre seiches on les seme, elles feront des grands & prompts effects, & ne faudra se seruir de l'amendement qu'on aura mouillé qu'il ne soit bien sec.

Guillain.

*Pour facilement estendre cet amendement sur les héritages.*

Faudra l'accomoder sur la crouppe des bestes tirans la charruë, qu'il se seme par leur mouuement, & que le laboureur renuerse sa terre sur icelle, & elle vegetera & bonnifera les fonds, & en bref ne faudra plus amender la terre que rarement, la paille sera tresbonne, partant on pourra nourrir beaucoup de bestail, & la terre rapportera tous les ans meilleur qu'à présent.

*Pour faire nouuelles communes.*

Semer de ladicte matiere ou desdictes cendres le long des hayes, chemins, sur les leuees & fossez qu'on faict à l'entour des héritages, & si on en met dans lesdictes leuées, elles tiendront tousiours, car l'herbe y croistra ainsi que sur le paué assis auec chaulx dès que les maisons sont vn peu delaissees.

Ceux qui donnent leur terre à ferme ont occasion de faire suiure ceste inuention, afin que leurs fermiers aient plus d'amendement qu'il ne leur en faudra pour leurs terres, & pour mettre dans la boissondu bestial, pour le nettoyer & rafraischir, & si on faict des piscines aux villes, elles seront plus faciles à nettoyer.

*Piscines pour cheuaux.*

Pour en auoir à perfection, soit entaillé des solitues

Guillain.

de deux en deux poulces & demy, & dans lesdictes entailles arrester des soliueaux par les deux bouts, & cette charpenterie mise selon la mangeoire, tellement qu'on puisse la leuer en forme de trappe à chacune fois que les cheuaux iront boire pour oster ce qui y sera, & remettre nouuelle terre, & ce qui sortira desdictes piscines estant seiche seruira pour y remettre au lieu d'autre terre, & ladicte fleur s'espandra en abondance par toute l'escurie, & en temps sec l'esgou des vrines se formera en glace soubs les soliueaux, & tombera en eau des que le temps sera humide, à l'exemple de l'esgou des caues, & ceux qui voudront plus de profit & de commodité pour leurs cheuaux, feront faire toute leur escurie en piscine, reserueront vn costé pour y descendre, & feront soustenir la charpenterie par forme de treteaux, & quelquefois ballaier, bien mesler & retirer ce qui y sera en vn coing pour sécher, & estendre nouuelle terre au fond, & feront vn grand profit, & les autres feront comme ils adviseront bon estre pour faire venir ladite fleur.

*Aduis pour le bien public.*

Ceux qui feront piscines à Paris espargneront, par ce qu'il ne faudra tant de paille pour faire litiere, & que le foin tombant ne sera gasté, leurs cheuaux se porteront mieux, & mettront vn bon air en leur logis, & ceux qui loüent leurs escuries se recompenseront sur le loüage, & n'incommoderont plus le public des fumées, & nettoyement de leurs estables.

*Quelques effects.*

L'eau bien Salpestrée ne gelle iamais, & rafraischit plus que la glace, & ainsi sont conseruez les fruicts aux païs secs de chaud & de froid, & les Salpetriers voulans rafraischir leur boisson, mettent leurs bouteilles dans leur eau bouillante sur le feu, & ladite eau fait leuer le Sel en grain, lequel on oste, & ainsi le Salpestre est desgraissé & dessallé : car ladite eau estant couuerte & mise rafraischir se forme en glace de Salpestre.

*Ceux qui disent passer & tuer le temps contestent volontiers, & le temps les passe.*

Guillain.

Ils diront qu'il est donc estrange que ceste inuention n'a encore esté pratiquée par tout ; comme on disoit que le fer ne pouuoit estre transmué en cuiure, qu'il n'y auoit de mine d'or ny de vitriol en France, & qu'on ne pouuoit y faire chaudrons, iusques à ce que de Guillain donnant des commissions sous le nom de feu sieur de Beringhem premier valet de Chambre du Roy, à Spicairmen, Iean Henry Regnier, Honos Solicoffre, Sebastien Capitel, Iosias Erudelin, Thomas Heberlin, & à autres, il auroit fait voir ladicte transmutation de l'esgou d'vne mine de cuiure pres la Bresse, dont on faict grand profit, & de l'excellent vitriol, tiré en Baujolois, & de l'or en Forest (la mine d'or à présent inoüée) & qu'ayant dressé, debatu & obtenu (à ses frais) vn priuilege soubs le nom de Paul Arnault de Nancy (2), ledit feu sieur de Beringhem auroit en vertu dudit priuilege faict faire chaudrons & autres ouvrages de laiton à Mesiere, ou doit auoir grand profit, parce que cent liures de cuiure, autant de mitraille, & cent liures de calamine, qui couste sept liures dix sols rendu à Mesiere, on en faict 240 liures de bon laiton dès la premiere fonte, & il y a, en outre, beaucoup à gagner sur la manufacture.

A l'exemple dequoy il auroit pleu audict feu Seigneur Comte porter le présent aduis, comme en pouuant venir très-grand bien au public, & faire cesser les plaintes contre les Salpestriers. Et ledit feu Seigneur Duc auroit au nom de Sa Majesté accordé audict de Guillain, & au sieur Bernard Mareschal, lors son associé en ladicte inuention, la fourniture du Sal-

(2) Ci-devant la note, p. 750, dont le mystere s'explique ici.

Guillain.

pestre de France, & à chacun vn office de Conseiller de Sa Majesté, & de Commissaire dudict Salpestre, le tout en heredité, & sans gages, ny immunitez, que les deniers de ladite fourniture, suyuant les baux sur ce faicts.

Et bien que les Magistrats de Liege ayent certifié que les escremens d'vn cheual leur rendoient cinquante liures de Salpestre de deux cuites, ledict de Guillain n'a peu entrer en iouissance de ce qu'il lui est accordé. C'est pourquoy, attendu le maudit assassinat arriué à Sa Majesté depuis ledit certificat, il se seroit employé à faire rompre trois polices, qui estoient preiudiciables au public: dequoy luy sont dûës ses vacations, à raison de la taxe aloüee en la Chambre des Comptes de Normandie, sous le nom du Commis en sa charge de Greffier en la recherche, vente & reuente du Domaine en ladite prouince, pour le remboursement de Monseigneur le Duc de Witemberg. Dieu ayant ainsi reserué la presente inuention à Sa Majesté, y ayant enuiron seize ans que ledict de Guillain en poursuit l'establissement, & si autres s'en seruent auparauant, ledict establissement en France, ceux qui l'ont empesché seront cause que sadite Majesté n'aura les benediction vniuerselles & perpetuelles pour ce regard.

*Ceux qui ne desirent ceste inuention.*

Diront, que l'Empereur Charles V auroit fait faire des piscines en Flandres, qui ne furent pas seulement inutiles, mais preiudiciables. Il est vray qu'elles donnoient des mauuaises odeurs, d'autant qu'il n'y auoit de terre au fonds d'icelles, qui fust nouuellement remuées. Ils diront aussi, que les piscines ont esté ostées de Liege & de Sedan depuis ledict certificat; ce qui est vray: car on n'a iamais pensé audict amendement de la terre, lequel estant cogneu, & qu'on sera asseuré que ce qui a esté accordé audict de Guillain sera maintenu, on fera des piscines par tout, & il donnera caution de satisfaire à ses offres, & se tirera à Paris plus de Salpestre qu'il n'en faut pour toute la France. Guillain.

Puis que suiuant le certificat de Liege les excremens d'vn cheual rendent cinquante liures de Salpestre, les excrements de six mille cheuaux en rendront trois cens milliers, meilleur (comme plus prompt à brusler, & faisant moins de residence) que celuy qu'on faict à présent.

Et puis que lesdicts excrements rendent lesdictes cinquante liures de Salpestre, ils rendront donc au moins soixante liures de ladicte Fleur, ce qui peut engresser puissamment douze arpens de terre. Car ladite fleur veiette, & la vérité est telle qu'on ne pourroit tirer trois liures de Salpestre de tout ce qu'on iette de fumier sur vn arpent de terre: & si on dit que le fumier sert mieux la seconde année qu'il est sur la terre que la premiere qu'il y est ietté, cela est aussi vray, & que les fruicts de ladite seconde année sont meilleurs & plus sains, parce que lesdits fumiers se sont purgez en la terre, & y ont acquis ledit bon sel: & neantmoins quelque chose qu'on puisse faire contre ladite presente inuention, ne peut equipoler la bonté d'icelle; tesmoins les herbes qui viennent aux champs, lesquelles ont bien plus de force, que ce que vient aux iardins à force de fumiers & d'arrousement, & ne flestrissent si promptement. Ladicte fleur est vn sel parfaict qui produit tous fruicts, comme bien digerée dans la terre. Ce qui ne peut estre desnié par les Salpestriers, & sera approuué par les Laboureurs quand ils auront pensé audit amendement.

*Exemple du mal trop commun.*

Feuë la Royne mere Catherine de Medicis (que Dieu absolue) auroit trauaillé tellement, qu'en bref se fust faict de la soye en France pour en fournir ses voisins; ce qui eust esté vn grand bien, tant pour empescher le meilleur argent de France de sortir, comme il sort pour auoir de la soye d'Italie, que pour employer le peuple. Mais pour empeſcher ce iuſte deſſein fut fait vne conférence entre le Fermier du demy pour cent de l'argent qui paſſe en Piedmont, & des marchands tant François qu'Italiens; où fut arreſté, que les Italiens apporteroient de la ſoye, & la bailleroient a vil prix. Cela exécuté, leſdicts François prindrent occaſion de coupper leurs meuriers par le pied, en deteſtans les nouuelles inuentions. Il ſe pourroit rapporter trop d'autres ſemblables exemples arriuées contre le bien public.

Guillain.

Mais vous, MONSEIGNEUR, qui n'auez en recommandation que le ſeruice du Roy & le bien du public, & qui n'ignorez la preſente inuention, ne permettez qu'elle s'eſtabliſſe chez les voiſins auparauant qu'en ce Royaume : car on dira qu'elle aura eſté reſeruée à celui des Eſtats, qui s'en ſeruira le premier. Et ceſt amendement eſtant cogneu on nourrira grand nombre de beſtial, parce que l'on fera venir tant d'herbes que l'on voudra, & les iardiniers feront venir toutes ſortes de plantes & fruicts ſans tant de trauail : car ſi on iette plus de terre aux cloaques que de matiere, ladicte fleur y viendra, & oſtera toutes mauuaiſes odeurs, & les logis en ſeront rendus plus ſains. De ſorte qu'il n'eſt queſtion que d'eſtablir ladicte inuention à Paris, & elle s'eſtendra incontinent par tous les autres Eſtats & Republiques, à la loüange & gloire du Roy : parce que chacun tirera deux fois autant de tous fruicts qu'à preſent.

FIN.

*Approbation de Monſieur le Profeſſeur Royal de Minéralogie.*

J'AI lû par l'ordre de Monſeigneur le Garde des Sçeaux, un Ouvrage intitulé : *Les Anciens Minéralogiſtes du Royaume de France.* Je n'y ai rien trouvé qui puiſſe en empêcher l'impreſſion. A Paris ce 6 Août 1777.

SAGE.

# TABLE

## DES CHAPITRES DE LA SECONDE PARTIE.

Fin de la Table des Chapitres de la seconde Partie.

# PRIVILEGE DU ROI.

LOUIS, par la grace de Dieu, Roi de France & de Navarre : A nos amés & féaux Conseillers, les Gens tenant nos Cours de Parlement, Maîtres des Requêtes ordinaires de notre Hôtel, Grand Conseil, Prevôt de Paris, Baillifs Sénéchaux, leurs Lieutenans Civils, & autres nos Justiciers qu'il appartiendra, SALUT. Notre amé le Sieur RUAULT, Libraire, Nous a fait exposer qu'il desireroit faire imprimer & donner au Public : *Les Anciens Minéralogistes de notre Royaume, avec des Notes par M. Gobet.* S'il Nous plaisoit lui accorder nos Lettres de Permission pour ce nécessaires. A CES CAUSES, voulant favorablement traiter l'Exposant, nous lui avons permis & permettons par ces présentes, de faire imprimer ledit Ouvrage autant de fois que bon lui semblera ; & de le faire vendre & débiter par tout notre Royaume, pendant le tems de trois années consécutives, à compter du jour de la date des présentes. Faisons défenses à tous Imprimeurs, Libraires & autres personnes, de quelque qualité & condition qu'elles soient, d'en introduire d'impression étrangere dans aucun lieu de notre obéissance : A LA CHARGE que ces présentes seront enregistrées tout au long sur le Registre de la Communauté des Imprimeurs & Libraires de Paris dans trois mois de la date d'icelles ; que l'impression dudit Ouvrage sera faite dans notre Royaume & non ailleurs en bon papier & beaux caractères, que l'Impétrant se conformera en tout aux Réglemens de la Librairie, & notamment à celui du dix Avril mil sept cent vingt-cinq, à peine de déchéance de la présente Permission ; qu'avant de l'exposer en vente, le Manuscrit qui aura servi de copie à l'impression dudit Ouvrage, sera remis dans le même état où l'Approbation y aura été donnée, ès-mains de notre très-cher & féal Chevalier, Garde des Sceaux de France, le Sieur Hue de Miroménil, qu'il en sera ensuite remis deux exemplaires dans notre Bibliotheque publique, un dans celle de notre Château du Louvre, un dans celle de notre très-cher & féal Chevalier Chancelier de France, le Sieur de Maupeou & un dans celle dudit Sieur Hue de Miroménil le tout à peine de nullité des Présentes : du contenu desquelles vous Mandons & Enjoignons de faire jouir ledit Exposant, & ses ayans causes, pleinement & paisiblement, sans souffrir qu'il leur soit fait aucun trouble ou empêchement. Voulons qu'à la copie des présentes, qui sera imprimée tout au long, au commencement ou à la fin dudit ouvrage, foi soit ajoûtée comme à l'original. Commandons au premier notre Huissier ou Sergent sur ce requis, de faire pour l'exécution d'icelles, tous actes requis & nécessaires, sans demander autre permission, & nonobstant clameur de Haro, Charte Normande, & Lettres à ce contraires : Car tel est notre plaisir. Donné à Paris, le troisieme jour du mois de Septembre, l'an mil sept cent soixante dix-sept, & de notre Régne, le quatrieme. Par le ROI en son Conseil.

*Signé*, LE BEGUE.



*Registré sur le Registre XX, de la chambre Royale & Syndicale des Libraires & Imprimeurs de Paris, N° 1107[illegible], folio 425, conformément au Réglement de 1723. A Paris, ce 9 Septembre 1777.*

*Signé* GOGUÉ, Adjoint.

www.ingramcontent.com/pod-product-compliance
Lightning Source LLC
Chambersburg PA
CBHW060528220326
41599CB00022B/3466

* 9 7 8 2 0 1 2 5 7 3 3 3 8 *